西门子 PLC 原理及应用实例

孙　蓉　王莹莹　李　冰　于善晗　韩云涛
白　涛　张　庆　管练武　周雪梅　编著

哈尔滨工程大学出版社
Harbin Engineering University Press

内容简介

本书以可编程序控制器(PLC)知识为基础,详细介绍了S7-300/400/1200/1500 PLC的硬件组成、编程语言、指令系统和TIA博途软件的使用方法,以及数字量控制系统梯形图设计方法,并以材料分拣教学模型控制系统、五层电梯教学模型控制系统和八层电梯教学模型控制系统等为实例,帮助读者深入了解PLC的控制系统。

本书可作为普通高等学校电气工程及其自动化、机电一体化等专业的教材,也可作为相关工程技术人员的参考书。

图书在版编目(CIP)数据

西门子PLC原理及应用实例 / 孙蓉等编著. —哈尔滨 : 哈尔滨工程大学出版社,2023.6
ISBN 978-7-5661-3984-9

Ⅰ. ①西… Ⅱ. ①孙… Ⅲ. ①PLC 技术 Ⅳ.
①TM571. 61

中国国家版本馆 CIP 数据核字(2023)第 103817 号

西门子 PLC 原理及应用实例
XIMENZI PLC YUANLI JI YINGYONG SHILI

选题策划 刘凯元
责任编辑 章 蕾
封面设计 李海波

出版发行 哈尔滨工程大学出版社
社　　址 哈尔滨市南岗区南通大街 145 号
邮政编码 150001
发行电话 0451-82519328
传　　真 0451-82519699
经　　销 新华书店
印　　刷 黑龙江天宇印务有限公司
开　　本 787 mm×1 092 mm　1/16
印　　张 24.5
字　　数 664 千字
版　　次 2023 年 6 月第 1 版
印　　次 2023 年 6 月第 1 次印刷
定　　价 75.00 元
http://www.hrbeupress.com
E-mail:heupress@ hrbeu.edu.cn

前　　言

可编程序控制器(PLC)是应用十分广泛的微机控制装置,是自动控制系统的关键设备,专为工业现场应用而设计。它采用可编程序的存储器,在其内部存储执行逻辑运算、顺序控制、定时/计数和算术运算等操作的指令,并通过数字式或模拟式的输入和输出,控制各种类型的机械或生产过程。目前 PLC 已广泛应用于冶金、矿业、机械、轻工等领域,为工业自动化提供了有力的工具。为此,各高校的电气工程及其自动化、机电一体化等相关专业相继开设了有关 PLC 原理及应用的课程。PLC 课程是一门实践性很强的课程,学生们要想学好 PLC,除了学习课本中的理论知识外,还要以实验的方式进行自动控制系统的模拟设计与程序调试,从而验证、巩固和深化控制器原理知识与硬软件设计知识。做实验还可以加强学生们对常见工控设备的认识和了解。

本书就是基于这样一个出发点,以目前用得较普遍的西门子 S7-300/1200/1500 PLC 为实训样机,结合材料分拣教学模型、五层电梯教学模型、八层电梯教学模型,从工程实践出发,由易到难,循序渐进,在典型应用的基础上,逐步解决实际问题。本书中的 PLC 控制系统实例可扫下面的二维码。

本书主要由孙蓉、王莹莹、李冰、于善晗、韩云涛、白涛、张庆、管练武、周雪梅编著。此外,参与编写和资料整理的人员还有逄瑞相、王子豪、王运彤、王拓、朱福兴、洪翔羽、刘晓馥、牛一鸣、姜智凯等,在此对他们的辛勤工作表示感谢!

本书的编写得到了哈尔滨工程大学智能科学与工程学院惯性导航与测控技术研究所魏延辉教授、清华大学科教仪器厂陈凯工程师和薛磊工程师的大力支持,在此对他们表示深切的谢意。本书在编写的过程中参考、引用了一些文献资料,在此向这些文献资料的作者表示衷心的感谢。

因编著者水平有限,书中难免有错漏之处,恳请读者批评指正。

编著者

2023 年 4 月

目 录

第1章 PLC 概 述

随着微处理器、计算机和数字通信技术的飞速发展,计算机控制已经广泛地应用于所有的工业领域。现代社会要求制造业对市场需求做出迅速反应,生产出小批量、多品种、多规格、低成本和高质量的产品。为了满足这一要求,生产设备和自动生产线的控制系统必须具有极高的可靠性和灵活性。可编程序控制器正是顺应这一要求出现的,它是以微处理器为基础的通用工业控制装置,已经成为当代工业自动化的主要支柱之一。

1.1　PLC 的产生、发展及定义

可编程序控制器的英文为 Programmable Controller,20 世纪七八十年代一直称为 PC。到 20 世纪 90 年代,由于个人计算机发展起来,也称为 PC,加之可编程序的概念所涵盖的范围太大,所以美国 AB 公司首次将可编程序控制器定名为可编程序逻辑控制器(Programmable Logical Controller,PLC),为了方便,仍简称 PLC 为可编程序控制器。

1.1.1　PLC 的产生

20 世纪 60 年代,汽车生产流水线的自动控制系统基本上都是由继电器控制装置构成的。当时汽车的每一次改型都直接导致继电器控制装置的重新设计和安装。随着生产的发展,汽车型号更新的周期愈来愈短,这样,继电器控制装置就需要经常重新设计和安装,十分费时、费工、费料,甚至阻碍了更新周期的缩短。为了改变这一现状,1969 年,美国通用汽车公司公开招标,要求用新的控制装置取代继电器控制装置,并提出了如下 10 项招标指标。

(1)编程方便,现场可修改程序。
(2)维修方便,采用模块化结构。
(3)可靠性高于继电器控制装置。
(4)体积小于继电器控制装置。
(5)数据可直接送入管理计算机。
(6)成本可与继电器控制装置竞争。
(7)输入的交流电压可以是 115 V。
(8)输出的交流电压为 115 V、交流电流为 2 A 以上,能直接驱动电磁阀、接触器等。
(9)在扩展时,原系统变化很小。
(10)用户程序存储器容量至少能扩展到 4 KB。
1969 年,美国数字设备公司(DEC)研制的第一台 PLC,在美国通用汽车自动装配线上

试用成功。这种新型的工业控制装置以其简单易懂、操作方便、可靠性高、通用灵活、体积小、使用寿命长等一系列优点,很快地在美国其他工业领域被推广应用,到1971年,已经成功地应用于食品、饮料、冶金、造纸等工业。

这一新型工业控制装置的出现,也受到了世界其他国家的高度重视。1971年,日本从美国引进了这项新技术,很快研制出了日本第一台PLC。1973年,西欧国家也研制出了它们的第一台PLC。我国从1974年开始研制,1977年开始应用于工业。

1.1.2　PLC的发展

早期的PLC多少有点继电器控制装置的替代物的含义,其主要功能只是执行原先由继电器完成的顺序控制、定时等。它在硬件上以准计算机的形式出现,在输入/输出(I/O)接口电路上做了改进以适应工业控制现场的要求。装置中的器件主要采用分立元件和中小规模集成电路,存储器采用磁芯存储器。另外,人们还采取一些措施,来提高其抗干扰的能力。在软件编程上,采用广大电气工程技术人员所熟悉的继电器控制线路的方式——梯形图。因此,早期的PLC的性能要优于继电器控制装置,其优点是简单易懂、便于安装、体积小、能耗低、有故障显示、能重复使用等。其中PLC特有的编程语言——梯形图一直沿用至今。

20世纪70年代,微处理器的出现使PLC发生了巨大的变化。美国、日本、德国等一些厂家先后开始采用微处理器作为PLC的中央处理单元(CPU),这样使PLC的功能大大增强。在软件方面,除了保持其原有的逻辑运算、计时、计数等功能以外,还增加了算术运算、数据处理和传送、通信、自诊断等功能;在硬件方面,除了保持其原有的开关模块以外,还增加了模拟量模块、远程I/O模块、各种特殊功能模块,并扩大了存储器的容量,使各种逻辑线圈的数量增加。除此以外,还提供了一定数量的数据寄存器。

进入20世纪80年代中后期,由于超大规模集成电路技术的迅速发展,微处理器的市场价格大幅度下跌,使得各种类型的PLC所采用的微处理器的档次普遍提高。而且,为了进一步提高PLC的处理速度,各制造厂商还纷纷研制开发出专用逻辑处理芯片,这样使得PLC软、硬件功能发生了巨大变化。

自20世纪90年代末以来,由于信息技术的飞速发展和用户对开放性的强烈需求,在保留PLC功能的前提下,面向现场总线网络,PLC采用开放式通信接口,逐步打破每个PLC产品封闭状态;采用相关的国际工业标准,使用户开发的应用可以移植到不同的PLC产品之间。

综上所述,自PLC问世以来,它始终表现出强大的生命力和快速的增长及更新速度。目前,全球有200多家PLC制造商,以及数千种PLC产品。

1.1.3　PLC的定义

国际电工委员会(IEC)在1985年的PLC标准草案第3稿中,对PLC下的定义是:"可编程序控制器是一种数字运算操作的电子系统,专为在工业环境下应用而设计。它采用可编程序的存储器,用来在其内部存储执行逻辑运算、顺序控制、定时、计数和算术运算等操作的指令,并通过数字式、模拟式的输入和输出,控制各种类型的机械或生产过程。可编程序控制器及其有关设备,都应按易于使工业控制系统形成一个整体,易于扩充其功能的原则设计。"从上述定义可看出,PLC 是一种用程序来改变控制功能的工业控制计算机,除了能完成各种各样的控制功能外,还有与其他计算机通信联网的功能。

1.2 PLC 的特点与功能

PLC 以微处理器为基础,综合了计算机技术、自动控制技术和通信技术,用面向控制过程、面向用户的简单编程语句,适应工业环境,是简单易懂、操作方便、可靠性高的新一代通用工业控制器。

1.2.1 PLC 的基本特点

1. 编程方法简单易学

梯形图是使用得最多的 PLC 的编程语言,其电路符号和表达方式与继电器电路原理图相似。梯形图语言形象直观,易学易用,熟悉继电器电路图的电气技术人员只需花几天时间就可以熟悉梯形图语言,并用来编制用户程序。

2. 功能强,性价比高

一台小型 PLC 内有成百上千个可供用户使用的编程元件,可以实现非常复杂的控制功能。与相同功能的继电器系统相比,具有很高的性价比。PLC 可以通过通信联网,实现分散控制、集中管理。

3. 硬件配套齐全,用户使用方便,适应性强

PLC 产品已经标准化、系列化、模块化,配备有品种齐全的硬件装置供用户选用,用户能灵活方便地进行系统配置,组成不同功能、不同规模的系统。PLC 的安装接线也很方便,一般用接线端子连接外部接线。当控制要求改变,需要变更控制系统的功能时,只要改变存储器中的控制程序即可。PLC 的输入、输出可直接与 220 V 交流电、24 V 直流电等强电相连,并有较强的带负载能力,可以直接驱动一般的电磁阀和中小型交流接触器。

4. 可靠性高,抗干扰能力强

PLC 是专为工业控制设计的,能适应工业现场的恶劣环境。绝大多数用户都将可靠性作为选取控制装置的首要条件,因此,PLC 在硬件和软件方面均采取了一系列的抗干扰措施,具有很强的抗干扰能力,平均无故障时间通常在 20 000 h 以上,可以直接用于有强烈干扰的工业生产现场。PLC 已被广大用户公认为最可靠的工业控制设备之一。

在硬件方面,PLC 采取的抗干扰措施主要是隔离和滤波技术。PLC 的输入和输出电路一般都用光电耦合器传递信号,使 CPU 与外部电路完全切断电的联系,有效地抑制外部干扰源对 PLC 的影响。在 PLC 的电源电路和 I/O 接口中,还设置了多种滤波电路,以抑制高频干扰信号。在软件方面,PLC 设置了故障检测及自诊断程序用来检测系统硬件是否正常,用户程序是否正确,便于自动地做出相应的处理,如报警、封锁输出、保护数据等。PLC 还用软件代替继电器控制系统中大量的中间继电器和时间继电器,接线可减少到继电器控制系统的 1/10 以下,大大减少了因触点接触不良造成的故障。

5. 系统的设计、安装、调试工作量少

用 PLC 完成一项控制工程时,由于其硬、软件齐全,设计和施工可同时进行。PLC 用软件代替了继电器控制系统中大量的中间继电器、时间继电器、计数器等器件,实现了控制功能,使控制柜的设计、安装、接线工作量大大减少,缩短了施工周期。PLC 的梯形图程序可以用顺序控制设计法来设计。这种设计方法很有规律,很容易掌握。用这种方法设计梯形图的时间比设计继电器系统电路图的时间要少得多。同时,可以先在实验室模拟调试 PLC 的用户程序,用小开关来模拟输入信号,通过各输出点对应的发光二极管(LED)的状态来观察输出信号的状态,然后再将 PLC 控制系统在生产现场进行联机调试,使得调试方便、快速、安全,因此大大缩短了设计和投运周期。PLC 控制系统的调试时间比继电器系统的少得多。

6. 维修工作量小,维修方便

PLC 的控制程序可通过其专用的编程器输入到 PLC 的用户程序存储器中。编程器不仅能对 PLC 控制程序进行写入、读出、检测、修改等操作,还能对 PLC 的工作进行监控,使得 PLC 的操作及维护都很方便。PLC 还具有很强的自诊断能力,能随时检查出自身的故障,并显示给操作人员,使操作人员能迅速检查、判断故障原因。由于 PLC 的故障率很低,并且有完善的诊断和显示能力,因此当 PLC 或外部的输入装置及执行机构发生故障时,如果是 PLC 本身的原因,在维修时只需要更换插入式模块及其他易损坏部件即可迅速排除故障,大大减少了影响生产的时间。

7. 体积小,能耗低

PLC 控制系统与继电器控制系统相比,减少了大量的中间继电器和时间继电器,配线用量少,安装接线工时短,加上开关柜体积的缩小,因此可以节省大量的费用。

1.2.2 PLC 的功能

在发达的工业国家,PLC 已经广泛应用于工业部门。随着性价比的不断提高,其应用范围不断扩大,主要有以下几个方面。

1. 开关量逻辑控制

PLC 主要用于代替继电器进行组合逻辑控制、定时控制与顺序逻辑控制。开关量逻辑控制可以用于单台设备和自动生产线,其应用领域已遍及各行各业,甚至深入到民用和家庭中。

2. 运动控制

PLC 使用专用的指令或运动控制模块,对直线运动或圆周运动的位置、速度和加速度进行控制,可以实现单轴、双轴、三轴和多轴联动的位置控制,使运动控制与顺序控制功能有机结合。PLC 的运动控制功能广泛用于各种机械,如金属切削机床、金属成形机械、装配机械、机器人、电梯等场合。

3. 闭环过程控制

闭环过程控制是指对温度、压力、流量等连续变化的模拟量的闭环控制。PLC 通过模拟量 I/O 模块,实现模拟量(analog)和数字量(digital)之间的 A/D 转换与 D/A 转换,并对模拟量实行闭环比例-积分-微分(PID)控制。其闭环控制功能已经广泛应用于塑料挤压成形机、加热炉、热处理炉、锅炉等设备,以及轻工、化工、机械、冶金、电力、建材等行业。

4. 数据处理

现代的 PLC 具有整数四则运算、矩阵运算、函数运算、字逻辑运算、求反运算、循环运算、移位运算、浮点数运算等运算功能和数据传送、转换、排序、查表、位操作等功能,可以完成数据的采集、分析和处理。

5. 通信联网

PLC 的通信包括 PLC 与远程 I/O 之间的通信、多台 PLC 之间的通信、PLC 与其他智能控制设备(如计算机、变频器、数控装置)之间的通信。PLC 与其他智能控制设备一起,可以组成"集中管理、分散控制"的分布式控制系统。

1.3 PLC 的结构与分类

1.3.1 PLC 基本结构

PLC 的主机由 CPU、存储器(可擦除可编程只读存储器(EPROM)、随机存取存储器(RAM))、I/O 单元、外设 I/O 接口、通信接口及电源组成。对于整体式 PLC,这些部件都在同一个机壳内。而对于模块式 PLC,各部件独立封装,称为模块,各模块通过机架和电缆连接在一起。主机内的各个部分均通过电源总线、控制总线、地址总线和数据总线连接,根据实际控制对象的需要配备一定的外部设备,构成不同的 PLC 控制系统。常用的外部设备有编程器、打印机、EPROM 写入器等。PLC 可以配置通信模块与上位机及其他的 PLC 进行通信,构成 PLC 的分布式控制系统。

1.3.2 PLC 分类

一般来说,PLC 可以从控制规模、控制性能、结构特点三个角度进行分类。

1. 按控制规模分类

按控制规模可将 PLC 分为小型机、中型机和大型机。

(1)小型机

小型机的控制点一般在 256 点之内,适合于单机控制或小型系统的控制。西门子小型机 S7-200:处理速度 0.8~1.2 ms/KB;存储器 2 KB;数字量 248 点;模拟量 35 路。

(2)中型机

中型机的控制点一般不大于 2 048 点,可用于对设备进行直接控制,还可以对多个下一级的 PLC 进行监控,它适合中型或大型控制系统。西门子中型机 S7-300:处理速度 0.8~1.2 ms/KB;存储器 2 KB;数字量 1 024 点;模拟量 128 路;网络过程现场总线(PROFIBUS);工业以太网;信息传递接口(MPI)。

(3)大型机

大型机的控制点一般大于 2 048 点,不仅能完成较复杂的算术运算,还能进行复杂的矩阵运算。它不仅可用于对设备进行直接控制,还可以对多个下一级的 PLC 进行监控。西门子大型机 S7-1500、S7-400：处理速度 0.3 ms/KB；存储器 512 KB；I/O 点 12 672 个。

2. 按控制性能分类

按控制性能可将 PLC 分为低档机、中档机和高档机。

（1）低档机

这类 PLC 具有基本的控制功能和一般的运算能力，工作速度比较慢，能带的输入和输出模块的数量与种类比较少。德国西门子公司生产的 S7-200 就属于这一类。

（2）中档机

这类 PLC 具有较强的控制功能和较强的运算能力，不仅能完成一般的逻辑运算，也能完成运算比较复杂的三角函数运算、指数运算和 PID 运算。其工作速度比较快，能带的输入和输出模块的数量与种类比较多。德国西门子公司生产的 S7-300 就属于这一类。

（3）高档机

这类 PLC 具有强大的控制功能和强大的运算能力，不仅能完成逻辑运算、三角函数运算、指数运算和 PID 运算，也能完成复杂的矩阵运算。其工作速度很快，能带的输入和输出模块的数量与种类很多。这类 PLC 可以完成规模很大的控制任务，在联网中一般做主站使用。德国西门子公司生产的 S7-400 就属于这一类。

3. 按结构特点分类

按结构特点可将 PLC 分为整体式、组合式和叠装式。

（1）整体式

整体式结构的 PLC 把电源、CPU、存储器、I/O 系统都集成在一个单元内，该单元叫作基本单元。一个基本单元就是一台完整的 PLC。控制点数不符合需要时，可再接扩展单元。整体式结构的 PLC 特点是非常紧凑、体积小、成本低、安装方便。

（2）组合式

组合式结构的 PLC 是把其系统的各个组成部分按功能分成若干个模块，如 CPU 模块、输入模块、输出模块、电源模块等。其中各模块功能比较单一，模块的种类却日趋丰富。比如，一些 PLC，除了基本的 I/O 模块外，还有一些特殊功能的模块，像温度检测模块、位置检测模块、PID 控制模块、通信模块等。组合式结构的 PLC 特点是 CPU、输入、输出均为独立的模块；模块尺寸统一、安装整齐，I/O 点选型自由，安装调试、扩展、维修方便。

（3）叠装式

叠装式结构的 PLC 集整体式结构的紧凑、体积小、安装方便和组合式结构的 I/O 点搭配灵活、安装整齐的优点于一身。它也是由各个单元的组合构成。其特点是 CPU 自成独立的基本单元（由 CPU 和一定的 I/O 点组成），其他 I/O 模块为扩展单元。在安装时不用基板，仅用电缆进行单元间的连接，各个单元可以一个个地叠装，使系统配置灵活、体积小巧。

1.4　常用的 PLC 产品

PLC 产品可按地域分成三大流派：第一个流派是美国产品，第二个流派是欧洲产品，第三个流派是日本产品。美国和欧洲的 PLC 技术是在相互隔离情况下独立研究开发的，因此美国和欧洲的 PLC 产品有明显的差异性。而日本的 PLC 技术是由美国引进的，对美国的

PLC 产品有一定的继承性,但日本的主推产品定位在小型 PLC 上。美国和欧洲以大中型 PLC 而闻名,而日本则以小型 PLC 著称。

1.4.1 国外 PLC 产品

美国是 PLC 生产大国,有 100 多家 PLC 厂商,著名的有艾伦-布拉德利(AB)公司、通用电气(GE)公司、莫迪康(MODICON)公司、德州仪器(TI)公司、西屋公司等。其中 AB 公司是美国最大的 PLC 制造商,其产品约占美国 PLC 市场的一半。

1. AB 公司

AB 公司产品规格齐全、种类丰富,其主推的大、中型 PLC 产品是 PLC-5 系列。该系列为组合式结构,当 CPU 模块为 PLC-5/10、PLC-5/12、PLC-5/15、PLC-5/25 时,属于中型 PLC,可配置 256~1 024 个 I/O 点;当 CPU 模块为 PLC-5/11、PLC-5/20、PLC-5/30、PLC-5/40、PLC-5/60、PLC-5/40L、PLC-5/60L 时,属于大型 PLC,最多可配置 3 072 个 I/O 点。该系列中 PLC-5/250 功能最强,最多可配置 4 096 个 I/O 点,具有强大的控制和信息管理功能。大型机 PLC-3 最多可配置 8 096 个 I/O 点。AB 公司的小型 PLC 产品有 SLC500 系列等。AB 公司的 PLC 系列产品如图 1-1 所示。

2. GE 公司

GE 公司的代表产品是:小型机 GE-1、GE-1/J、GE-1/P 等。除 GE-1/J 外,均采用组合式结构。GE-1 用于开关量控制系统,最多可配置 112 个 I/O 点。GE-1/J 是更小型化的产品,最多可配置 96 个 I/O 点。GE-1/P 是 GE-1 的增强型产品,增加了部分功能指令(数据操作指令)、功能模块(A/D 模块、D/A 模块等)、远程 I/O 功能等,最多可配置 168 个 I/O 点。中型机 GE-III,比 GE-1/P 增加了中断、故障诊断等功能,最多可配置 400 个 I/O 点。大型机 GE-V,比 GE-III 增加了部分数据处理、表格处理、子程序控制等功能,并具有较强的通信功能,最多可配置 2 048 个 I/O 点。GE-VI/P 最多可配置 4 000 个 I/O 点。GE 公司的 PLC 产品如图 1-2 所示。

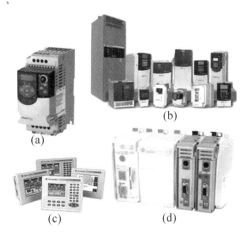

图 1-1 **AB 公司的 PLC 系列产品**

图 1-2 **GE 公司的 PLC 产品**

3. TI 公司

TI 公司的小型 PLC 产品有 510、520 和 TI100 等,中型 PLC 产品有 TI300、5TI 等,大型 PLC 产品有 PM550、530、560、565 等系列。除 TI100 和 TI300 无联网功能外,其他 PLC 都可实现通信,构成分布式控制系统。

4. MODICON 公司

MODICON 公司有 M84 系列 PLC。其中 M84 是小型机,具有模拟量控制、与上位机通信功能,最多可配置 112 个 I/O 点。M484 是中型机,其运算功能较强,可与上位机通信,也可与多台中型机联网,最多可配置 512 个 I/O 点。M584 是大型机,其容量大、数据处理和网络能力强,最多可配置 8 192 个 I/O 点。M884 是增强型中型机,它具有小型机的结构、大型机的控制功能,主机模块配置 2 个 RS-232C 接口,可方便进行组网通信。MODICON 公司的 PLC 产品如图 1-3 所示。

5. 欧洲 PLC 产品

德国的西门子公司、AEG 公司,法国的 TE 公司是欧洲著名的 PLC 制造商。西门子公司的电子产品以性能精良而久负盛名。在中、大型 PLC 产品领域与美国的 AB 公司齐名。

西门子公司的 PLC 产品在我国冶金、化工、印刷生产线等领域得到了广泛应用。西门子公司的 PLC 产品包括 LOGO、S7-200、S7-1200、S7-300、S7-400、S7-1500 等。S7 系列的 PLC 体积小、速度快、标准化,具有网络通信能力,功能强,可靠性高,其产品可分为微型 PLC(如 S7-200),小规模性能要求的 PLC(如 S7-300)和中、高性能要求的 PLC(如 S7-400)等。西门子公司的 PLC 产品如图 1-4 所示。

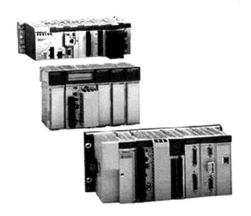

图 1-3 MODICON 公司的 PLC 产品

图 1-4 西门子公司的 PLC 产品

6. 日本 PLC 产品

日本的小型 PLC 最具特色,在小型机领域中颇具盛名,某些用欧美的中型机或大型机才能实现的控制,日本的小型机就可以解决,在开发较复杂的控制系统方面明显优于欧美的小型机,所以格外受用户欢迎。日本有许多 PLC 制造商,如三菱、欧姆龙、松下、富士、日立、东芝等,在世界小型 PLC 市场上,日本产品约占有 70% 的份额。

三菱公司的 PLC 是较早进入我国市场的产品,其小型机 F1/F2 系列是 F 系列的升级产品。F1/F2 系列加强了指令系统,增加了特殊功能单元和通信功能,与 F 系列相比具有更强的控制能力。继 F1/F2 系列之后,20 世纪 80 年代末三菱公司又推出 FX 系列,在容量、速度、特殊功能、网络功能等方面都有了全面的加强。FX2 系列是在 20 世纪 90 年代开发的整体式高功能小型机,它配有各种通信适配器和特殊功能单元。FX2N 是近几年推出的整体式高功能小型机,是 FX2 的换代产品,各种功能都有了全面的提升。近年来,三菱公司还不断推出满足不同要求的微型 PLC,如 FXOS、FX1S、FX0N、FX1N 及 α 系列等产品。三菱公司的大、中型机有 A 系列、QnA 系列、Q 系列,具有丰富的网络功能,I/O 点可达 8 192 个。其中 Q 系列具有超小的体积、丰富的机型、灵活的安装方式、双 CPU 协同处理、多存储器、远程口令等特点,是三菱公司现有 PLC 中性能最高的。三菱公司的 PLC 产品如图 1-5 所示。

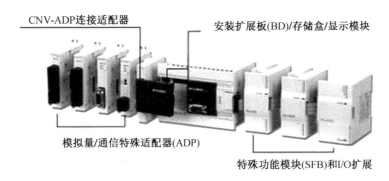

图 1-5 三菱公司的 PLC 产品

欧姆龙(OMRON)公司的 PLC 产品,大、中、小、微型规格齐全。微型机以 SP 系列为代表,其体积极小,速度极快。小型机有 P 型、H 型、CPM1A 系列、CPM2A 系列、CPM2C 系列、CQM1 系列等。P 型机现已被性价比更高的 CPM1A 系列所取代,CPM2A/2C、CQM1 系列内置 RS-232C 接口和实时时钟,并具有软 PID 功能。CQM1H 是 CQM1 的升级产品。中型机有 C200H、C200HS、C200HX、C200HG、C200HE、CS1 系列。C200H 是前些年畅销的高性能中型机,配置齐全的 I/O 模块和高功能模块,具有较强的通信和网络功能。C200HS 是 C200H 的升级产品,指令系统更丰富、网络功能更强。C200HX/HG/HE 是 C200HS 的升级产品,有 1 148 个 I/O 点,其容量是 C200HS 的 2 倍,速度是 C200HS 的 3.75 倍,有品种齐全的通信模块,是适应信息化的 PLC 产品。CS1 系列具有中型机的规模、大型机的功能,是一种极具推广价值的新机型。大型机有 C1000H、C2000H、CV 系列(CV500/CV1000/CV2000/CVM1)等。C1000H、C2000H 可单机或双机热备运行,安装带电插拔模块,C2000H 可在线更换 I/O 模块;CV 系列中除 CVM1 外,均可采用结构化编程,易读、易调试,并具有更强大的通信功能。欧姆龙公司的 PLC 产品如图 1-6 所示。

松下公司的 PLC 产品中,FP0 为微型机,FP1 为整体式小型机,FP3 为中型机,FP5、FP10、FP10S(FP10 的改进型)、FP20 为大型机,其中 FP20 是最新产品。松下公司近几年的 PLC 产品的主要特点是:指令系统功能强;有的机型还提供可以用 FP-BASIC 语言编程的 CPU 及多种智能模块,为复杂系统的开发提供了软件手段;FP 系列各种 PLC 都配置通信机制,由于它们使用的应用层通信协议具有一致性,这给构成多级 PLC 网络和开发 PLC 网络应用程序带来方便。松下公司的 PLC 产品如图 1-7 所示。

图1-6 欧姆龙公司的PLC产品

图1-7 松下公司的PLC产品

1.4.2 我国的PLC产品

我国有许多厂家、科研院所从事PLC的研制与开发,如中国科学院自动化研究所的PLC-0088,北京联想计算机集团公司的GK-40,上海机床电器厂的CKY-40,上海起重电器厂的CF-40MR/ER,苏州电子计算机厂的YZ-PC-001A,原机电部北京机械工业自动化研究所的MPC-001/20、KB-20/40,杭州机床电器厂的DKK02,天津中环自动化仪表公司的DJK-S-84/86/480,上海自立电子设备厂的KKI系列,上海香岛机电制造有限公司的ACMY-S80、ACMY-S256,无锡华光电子工业有限公司(合资)的SR-10、SR-20/21等。

从1982年以来,先后有天津、厦门、大连、上海等地相关企业与国外著名的PLC制造商进行合资或引进技术、生产线等,这将促进我国的PLC技术在赶超世界先进水平的道路上快速发展。

第2章 S7-1200/1500 PLC
程序设计基础

2.1 S7-1200/1500 PLC 的编程语言

IEC 61131 是 IEC 制定的 PLC 标准,其中的第三部分 IEC 61131-3 是 PLC 的编程语言标准。IEC 61131-3 是世界上第一个,也是至今为止唯一的工业控制系统的编程语言标准。目前已有越来越多的 PLC 生产厂家生产符合 IEC 61131-3 标准的产品,IEC 61131-3 已经成为各种工业控制产品事实上的软件标准。

IEC 61131-3 详细地说明了句法、语义和下述 5 种编程语言(图 2-1)。

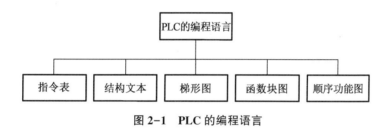

图 2-1 PLC 的编程语言

(1)指令表(instruction list,IL),西门子 PLC 将其称为语句表,简称为 STL。
(2)结构文本(structured text),西门子 PLC 将其称为结构化控制语言,简称为 SCL。
(3)梯形图(ladder diagram,LD),西门子 PLC 将其简称为 LAD。
(4)函数块图(function block diagram,FBD)。
(5)顺序功能图(sequential function chart,SFC),对应于西门子的 GRAPH。

2.1.1 顺序功能图

顺序功能图是一种位于其他编程语言之上的图形语言,用来编制顺序控制程序。

2.1.2 梯形图

梯形图是使用最多的 PLC 图形编程语言。梯形图与继电器电路图很相似,具有直观易懂的优点,很容易被工厂熟悉继电器控制的电气人员掌握,特别适合于数字量逻辑控制。有时把梯形图称为电路或程序。

梯形图由触点、线圈和用方框表示的指令框组成。触点代表逻辑输入条件,如外部的开关、按钮和内部条件等。线圈通常代表逻辑运算的结果,常用来控制外部的负载和内部的标志位等。指令框用来表示定时器、计数器或者数学运算等指令。

触点和线圈等组成的电路称为程序段,英语名称为 Network(网络),STEP 7 自动地为程序段编号。可以在程序段编号的右边加上程序段的标题,在程序段编号的下面为程序段加上注释(图 2-2)。单击编辑器工具栏上的 ≡ 按钮,可以显示或关闭程序段的注释。

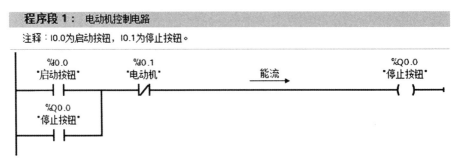

图 2-2 梯形图

在分析梯形图的逻辑关系时,为了借用继电器电路图的分析方法,可以想象在梯形图的左右两侧垂直"电源线"之间有一个左正右负的直流电源电压,当图 2-2 中 I0.0 与 I0.1 的触点同时接通,或 Q0.0 与 I0.1 的触点同时接通时,有一个假想的"能流"(power flow)流过 Q0.0 的线圈。利用能流这一概念,可以借用继电器电路的术语和分析方法,帮助我们更好地理解和分析梯形图。能流只能从左往右流动。

程序段内的逻辑运算按从左往右的方向执行,与能流的方向一致。如果没有跳转指令,程序段之间按从上到下的顺序执行,执行完所有的程序段后,下一次扫描循环返回最上面的程序段 1,重新开始执行。

2.1.3 函数块图

函数块图使用类似于数字电路的图形逻辑符号来表示控制逻辑,有数字电路基础的人很容易掌握。

图 2-3 是图 2-2 中的梯形图对应的函数块图,图 2-3 同时显示绝对地址和符号地址。

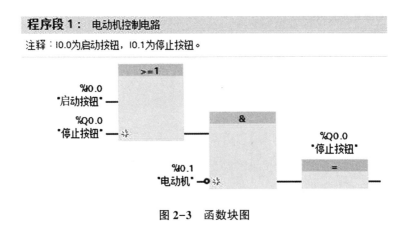

图 2-3 函数块图

在函数块图中,用类似于与门(带有符号"&")、或门(带有符号">=1")的方框来表示逻辑运算关系,方框的左边为逻辑运算的输入变量,右边为输出变量,输入、输出端的小圆圈表示"非"运算,方框被"导线"连接在一起,信号自左向右流动。指令框用来表示一些复杂的功能,如数学运算等。

2.1.4 结构化控制语言

结构化控制语言是一种基于 Pascal 的高级编程语言。结构化控制语言除了包含 PLC 的典型元素(如输入、输出、定时器或存储器位)外,还包含高级编程语言中的表达式、赋值运算和运算符。其提供了简便的指令进行程序控制,如创建程序分支、循环或跳转。结构化控制语言尤其适用于数据管理、过程优化、配方管理和数学计算、统计任务等场合。

2.1.5 语句表

语句表(图 2-4)是一种类似于微机的汇编语言的文本语言,多条语句组成一个程序段。语句表只能用于 S7-1500,现在很少使用。

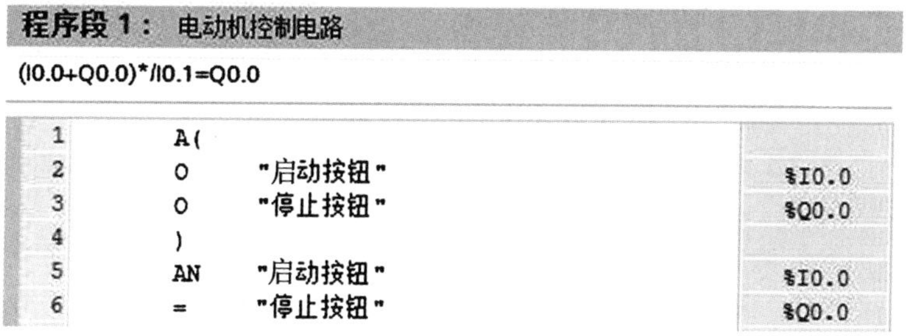

程序段 1:	电动机控制电路	

(I0.0+Q0.0)*/I0.1=Q0.0

1	A(		
2	O	"启动按钮"	$I0.0
3	O	"停止按钮"	$Q0.0
4	)		
5	AN	"启动按钮"	$I0.0
6	=	"停止按钮"	$Q0.0

图 2-4 语句表

2.1.6 编程语言的选择与切换

S7-1200 只能使用梯形图、函数块图和结构化控制语言,S7-1500 可以使用上述 5 种编程语言。在"添加新块"对话框中,S7-1200 的代码块可以选择梯形图、函数块图和结构化控制语言,S7-1500 的代码块可以选择梯形图、函数块图、语句表和结构化控制语言。生成 S7-1500 的函数块(FB)时还可以选择 GRAPH。

右键单击项目树中 PLC 的"程序块"文件夹中的某个代码块,选中快捷菜单中的"切换编程语言",单击需要切换的编程语言;也可以在程序块的属性对话框的"常规"条目中切换。编程语言的切换是有限制的,S7-1200/1500 的梯形图和函数块图可以互换,但是不能切换为语句表,结构化控制语言和 GRAPH 不能切换为其他编程语言。

右键单击 S7-1500 的梯形图或函数块图程序块中的某个程序段,执行快捷菜单命令,可以在该程序段的下面插入一个语句表程序段。

2.2　PLC 的工作原理

PLC 是在系统程序管理下,依照用户程序安排,结合输入程序变化,确定输出口的状态,以推动输出口上所连接的现场设备工作。

2.2.1　PLC 的等效工作电路

一般来说,一个扫描周期等于自诊断、通信、输入采样、程序执行、输出刷新等所有时间的总和。PLC 的等效工作电路如图 2-5 所示。

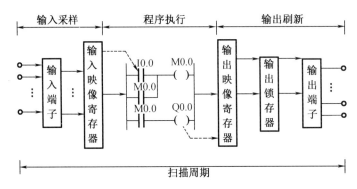

图 2-5　PLC 的等效工作电路

1. 输入部分

输入部分由外部输入电路、PLC 输入接线端子和输入继电器组成。外部输入信号经 PLC 输入端子驱动输入继电器的线圈,每个输入端子与其相同编号的输入继电器有着唯一确定的对应关系。当外部的输入元件处于接通状态时,对应的输入继电器线圈"得电"。为使继电器的线圈"得电",即让外部输入元件的接通状态写入与其对应的基本单元中,输入回路要有电源。输入回路所使用的电源,可以用 PLC 内部提供的 24 V 直流电源,也可由 PLC 外部的独立的交流和直流电源供电。需要强调的是,输入继电器的线圈只能来自现场的输入元件(如控制按钮、行程开关的触点、晶体管的基极–发射极电压、各种检测及保护器的触点或动作信号等)的驱动,而不能用编程的方式去控制,因此在梯形图程序中,只能使用输入继电器的触点,不能使用输入继电器的线圈。

2. 内部控制电路

内部控制电路是由用户程序形成的用"软继电器"来代替继电器的控制逻辑。它的作用是按照用户程序规定的逻辑关系,对输入信号和输出信号的状态进行检测、判断、运算和处理,然后得到相应的输出。一般用户程序是用梯形图语言编制的,它看起来很像继电器控制线路图。在继电器控制线路中,继电器的触点可瞬时动作,也可延时动作,而 PLC 梯形图中的触点是瞬时动作的,如果需要延时,可由 PLC 提供的定时器来完成。延时时间可根据需要在编程时设定,其定时精度及范围远远高于时间继电器。在 PLC 中还提供了计数器、辅助继电器(中间继电器)及某些特殊功能的继电器。PLC 的这些器件所提供的逻辑控制功能,可在编程时根据需要选用,且只能在 PLC 的内部控制电路中使用。

3. 输出部分

输出部分由在 PLC 内部且与内部控制电路隔离的输出继电器的外部动合触点、输出接线端子和外部驱动电路组成,用来驱动外部负载。PLC 的内部控制电路中有许多输出继电器,每个输出继电器除了有为内部控制电路提供编程用的任意多个动合、动断触点外,还为外部输出电路提供了一个实际的动合触点与输出接线端子相连。驱动外部负载电路的电源必须由外部电源提供,电源种类及规格可根据负载要求去配置,只要在 PLC 允许的电压范围内工作即可。综上所述,我们可对 PLC 的等效电路做进一步简化,即将输入等效为一个继电器的线圈,将输出等效为继电器的一个动合触点。

2.2.2 PLC 的逻辑运算

在数字量(或称开关量)控制系统中,变量仅有两种相反的工作状态,如高电平和低电平、继电器线圈的通电和断电,可以分别用逻辑代数中的 1 和 0 来表示这些状态,在波形图中,用 1 表示高电平状态,用 0 表示低电平状态。

使用数字电路或 PLC 的梯形图都可以实现数字量逻辑运算。用继电器电路或梯形图可以实现基本的逻辑运算,触点的串联可以实现"与"运算,触点的并联可以实现"或"运算,用常闭触点控制线圈可以实现"非"运算。多个触点的串、并联电路可以实现复杂的逻辑运算。图 2-6 的(a1)(b1)(c1)是 PLC 的梯形图,图 2-6 的(a2)(b2)(c2)是对应的函数块图。

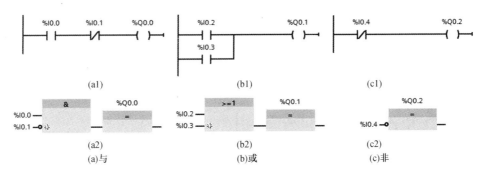

图 2-6　基本逻辑运算

图 2-7 中的 I0.0～I0.4 为数字量输入变量,Q0.0～Q0.2 为数字量输出变量,它们之间的"与""或""非"逻辑运算关系见表 2-1。表中的 0 和 1 分别表示输入点的常开触点断开与接通,以及线圈的断电和通电。

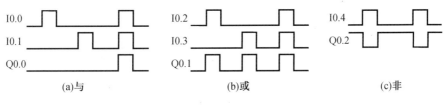

图 2-7　逻辑时序图

表 2-1 逻辑运算关系表

与			或			非	
$Q0.0 = I0.0 \cdot I0.1$			$Q0.1 = I0.2 + I0.3$			$Q0.2 = \overline{I0.4}$	
I0.0	I0.1	Q0.0	I0.2	I0.3	Q0.1	I0.4	Q0.2
0	0	0	0	0	0	0	1
0	1	0	0	1	1	1	0
1	0	0	1	0	1	—	—
1	1	1	1	1	1	—	—

2.2.3 PLC 的工作过程

1. 操作系统与用户程序

CPU 模块的操作系统用来实现与具体的控制任务无关的 PLC 的基本功能。操作系统的任务包括处理暖启动、刷新 I/O 过程映像、调用用户程序、检测中断事件和调用中断组织块(OB)、检测和处理错误、管理存储器,以及处理通信任务等。

用户程序包含处理具体的自动化任务必需的所有功能。用户程序由用户编写并下载到 CPU 模块,用户程序的任务包括如下内容。

(1)检查是否满足暖启动需要的条件,如限位开关是否在正确的位置。

(2)处理过程数据,如用数字量输入信号来控制数字量输出信号,读取和处理模拟量输入信号、输出模拟量值。

(3)用 OB 中的程序对中断事件做出反应,如在诊断错误中断 OB82 中发出报警信号和编写处理错误的程序。

2. 上电后的启动条件

CPU 模块有 3 种操作模式:运行(RUN)、停机(STOP)与启动(STARTUP)。

如果同时满足下述条件,接通 PLC 电源(上电)后将进入启动模式。

(1)预设的组态与实际的硬件匹配。

(2)设置的启动类型为"暖启动-RUN 模式",或启动类型为"暖启动-断电前的操作模式",并且断电之前为 RUN 模式。

如果预设的组态与实际的硬件不匹配,或启动类型为"不重新启动",或启动类型为"暖启动-断电前的操作模式",且断电之前为 STOP 模式,上电后将进入 STOP 模式。

S7-1200/1500 的启动模式只有暖启动,暖启动删除非保持性位存储器的内容,非保持性数据块(DB)的内容被置为来自装载存储器的起始值。保持性位存储器和保持性 DB 中的内容被保留。

3. S7-1200 操作模式的切换

CPU 模块上没有切换操作模式的模式选择开关,只能用 TIA 博途软件的 CPU 模块操作面板中的按钮或工具栏上的 ▶ 按钮和 ■ 按钮,来切换 STOP 或 RUN 模式,也可以在用户程序中用退出程序指令(STP)使 CPU 模块进入 STOP 模式。

4．S7-1500 操作模式的切换

（1）STOP-RUN

如果同时满足下述条件，CPU 模块将从 STOP 模式切换到 STARTUP 模式。

①预设的组态与实际的硬件匹配。

②模式选择开关处于 RUN 位置，通过编程设备或 CPU 模块上的显示屏将 CPU 模块设置为 RUN 模式，或将模式选择开关从 STOP 扳到 RUN 位置处，或按 RUN 按钮。

如果启动成功，CPU 模块将进入 RUN 模式。

（2）STARTUP-STOP

如果 CPU 模块在启动过程中检测到错误，或通过编程设备、显示屏、模式选择开关、STOP 按钮发出 STOP 命令，或 CPU 模块在启动 OB 中执行了 STOP 命令，都会返回到 STOP 模式。

（3）RUN-STOP

如果检测到不能继续处理的错误，或通过编程设备、显示屏、模式选择开关、STOP 按钮发出 STOP 命令，或在用户程序中执行了 STOP 命令，都会返回到 STOP 模式。

5．S7-1200 启动模式的操作

在 CPU 模块内部的存储器中，设置了一片区域来存放输入信号和输出信号的状态，它们被称为输入过程映像区和输出过程映像区。

从 STOP 模式切换到 RUN 模式时，CPU 模块进入启动模式，执行下列操作（图 2-8 中各阶段的代码）。

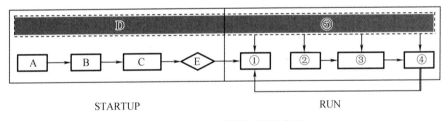

STARTUP   RUN

图 2-8　启动与运行过程示意图

（1）阶段 A 将外设输入（或称物理输入）的状态复制到输入过程映像区（I 存储区）。

（2）阶段 B 用上一次 RUN 模式最后的值或组态的替代值，来初始化输出过程映像区（Q 存储区），将 DP、PN 和执行器传感器接口（AS-i）网络上的分布式 I/O 的输出设为 0。

（3）阶段 C 执行启动 OB（如果有），将非保持性 M 存储区和 DB 初始化为其初始值，并启用组态的循环中断事件和时钟事件。

（4）阶段 D（整个启动阶段）将所有的中断事件保存到中断队列，以便在 RUN 模式下进行处理。

（5）阶段 E 将输出过程映像区（Q 存储区）的值写到外设输出。

6．S7-1500 启动模式的操作

根据相应模块的参数设置，用上一次 RUN 模式最后的值或替代值来初始化输出过程映像区（Q 存储区），不会更新 I/O 过程映像区。要想在启动过程中读取输入的当前状态，可通过直接 I/O 访问来访问输入。要想在启动过程中初始化输出，可通过过程映像区或通过直接 I/O 访问来写入值。在转换到 RUN 模式时将输出这些值。

CPU 模块以暖启动方式启动时,初始化非保持性位存储器、定时器和计数器、DB 中的非保持性变量、非保持性数据被保留。在启动期间,尚未运行循环时间监视。CPU 模块按启动 OB 编号的顺序处理启动 OB。如果发生相应的事件,CPU 模块可以在启动期间启动 OB82、OB83、OB86、OB121 和 OB122。

如果没有插入 SIMATIC 存储卡或插入的存储卡无效,或没有将硬件配置下载到 CPU 模块中,CPU 模块将取消启动并返回到 STOP 模式。

7. RUN 模式的操作

启动阶段结束后,进入 RUN 模式。为了使 PLC 的输出及时地响应各种输入信号,CPU 模块反复地分阶段处理各种不同的任务(见图 2-8 中各阶段的符号)。

(1)写外设输出

在扫描循环的阶段①,操作系统将输出过程映像区中的值写到输出模块并锁存起来。

梯形图中某输出位的线圈"通电"时,对应的输出过程映像位中的二进制数为 1。信号经输出模块隔离和功率放大后,继电器型输出模块中对应的硬件继电器的线圈通电,其常开触点闭合,使外部负载通电工作。若梯形图中某输出位的线圈"断电",对应的过程映像输出位中的二进制数为 0。将它送到继电器型输出模块,对应的硬件继电器的线圈断电,其常开触点断开,外部负载断电,停止工作。

可以用指令立即改写外设输出点的值,同时刷新输出过程映像区。

(2)读外设输入

在扫描循环的阶段②,读取 CPU 模块、信号板和信号模块(SM)"过程映像"被组态为"自动更新"的数字量与模拟量输入的当前值,然后将这些值写入输入过程映像区。

外接的输入电路闭合时,对应的输入过程映像区中的二进制数为 1,梯形图中对应的输入点的常开触点接通,常闭触点断开。外接的输入电路断开时,对应的输入过程映像区中的二进制数为 0,梯形图中对应的输入点的常开触点断开,常闭触点接通。

可以用指令立即读取数字量或模拟量的外设输入点的值,但是不会刷新输入过程映像区。

(3)执行用户程序

在扫描循环的阶段③,执行一个或多个程序循环 OB,首先执行主程序 OB1。从第一条指令开始,逐条顺序执行用户程序中的指令,调用所有关联的函数(FC)和 FB,一直执行到最后一条指令。

在执行指令时,从 I/O 过程映像区或别的位元件的存储单元读出其 0、1 状态,并根据指令的要求执行相应的逻辑运算,运算的结果写入相应的输出过程映像区和其他存储单元,它们的内容随着程序的执行而变化。

程序执行过程中,各输出点的值被保存到输出过程映像区,而不是立即写入输出模块。

在程序执行阶段,即使外部输入信号的状态发生了变化,输入过程映像区的状态也不会随之而变,输入信号变化的状态只能在下一个扫描周期的读取输入阶段被读入。执行程序时,对 I/O 的访问通常是通过过程映像区,而不是实际的 I/O 点,这样做有以下优点。

①在整个程序执行阶段,各输入过程映像区的状态是固定不变的,程序执行完后再用输出过程映像区的值更新输出模块,使系统的运行稳定。

②由于过程映像保存在 CPU 模块的系统存储器中,访问速度比直接访问信号模块快得多。

（4）自诊断检查

在扫描循环的阶段④,进行自诊断检查,包括定期检查系统和检查 I/O 模块的状态。

上述 4 个阶段的任务是按顺序循环执行的,这种周而复始的循环工作方式称为扫描循环。

（5）处理中断和通信

事件驱动的中断可能发生在扫描循环的任意阶段（阶段⑤）。中断事件发生时,CPU 模块停止扫描循环,调用被组态用于处理该事件的 OB。OB 处理完该事件后,CPU 模块在中断点继续执行用户程序。中断功能可以提高 PLC 对事件的响应速度。

阶段⑤还要处理接收到的通信报文,在适当的时候将响应报文发送给通信的请求方。

8. S7-1200 的存储器复位

存储器复位将 CPU 模块切换到"初始"状态,即终止 PC 和 CPU 模块之间的在线连接;清除工作存储器的内容,包括保持性和非保持性数据;诊断缓冲区、实时时间、IP 地址、硬件配置和激活的强制作业保持不变;将装载存储器中的代码块和 DB 复制到工作存储器,DB 中变量的值被初始值替代。

存储器复位的必要条件是建立了与 PC 的在线连接和 CPU 模块处于 STOP 模式。打开 TIA 博途软件的"在线和诊断"视图,单击"在线工具"任务卡的"CPU 模块操作面板"中的"MRES"按钮,再单击出现的对话框中的"是"按钮,存储器被复位。

9. S7-1500 的存储器复位

（1）存储器的自动复位

如果发生下述错误之一,CPU 模块将执行存储器自动复位。

①用户程序过大,不能完全加载到工作存储器中。

②SIMATIC 存储卡中的项目数据损坏,如文件被删除。

③取出或插入 SIMATIC 存储卡,保持性备份数据与 SIMATIC 存储卡上的组态存在结构差异。

（2）存储器的手动复位

S7-1500 可以使用模式选择开关/模式选择按钮、显示屏和 STEP 7 手动复位存储器。

如果 CPU 模块插入了 SIMATIC 存储卡,下述操作使 CPU 模块执行存储器复位。反之 CPU 模块被复位为出厂设置。

（3）使用模式选择开关复位存储器

①将模式选择开关（图 2-9（a））扳到 STOP 位置,RUN/STOP LED 呈黄色亮点。

②将模式选择开关扳到 MRES 位置并保持在该位置,直至 RUN/STOP LED 第二次呈黄色亮点并保持约 3 s,松手后模式选择开关自动返回 STOP 位置。

③在接下来的 3 s 内,将模式选择开关切换回 MRES 位置,然后重新返回到 STOP 模式。CPU 模块将执行存储器复位,在此期间 RUN/STOP LED 呈黄色闪烁。当该 LED 呈黄色亮点时,表示 CPU 模块已被复位为出厂设置,并处于 STOP 模式。

（4）使用 STOP 操作模式按钮复位存储器

①按操作模式按钮 STOP（图 2-9（b））,STOP ACTIVE 和 RUN/STOP LED 呈黄色亮点。

②再次按操作模式按钮 STOP,直至 RUN/STOP LED 第二次呈黄色亮点,并在 3 s 内保持点亮状态,然后松开按键。

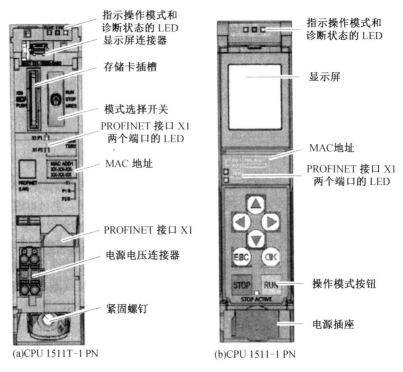

(a)CPU 1511T-1 PN   (b)CPU 1511-1 PN

图 2-9　没有前面板的 CPU 模块正面视图

③在接下来的 3 s 内,按操作模式按钮 ,CPU 模块执行存储器复位,RUN/STOP LED 呈黄色闪烁。当 STOP ACTIVE 和 RUN/STOP LED 呈黄色亮点时,CPU 模块已复位为出厂设置,并处于 STOP 模式。

10. 扫描周期

一个循环扫描过程称为扫描周期。扫描过程分为三个阶段进行,即输入采样(输入处理)阶段、程序执行(程序处理)阶段、输出刷新(输出处理)阶段,如图 2-10 所示。

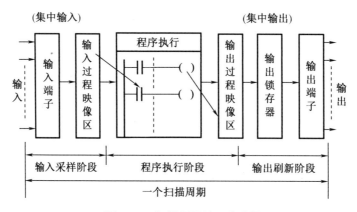

图 2-10　扫描周期的三个阶段

在循环程序处理过程中,CPU 模块并不直接访问 I/O 模块中的输入地址区和输出地址区,而是访问 CPU 模块内部的过程映像区。PLC 梯形图中的其他编程元件也有对应的映像存储区。

（1）输入采样阶段

在输入采样阶段,PLC 以扫描方式依次地读入所有输入状态和数据,并将它们存入 I/O 映像区中的相应单元内,称为对输入信号的采样,或称输入刷新,此时输入过程映像区被刷新。输入采样结束后转入用户程序执行和输出刷新阶段。在这两个阶段中,即使输入状态和数据发生变化,I/O 映像区中的相应单元的状态和数据也不会改变,输入状态的变化只有在下一个扫描周期的输入采样阶段才被重新读入。因此,如果输入是脉冲信号,则该脉冲信号的宽度必须大于一个扫描周期,才能保证在任何情况下,该输入均能被读入。

（2）程序执行阶段

在程序执行阶段,PLC 总是按由上而下的顺序依次地扫描用户程序（梯形图）。在扫描每一条梯形图时,又总是先扫描梯形图左边的由各触点构成的控制线路,并按先左后右、先上后下的顺序对由触点构成的控制线路进行逻辑运算。然后根据逻辑运算的结果,刷新该逻辑线圈在系统 RAM 存储区中对应位的状态,或者刷新该输出线圈在 I/O 映像区中对应位的状态,或者确定是否要执行该梯形图所规定的特殊功能指令。即在用户程序执行过程中,只有输入点在 I/O 映像区内的状态和数据不会发生变化,而其他输出点与软设备在 I/O 映像区或系统 RAM 存储区内的状态和数据都有可能发生变化,并且排在上面的梯形图,其程序执行结果会对排在下面的凡是用到这些线圈或数据的梯形图起作用;相反,排在下面的梯形图,其被刷新的逻辑线圈的状态或数据只能在下一个扫描周期才能对排在其上面的程序起作用。

（3）输出刷新阶段

当扫描用户程序结束后,PLC 就进入输出刷新阶段。在此期间,CPU 模块按照 I/O 映像区内对应的状态和数据刷新所有的输出锁存电路,再经输出电路驱动相应的外设。这时才是 PLC 的真正输出。

PLC 重复执行上述三个阶段,每重复一次的时间就是一个扫描周期。在一个扫描周期内,PLC 对输入状态的采样只在输入采样阶段进行,当 PLC 进入程序执行阶段后输入端将被封锁,直到下一个扫描周期的输入采样阶段才对输入状态进行重新采样。因此,输入过程映像区的数据,取决于输入端子在输入采样阶段所刷新的状态;输出过程映像区的状态,由程序中输出指令的执行结果决定;输出锁存寄存器中的数据,由上一个工作周期输出刷新阶段存入到输出锁存电路中的数据来确定;输出端子的输出状态,由输出锁存寄存器中的数据来确定。另外,PLC 在每次扫描中,对输入信号采样一次,对输出信号刷新一次。这就保证了 PLC 在程序执行阶段,输入过程映像区和输出过程映像区的内容或数据保持不变。

扫描周期的长短与用户程序的长短、指令的种类、CPU 模块运行速度和 PLC 硬件配置有关,典型值为 1～100 ms。一个扫描过程中,执行程序的时间占了绝大部分。

2.2.4 用户程序结构简介

S7-1200/1500 与 S7-300/400 的用户程序结构基本相同。

1. 模块化编程

模块化编程将复杂的自动化任务划分为对应于生产过程技术功能的较小的子任务,每个子任务对应于一个称为"块"的子程序,可以通过块与块之间的相互调用来组织程序。这样的程序易于修改、查错和调试。块结构显著增加了 PLC 程序的组织透明性、可理解性和易维护性。各种块的简要描述见表2-2,其中OB、FB、FC都包含程序,统称为代码块。

表2-2　各种块的简要描述

块	简要描述
OB	操作系统与用户程序的接口,决定用户程序的结构
FB	用户编写的包含经常使用的功能的子程序,有专用的背景DB
FC	用户编写的包含经常使用的功能的子程序,没有专用的背景DB
背景DB	用于保存FB的输入、输出参数和静态变量,其数据在编译时自动生成
全局DB	存储用户数据的数据区域,供所有的代码块共享

被调用的代码块又可以调用别的代码块,这种调用称为嵌套调用。从程序循环OB或启动OB开始,S7-1200的嵌套深度为16;从中断OB开始,S7-1200的嵌套深度为6。S7-1500每个优先级等级的嵌套深度为24。

在块调用中,调用者可以是各种代码块,被调用的块是OB之外的代码块。调用FB时需要为它指定一个背景DB。

2. OB

OB是操作系统与用户程序的接口,由操作系统调用,用于控制扫描循环和中断程序的执行、PLC的启动和错误处理等。OB的程序是用户编写的。

每个OB必须有一个唯一的编号,123之前的某些编号是保留的,其他OB的编号应大于或等于123。CPU模块中特定的事件触发OB的执行,OB不能相互调用,也不能被FC和FB调用。只有启动事件(如诊断中断事件或周期性中断事件)可以启动OB的执行。

(1)程序循环OB

OB1是用户程序中的主程序,CPU模块循环执行操作系统程序,在每一次循环中,操作系统程序调用一次OB1。因此OB1中的程序也是循环执行的。允许有多个程序循环OB,默认的是OB1,其他程序循环OB的编号应大于或等于123。

(2)启动OB

当CPU模块的操作模式从STOP切换到RUN时,执行一次启动OB,来初始化程序循环OB中的某些变量。执行完启动OB后,开始执行程序循环OB。可以有多个启动OB,默认的为OB100,其他启动OB的编号应大于或等于123。

(3)中断OB

中断处理用来实现对特殊内部事件或外部事件的快速响应。如果没有中断事件出现,CPU模块循环执行OB1和它调用的块。如果出现中断事件,如诊断中断和时间延迟中断等,因为OB1的中断优先级最低,操作系统在执行完当前程序的当前指令(即断点处)后,立即响应中断。CPU模块暂停正在执行的程序块,自动调用一个分配给该事件的OB(即中断程序)来处理中断事件。执行完中断OB后,返回被中断的程序的断点处继续执行原来的程序。

这意味着部分用户程序不必在每次循环中处理,而是在需要时才被及时地处理。处理中断事件的程序放在该事件驱动的OB中。

3. FC

FC是用户编写的子程序,STEP 7 V5.x中称为功能。它包含完成特定任务的代码和参数。FC 和 FB 有与调用它的块共享的输入参数及输出参数。执行完 FC 和 FB 后,返回调用它的代码块。

FC 是快速执行的代码块,可用于完成标准的和可重复使用的操作,如算术运算;或完成技术功能,如使用位逻辑运算的控制。可以在程序的不同位置多次调用同一个 FC 和 FB,这样可以简化重复执行的任务的编程。FC 没有固定的存储区,FC 执行结束后,其临时变量中的数据可能被别的块的临时变量的值覆盖。

4. FB

FB 是用户编写的子程序,STEP 7 V5.x 中称为功能块。调用 FB 时,需要指定背景 DB,后者是 FB 专用的存储区。CPU 模块执行 FB 中的程序代码,将块的 I/O 参数和局部静态变量保存在背景 DB 中,以便在后面的扫描周期访问它们。FB 的典型应用是执行不能在一个扫描周期内完成的操作。在调用 FB 时,自动打开对应的背景 DB,后者的变量可以供其他代码块使用。

使用不同的背景 DB 调用同一个 FB,可以控制不同的对象。

S7-1200/1500 的某些指令(如符合 IEC 标准的定时器和计数器指令)实际上是 FB,在调用它们时需要指定配套的背景 DB。

5. DB

DB 是用于存放执行代码块时所需数据的数据区,与代码块不同,DB 没有指令,STEP 7 按变量生成的顺序自动地为 DB 中的变量分配地址。

DB 有以下两种类型(图 2-11)。

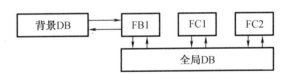

图 2-11　全局 DB 与背景 DB

(1)全局 DB,其存储供所有的代码块使用的数据,所有的 OB、FB 和 FC 都可以访问它们。

(2)背景 DB,其存储的数据供特定的 FB 使用。背景 DB 中保存的是对应的 FB 的输入、输出参数和局部静态变量。FB 的临时数据(temp)不是用背景 DB 保存的。

2.3　物理存储器与系统存储区

2.3.1　物理存储器

1. PLC 使用的物理存储器

(1)RAM

CPU 模块可以读出 RAM 中的数据,也可以将数据写入 RAM。它是易失性的存储器,电源中断后,存储的信息将会丢失。RAM 的工作速度高,价格低,改写方便。在关断 PLC 的外部电源后,可以用锂电池保存 RAM 中的用户程序和某些数据。

（2）只读存储器（ROM）

ROM 的内容只能读出，不能写入。它是非易失的，电源消失后，仍能保存存储的内容。ROM 一般用来存放 PLC 的操作系统。

（3）FEPROM 和 EEPROM

FEPROM 即快闪存储器，EEPROM 即带电可擦可编程只读存储器。它们是非易失性的，可以用编程装置对它们编程，兼有 ROM 的非易失性和 RAM 的随机存取优点，但是将数据写入它们所需的时间比 RAM 长得多。它们用来存放用户程序和断电时需要保存的重要数据。

2. 装载存储器与工作存储器

（1）装载存储器

装载存储器具有断电保持功能，用于保存用户程序、DB 和组态信息等。S7-1200 的 CPU 模块有内部的装载存储器。CPU 模块插入存储卡后，用存储卡作为装载存储器。S7-1500 只能用存储卡作为装载存储器。项目下载到 CPU 模块时，首先保存在装载存储器中，然后复制到工作存储器中运行。装载存储器类似于计算机的硬盘，工作存储器类似于计算机的内存条。

（2）工作存储器

工作存储器是集成在 CPU 模块中的高速存取的 RAM，为了提高运行速度，CPU 模块将用户程序中的代码块和 DB 保存在工作存储器中。CPU 模块断电时，工作存储器中的内容将会丢失。

S7-1500 集成的程序工作存储器用于存储 FB、FC 和 OB。集成的数据工作存储器用于存储 DB 和工艺对象中与运行有关的部分。有些 DB 可以存储在装载存储器中。

3. 存储卡

SIMATIC 存储卡基于 FEPROM，是预先格式化的 SD 存储卡（图 2-12），有保持功能，用于存储用户程序、PROFINET 设备名称和其他文件。存储卡可用作装载存储器或便携式媒体。

图 2-12　S7-1500 的存储器

SIMATIC 存储卡带有序列号，右键单击项目树中的某个块，选中快捷菜单中的"属性"，再选中出现的对话框中的"保护"，在"防拷贝保护"区将选中的块与存储卡的序列号绑定，然后输入序列号。

将存储卡插入读卡器，右键单击项目树的"读卡器/USB 存储器"文件夹中的存储卡，再选中快捷菜单中的"属性"就可以查看存储卡的属性信息。存储卡的模式可以设置为"程序""传送"和"更新固件"。

不能使用 Windows 中的工具格式化存储卡。如果误删存储卡中隐藏的文件,应将存储卡安装在 S7-1500 CPU 模块中,用 TIA 博途软件对它在线格式化,恢复存储卡中隐藏的文件。

存储卡可以用作程序卡、传送卡或固件更新卡。装载了用户程序和组态数据的存储卡(传送卡)将替代 S7-1200 的内部装载存储器。无须使用 STEP 7,用传送卡就可以将项目复制到 CPU 模块的内部装载存储器,传送过程完成后,必须取出传送卡。

将模块的固件存储在存储卡上,就可以执行固件更新。

忘记密码时,将空的传送卡插入 S7-1200,将会自动删除 CPU 模块内部装载存储器中受密码保护的程序,之后就可以将新的程序下载到 CPU 模块中。对于 S7-1500,将存储卡插入编程设备的读卡器,将包含新组态的 CPU 模块文件夹拖放到项目树的"读卡器/USB 存储器"文件夹中的存储卡符号上。在加载对话框中,确认覆盖当前受密码保护的 CPU 模块组态和程序。

4. 保持性存储器

具有断电保持功能的保持性存储器用来防止在 PLC 电源关断时丢失数据,暖启动后保持性存储器中的数据保持不变,存储器复位时其值被清除。

S7-1200 CPU 模块提供了 10 KB 的保持性存储器,S7-1500 CPU 模块的保持性存储器的字节数见 CPU 模块的设备手册。在断电时,可将工作存储器的某些数据的值永久保存在保持性存储器中。

断电时组态的工作存储器的值被复制到保持性存储器。电源恢复后,系统将保持性存储器保存的断电之前工作存储器的数据,恢复到原来的存储单元。

在暖启动时,所有非保持的位存储器被删除,非保持的 DB 的内容被设置为装载存储器中的初始值。保持性存储器和有保持功能的 DB 的内容被保持。

可以采用下列方法设置变量的断电保持属性。

(1)位存储器、定时器和计数器:可以在 PLC 变量表或分配列表中,定义从 MB0、T0 和 C0 开始有断电保持功能的地址范围。S7-1200 只能设置 M 区的保持功能。

(2)FB 的背景 DB 的变量:如果激活了 FB 的"优化的块访问"属性,可以在 FB 的接口区,单独设置各变量的保持性为"保持""非保持"和"在背景 DB 中设置"。

对于"在背景 DB 中设置"的变量,不能在背景 DB 中单独设置每个变量的保持性。它们的保持性设置会影响到所有使用"在背景 DB 中设置"选择的块接口变量。

如果没有激活 FB 的"优化的块访问"属性,只能在背景 DB 中定义所有的变量是否有保持性。

(3)如果激活了 DB 的"优化的块访问"属性,可以对每个全局 DB 中的变量单独设置断电保持属性。对于具有结构化数据类型的变量,将为所有变量元素传送保持性设置。

如果禁止了 DB 的"优化的块访问"属性,只能设置 DB 中所有的变量是否有断电保持属性。

诊断缓冲区、运行小时计数器和时钟时间均具有保持性。

5. 其他存储器

其他存储器包括位存储器、定时器和计数器、本地临时数据区和过程映像区。它们的大小与CPU模块的型号有关。

6. 查看存储器的使用情况

选中"工具"菜单中的"资源",可以查看当前项目的存储器的使用情况。

与PLC联机后,双击项目树中PLC文件夹内的"在线和诊断",双击工作区左边窗口"诊断"文件夹中的"存储器",可以查看PLC运行时存储器的使用情况。

2.3.2　系统存储区

系统存储区见表2-3。

表2-3　系统存储区

存储区	描述	强制	保持性
输入过程映像区(I)	在循环开始时,将输入模块的输入值保存到输入过程映像区	否	否
外设输入(I_:P)	通过该区域直接访问集中式和分布式输入模块	是	否
输出过程映像区(Q)	在循环开始时,将输出过程映像区的值写入输出模块	否	否
外设输出(Q_:P)	通过该区域直接访问集中式和分布式输出模块	是	否
位存储器(M)	用于存储用户程序的中间运算结果或标志位	否	是
局部数据(L)	块的临时局部数据,只能供块内部使用	否	否
DB	数据存储器与FB的参数存储器	否	是

1. I/O过程映像区

输入过程映像区在用户程序中的标识符为I,它是PLC接收外部输入的数字量信号的窗口。输入端可以外接常开触点或常闭触点,也可以接多个触点组成的串、并联电路。

在每次扫描循环开始时,CPU模块读取数字量输入点的外部输入电路的状态,并将它们存入输入过程映像区。

输出过程映像区在用户程序中的标识符为Q。用户程序访问PLC的输入和输出地址区时,不是去读、写数字量模块中信号的状态,而是访问CPU模块的过程映像区。在扫描循环中,用户程序计算输出值,并将它们存入输出过程映像区。在下一扫描循环开始时,将输出过程映像区的内容写到数字量输出点,再由后者驱动外部负载。

存储器的"读写""访问""存取"这3个词的意思基本相同。

I和Q均可以按位、字节、字和双字来访问,如I0.0、IB0、IW0和ID0。程序编辑器自动地在绝对操作数前面插入"%",如%I3.2。在SCL中,必须在地址前输入"%"来表示该地址为绝对地址。如果没有"%",STEP 7将在编译时生成未定义的变量错误。

2. 外设输入

在I/O点的地址或符号地址的后面附加":P",可以立即访问外设输入或外设输出。通过给输入点的地址附加":P",如I0.3:P或STOP:P,可以立即读取CPU模块、信号板和信号模块的数字量输入与模拟量输入。访问时使用I_:P取代I的区别在于前者的数字直接来自被访问的输入点,而不是来自输入过程映像区。因为数据从信号源被立即读取,而不是从最后一次被刷新的输入过程映像中复制,这种访问被称为"立即读"访问。

由于外设输入点从直接连接在该点的现场设备接收数据值,因此写外设输入点是被禁止的,即 I_:P 访问是只读的。

I_:P 访问还受到硬件支持的输入长度的限制。以 S7-1200 被组态为从 I4.0 开始的 2DI/2DO(DI 为数字量输入,DO 为数字量输出)信号板的输入点为例,可以访问 I4.0:P、I4.1:P 或 IB4:P,但是不能访问 I4.2:P~I4.7:P,因为没有使用这些输入点。也不能访问 IW4:P 和 ID4:P,因为它们超过了信号板使用的字节范围。

用 I_:P 访问外设输入不会影响存储在输入过程映像区中的对应值。

S7-1200 的系统手册将外设输入、外设输出称为硬件输入和硬件输出。

3. 外设输出

在输出点的地址后面附加":P"(如 Q0.3:P),可以立即写 CPU、信号板和信号模块的数字量与模拟量输出。访问时使用 Q_:P 取代 Q 的区别在于前者的数值直接写给被访问的外设输出点,同时写给输出过程映像区。这种访问被称为"立即写",因为数据被立即写给目标点,不用等到下一次刷新时将输出过程映像区中的数据传送给目标点。

由于外设输出点直接控制与该点连接的现场设备,因此读外设输出点是被禁止的,即 Q_:P 访问是只写的。与此相反,可以读写 Q 区的数据。

与 I_:P 访问相同,Q_:P 访问还受到硬件支持的输出长度的限制。

用 Q_:P 访问外设输出同时影响外设输出点和存储在输出过程映像区中的对应值。

4. 位存储器区

位存储器(M 存储器)用来存储运算的中间操作状态或其他控制信息。可以用位、字节、字或双字读/写位存储器。

5. S5 定时器和 S5 计数器

S7-1500 可以使用 S7-300/400 的 S5 定时器和 S5 计数器,它们的地址标识符为 T 和 C,如 T3、C10。所有型号的 S7-1500 CPU 模块的 S5 定时器和 S5 计数器的个数都是 2 048 个。

建议 S7-1500 使用 IEC 定时器和 IEC 计数器,它们的个数不受限制,编程也更加灵活。

6. DB

DB 用来存储代码块使用的各种类型数据,包括中间操作状态或 FB 的其他控制信息参数,以及某些指令(如定时器、计数器指令)需要的数据结构。

DB 可以按位(如 DB1.DBX3.5)、字节(DBB)、字(DBW)和双字(DBD)来访问。在访问 DB 中的数据时,应指明 DB 的名称,如 DB1.DBW20。

如果启用了块的"优化的块访问"属性,那么不能用绝对地址访问 DB 和代码块的接口区中的临时局部数据。

7. 局部数据

局部数据是块被处理时使用的块的临时数据。局部数据类似于位存储器,二者的主要区别在于位存储器是全局的,而局部数据是局部的。

(1)所有的 OB、FC 和 FB 都可以访问位存储器中的数据,即这些数据可以供用户程序中所有的代码块全局性地使用。

(2)在 OB、FC 和 FB 的接口区生成临时变量。临时变量具有局部性,只能在生成它们的代码块内使用,不能与其他代码块共享。即使 OB 调用 FC,FC 也不能访问调用它的 OB 的局部数据。

CPU模块在代码块被启动(对于OB)或被调用(对于FC和FB)时,将局部数据分配给代码块。代码块执行结束后,CPU模块将它使用的局部数据区重新分配给其他要执行的代码块使用。CPU模块不对在分配时可能包含数值的局部数据初始化。建议以符号方式访问局部数据。

可以通过菜单命令"工具"→"调用结构"查看程序中各代码块占用的局部数据空间。

2.4 数制、编码与数据类型

2.4.1 数制

1. 二进制数

二进制数的1位只能取0和1,用来表示开关量两种不同的状态,如触点的断开和接通、线圈的通电和断电等。如果该位为1,则梯形图中对应的位编程元件(如位存储器M和输出过程映像区Q)的线圈"通电",其常开触点接通,常闭触点断开,称该编程元件为TRUE(真)或1状态。如果该位为0,则对应的编程元件的线圈和触点的状态与上述的相反,称该编程元件为FALSE(假)或0状态。

2. 多位二进制整数

计算机和PLC用多位二进制数来表示数字,二进制数遵循逢二进一的运算规则,从右往左的第n位(最低位为第0位)的权值为2^n。二进制常数以2#开始,用下式计算2#1100对应的十进制数:

$$1\times2^3+1\times2^2+0\times2^1+0\times2^0 = 12$$

表2-4给出了不同进制的数和以二进制编码的十进制(BCD)码的表示方法。

表2-4 不同进制的数和BCD码的表示方法

十进制数	十六进制数	二进制数	BCD码	十进制数	十六进制数	二进制数	BCD码
0	0	00000	0000 0000	9	9	01001	0000 1001
1	1	00001	0000 0001	10	A	01010	0001 0000
2	2	00010	0000 0010	11	B	01011	0001 0001
3	3	00011	0000 0011	12	C	01100	0001 0010
4	4	00100	0000 0100	13	D	01101	0001 0011
5	5	00101	0000 0101	14	E	01110	0001 0100
6	6	00110	0000 0110	15	F	10111	0001 0101
7	7	00111	0000 0111	16	10	10000	0001 0110
8	8	01000	0000 1000	17	11	10001	0001 0111

3. 十六进制数

多位二进制数的书写和阅读很不方便。为了解决这一问题,可以用十六进制数来取代二进制数,每个十六进制数对应4位二进制数。十六进制数的16个数字是0~9和A~F(对应十进制数10~15)。B#16#、W#16#和DW#16#分别用来表示十六进制字节、字和双字常数,如W#16#13AF。在数字后面加"H"也可以表示十六进制数,如16#13AF 可以表示为13AFH。

2.4.2 编码

1. 补码

有符号二进制整数用补码来表示,其最高位为符号位,最高位是0时为正数,是1时为负数。正数的补码就是它本身,最大的16位二进制正数为2#0111 1111 1111 1111,对应的十进制数为32 767。

将正数的补码逐位取反(0变为1,1变为0)后加1,得到绝对值与它相同的负数的补码。如将1 158对应的补码2#0000 0100 1000 0110逐位取反后加1,得到-1 158的补码1111 1011 0111 1010。

将负数补码的各位取反后加1,得到其绝对值对应正数的补码。例如,将-1 158的补码2#1111 1011 0111 1010逐位取反后加1,得到1 158的补码2#0000 0100 1000 0110。

整数的取值为-32 768~32 767,双整数的取值为-2 147 483 648~2 147 483 647。

2. BCD 码

BCD 是二进制编码的十进制数的缩写。BCD 码用4位二进制数表示1位十进制数(表2-4),每一位 BCD 码允许的数值为2#0000~2#1001,对应十进制数为0~9。BCD 码的最高位二进制数用来表示符号,负数为1,正数为0。一般令负数和正数的最高4位二进制数分别为1111或0000。BCD 码各位之间的关系是逢10进1,图2-13中的 BCD 码为-829。3位 BCD 码为-999~+999,7位 BCD 码(图2-14)为-9 999 999~+9 999 999。

图 2-13 3位 BCD 码的格式

图 2-14 7位 BCD 码的格式

BCD 码常用来表示 PLC 的 I/O 变量的值。TIA 博途软件中的日期和时间一般都采用 BCD 码来显示与输入。

3. ASCII

美国信息交换标准代码(American Standard Code for Information Interchange,ASCII)由美国国家标准局(ANSI)制定,已被国际标准化组织(ISO)定为国际标准(ISO 646标准)。ASCII 用来表示所有的英语大/小写字母、数字0~9、标点符号和在美式英语中使用的特殊控制字符。数字0~9的 ASCII 为十六进制数30H~39H,英语大写字母 A~Z 的 ASCII 为41H~5AH,英语小写字母 a~z 的 ASCII 为61H~7AH。

2.4.3 基本数据类型

1. 数据类型

数据类型用来描述数据的长度(即二进制的位数)和属性。

很多指令和代码块的参数支持多种数据类型。将鼠标的光标放在某条指令某个参数的地址域上,之后会在出现的黄色背景的小方框中,看到该参数支持的数据类型。

不同的任务使用不同长度的数据对象,如位逻辑指令使用位数据,移动值(MOVE)指令使用字节、字和双字等。表2-5给出了基本数据类型。

表2-5 基本数据类型

序号	变量类型	符号	位数	取值范围	常数举例
1	位	BOOL	1	1.0	TRUE、FALSE 或 2#1、2#0
2	字节	BYTE	8	16#00 ~ 16#FF	16#12,B#16#AB
3	字	WORD	16	16#0000 ~ 16#FFFF	16#ABCD,W#16#B0001
4	双字	DWORD	32	16#00000000 ~ 16#FFFF_FFFF	DW#16#12345ABC
5	长字 *	LWORD	64	16#0 ~ 16#FFFF_FFFF_FFFF_FFFF	L#16#000000007F8B6ED7
6	短整数	SINT	8	−128 ~ 127	123,−123
7	整数	INT	16	−32 768 ~ 32 767	12 345,−12 345
8	双整数	DINT	32	−2 147 483 648 ~ 2 147 483 647	12 345 678,−12 345 678
9	无符号短整数	USINT	8	0 ~ 255	123
10	无符号整数	UINT	16	0 ~ 65 535	12 345
11	无符号双整数	UDINT	32	0 ~ 4 294 967 295	12 345 678
12	64 位整数 *	LINT	64	−9 223 372 036 854 775 808 ~ +9 223 372 036 854 775 807	+123 456 789 012 345
13	无符号64位整数 *	ULINT	64	0 ~ 1 844 674 407 370 9551 615	123 456 789 012 345
14	浮点数(实数)	REAL	32	$1.175\,495\times10^{-38}$ ~ $3.402\,823\times10^{38}$	12.34,−5.6, $−1.2\times10^{12}$,3.4×10^{-3}
15	长浮点数	LREAL	64	$2.225\,073\,858\,507\,201\,4\times10^{-308}$ ~ $1.797\,693\,134\,862\,315\,8\times10^{308}$	12 345,123 456 789, $−1.2\times10^{40}$
16	S7 时间 *	S5TIME	16	S5T#0ms ~ S5T#2h_46m_30s_0ms	S5T#10s
17	IEC 时间	TIME	32	T#−24d20h31m23s648ms ~ T#+24d20h31m23s647ms	T#10d20h30m20s630ms

表 2-5(续)

序号	变量类型	符号	位数	取值范围	常数举例
18	IEC 时间 *	LTIME	64	LT#-10675d23h47m16s 854ms775μs808ns ~ LT#+10675d23h47m16s 854ms775μs807ns	LT#11350d20h25m14s 830ms652μs315ns
19	日期	DATE	16	D#1990-01-01 ~ D#2169-06-06	D#2016-10-31
20	实时时间 TOD	TIME_ OF_DAY	32	TOD#00:00:00.000 ~ TOD#23:59:59.999	TOD#10:20:30.400
21	LTOD *	LTIME_ OF_DAY	64	LTOD#00:00:00.000000000 ~ LTOD#23:59:59.999999999	LTOD#10:20:30.400_365_215
22	日期和日时钟 DT *	DATE_ AND_ TIME(DT)	64	DT#1990-01-01- 00:00:00.000 ~ DT#2089-12-31- 23:59:59.999	DT#2016-10-31- 8:12:34.567
23	日期和时间 LDT *	DATE_ AND_ LTIME	64	LDT#1970-01-01- 0:0:0.000000000 ~ LDT#2263-04-11- 23:47:16.854775808	LDT#2016-10-13:12:34.567
24	长格式日期和时间	DTL	12	最大 DTL#2262-04- 11:23:47:16.85407750807	DTL#2016-10-31- 20:30:30.250
25	字符	CHAR	8	16#00 ~ 16#FF	'A','t'
26	16 位宽字符	WCHAR	16	16#0000 ~ 16#FFFF	WCHAR#'a'

注：* 仅用于 S7-1500。DT、LDT 和 DTL 属于复杂数据类型。

2. 位

位数据的数据类型为布尔(BOOL)型,在编程软件中,BOOL 变量的值 2#1 和 2#0 用英语单词 TRUE 与 FALSE 来表示。

位存储单元的地址由字节地址和位地址组成,如 I3.2 中的区域标识符"I"表示输入(Input),字节地址为 3,位地址为 2(图 2-15)。这种存取方式称为"字节、位"寻址方式。

3. 位字符串

数据类型字节(BYTE)、字(WORD)、双字(DWORD)、字符串(LWORD)统称为位字符串,其中 LWORD 仅用于 S7-1500。它们不能比较大小,其常数一般用十六进制数表示。

(1)字节

字节由 8 位二进制数组成,如 I3.0~I3.7 组成了输入字节 IB3(图 2-15),B 是 BYTE 的缩写。

(2)字

字由相邻的 2 个字节组成,如字 MW100 由字节 MB100 和 MB101 组成(图 2-16)。MW100 中的 M 为区域标识符,W 表示字。

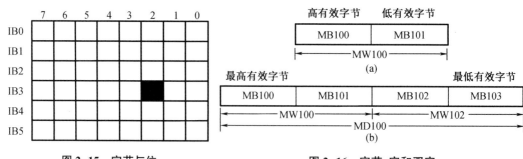

图 2-15　字节与位　　　　　　　图 2-16　字节、字和双字

（3）双字

双字由 2 个字（或 4 个字节）组成，如双字 MD100 由字节 MB100～MB103 或字 MW100、MW102 组成（图 2-16），D 表示双字。

（4）S7-1500 的 64 位位字符串

S7-1500 的 64 位位字符串由连续的 8 个字节组成。

需要注意以下两点。

第一，用组成双字的编号最小的字节 MB100 的编号作为双字 MD100 的编号。

第二，组成双字 MD100 的编号最小的字节 MB100 为 MD100 的最高位字节，编号最大的字节 MB103 为 MD100 的最低位字节。字和字符串也有类似的特点。

4. 整数

S7-1200 有 6 种整数（表 2-5），SINT 和 USINT 分别为 8 位的短整数与无符号短整数，INT 和 UINT 分别为 16 位的整数与无符号整数，DINT 和 UDINT 分别为 32 位的双整数与无符号双整数。S7-1500 还有 64 位整数 LINT 和无符号 64 位整数 ULINT。

所有整数的符号中均有 INT。符号中带 S 的为 8 位整数（短整数），带 D 的为 32 位双整数，带 L 的是 64 位整数，不带 S、D 和 L 的为 16 位整数，带 U 的为无符号整数，不带 U 的为有符号整数。

有符号整数用补码来表示，其最高位为符号位，最高位是 0 时为正数，是 1 时为负数。

5. 浮点数

浮点数又称为实数，32 位浮点数的最高位（第 31 位）为符号位（图 2-17），正数时为 0，负数时为 1。ANSI/IEEE 标准的浮点数尾数的整数部分总是为 1，第 0～22 位为尾数的小数部分。8 位指数加上偏移量 127 后（0～255），放在第 23～30 位。

图 2-17　浮点数的结构

浮点数的优点是用很小的存储空间（4 B）可以表示非常大和非常小的数。浮点数为 $\pm 1.175\ 495 \times 10^{-38} \sim \pm 3.402\ 823 \times 10^{38}$。PLC 输入和输出的数值大多是整数，如模拟量输入（AI）模块的输出值和模拟量输出（AO）模块的输入值都是整数。用浮点数来处理这些数据需要进行整数和浮点数之间的相互转换，浮点数的运算速度比整数的运算速度慢一些。

在编程软件中，用十进制小数来输入或显示浮点数，如 50 是整数，而 50.0 为浮点数。

LREAL 为 64 位的长浮点数,它的最高位(第 63 位)为符号位。尾数的整数部分总是为 1,第 0~51 位为尾数的小数部分。11 位的指数加上偏移量 1 023 后(0~2 047),放在第 52~62 位。浮点数和长浮点数的精度最高为十进制 6 位与 15 位有效数字。

6. 与定时器有关的数据类型

(1)TIME 是 IEC 格式时间,它是有符号双整数,其单位为 ms,取值为 T#−24d_20h_31m_23s_648ms ~ T#+24d_20h_31m_23s_647ms。其中的 d、h、m、s、ms 分别为天、小时、分钟、秒和毫秒。

(2)S5TIME 是 16 位的 BCD 格式的时间,用于 SIMATIC 定时器。S5TIME 由 3 位 BCD 码时间值(0~999)和时间基准(简称"时基")组成(图 2-18)。持续时间以指定的时基为单位。

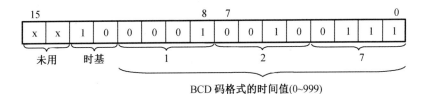

图 2-18 SIMATIC 定时器字

定时器字的第 12 位和第 13 位是时基。时基代码为二进制数 00、01、10 和 11 时,对应的时基分别为 10 ms、100 ms、1 s 和 10 s。持续时间等于 BCD 时间值乘以时基值。如定时器字为 W#16#2127 时(图 2-18),时基为 1 s,持续时间为 127×1 = 127 s。CPU 模块自动选择时基,选择的原则是根据预设时间值选择最小的时基。允许的最大时间值为 9 990 s(2h_46m_30s)。S5T#1h_12m_18s 中的 h 表示小时、m 表示分钟,s 表示秒,ms 表示毫秒。

(3)LTIME 是 64 位的 IEC 格式时间,其单位为 ns,能表示的最大时间极长。

7. 表示日期和时间的数据类型

DATE(IEC 日期)为 16 位无符号整数,其操作数为十六进制格式,如 D#2016−12−31,对应自 1990 年 1 月 1 日(16#0000)以来的天数。

TOD 为从指定日期的 0 时算起的毫秒数(无符号双整数)。其常数必须指定小时(24 h/d)、分钟和秒,毫秒是可选的。

数据类型 DTL 的 12 个字节为年(占 2 B)、月、日、星期、小时、分、秒(各占 1 B)和纳秒(占 4 B)的代码,均为 BCD 码。星期日、星期一~星期六的代码为 1~7。DTL 属于复杂数据类型,可以在块的临时存储器或者 DB 中定义 DTL 数据。

下面的日期和时间数据类型仅用于 S7-1500。

LTOD 为从指定日期的 0 时算起的纳秒数(无符号 64 位数)。其常数必须指定小时(24 h/d)、分钟和秒,纳秒是可选的。

DT 是 8 个字节的 BCD 码。第 1~6 字节分别存储年的最低两位、月、日、时、分和秒,第 7 字节是毫秒的两个最高有效位,第 8 字节的高 4 位是毫秒的最低有效位,星期存放在第 8 字节的最低 4 位。星期日、星期一~星期六的代码为 1~7。如 2017 年 5 月 22 日 12 点 30 分 25.123 秒表示为 DT#17-5-22-12:30:25.123,可以省略毫秒部分。

LDT 占 8 个字节,存储自 1970 年 1 月 1 日 00:00 以来的日期和时间信息,单位为纳秒。如 LDT#2018−10−25−8:12:34.854 775 808。

8. 字符

每个字符占 1 个字节,字符数据类型以 ASCII 格式存储。字符常量用英语的单引号来表示,如'A'。宽字符占 2 个字节,可以存储汉字和中文的标点符号。

2.4.4　全局 DB 与复杂数据类型

1. 全局 DB

全局 DB 用于存储程序数据,因此 DB 包含用户程序使用的变量数据。一个程序中可以自由创建多个 DB。全局 DB 必须事先定义才可以在程序中使用。要创建一个新的全局 DB,可在 TIA 博途软件界面中点击"程序块"→"添加新块",选择"数据块"并选择 DB 类型为"全局 DB"(缺省),如图 2-19 所示。

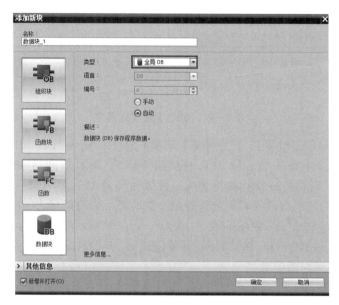

图 2-19　创建全局 DB

创建 DB 后,在全局 DB 的属性中可以切换存储方式,如图 2-20 所示。非优化的存储方式与 SIMATIC S7-300/400 PLC 兼容,可以使用绝对地址的方式访问该 DB;优化的存储方式只能以符号的方式访问该 DB。

图 2-20　切换全局 DB 的存储方式

如果选择"仅存储在装载内存中"选项,DB 下载后只存储于 CPU 模块的装载存储区(SIMATIC MC 卡)中。如果程序需要访问 DB 的数据,则需要调用指令 READ_DBL 将装载存储区的数据复制到工作存储区中,或者调用指令 WRIT_DBL 将数据写入装载存储器中。如果在 DB 的"属性"中勾选"在设备中写保护数据块",可以将 DB 以只读属性存储。选择"可从 OPC UA 访问 DB"选项,该 DB 数据可以被 OPC UA 客户端访问。

打开 DB 后就可以定义新的变量,并编辑变量的数据类型、启动值及保持性等属性。DB 默认是非保持的。对于非优化的 DB,整个 DB 统一设置保持性属性;对于优化的 DB,可以单独设置每个变量的保持性属性,但对于数组、结构、PLC 数据类型等,不能单独设置其中某个元素的保持性属性。在优化的 DB 中设置变量的保持性属性如图 2-21 所示。

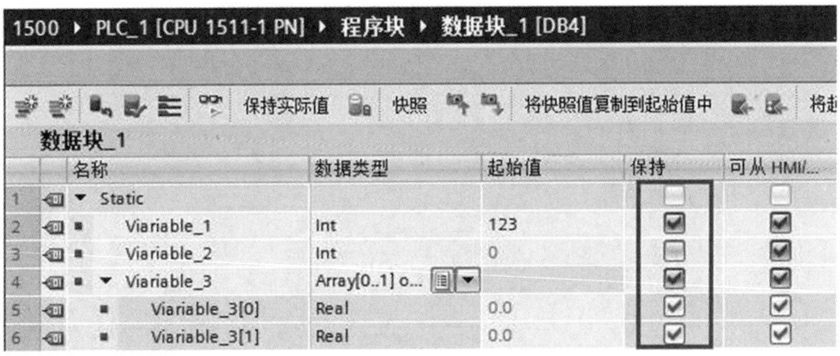

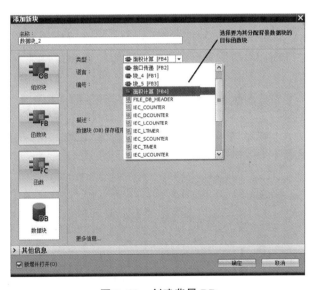

图 2-21　在优化的 DB 中设置变量的保持性属性

2. 背景 DB

背景 DB 与 FB 相关联。在创建背景 DB 时,必须指定它所属的 FB,而且该 FB 必须已经存在,如图 2-22 所示。

图 2-22　创建背景 DB

在调用一个 FB 时,既可以为之分配一个已经创建的背景 DB,也可以直接定义一个新的 DB,该 DB 将自动生成并作为背景 DB。背景 DB 与全局 DB 相比,只存储 FB 接口数据区

(临时变量除外)相关的数据。DB格式随接口数据区的变化而变化。DB中不能插入用户自定义的变量,其访问方式(优化或非优化)、保持性、默认值均由FB中的设置决定。

背景DB与全局DB都是全局变量,所以访问方式相同。

3. 系统数据类型作为全局DB的模板

对于有些固定格式的DB,有可能包含很多的数据,不便于用户自己创建,如用于开放式用户通信的参数DB。TIA博途软件提供了一个含有固定数据格式的模板,用户使用这个模板可创建具有该格式的DB,如可以使用"TCON_PARAM"系统数据类型创建与之对应的DB。

创建基于数据类型的DB时,必须指定它所属的数据类型,如图2-23所示。

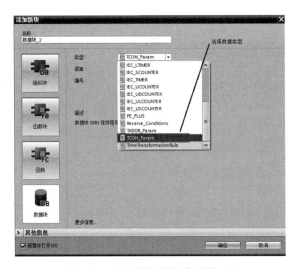

图2-23 创建基于数据类型的DB

与背景DB相同,基于系统数据类型的DB只存储与数据类型DB相关的数据,不能插入用户自定义的变量。用户可以使用相同的系统数据类型生成多个DB。以IEC定时器举例,可以首先创建"IEC_TIMER"系统数据类型的DB。当在程序中使用IEC定时器时,可以使用预先创建的"IEC_TIMER"数据类型的DB作为其背景DB,如图2-24所示。

图2-24 使用系统数据类型DB

4. 通过 PLC 数据类型创建 DB

PLC 数据类型是一个用户自定义数据类型模板,提供一个固定格式的数据结构,便于用户使用。PLC 数据类型的变量在程序中作为一个整体变量使用。

(1)创建 PLC 数据类型

在"PLC 数据类型"文件夹中,单击"添加新数据类型"后,会创建和打开一个 PLC 数据类型的声明表。选择该 PLC 数据类型,并在快捷菜单中选择"重命名"命令,就可以给这个 PLC 数据类型重新命名,然后在声明表中声明变量及数据类型,完成 PLC 数据类型的创建。如创建一个名称为"PLC_DT_1"的 PLC 数据类型,在这个数据类型中包含 3 个变量,如图 2-25 所示。

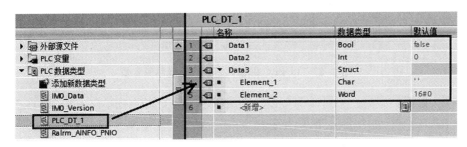

图 2-25 创建 PLC 数据类型

(2)创建固定数据结构的 DB

单击"添加新块"命令,选择"数据块",并在类型的下拉列表中选择所创建的 PLC 数据类型"PLC_DT_1",如图 2-26 所示。

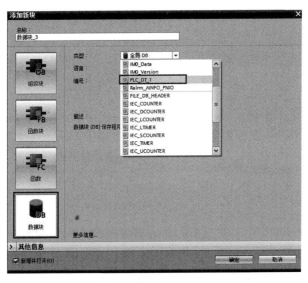

图 2-26 创建固定数据结构的 DB

然后点击"确定",生成与"PLC_DT_1"相同数据结构的 DB。也可以将 PLC 数据类型作为一个整体的变量在 DB 中多次使用。首先创建一个全局 DB,然后在这个 DB 中输入变量名,并在数据类型中的下拉列表中选择已创建好的 PLC 数据类型,如"PLC_DT_1"。根据需要可以多次生成同一数据结构的变量,如图 2-27 所示。

		名称	数据类型	起始值
		数据块_3		
1		▼ Static		
2		▼ 变量1	"PLC_DT_1"	
3		Data1	Bool	false
4		Data2	Int	0
5		▼ Data3	Struct	
6		Element_1	Char	' '
7		Element_2	Word	16#0
8		▼ 变量2	"PLC_DT_1"	
9		Data1	Bool	false
10		Data2	Int	0
11		▼ Data3	Struct	
12		Element_1	Char	' '
13		Element_2	Word	16#0

图 2-27　以 PLC 数据类型多次定义不同变量

对 PLC 数据类型的任何更改都会造成使用这个数据类型的 DB 不一致。出现不一致的变量被标记为红色,如图 2-28 所示。要解决不一致的问题,必须更新 DB＝0。

		名称	数据类型	起始值
		数据块_3		
1		▼ Static		
2		▼ 变量1	"PLC_DT_1"	
3		Data1	Bool	false
4		Data2	Int	0
5		▶ Data3	Struct	
6		▼ 变量2	"PLC_DT_1"	
7		Data1	Bool	false
8		Data2	Int	0
9		▶ Data3	Struct	

图 2-28　不一致的 DB

更新 DB 有以下 3 种方式。

①出现不一致变量时,鼠标右键单击该变量,在弹出的菜单中选择"更新界面"即可。

②可以点击 DB 工具栏中的"更新接口" 🔧 按钮进行更新。

③对整个程序块文件夹进行编译,DB 自动更新。

5. 数组 DB

数组 DB 是一种特殊类型的全局 DB,它包含一个任意数据类型的数组,如可以是基本数据类型,也可以是 PLC 数据类型(UDT)的数组,但这种 DB 不能包含除数组之外的其他元素。创建数组 DB 时需要输入数组的数据类型和数组的上限。创建完数组 DB 后,可以在其属性中随时更改数组的上限,但是无法更改数据类型。数组 DB 始终启用"优化的块访问"属性,不能进行标准访问,并且为非保持性属性,不能修改为保持性属性。数组 DB 的声明如图 2-29 所示。

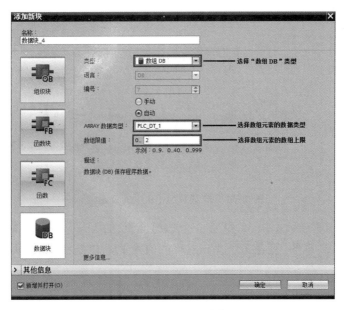

图 2-29 数组 DB 的声明

注意:一旦声明好数组 DB 之后,其数组元素的数据类型不能修改,但是用户可以选择 PLC 数据类型为数组的数据类型。如果需要修改数组 DB 的元素数据类型,可以先修改 PLC 数据类型里面的元素数据类型,再更新数组 DB,这样就可以间接实现对数组 DB 元素数据类型的修改。

声明好的数组 DB 如图 2-30 所示。

		名称	数据类型	起始值
1	▼	数据块_4	Array[0..2] of "PLC_DT_1"	
2	■ ▼	数据块_4[0]	"PLC_DT_1"	
3	■	Data1	Bool	false
4	■	Data2	Int	0
5	■ ▼	Data3	Struct	
6	■	Element_1	Char	' '
7	■	Element_2	Word	16#0
8	■ ▼	数据块_4[1]	"PLC_DT_1"	
9	■	Data1	Bool	false
10	■	Data2	Int	0
11	■ ▼	Data3	Struct	
12	■	Element_1	Char	' '
13	■	Element_2	Word	16#0
14	■ ▼	数据块_4[2]	"PLC_DT_1"	
15	■	Data1	Bool	false
16	■	Data2	Int	0
17	■ ▼	Data3	Struct	
18	■	Element_1	Char	' '
19	■	Element_2	Word	16#0

图 2-30 声明好的数组 DB

可以使用函数"ReadFromArrayDB"和"WriteTOArrayDB"等对数组 DB 进行类似间接寻址的访问,如将数组 DB 中的变量值复制到"变量 1"中,可以参考图 2-31 中的程序。

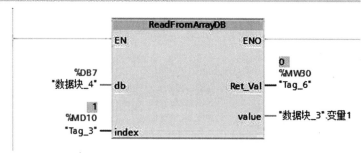

图 2-31 复制数组 DB 中的变量值

在图 2-31 中,DB7(数据块_4)共有 3 个数组元素,由"Tag_3"的值决定将哪个元素的值复制到"数据块_3"中的"变量 1"。"Tag_3"的值为 1,所以是将"数据块_4[1]"的值赋值给"变量 1"。

6. 字符串

数据类型 STRING(字符串)是字符组成的一维数组,每个字节存放 1 个字符。字符串常数的例子:'PLC'或 STRING#'PLC'。字符串的第 1 个字节是字符串的最大字符长度,第 2 个字节是字符串当前有效字符的个数,字符从第 3 个字节开始存放,一个字符串最多 254 个字符。

数据类型 WSTRING(宽字符串)存储多个数据类型为 WCHAR 的 UNICODE 字符(长度为 16 位的宽字符,包括汉字),宽字符串常数的前面必须使用 WSTRING#,如 WSTRING#'西门子'。输入时软件将在'西门子'的前面自动添加 WSTRING#。宽字符串的第 1 个字是最大字符个数,默认的长度为 254 个宽字符,最多 16 382 个 WCHAR 字符。第 2 个字是当前的总字符个数。

用户可以在代码块的接口区和全局 DB 中创建字符串、数组和结构。

7. 数组

数组是由固定数目的同一种数据类型元素组成的数据结构。数组的维数最大可达 6 维,数组元素通过下标(即元素的编号)进行寻址。数组中的元素可以是基本数据类型或者复合数据类型(ARRAY 类型除外,即数组类型不可以嵌套)。

数组的数据类型"ARRAY[lo. hi]of TYPE"。其中的"lo"(low)和"hi"(high)分别是数组元素的下标的下限值和上限值(简称它们为"限值"),它们用两个小数点隔开,下限值应小于或等于上限值。TYPE 是数组元素的数据类型。

例如,ARRAY [1..3, 1..5, 1..6] of INT,定义了一个元素为整数、大小为 3×5×6 的三维数组。用户可以使用索引访问数组中的数据,数组中每一维的索引取值为 −32 768 ~ 32 767(16 位上、下限范围),但是索引的下限必须小于上限。索引值按偶数占用 CPU 模块存储区空间,例如,一个数据类型为字节的数组 ARRAY [1..21],数组中只有 21 个字节,实际占用 CPU 模块 22 个字节。定义一个数组时,需要声明数组的元素类型、维数和每一维的索引范围,可以用符号名加上索引来引用数组中的某一个元素,如 a [1, 2, 3]。

S7-1200 PLC 数组的限值为整数,S7-1500 PLC 标准访问的块和优化访问的块的数组的限值分别为整数与双整数。限值也可以是常量定义的固定值。用户可以为优化的 FC 的 Input/InOut 参数和 FB 的 InOut 参数定义 ARRAY[∗]这种可变限值的数组。

在"数据块_1"的第 3 行的"名称"列输入数组的名称"功率",单击"数据类型"列中的 按钮,选中下拉式列表中的数据类型"ARRAY[0..1]of",设置元素的数据类型为 INT,将上限值修改为 23,元素的下标为 0~23。在用户程序中,可以用符号地址"数据块_1".功率[2]或绝对地址 DB1.DBW36 访问数组"功率"中下标为 2 的元素。

图 2-32 给出了一个名为"电流"的二维数组 ARRAY[1..2,1..3]of BYTE 的内部结构,它一共有 6 个字节型元素,第 1 维的下标 1,2 是电动机的编号,第 2 维的下标 1~3 是三相电流的序号。方括号中各维的限值用英语的逗号隔开。数组元素"电流[1,2]"是一号电动机的第 2 相电流。

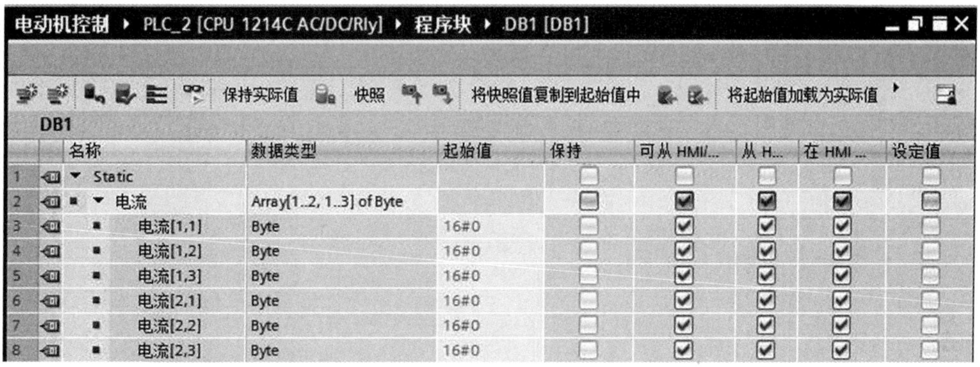

		名称	数据类型	起始值	保持	可从 HMI/...	从 H...	在 HMI...	设定值
1		▼ Static							
2		▼ 电流	Array[1..2, 1..3] of Byte		☐	☑	☑	☑	☐
3		电流[1,1]	Byte	16#0	☐	☑	☑	☑	☐
4		电流[1,2]	Byte	16#0	☐	☑	☑	☑	☐
5		电流[1,3]	Byte	16#0	☐	☑	☑	☑	☐
6		电流[2,1]	Byte	16#0	☐	☑	☑	☑	☐
7		电流[2,2]	Byte	16#0	☐	☑	☑	☑	☐
8		电流[2,3]	Byte	16#0	☐	☑	☑	☑	☐

图 2-32 "电流"的二维数组 ARRAY[1..2,1..3]of BYTE 的内部结构

8. 结构

结构是由固定数目的不同数据类型的元素组成的数据类型。结构的元素可以是数组和结构,嵌套深度限制为 8 级(与 CPU 模块的型号有关)。用户可以把过程控制中有关的数据统一组织在一个结构中,作为一个数据单元来使用,而不是使用大量的单个元素,这为统一处理不同类型的数据或参数提供了方便。

结构体是由不同数据类型组成的复合型数据,通常用来定义一组相关的数据。如在优化的 DB1 中定义电机的一组数据,如图 2-33 所示。

		名称	数据类型	起始值	保持	可从 HMI/OPC UA 访问	从 HMI/OPC UA 可写	在 HMI 工程组态中可见
1		▼ Static			☐			
2		▼ Motor	Struct		☐	☑	☑	☑
3		Command_Setpoint	Word	16#0	☐	☑	☑	☑
4		Speed_Setpoint	Real	0.0	☐	☑	☑	☑
5		Command_Actual	Word	16#0	☐	☑	☑	☑
6		Speed_Feedback	Real	0.0	☐	☑	☑	☑
7		<新增>						
8		<新增>						

图 2-33 结构体变量的定义

如果引用整个结构体变量,可以直接填写符号地址,如"Drive. motor";如果引用结构体变量中的一个单元,如"command_setpoint",也可以使用符号名访问,如"Drive. motor. command_setpoint"。

2.4.5 参数数据类型

参数数据类型是专用于 FC 或者 FB 的接口参数的数据类型,它包括以下几种接口参数数据类型。

1. TIMER、COUNTER(定时器和计数器类型)

在 FC、FB 中直接使用的定时器和计数器不能保证程序块的通用性。如果将定时器和计数器定义为形参,那么在程序中不同的地方调用程序块时,就可以给这些形参赋予不同的定时器或计数器,这样就保证了程序块的可重复使用性。参数数据类型的表示方法与基本数据类型中的定时器和计数器相同。

2. BLOCK_FB、BLOCK_FC、DB_ANY

将定义的程序块作为输入、输出接口,参数的声明决定程序块的类型,如 FB、FC、DB 等。如果将块类型作为形参,赋实参时必须为相应的程序块,如 FC101(也可以使用符号地址)。

3. POINTER

(1)6 字节指针类型(POINTER)。

(2)10 字节指针类型(ANY)。

(3)VARIANT。

(4)引用(REFERENCES)。

POINTER 和 ANY 在 SIMATIC S7-300/400 PLC 间接寻址中用于数据的批量处理,SIMATIC S7-1500 使用符号名称寻址,没有绝对地址,所以 POINGTER 和 ANY 逐渐被 ARRAY 数组编程方式替代。VARIANT 则赋予了新的功能,适合数字化与智能化的编程方式,如订单的处理等。

作为参数数据类型,指针只用于程序块参数的传递,如 FC、FB(与高级语言的类相似)的开发者需要使用这些数据类型。如果只作为使用者调用这些程序块则可以不需要了解。

2.4.6 其他数据类型

1. 系统数据类型

系统数据类型有预定义的结构并由系统提供。系统数据类型的结构由固定数目的可具有各种数据类型的元素构成。系统数据类型的结构不能更改。

系统数据类型只能用于特定指令。

2. 硬件数据类型

硬件数据类型由 CPU 模块提供,可用硬件数据类型的数目取决于具体使用的 CPU 模块。硬件数量通常是常量,用于硬件的标识,常量的值取决于模块的硬件配置。硬件数据类型也常用于诊断。

所有"HW"开头的硬件数据类型可以用于设备故障诊断,如借助"DEVICE STATES"指令可以获取设备运行状态,借助"GET_IM_DATA"指令可获取设备订货号、序列号等信息。

3. PLC 数据类型

PLC 数据类型与 STRUCT 数据类型的定义类似,可以由不同的数据类型组成。不同的是,PLC 数据类型是一个由用户自定义的数据类型模板,它作为一个整体的变量模板可以在 DB、FB、FC 中多次使用,并且还具有版本管理功能。

在 SIMATIC S7-1500 PLC 中数据类型变量是一个特殊类型的变量,SIMATIC S7-1500 PLC 可以通过"EQ_TYPE"等指令识别并对 PLC 数据类型进行判断,如不同订单的传送等,所以在 SIMATIC S7-1500 PLC 中建议使用 PLC 数据类型。

在项目树 CPU 模块下,双击"PLC 数据类型"可新建一个用户数据类型。如在用户数据类型中定义一个名称为"MOTOR"的数据结构,如图 2-34 所示。

图 2-34 PLC 数据类型的定义

然后在 DB 或 FB、FC 的形参中添加多个使用该 PLC 数据类型的变量,它们分别对应不同的电机,如图 2-35 所示。

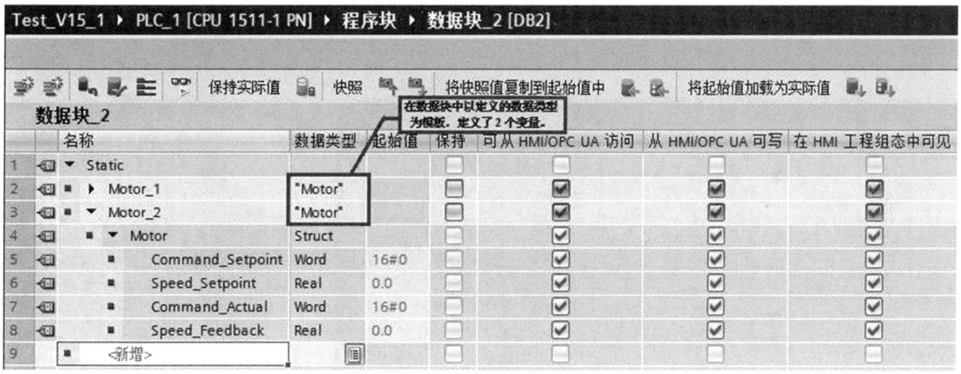

图 2-35 PLC 数据类型的使用

43

第3章　S7-1200/1500 PLC
控制系统

3.1　S7-1200 的硬件组成

3.1.1　S7-1200 的硬件结构

S7-1200 是小型 PLC,主要由 CPU 模块、信号板、信号模块、通信模块、精简系列面板和编程软件组成,各种模块安装在标准 DIN 导轨上。S7-1200 的硬件组成具有高度的灵活性,用户可以根据自身需求确定 PLC 的结构,系统扩展十分方便。

1. CPU 模块

S7-1200(图 3-1) 的 CPU 模块将微处理器、电源、数字量 I/O 电路、模拟量 I/O 电路、PROFINET 以太网接口、高速运动控制功能组合到一个设计紧凑的外壳中。每块 CPU 模块内可以安装一块信号板(图 3-2),安装以后不会改变 CPU 模块的外形和体积。

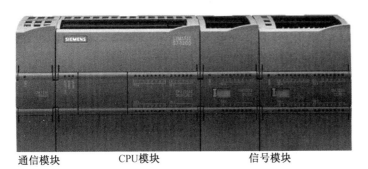

通信模块　　　　CPU模块　　　　信号模块

图 3-1　S7-1200

图 3-2　安装信号板

微处理器相当于人的大脑,它不断地采集输入信号,执行用户程序,刷新系统的输出。存储器用来储存程序和数据。

S7-1200 集成的 PROFINET 接口用于与编程计算机、人机界面(HMI)、其他 PLC 或其他设备通信。此外,它还通过开放的以太网协议支持与第三方设备的通信。

2. 信号模块

输入模块和输出模块(I/O 模块)、数字量输入模块和数字量输出模块、模拟量输入模块和模拟量输出模块统称为信号模块。

信号模块安装在 CPU 模块的右边,扩展能力最强的 CPU 模块可以扩展 8 个信号模块,以增加数字量和模拟量的输入、输出点。

CPU 模块集成的 I/O 点和信号模块中的 I/O 点是系统的眼、耳、手、脚,是联系外部现场设备和 CPU 模块的桥梁;输入模块用来接收和采集输入信号;数字量输入模块用来接收从按钮、选择开关、数字拨码开关、限位开关、接近开关、光电开关、压力继电器等发送来的数字量输入信号;模拟量输入模块用来接收电位器、测速发电机和各种变送器提供的连续变化的模拟量电流与电压信号,或者直接接收热电阻、热电偶提供的温度信号。

数字量输出模块用来控制接触器、电磁阀、电磁铁、指示灯、数字显示装置和报警装置等输出设备;模拟量输出模块用来控制电动调节阀、变频器等执行器。

CPU 模块内部的工作电压一般是 DC 5 V,而 PLC 的外部 I/O 信号电压一般较高,如 DC 24 V 或 AC 220 V。从外部引入的尖峰电压和干扰噪声可能损坏 CPU 模块中的元器件,或使 PLC 不能正常工作。在 CPU 模块和信号模块中,用光耦合器、光敏晶闸管、小型继电器等器件隔离 PLC 的内部电路和外部的输入、输出电路。信号模块除了传递信号外,还有电平转换与隔离的作用。

3. 通信模块

通信模块安装在 CPU 模块的左边,最多可以添加 3 块通信模块,可以使用点对点(PtP)通信模块、PROFIBUS 主站模块和从站模块、工业远程通信模块、AS-i 接口模块和标示系统的通信模块。

4. 精简系列面板

第二代精简系列面板主要与 S7-1200 配套,64 KB 色高分辨率宽屏显示器的尺寸为 4.3 in①、7 in、9 in 和 12 in,支持垂直安装,用 TIA 博途软件中的 WinCC 组态。它们有一个 RS-422/RS-485 接口或一个 RJ45 以太网接口,还有一个 USB 2.0 接口。USB 接口可连接键盘、鼠标或条形码扫描仪,可用优盘实现数据记录。

5. 编程软件

TIA 是 Totally Integrated Automation(全集成自动化)的英文缩写,TIA 博途(TIA Portal)是西门子自动化的全新工程设计软件平台。S7-1200 可以用 TIA 博途软件中的 STEP 7 Basic(基本版)编程。S7-300/400/1200/1500 可以用 TIA 博途软件中的 STEP 7 Professional(专业版)编程。

3.1.2 CPU 模块

1. CPU 模块的共性

(1)S7-1200 可以使用梯形图、函数块图和结构化控制语言 3 种编程语言。每条直接寻址的布尔运算指令、字传送指令和浮点数数学运算指令的执行时间分别为 0.08 μs、1.7 μs 和 2.3 μs。

(2)CPU 模块集成了最大 150 KB 的工作存储器、最大 4 MB 的装载存储器和 10 KB 的保持性存储器。CPU 1211C 和 CPU 1212C 的位存储器为 4 096 B,其他 CPU 模块为 8 192 B。用户可以用可选的 SIMATIC 存储卡扩展存储器的容量和更新 PLC 的固件,还可以用存储卡将程序传输到其他 CPU 模块。

---

① 1 in = 2.54 cm。

（3）输入过程映像、输出过程映像各 1 024 B。集成的数字量输入电路的输入类型为漏型/源型，电压额定值为 DC 24 V，输入电流为 4 mA。1 状态允许的最小电压/电流为 DC 15 V/2.5 mA，0 状态允许的最大电压/电流为 DC 5 V/1 mA。输入延迟时间可以组态为 0.1 μs～20 ms。在过程中输入信号的上升沿或下降沿可以产生快速响应的硬件中断。

继电器输出的电压为 DC 5～30 V 或 AC 5～250 V，最大电流为 2 A，白炽灯负载为 DC 30 W 或 AC 200 W。DC/DC/DC 型 CPU 模块的场效应管（MOSFET）的 1 状态最低输出电压为 DC 20 V，0 状态最大输出电压为 DC 0.1 V，输出电流为 0.5 A，白炽灯最高负载为 5 W。

脉冲输出最多 4 路，CPU 1217 支持最高 1 MHz 的脉冲输出，其他 DC/DC/DC 型的 CPU 模块可输出最高 100 kHz 的脉冲，通过信号板可以输出 200 kHz 的脉冲。

（4）有 2 点集成的模拟量输入（0～10 V），分辨率为 10 bit，输入电阻大于或等于 100 kΩ。

（5）集成的 DC 24 V 电源可供传感器和编码器使用，也可以用来做输入回路的电源。

（6）CPU 1215C 和 CPU 1217C 有 2 个带隔离的 PROFINET 以太网端口，其他 CPU 模块有 1 个以太网端口，传输速率为 10 Mbit/s 或者 100 Mbit/s。

（7）实时时钟的保持时间通常为 20 d，40 ℃时最少为 12 d，最大误差为 ±60 s/月。

2. CPU 模块的技术指标

S7-1200 现在有 5 种型号的 CPU 模块（表 3-1），此外还有对应的故障安全型 CPU 模块。CPU 模块内可以扩展 1 块信号板，左侧可以扩展 3 块通信模块。

表 3-1　S7-1200 5 种型号的 CPU 模块

特性	CPU 1211C	CPU 1212C	CPU 1214C	CPU 1215C	CPU 1217C
数字量 I/O 点数	6 入/4 出	8 入/6 出	14 入/10 出	14 入/10 出	14 入/10 出
模拟量 I/O 点数	2 入	2 入	2 入	2 入/2 出	2 入/2 出
工作存储器/装载存储器	50 KB/1 MB	75 KB/2 MB	100 KB/4 MB	125 KB/4 MB	150 KB/4 MB
信号模块扩展个数	—	2	8	8	8
最大本地数字量 I/O 点数	14	82	284	284	284
最大本地模拟量 I/O 点数	13	19	67	69	69
高速计数器	最多可以组态 6 个使用任意内置或信号板输入的高速计数器				
脉冲输出（最多 4 路）/kHz	100	100 或 30	100 或 30	1 或 100	
上升沿/下降沿中断点数	6/6	8/8	12/12		
脉冲捕获输入点数	6	8	14		
传感器电源输出电流/mA	300	300	400		
外形尺寸/mm	90×100×75	90×100×75	110×100×75	130×100×75	150×100×75

图3-3为CPU模块。

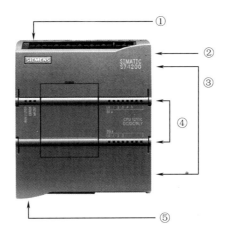

①—电源接口；②—存储卡插槽(上部保护盖下面)；③—可拆卸用户接线连接器(保护盖下面)；
④—板载I/O状态LED；⑤—1个或2个PROFINET连接器(CPU模块的底部)。

图3-3　CPU模块

S7-1200 CPU模块具有3种不同电源电压和输入、输出电压的版本(表3-2)。

表3-2　S7-1200 CPU模块的3种版本

版本	电源电压/V	DI输入电压/V	DO输出电压/V	DO最大输出电流/A	白炽灯负载/W
DC/DC/DC	DC 24	DC 24	DC 20.4~28.8	0.5，MOSFET	5
DC/DC/Relay	DC 24	DC 24	DC 5~30，AC 5~250	2	DC 30/AC 200
AC/DC/Relay	AC 85~264	DC 24	DC 5~30，AC 5~250	2	DC 30/AC 200

3. CPU模块的外部接线图

CPU 1214C AC/DC/Relay的外部接线图如图3-4所示。输入回路一般使用图3-4中标有①的CPU模块内置的DC 24 V传感器电源，漏型输入时需要去除图3-4中标有②的外接DC电源，将输入回路的1M端子(系统的参考点)与DC 24 V传感器电源的M端子连接起来，将内置的24 V电源的L+端子接到外接触点的公共端。源型输入时将DC 24 V传感器电源的L+端子连接到1M端子。

CPU 1214C DC/DC/Relay的接线图与图3-4的区别在于前者的电源电压为DC 24 V。

CPU 1214C DC/DC/DC的电源电压、输入回路电压和输出回路电压均为DC 24 V。输入回路也可以使用内置的DC 24 V电源。

4. CPU模块集成的工艺功能

S7-1200集成的工艺功能包括高速计数与频率测量、高速脉冲输出、运动控制和PID控制。

(1)高速计数器与频率测量

最多可组态6个使用CPU模块内置或信号板输入的高速计数器，CPU 1217C有4点最高频率为1 MHz的高速计数器。其他CPU模块可组态6个最高频率为100 kHz(单相)/

80 kHz(正交相位)或 30 kHz(单相)/20 kHz(正交相位)的高速计数器(与输入点地址有关)。如果使用信号板,最高计数频率为 200 kHz(单相)/160 kHz(正交相位)。

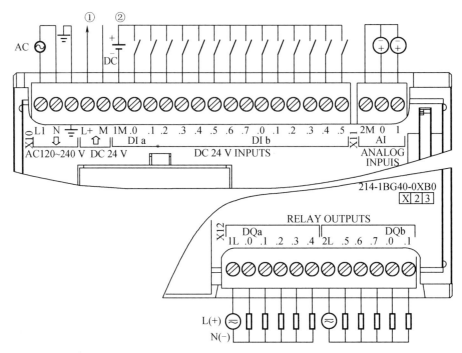

图 3-4   CPU 1214C AC/DC/Relay 的外部接线图

(2)高速脉冲输出

CPU 模块最多 4 点高速脉冲输出(包括信号板的数字量输出)。CPU 1217C 的高速脉冲输出最高频率为 1 MHz,其他 CPU 模块为 100 kHz,信号板为 200 kHz。

(3)运动控制

S7-1200 通过轴工艺对象和下述 4 种方式控制伺服电机与步进电动机。轴工艺对象有专用的组态窗口、调试窗口和诊断窗口。

①输出 PTO 高速脉冲来控制驱动器,实现最多 4 路开环位置控制。

②通过 PROFIBUS/PROFINET 与 PROFIdrive 的驱动器连接,进行运动控制。

③通过模拟量输出控制第三方伺服控制器,实现最多 8 路闭环位置控制。

(4)PID 控制

PID 功能用于对闭环过程进行控制,建议 PID 控制回路的个数不超过 16 个。STEP 7 中的 PID 调试窗口提供用于参数调节的形象直观的曲线图,支持 PID 参数自整定功能。

3.1.3　信号板与信号模块

各种 CPU 模块的正面都可以增加 1 块信号板。信号模块连接到 CPU 模块的右侧,以扩展其数字量或模拟量 I/O 的点数。CPU 1211C 不能扩展信号模块,CPU 1212C 只能连接 2 个信号模块,其他 CPU 模块可以连接 8 个信号模块。所有的 S7-1200 CPU 模块都可以在

CPU模块的左侧安装最多3个通信模块。

1. 信号板

S7-1200所有的CPU模块的正面都可以安装1块信号板,并且不会增加安装的空间。有时添加1块信号板,就可以增加需要的功能。如有数字量输出的信号板使继电器输出的CPU模块具有高速输出的功能。

安装时首先取下端子盖板,然后将信号板直接插入S7-1200 CPU模块正面的槽内(图3-2)。由于信号板有可拆卸的端子,因此更换方便。常见的信号板和电池板有如下几种。

(1)SB 1221数字量输入信号板,4点输入的最高计数频率为200 kHz,正交相位为160 kHz。数字量输入信号板和数字量输出信号板的额定电压有DC 24 V与DC 5 V 2种。

(2)SB 1222数字量输出信号板,4点固态MOSFET输出的脉冲最高频率为200 kHz。

(3)2种SB 1223数字量I/O信号板,2点输入和2点输出的最高频率均为单相200 kHz,一种的输入、输出电压均为DC 24 V,另一种的均为DC 5 V。

(4)SB 1223数字量I/O信号板,2点输入和2点输出的电压均为DC 24 V,最高输入频率为单相30 kHz,最高输出频率为20 kHz。

(5)SB 1231模拟量输入信号板,一路输入,分辨率为11位+符号位,可测量电压和电流。

(6)SB 1232模拟量输出信号板,一路输出,可输出12位的电压和11位的电流。

(7)SB 1231热电偶信号板和热电阻(RTD)信号板,可选多种量程的传感器,温度分辨率为0.1 ℃/0.1 ℉[①],电压分辨率为15位+符号位。

(8)CB 1241 RS-485信号板,提供一个RS-485接口。

2. 数字量I/O模块

用户可以选用8点、16点和32点的数字量I/O模块(表3-3),来满足不同的控制需要。8继电器输出(双态)的数字量输出模块的每一点,可以通过有公共端子的一个常闭触点和一个常开触点,在输出值为0和1时,分别控制2个负载。

表3-3 数字量I/O模块

型号	参数	型号	参数
SM 1221	8输入 DC 24 V	SM 1222	8继电器切换输出,2 A
SM 1221	16输入 DC 24 V	SM 1223	8输入 DC 24 V/8继电器输出,2 A
SM 1222	8继电器输出,2 A	SM 1223	16输入 DC 24 V/16继电器输出,2 A
SM 1222	16继电器输出,2 A	SM 1223	8输入 DC 24 V/8输出 DC 24 V,0.5 A
SM 1222	8输出 DC 24 V,0.5 A	SM 1223	16输入 DC 24 V/16输出 DC 24 V,0.5 A
SM 1222	16输出 DC 24 V,0.5 A	SM 1223	16输入 DC 24 V/16输出 DC 24 V漏型,0.5 A
SM 1222	16输出 DC 24 V漏型,0.5 A	SM 1223	8输入 AC 230 V/8继电器输出,2 A

所有的模块都能方便地安装在标准的35 mm DIN导轨上。所有的硬件都配备了可拆

① 1 ℉=−17.22 ℃。

卸的端子板,不用重新接线就能迅速地更换组件。

3. 模拟量 I/O 模块

在工业控制中,某些输入量(如压力、温度、流量、转速等)是模拟量,某些执行机构(如电动调节阀和变频器等)要求 PLC 输出模拟量信号,而 PLC 的 CPU 模块只能处理数字量。模拟量首先被传感器和变送器转换为标准量程的电流或电压,如 4~20 mA、0~10 V,然后送给模拟量输入模块经 A/D 转换器转换后得到数字量。带正负号的电流或电压经 A/D 转换后用二进制补码来表示。模拟量输出模块的 D/A 转换器将 PLC 中的数字量转换为模拟量电压或电流,再去控制执行机构。模拟量 I/O 模块的主要任务就是实现 A/D 转换(模拟量输入)和 D/A 转换(模拟量输出)。

A/D 转换器和 D/A 转换器的二进制位数反映了它们的分辨率,位数越多,分辨率越高。模拟量 I/O 模块的另一个重要指标是转换时间。

(1)SM 1231 模拟量输入模块

SM 1231 有 4 路、8 路的 13 位模块和 4 路的 16 位模块。模拟量输入可选±10 V、±5 V 和 0~20 mA、4~20 mA 等多种量程。电压的输入电阻≥9 MΩ,电流的输入电阻为 280 Ω。双极性和单极性模拟量的正常范围为-100%~100% 与 0%~100%,转换后对应的数字分别为-27 648~27 648 和 0~27 648。

(2)SM 1231 热电偶和热电阻模拟量输入模块

SM 1231 有 4 路、8 路的热电偶模块和 4 路、8 路的热电阻模块。多种量程的传感器的温度分辨率为 0.1 ℃/0.1℉,电压分辨率为 15 位+符号位。

(3)SM 1232 模拟量输出模块

SM 1232 有 2 路和 4 路的模拟量输出模块,-10~10 V 电压输出为 14 位,最小负载阻抗为 1 000 Ω。0~20 mA 或 4~20 mA 电流输出为 13 位,最大负载阻抗为 600 Ω。-27 648~27 648 对应正常电压,0~27 648 对应正常电流。

电压输出负载为电阻时转换时间为 300 μs,负载为 1 μF 电容时转换时间为 750 μs。

电流输出负载为 1 mH 电感时转换时间为 600 μs,负载为 10 mH 电感时转换时间为 2 ms。

(4)SM 1234 4 路模拟量输入/2 路模拟量输出模块

SM 1234 模块的模拟量 I/O 通道的性能指标分别与 SM 1231 AI 4×13 bit 模块和 SM 1232 AO 2×14 bit 模块的相同,相当于这两种模块的组合。

3.1.4 集成的通信接口与通信模块

S7-1200 CPU 模块最多可以扩展 3 块通信模块,可用以下网络和协议进行通信:PROFIBUS、GPRS、LTE、具有安全集成功能的广域网(WAN)、IEC 60870、DNP3、点对点通信、USS、Modbus、AS-i 和 IO-Link 主站。

1. 集成的 PROFINET 接口

实时工业以太网是现场总线发展的方向,PROFINET 是基于工业以太网的现场总线(IEC 61158 现场总线标准的类型 10)。它是开放式的工业以太网标准,使工业以太网的应用扩展到了控制网络最底层的现场设备。

S7-1200 CPU 模块集成的 PROFINET 接口可以与计算机、HMI、其他 S7 CPU、PROFINET IO 设备(如 ET 200 分布式 I/O 和 SINAMICS 驱动器)通信。其支持以下协议：TCP/IP、ISO-on-TCP、UDP Modbus TCP、OPC UA 服务器和 S7 通信。作为 IO 控制器，它最多可与 16 台 IO 设备通信。

PROFINET 接口使用具有自动交叉网线功能的 RJ45 连接器，用直通网线或者交叉网线都可以连接 CPU 模块和其他以太网设备或交换机，数据传输速率为 10 Mbit/s 或 100 Mbit/s。其最多支持 23 个以太网连接。CPU 1215C 和 CPU 1217C 具有内置的双端口以太网交换机。用户可以使用安装在导轨上不需要组态的 4 端口以太网交换机模块 CSM 1277，来连接多个 CPU 模块和 HMI 设备。

2. PROFIBUS 通信与通信模块

S7-1200 最多可以增加 3 个通信模块，它们安装在 CPU 模块的左边。

PROFIBUS 已被纳入现场总线的国际标准 IEC 61158。通过 PROFIBUS-DP 主站模块 CM 1243-5，S7-1200 可以和其他 CPU 模块、编程设备、HMI 和 PROFIBUS-DP 从站设备(如 ET 200 和 SINAMICS 驱动设备)通信。CM 1243-5 可以作为 S7 通信的客户机或服务器。

通过使用 PROFIBUS-DP 从站模块 CM 1242-5，S7-1200 可以作为一个智能 DP 从站设备与 PROFIBUS-DP 主站设备通信。

3. 点对点通信与通信模块

通过点对点通信，S7-1200 可以直接发送信息到外部设备，如打印机；从其他设备接收信息，如条形码阅读器、射频识别(RFID)读写器和视觉系统；可以与全球定位系统(GPS)装置、无线电调制解调器以及其他类型的设备交换信息。

CM 1241 是点对点高速串行通信模块，可执行的协议有 ASCII、USS 驱动、Modbus RTU 主站协议和从站协议，可以装载其他协议。3 种模块分别为 RS-232、RS-485 和 RS-422/485 通信接口。CB 1241 RS-485 通信板提供 RS-485 接口，支持 Modbus RTU 协议和 USS 协议。

4. AS-i 通信与通信模块

AS-i 位于工厂自动化网络的最底层。AS-i 已被列入 IEC 62026 标准。AS-i 是单主站主从式网络，支持总线供电，即 2 根电缆同时作为信号线和电源线。AS-i 主站模块 CM 1243-2 用于将 AS-i 设备连接到 CPU 模块，可配置 31 个标准开关量/模拟量从站或 62 个 A/B 类开关量/模拟量从站。

5. 远程控制通信与通信模块

远程控制通信用于将广泛分布的各远程终端单元连接到过程控制系统，以便进行监视和控制。远程服务包括与远程的设备和计算机进行数据交换，实现故障诊断、维护、检修和优化等操作。用户使用多种远程控制通信处理器，可将 S7-1200 连接到控制中心；使用 CP 1234-7 LTE，可将 S7-1200 连接到 GSM/GPRS(2G)/UMTS(3G)/LTE 移动无线网络。

3.2 S7-1500 的硬件组成

S7-1500 自动化系统是在 S7-300/400 的基础上开发的自动化系统。它提高了系统功能,集成了运动控制功能和 PROFINET IRT 通信功能。它通过集成式屏蔽保证信号监测的质量。

3.2.1 CPU 模块

1. S7-1500 CPU 模块的分类

(1)S7-1500 标准型 CPU 模块的技术指标见表 3-4。除了 6 种型号,还有可以运行 C/C++程序的 CPU 1518-4 PN/DP MFP 和 CPU 1518-4 PN/DP ODK。MFP 是多功能平台的英文缩写,ODK 是开放式开发工具包的英文缩写。

表 3-4 S7-1500 标准型 CPU 模块的技术指标

特性	CPU 1511-1 PN	CPU 1513-1 PN	CPU 1515-2 PN	CPU 1516-3 PN/DP	CPU 1517-3 PN/DP	CPU 1518-4 PN/DP
位/字/定点数/浮点数运算指令执行时间/ns	60/72/96/384	40/48/64/256	30/36/48/192	10/12/16/64	2/3/3/12	1/2/2/6
集成程序存储区/数据存储器	150 KB/1 MB	30 KB/1.5 MB	500 KB/3 MB	1 MB/5 MB	2 MB/8 MB	4 MB/20 MB
CPU 模块(DB、FB、FC、UDT 与全局常量等)总计最大个数	2 000	2 000	6 000	6 000	10 000	10 000
最大 I/O 模块/子模块个数	1 024	2 048	8 192	8 192	16 384	16 384
可扩展的通信模块个数(DP、PN、以太网)	4	6	8	8	8	8
集成的以太网接口/DP 接口个数	1/0	1/0	2/0	2/1	2/1	3/1
可连接的 IO 设备个数/最大连接资源个数	128/96	128/128	256/192	256/256	512/320	512/384

(2)型号中带 F 的 CPU 模块为故障安全型,它集成了安全功能,达到了 SIL3/PLe 安全完整性等级,符合国际、国内的多种安全标准。各种型号的 CPU 模块几乎都有对应的故障安全型产品。

（3）型号中带 T 的 4 种 CPU 模块为工艺型（运动控制），支持高端运动控制功能，如绝对同步、凸轮同步和路径插补等功能。

（4）CPU 1511C 和 1512C 是紧凑型 CPU 模块，集成了离散量、模拟量 I/O 和高速计数功能，还可以像标准型 CPU 模块一样扩展 I/O 模块。

（5）CPU 1510SP（F）和 CPU 1512SP（F）是 ET 200SP 系列中的分布式 CPU 模块，可以直接连接 ET 200SP 的 I/O 模块。

CPU 1515SP PC（F）是将 PC 平台与 ET 200SP 控制器功能相结合的开放式控制器。

（6）S7-1500 R/H 冗余系统的两个 CPU 模块并行处理相同的项目数据和相同的用户程序。

（7）ET 200pro CPU 模块为高防护等级 CPU 模块，它们具有 IP65/67 防护等级，无须控制柜，适用于恶劣的环境，支持 ET 200pro 家族的 I/O 模块。

（8）S7-1500 SIMATIC Drive Controller 具有集成工艺 I/O 的故障安全 S7-1500 工艺 CPU 模块，以及基于 CU320-2 的 SINAMICS S120 自动转速控制功能，集成了多个通信接口、等时同步模式、运动控制和 PID 控制功能。

（9）CPU 1507S 和 CPU 1508S 是基于 PC 的软控制器。通过 ODK 1500S，可以使用高级语言 C#/VB/C/C++编程。

（10）SIPLUS extreme 和 SIPLUS extreme Rail（轨道交通）极端环境型产品是可以在极端工作环境下使用的全系列自动化产品。SIPLUS S7-1500 基于 S7-1500，可以在严苛的温度范围内、冷凝、盐雾、化学活性物质、生物活性物质、粉尘和浮尘等极端环境下正常工作。

2. S7-1500 CPU 模块的特点

（1）极快的响应时间

S7-1500 采用百兆级背板总线，以确保极快的响应时间，位处理指令的执行时间短至 1 ns。

（2）高效的工程组态

TIA 博途软件提供统一的编程调试平台，程序通用，支持 IEC 61131-3 标准的 LAD、FBD、STL、SCL、GRAPH 编程语言，并借助 ODK 开发包，可以直接运行高级语言 C/C++。S7-1500F 可执行标准任务的故障安全任务，同一网络可以实现标准通信和故障安全通信。

（3）集成了运动控制功能

S7-1500 CPU 模块可以直接对各种运动控制任务编程（如速度控制轴和齿轮同步），还可以通过 I/O 模块实现各种工艺功能（如脉冲列输出 PTO），亦可以用 S7-1500T 实现高端的运动控制功能，如路径插补和凸轮控制。

（4）强大的通信功能

S7-1500 CPU 模块集成了标准以太网接口、PROFINET 接口和 Web 服务器，可以通过网页浏览器快速浏览诊断信息，并提供最多 3 个以太网网段，最快 125 μs 的 PROFINET 数据刷新时间；集成了标准化的 OPC UA 通信协议来连接控制层和 IT 层，实现与上位 SCADA/MES/ERP 或者云端的安全高效通信。

S7-1500 CPU 模块通过 PLCSIM Advanced，可将虚拟 PLC 的数据与其他仿真软件对接。

（5）方便可靠的故障诊断功能

S7-1500 CPU 模块具有优化的诊断机制和高效的故障分析能力，可以用 STEP 7、HMI、Web 服务器和 CPU 模块的显示面板快速实现通道级数据诊断，同时使用 ProDiag 功能可高效分析过程错误。

3. 标准型CPU模块的技术指标

标准型CPU模块(图3-5)的中央机架可以安装32块模块,插槽式装载存储器(SIMATIC存储卡)最大32 GB。各CPU模块集成了一个带2端口交换机的PROFINET接口。此外,有的CPU模块还集成了以太网接口和PROFIBUS-DP接口。I/O最大地址范围输入、输出各32 KB,所有I/O均在过程映像中。

4. 紧凑型控制器

紧凑型控制器(图3-6)CPU 1511C和CPU 1512C集成了离散量、模拟量I/O和高速计数功能,可以像标准型控制器一样扩展25 mm和35 mm的I/O模块。它们分别集成了16DI/16DO和32DI/32DO,均有4+1AI和2AO,6通道400 kHz(4倍频)的高速计数器,所有集成的模块都带前连接器。集成自带交换机功能的PROFINET端口,作为IO控制器可最多带128个IO设备,支持iDevice、IRT(等时实时通信)、MRP(介质冗余协议)、PROFIenergy和Option handing等功能。其支持开放式以太网通信,集成了Web服务器、Trace、运动控制、闭环控制、OPC UA DA服务器和信息安全功能,同时可用于对空间要求严格的场合,为原始设备制造商(OEM)等提供了高性价比解决方案。

图3-5 标准型CPU模块

图3-6 紧凑型控制器

5. ET 200SP CPU模块

SIMATIC ET 200SP CPU模块是S7-1500控制器家族的新成员,是兼备S7-1500的突出性能与ET 200SP I/O简单易用、身形小巧于一身的控制器。它具备热插拔功能,控制器右侧可以直接扩展ET 200SP I/O模块。

ET 200SP的CPU 1510SP-1 PN、CPU 1512SP-1 PN与S7-1500的CPU 1511-1 PN、CPU 1513-1 PN具有相同的功能,可以直接连接ET 200SP I/O,具有体积小、使用灵活、接

线方便、价格低等特点。PROFINET 接口带有 3 个交换端口。

ET 200SP 开放式控制器 CPU 1515SP PC 是将 PC-based 平台与 ET 200SP 控制器功能相结合的可靠、紧凑的控制系统(图 3-7),使用 4 核 1.6 GHz Intel Atom 处理器,8 GB 内存,使用 128 GB Cfast 卡作为硬盘,操作系统为 Windows 或 Linux;有 1 个前兆以太网接口、2 个 USB3.0 接口,1 个 DP 显示接口;预装 S7-1500 软控制器 CPU 1505SP,可选择预装 WinCC 高级版 Runtime;支持 ET 200SP I/O 模块,通过总线适配器可以扩展 1 个 PROFINET 接口(2 端口交换机);通过 ET 200SP CM DP 模块可以支持 PROFIBUS-DP 通信,可以通过 ODK 1500S 软件开发包,使用高级语言 C/C++进行二次开发。

图 3-7　CPU 1515SP PC

6. S7-1500 软件控制器

S7-1500 软件控制器采用 Hypervisor 技术,安装到西门子工控机后,将工控机的硬件资源虚拟成两套硬件,其中一套运行 Windows 系统,另一套运行 S7-1500 PLC 实时系统。两套系统并行运行,通过 SIMATIC 通信的方式交换数据。软 PLC 与 S7-1500 硬 PLC 代码完全兼容,它的运行独立于 Windows 系统,可以在软 PLC 运行时重启 Windows 系统。

其有 2 个可选型号 CPU 1507S 和 CPU 1508S,可以通过 ODK 1500S,使用高级语言 C/C++进行功能扩展。S7-1500 软件控制器只能在西门子工控机上运行,其硬件配置有以下要求:必须是多核处理器;内存不低于 4 GB;存储空间不低于 8 GB。

7. 故障安全型控制系统

故障安全型控制系统(F CPU)适用于安全性的场合,集成了安全功能,故障出现时可以确保切换到安全模式。其符合国际和国内多种安全标准,将安全技术和标准自动化无缝地集成在一起。

S7-1500 F CPU 和 ET 200SP F CPU 故障安全控制器支持到 SIL3/PLe 安全等级,可灵活构建不同的网络结构,硬件参数可以从站点中完整下载,支持 Shared I-Device,用读访问监控实现快速诊断。表 3-4 中的每一种标准型 CPU 模块都有对应的故障安全型 CPU 模块。

故障安全功能包含在 CPU 模块的 F 程序中和故障安全信号模块中。信号模块通过差异分析监视输入和输出信号。CPU 模块通过自检、指令测试和顺序程序流控制来监视 PLC 的运行。其通过请求信号检查 I/O,如果系统诊断出一个错误,则转入安全状态。CPU、I/O 模块和 PROFIBUS/PROFINET 都应具有故障安全功能。

ET 200MP F IO 和 ET 200SP F IO 故障安全信号模块是用于故障安全功能的 I/O 模块,

支持到 SIL3/PLe 安全等级。ET 200MP F IO 可作为中央 IO 或分布式 I/O,有通道级诊断功能,支持快速故障修复。

8. 电源模块

S7-1500 的电源模块分为系统电源模块(PS)和负载电源模块(PM)。

(1)PS

PS 专门为背板总线提供内部所需的系统电源,可以为模块的电子元件和 LED 指示灯供电,具有诊断报警和诊断中断功能。系统电源应安装在背板总线上,必须用 TIA 博途软件组态。PS 有 PS DC 25 W 24 V、PS DC 60 W 24/48/60 V 和 PS AC/DC 60 W 120/230 V 3 种型号。PS 支持固件更新和在 RUN 模式下组态,有诊断报警和诊断中断功能,具有输入电压反击性保护和短路保护功能。其有 RUN、ERROR 和维护(MAINT)3 个指示灯。一个机架最多可以使用 3 个 PS,通过 PS 内部的反向二极管,划分不同的电源段。电源段有一个电源模块和由它供电的模块组成。

机架上可以没有 PS,CPU 模块或接口模块 IM 155-5 的电源由 PM 或其他 DC 24 V 电源提供。CPU/IM 155-5 向背板总线供电,但是功率有限,最多只能连接 12 个模块。如果需要连接更多的模块,则需要增加 PS。

如果在 CPU/IM 155-5 左边的 0 号槽放置一块 PS,CPU/IM 155-5 的电源端子同时连接 DC 24 V 电源,它们将一起向背板总线供电。

图 3-8(a)是有两个 PS 的机架,0 号槽的 PS 为 1~3 号槽的模块供电,4 号槽的 PS 为 5 号、6 号槽的模块供电。选中 4 号槽的电源模块后,选中巡视窗口左边的"电源段概览"(图 3-8(b)),可以查看 PS 功率分配的详细信息。负的功率表示消耗,该 PS 还剩余 23.70 W 的功率。

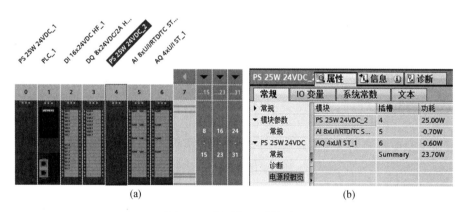

(a)　　　　　　　　　　　　　　(b)

图 3-8　有两个 PS 的机架

选中 CPU 模块巡视窗口中的"系统电源",可以查看 0 号槽的 PS 的功率分配信息。

(2)PM

PM 通过外部接线可以为 CPU/IM、I/O 模块、PS 电源等提供高效、稳定、可靠的 DC 24 V 供电。输入电压为 AC 120/230 V 自适应,可用于世界各地的供电网络,有 70 W 和 190 W 2 种模块。负载电源不能通过背板总线向 S7-1500 和 ET 200MP 供电,可以不安装在机架上,可以不在 TIA 博途软件中组态。它具有输入抗过电压性能和输出过电压保护功能。

3.2.2 CPU 模块的前面板

1. CPU 模块的操作模式

在 STOP 模式,CPU 模块仅处理通信请求和进行自诊断,不执行用户程序,不会自动更新过程映像。上电后 CPU 模块进入 STARTUP 模式,进行上电诊断和系统初始化。

在 RUN 模式,执行循环程序和中断程序。每个循环程序中自动更新过程映像区中的地址。

2. 模式选择开关与 RUN、STOP 按钮

S7-1500 部分新型号的标准型 CPU 模块和紧凑型 CPU 模块用 RUN、STOP 操作模式按钮切换 CPU 模块的操作模式。其他型号的 CPU 模块用模式选择开关来切换操作模式。

用户也可以通过 CPU 模块上的小显示屏或 TIA 博途软件来切换 CPU 模块的操作模式。

3. CPU 模块的状态与故障显示 LED

图 2-9 是没有前面板的 CPU 1511T-1 PN 和 CPU 1511-1 PN 的正面视图。面板上面 3 个 LED 的意义如下。

(1)仅 RUN/STOP LED 亮时,绿色表示 CPU 模块处于 RUN 模式,黄色表示 CPU 模块处于 STOP 模式。

(2)仅 ERROR LED(红色)闪烁时表示出现错误。

(3)RUN/STOP LED 绿灯和 MAINT LED 黄灯同时亮时表示设备需要维护、有激活的强制作业或 PROFIenergy 暂停。

(4)RUN/STOP LED 绿灯亮和 MAINT LED 黄灯闪烁时表示设备需要维护或有组态错误。

(5)3 个 LED 同时闪烁时表示下列 3 种情况:CPU 模块正在启动;启动、插入模块时测试 LED 指示灯;LED 指示灯闪烁测试。

3 个 LED 状态的其他组合见 CPU 模块的用户手册。

4. LINK TX/RX LED

CPU 1511T-1 PN 的 PN 接口的 2 个端口分别有一个标有 XI P1 和 X1 P2 的 LED (图 2-9(a)),某个 LED 熄灭时表示 PROFINET 设备的 PROFINET 接口与通信伙伴之间没有以太网连接,当前未通过 PROFINET 接口收发任何数据,或者没有 LINK 连接。绿色点亮时表示 PROFINET 设备的 PROFINET 接口与通信伙伴之间有以太网连接。黄色闪烁时表示当前正在向以太网上的通信伙伴发送数据或接收数据。绿色闪烁时表示正在执行"LED 指示灯闪烁测试"。

CPU 1511-1 PN 的 PN 接口(X1)有一个 2 端口交换机,2 个端口的 RJ45 插座在模块的底部。X1 的 LINK LED(绿色,图 3-9(b))亮时表示有以太网连接,TX/RX LED(黄色)闪烁时表示当前正在向以太网上的通信伙伴发送数据或接收数据。

有 2 个 PN 接口的 CPU 模块(如 CPU 1515-2PN)增加了名为 X2 P1 的 LINK TX/RX LED。有 3 个 PN 接口的 CPU 模块(如 CPU 1518-4PN/DP)增加了名为 X2 P1 和 X3 P1 的 LINK TX/RX LED。

3.2.3 信号模块

1. 信号模块的共同问题

S7-1500的信号模块支持通道级诊断,采用统一的前连接器,具有预接线功能。它们既可以用于中央机架进行集中式处理,也可以通过ET 200MP进行分布式处理。模块的设计紧凑,用标准DIN导轨安装,中央机架最多可以安装32个模块。同时新增了热插拔功能、64通道数字量模块和16通道模拟量模块。模拟量模块自带电缆屏蔽附件。

信号模块有集成的短接片,简化了接线操作。全新的盖板设计,双卡位可以最大化扩展电缆存放空间;自带电路接线图,接线方便;电源线与信号线分开走线,增强了抗电磁干扰能力;背板总线通信速率达40 Mbit/s,可读取电子识别码,快速识别所有的组件。

S7-1500的模块型号中的BA(basic)为基本型,它的价格便宜,功能简单,需要组态的参数少,没有诊断功能。型号中的ST(standard)为标准型,中等价格,有诊断功能。型号中的HF(high feature)为高性能型,功能复杂,可以对通道组态,支持通道级诊断。高性能型模拟量模块允许较高的共模电压。型号中的HS(high speed)为高速型,用于高速处理,有等时同步功能。

S7-1500的模块宽度有25 mm和35 mm 2种。25 mm宽的模块自带前连接器,接线方式为弹簧压接。35 mm宽的模块的前连接器需要单独订货,统一采用40针前连接器,接线方式为螺丝连接或弹簧连接。

2. 数字量I/O模块

数字量I/O模块见表3-5。数字量输入模块的最短输入延时时间为50 μs,其型号中的SRC为源型输入,无SRC的为漏型输入。

表3-5 数字量I/O模块

型号	型号	型号
DI 16×24 V DC BA	DQ 8×24 V DC/2 A HF	DQ 32×24 V DC/0.5 A BA
DI 16×24 V DC HF	DQ 8×230 V AC/2 A ST Triac	DQ 32×24 V DC/0.5 A HF
DI 16×230 V AC BA	DQ 8×230 V AC/5 A ST Relay	DQ 64×24 V DC/0.3 A BA
DI 16×24 V DC SRC BA	DQ 16×24 V DC/0.5 A BA	DQ 64×24 V DC/0.3 A SNK BA
DI 32×24 V DC BA	DQ 16×24 V DC/0.5 A HF	DI 16×24 V DC/DQ×24 V DC/0.5 A BA
DI 32×24 V UC HF	DQ 16×24…48 V UC/125 V DC/0.5 A ST	DI 32×24 V DC SNK/SRC/DQ 32×24 V DC/0.3 A SNK BA
DI 64×24 V DC SNK/SRC BA	DQ 16×230 V AC/2 A ST Relay	—

模型号中有"24 V…125 V UC"的输入模块的额定输入电压为AC/DC 24 V、48 V和125 V。型号中有"24 V…125 V UC"的输出模块的额定输出电压为AC/DC 24 V、48 V和DC 125 V。

数字量I/O模块"16DI,DC 24 V 基本型/16DO,DC 24 V/0.5 A 基本型"是输入模块"16DI,DC 24 V 基本型"和输出模块"16DO,DC 24 V/0.5 A 基本型"的组合。

数字量输出模块型号中的 Triac 是双向晶闸管输出,Relay 是继电器输出。没有 Triac 和 Relay 的是晶体管输出,其中有 SNK 的是漏型输出,没有 SNK 的是源型输出。

表 3-5 中第 3 列最后两种型号是数字量 I/O 模块。

数字量 I/O 模块使用屏蔽电缆和非屏蔽电缆的最大长度分别为 1 000 m 与 600 m。

3. 数字量输出模块感性负载的处理

感性负载(如继电器、接触器的线圈)具有储能作用,PLC 内控制它的触点或场效应晶体管断开时,电路中的感性负载会产生高于电源电压数倍甚至数十倍的反电势。触点接通时,会因为触点的抖动而产生电弧,会对系统产生干扰。对此可以采取下述措施。

(1)输出端接有直流感性负载时,应在它两端并联一个续流二极管。如果需要更快的断开时间,可以串接一个稳压管(图 3-9(a)),二极管可以选 1N4001,场效应晶体管输出可以选 8.2 V/5 W 的稳压管,继电器输出可以选 36 V 的稳压管。

(2)输出端接有 AC 220 V 感性负载时,应在它两端并联 RC 串联电路(图 3-9(b)),可以选 0.1 μF 的电容和 100~120 Ω 的电阻。电容的额定电压应大于电源峰值电压。要求较高时,还可以在负载两端并联压敏电阻,其压敏电压应大于线圈额定电压有效值的 2.2 倍。

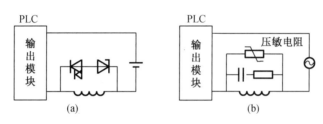

图 3-9 输出电路感性负载的处理

为了减少电动机和电力变压器投切时产生的干扰,可以在 PLC 的电源输入端设置浪涌电流吸收器。

4. 模拟量 I/O 模块

S7-1500 的多功能模拟量输入模块具有自动线性化特性,适用于温度测量和限值监测,8 通道模拟量输入模块转换时间低至 125 μs,分辨率均为 16 位,自带电缆屏蔽附件。高速型模拟量输入、模拟量输出模块的转换速度极快。

(1)模拟量输入模块

"4AI,U/I/RTD/TC""8AI,U/I/RTD/TC"标准型和"8AI,U/R/RTD/TC"高性能型快速模式每通道的转换时间分别为 4 ms、18 ms、22 ms、102 ms(与组态的 A/D 转换的积分时间有关)。电流/电压、热电阻/热电偶和电阻输入时屏蔽电缆的最大长度分别为 800 m、200 m、50 m。每个通道的测量类型和范围可以任意选择,不需要 S7-300 模拟量输入模块那样的量程卡,只需要改变硬件配置和外部接线。"8AI,U/I"高速型模块每通道的转换时间为 62.5 μs。16 通道基本型模拟量输入模块有电压输入型和电流输入型。

(2)模拟量输出模块

"2AO,U/I"和"4AO,U/I"标准型模块可输出电流和电压,每通道的转换时间为 0.5 ms。"4AO,U/I"高速型模块每通道的转换时间为 125 μs。上述模块电流、电压输出时屏蔽电缆的最大长度分别为 800 m、200 m。

"8AO,U/I"高速型模块每通道的转换时间为 50 μs,屏蔽电缆的最大长度为 200 m。

（3）模拟量 I/O 模块

"4AI，U/I/RTD/TC 标准型/2AO，U/I 标准型"模块的性能指标分别与"4AI，U/I/RTD/TC 标准型"模块和"2AO，U/I 标准型"模块的相同，相当于这两种模块的组合。

3.2.4　工艺模块与通信模块

1. 工艺模块

工艺模块包括高速计数模块、位置检测模块、时间戳模块和 PTO 脉冲输出模块等。

（1）高速计数模块和位置检测模块

高速计数模块和位置检测模块具有硬件级的信号处理功能，可以对各种传感器进行快速计数、测量和位置记录；支持增量式编码器和绝对值编码器（SSI），支持集中式和分布式操作。

TM Count 2×24 V 和 TM PosInput 2 模块的供电电压为 DC 24 V，可连接两个增量式编码器或位置式编码器，后者还支持 SSI，计数范围 32 位。它们的计数频率分别为 200 kHz 和 1 MHz，4 倍频时分别为 800 kHz 和 4 MHz；分别集成了 6 个和 4 个数字量输入点，用于门控制、同步、捕捉和自由设定；还集成了 4 个数字量输出点，用于比较值转换和自由设定。它们具有频率、周期和速度测量功能，以及绝对位置和相对位置检测功能，还具有同步、比较值、硬件中断、诊断中断、输入滤波器、等时模式等功能。

（2）时间戳模块

TM TIMER DI/DO 16×24 V 时间戳模块可以读取离散量输入信号的上升沿和下降沿，并标以高精度的时间戳信息。离散量输出可以基于精确的时间控制。离散量输入信号支持时间戳检测、计数、过采样（oversampling）等功能。离散量输出信号支持过采样、时间控制切换和脉冲宽度调制等功能。该模块可用于电子凸轮控制、长度检测、脉冲宽度调制和计数等多种应用，最多 8 通道数字量输入和 16 个数字量输出。输入频率最大 50 kHz，计数频率最大 200 kHz，支持等时模式，有硬件中断、诊断中断和模块级诊断功能。

（3）PTO 脉冲输出模块

脉冲输出模块 TM PTO 4 可以最多连接 4 个步进电机轴，通过工艺对象实现与驱动器的接口，可提供 RS-422、TTL（5 V）和 24 V 脉冲输出信号。24 V/TTL 输出频率最高为 200 kHz，RS-422 输出频率最高为 1 MHz。其集成了 12 点数字量输入和 12 点数字量输出，用于驱动器使能和测量输入等；集成了工艺对象，使用简单方便。

2. 通信模块

（1）点对点通信模块

点对点通信模块 CM PtP 可以连接数据读卡器或特殊传感器，可以集中使用，也可以在分布式 ET 200MP I/O 系统中使用。其可以使用 3964（R）、Modbus RTU（仅高性能型）或 USS 协议，以及基于自由口的 ASCII 协议。它有 CM PtP RS-422/485 基本型和高性能型、CM PtP RS-232 基本型和高性能型 4 种模块。基本型的通信速率为 19.2 kbit/s，最大报文长度为 1 KB，高性能型为 115.2 kbit/s 和 4 KB。RS-422/485 接口的屏蔽电缆最大长度为 1 200 m，RS-232 接口最大长度为 15 m。

（2）PROFIBUS 模块

PROFIBUS 模块 CP 1542-5 和 CM 1542-5 可以作为 PROFIBUS-DP 主站与从站，有 PG/OP 通信功能，可使用 S7 通信协议，两种模块分别可以连接 32 个和 125 个从站。传输速率为 9.6~12 288 kbit/s。CPU 模块集成的 DP 接口只能作为 DP 主站。

（3）PROFINET 模块

PROFINET 模块 CP 1542-1 是可以连接 128 个 IO 设备的 IO 控制器，有实时通信（RT）、IRT、MRP、网络时间协议（NTP）和诊断功能，可以作为 Web 服务器。其支持通过简单网络管理协议（SNMP）版本 V1 进行数据查询；设备更换无须交换存储介质；支持开放式通信、S7 通信、ISO 传输、TCP、ISO-on-TCP、UDP 协议和基于 UDP 连接组播等，传输速率为 10 Mbit/s 或 100 Mbit/s。

（4）以太网模块

CP 1543-1 是带有安全功能的以太网模块，在安全方面支持基于防火墙的访问保护、VPN、FTPS Server/Client、SNMP V1 和 SNMPV3。其支持 IPv6 和 IPv4、FTP Server/Client、NTP、SMTP、FETCH/WRITE 访问（CP 作为服务器）、E-mail 和网络分割；支持 Web 服务器访问、S7 通信和开放式用户通信，传输速率为 10 Mbit/s 或 100 Mbit/s 或 1 000 Mbit/s。

（5）ET 200MP 的接口模块

ET 200MP 通过接口模块进行分布式 I/O 扩展，其与 S7-1500 的中央机架使用相同的 I/O 模块。模块采用螺钉压线方式，高速背板通信，支持 PROFINET 或 PROFIBUS，使用 DC 24 V 电源电压，有硬件中断和诊断中断功能。

IM 155-5 DP 标准型 PROFIBUS 接口模块支持 12 个 I/O 模块。

IM 155-5 PN 标准型和高性能型 PROFlNET 接口模块支持 30 个 I/O 模块。它们支持等时同步模式（最短周期 250 μs）、IRT、MRP、MRPD 和优先化启动；支持开放式 IE 通信。它们有硬件中断和诊断中断功能，高性能型支持 S7-400H 冗余系统。IM 155-5 PN 基本型模块支持 12 个 I/O 模块。"共享设备"功能允许不同的 IO 控制器访问同一个 IO 设备的模块或子模块。高性能型接口模块可访问 4 个控制器，其他 PN 接口模块可访问 2 个 IO 控制器。

3.3 分 布 式 I/O

西门子公司的 ET 200 是基于现场总线 PROFIBUS-DP 和 PROFINET 的分布式 I/O，可以分别与经过认证的非西门子公司生产的 PROFIBUS-DP 主站或 PROFINET IO 控制器协同运行。

在组态时，STEP 7 自动分配 ET 200 的 I/O 地址。DP 主站或 IO 控制器的 CPU 模块分别通过 DP 从站或 IO 设备的 I/O 模块的地址直接访问它们。

ET 200MP 和 ET 200SP 是专门为 S7-1200/1500 设计的分布式 I/O，可用于 S7-300/400 中。

3.3.1 ET 200SP 分布式 I/O

1. ET 200SP 简介

ET 200SP 是新一代分布式 I/O 系统（图 3-10），支持 PROFINET 和 PROFIBUS。

它的体积小巧，配置灵活，简单易用；最多可带 64 个 I/O 模块，每个数字量模块最多 16

点;用标准 DIN 导轨安装,采用直插式端子,无须工具,单手就可以完成接线;模块、基座的组装方便,各个负载电势组的形成无须 PM-E 电源模块;有热拔插、状态显示和诊断功能。

ET 200SP 一个站点的基本配置包括 IM 通信接口模块,各种 I/O 模块、功能模块和对应的基座单元。最右侧是用于完成配置的服务模块,它无须单独订购,随接口模块附带。基座单元为 I/O 模块提供可靠的连接,实现供电及背板通信等功能。

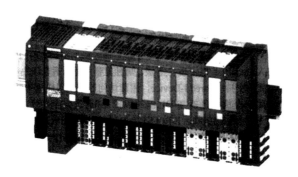

图 3-10　ET 200SP

2. ET 200SP 的接口模块

IM 155-6 PN 接口模块有基本型、标准型和高性能型,分别支持 12 个、32 个、64 个模块,均含服务模块。IM 155-6 PN/3 高性能型模块有 3 个端口、2 个总线适配器接口,不含总线适配器。高性能型支持 S2 系统冗余。IM 155-6 DP 高性能型接口模块支持 32 个模块。

对于标准应用,在中度的机械震动和电磁干扰条件下,可选用 BA 2×RJ45 总线适配器,它带有 2 个标准的 RJ45 接口。

对于有更高的抗振和抗电磁干扰要求的设备,推荐采用 BA 2×FC 总线适配器。在这种情况下,电缆通过快连端子直接连接,该种方式有 5 倍的机械抗振能力和抗电磁干扰能力。

对于高性能接口模块,还可以选择带有光纤接口的总线适配器。

PROFIBUS 接口模块已经包含了快连式 DP 接头。

3. ET 200SP 的 I/O 模块和工艺模块

ET 200SP 具有多种 I/O 模块,输入时间短,模拟量模块的精度高,其丰富的种类可以满足不同的应用需要。模块有标准型、基本型、高性能型和高速型。

不同模块通过不同的颜色进行标识,数字量输入模块为白色,数字量输出模块为黑色,模拟量输入模块为淡蓝色,模拟量输出模块为深蓝色。模块可热插拔,正面带有接线图。电能测量模块可以实现各种电能参数的测量。ET 200SP 的 I/O 模块有 16 点、8 点和 4 点的数字量模块,8 点、4 点、2 点的数字量输入模块,以及 4 点、2 点的数字量输出模块。

ET 200SP 有类似于 S7-1500 的 3 种工艺模块。计数器模块 TM Count 1×24 V 和定位模块 TM PosInput 1 只有 1 个通道,TM TIMER DI/DO 10×24 V 带时间戳模块有 10 个数字量输入、输出点,可连接增量式编码器。TM Pulse 2×24 V 脉冲输出模块可输出脉宽调制信号和脉冲序列,无须功率单元,就可以实现低成本的直流电机双向控制。SIWAREX WP321 称重模块可用于平台秤、料仓秤、定量灌装/包装和测力等场合。

4. ET 200SP 的通信模块

ET 200SP 支持串行通信、IO-Link 通信、AS-i 通信、CAN 通信、DALI 通信和 PROFIBUS-DP 通信。

CM PtP 串行通信模块支持 RS-232、RS-422/RS-485 接口,以及自由口、3964(R)、ModbusRTU 主/从和 USS 通信协议。

DALI 是数字照明控制的国际标准。CM 1×DALI 通信模块作为 DALI V2 多主应用控制器,最多可接 63 个传感器(DELI 输入设备),最多 64 个灯(DALI 控制装置)。

CM 4×IO-Link 主站模块符合 IO-Link 规范 V1.1,有 4 个接口。

CM AS-i Master ST 模块符合 AS-i 规范 V3.0,最多 62 个从站。

CM DP 模块可以实现 PROFIBUS-DP 主站和从站功能,最多支持 125 个 DP 从站。

通信处理器 CP 154xSP-1(x 为 2.3)用于将 ET 200SP 连接到工业以太网,为 CPU 模块提供附加的 S7 通信以太网接口。

5. ET 200SP 故障安全系统

ET 200SP F CPU(如 CPU 1512SP F-1 PN)是故障安全 IO 控制器,故障安全 I/O 模块和非故障安全 I/O 模块可以混合使用。故障安全电源模块为 ET 200SP 故障安全系统提供电源。故障安全数字量输入模块检测安全传感器的信号状态,并将相应的安全帧发送到 F CPU。故障安全数字量输出模块适用于安全关闭过程,并可以对执行器之前的电路进行短路和跨接保护。故障安全电机启动器用于安全地断开电机负载。

3.3.2 其他分布式 I/O

打开网络视图后,硬件目录的"分布式 I/O"文件夹中有本节介绍的分布式 I/O。使用不同的接口模块,如 ET 200SP、ET 200S、ET 200M、ET 200MP、ET 200AL 和 ET 200pro 均可以分别接入 PROFIBUS-DP 与 PROFINET 网络。ET 200iSP 可接入 PROFIBUS-DP,ET 200L 和 ET 200R 是老一代的分布式 I/O。

1. 安装在控制柜内的 ET 200

(1)ET 200S

ET 200S 是模块化的分布式 I/O,PROFINET 接口模块集成了双端口交换机。IM 151-7 CPU 接口模块的功能与 CPU 314 相当,IM 151-8 PN/DP CPU 接口模块的 PROFINET 接口有 3 个 RJ45 端口。ET 200S 有数字量和模拟量 I/O 模块、技术功能模块、通信模块、最大 7.5 kW 的电动机启动器、最大 4.0 kW 的变频器和故障安全模块。每个站最多 63 个 I/O 模块,每个数字量模块最多 8 点。ET 200S 有热插拔功能和丰富的诊断功能,可以用于危险区域 Zone 2。ET 200S COMPACT 紧凑型模块有 32 点数字量 I/O 模块,可以扩展 12 个 I/O 模块。

(2)ET 200M

ET 200M 是多通道模块化的分布式 I/O,使用 S7-300 的 I/O 模块;可以提供与 S7-400H 系统相连的冗余接口模块和故障安全型 I/O 模块;可以用于 Zone 2 的危险区域,传感器和执行器可以用于 Zone 1;通过配置有源背板总线模块,支持带电热插拔功能。接口模块 IM 153-1 DP 和 IM 153-2 DP 分别最多可以扩展 8 块与 12 块模块。

(3)ET 200iSP

ET 200iSP 是本质安全 I/O 系统,只能用于 PROFIBUS-DP,适用于有爆炸危险的区域。模块化 I/O 可以直接安装在 Zone 1,可以连接来自 Zone 0 的本质安全的传感器和执行器。

ET 200iSP 可以扩展多种端子模块,有热插拔功能,最多可以插入 32 块电子模块。ET 200iSP 有支持 HART 通信协议的模块,可以用于容错系统的冗余运行。

2. 不需要控制柜的 ET 200

不需要控制柜的 ET 200 的保护等级为 IP65/67,具有抗冲击、防尘和不透水性,能适应恶劣的工业环境,可以用于没有控制柜的 I/O 系统。ET 200 无控制柜系统安装在一个坚固的玻璃纤维加强塑壳内,耐冲击和污物,而且附加部件少,节省布线,响应快。

(1)ET 200pro

ET 200pro 是多功能模块化分布式 I/O,采用紧凑的模块化设计,易于安装;可选用多种连接模块,有无线接口模块;具有极高的抗振性能,最低运行温度-25 ℃;有数字量和模拟量 I/O 模块、电动机启动器、变频器、RFID 模块和气动模块等,支持故障安全功能;最多 16 个 I/O 模块,可以带电热插拔。

(2)ET 200eco

ET 200eco 是一体化经济实用的数字量 I/O 模块,只能用于 PROFIBUS-DP,有故障安全模块和多种连接方式,能在运行时更换模块,且不会中断总线或供电。

(3)ET 200eco PN

ET 200eco PN 是用于 PROFINET 的经济型、节省空间的 I/O 模块,每个模块集成了 2 个端口的交换机。通过 PROFINET 的线性或星形拓扑,可以实现在系统中的灵活分布。

开关量模块最多 16 点,还有模拟量模块、IO-Link 主站模块和负载电源分配模块。工作温度可达-40~60 ℃,抗振能力强。

(4)ET 200AL

ET 200AL 是安装灵活的分布式 I/O,具有结构紧凑、质量较轻、安装空间小等诸多特性,适用于狭小的安装空间和涉及移动设备的场合。ET 200AL 可以通过 IM 157-1 PN 和 IM 157-1 DP 接口模块,分别连接到 PROFINET 和 PROFIBUS 网络,或通过 ET 200SP 连接适配器 BusAdapter BA-Send 1×FC,连接到自动化网络中。ET 200AL 有 2 个独立的背板总线,可以各带 16 个 I/O 模块,最多可支持 32 个模块。

3.4 S7-1200/1500 PLC 的编程指令

SIMATIC S7-1500 PLC 支持梯形图、语句表、函数块图、结构化控制语言和图表化的 GRAPH 等 5 种编程语言。不同的编程语言可以为具有不同知识背景的编程人员提供多种选择。

1. 梯形图

梯形图和继电器原理图类似,采用诸如触点和线圈等元素符号表示要执行的指令。这种编程语言适于对继电器控制电路比较熟悉的技术人员。各个厂商的 PLC 都具有梯形图语言。梯形图的特点是易于学习,编程指令可以直接从指令集窗口中拖放到程序中使用。

2. 语句表

语句表的指令丰富,它采用文本编程的方式,编写的程序量很简洁,适于熟悉汇编语言的人员使用。与经典 STEP 7 相比,TIA 博途软件的语句表指令集具有指令助记符功能,调用指令时不需要事先了解或从在线帮助中查询,但是使用语句表语言具有一定的难度。严格地说,SIMATIC S7-1500 CPU 模块的底层并不完全具备语句表语言中使用到的运行环境(如类似 SIMATIC S7-300/400 中的状态字),但是为了兼容 SIMATIC S7-300/400 的程序以及程序移植的原因,SIMATIC S7-1500 CPU 模块的系统上运行了一个兼容语句表代码的虚拟环境。另外语句表只能处理 32 位变量,其他编程语言可以处理 64 位变量。

3. 函数块图

函数块图使用不同的功能"盒"相互搭接成一段程序,逻辑采用"与""或""非"进行判断。与梯形图相似,编程指令也可以直接从指令集窗口中拖放出来使用,大部分程序可以与梯形图程序相互转换。

4. 结构化控制语言

结构化控制语言是一种类似于 PASCAL 的高级编程语言,除 PLC 典型的元素(如 I/O、定时器、符号表等)之外还具有以下高级语言特性:循环、选择、分支、数组、高级函数等。结构化控制语言非常适于复杂的运算功能、数学函数、数据管理和过程优化等,是今后主要的和重要的编程语言。对于一些刚从学校毕业的新编程人员来说,由于在学校时已具有良好的高级语言基础,所以相比于学习其他编程语言,结构化控制语言反而更容易上手。

5. GRAPH

GRAPH 是一种图表化的语言,非常适合顺序控制程序,其添加了诸如顺控器、步骤、动作、转换条件、互锁、监控等编程元素。

任何一种编程语言都有相应的指令集,指令集包含最基本的编程元素,用户可以通过指令集使用基本指令编写函数和函数块。5 种编程语言指令集的对比如图 3-11 所示。

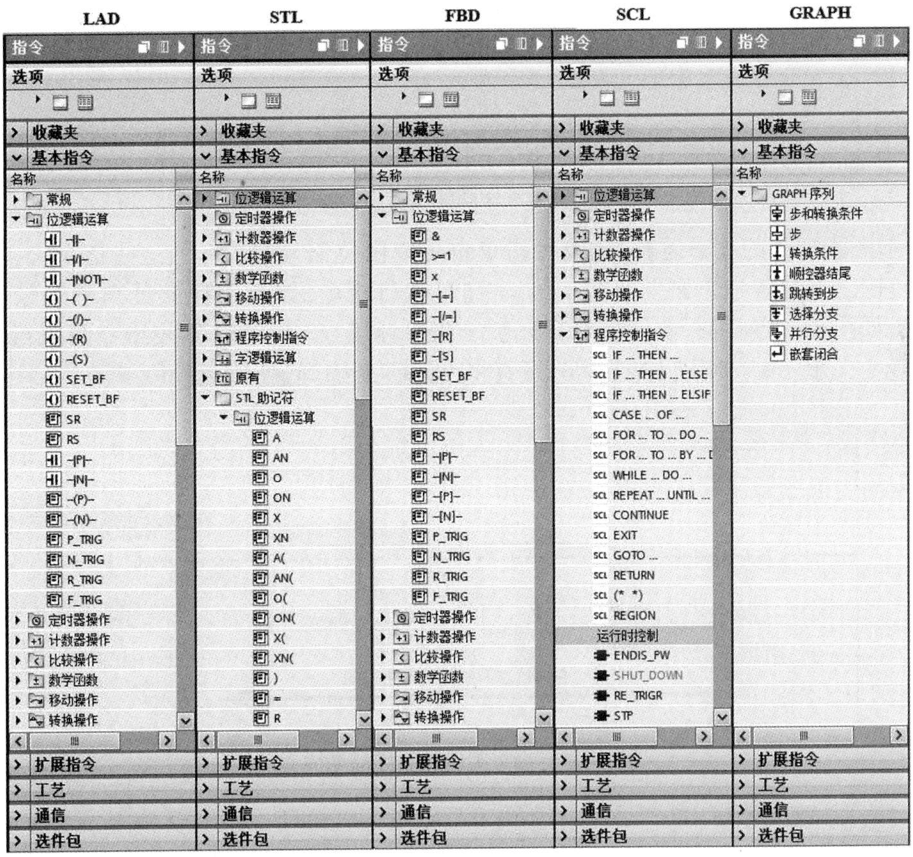

图 3-11 5 种编程语言指令集的对比

注意：

（1）与经典 STEP 相比，TIA 博途软件中结构化控制语言、梯形图、函数块图与语句表编译器是独立的，这样 4 种编程语言的效率是相同的。除梯形图、函数块图以外，各语言编写的程序间不能相互转化。

（2）如果是刚开始学习编程的人员，不建议使用语句表编程。

（3）有些功能只能使用语句表进行编程，建议使用语句表和梯形图编程语言，如果创建程序块中使用梯形图语言，则可以在不同的程序段中插入结构化控制语言、语句表编程语言。

考虑到本书主要面向初学者，因此着重介绍梯形图编程语言的指令集。

（1）梯形图指令处理

梯形图程序的逻辑处理以从左到右传递"能流"的方式进行，如图 3-12 所示。位信号"开关 1"首先和"开关 2"相"与"，之后将"与"的结果再和位信号"开关 3"相"或"；最后，相"或"后的逻辑执行结果将传递到输出线圈"输出"。位信号"开关 1"和"开关 2"信号为 1，处于导通状态，所以将"能流"传递给"输出"，触发该线圈的输出。

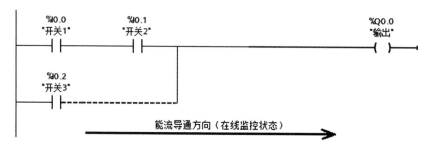

图 3-12　梯形图逻辑处理"能流"方向

梯形图程序中的逻辑运算、比较等指令也可以由位信号触发。在这些指令中，左边输入端为"EN"使能信号。如果使能信号为"1"，执行指令，如果条件满足则触发输出信号"ENO"，如图 3-13 所示。位信号 M0.4 为"1"时，触发"CMP<=I"比较指令的执行。由于变量 MW2 大于 MW4，所以 ENO 为 0，没有将"能流"传递到输出线圈 M0.5。

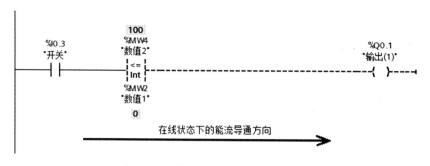

图 3-13　梯形图运算处理能量流向

（2）立即读/立即写

立即读/立即写可以直接对 I/O 地址进行读写，而不是访问这些 I/O 对应的过程映像区的地址。立即读/立即写需要在 I/O 地址后面添加后缀"：P"，如图 3-14 所示。

66

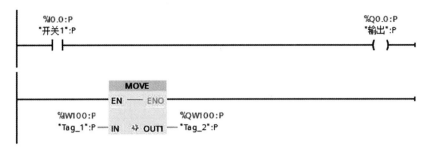

图 3-14　立即读/立即写编程示例

立即读/立即写与程序的执行同步：如果 I/O 模块安装在中央机架上，当程序执行到立即读/立即写指令时，将通过背板总线直接扫描输入、输出地址的当前状态；如果 I/O 模块安装在分布式从站上，当程序执行到立即读/立即写指令时，将只扫描其主站中对应的 I/O 地址的当前状态。

3.4.1　位逻辑运算指令

位逻辑运算指令是处理数字量 I/O 以及其他数据区布尔型变量的相关指令，包括标准触点指令、取反指令和沿检测指令等。SIMATIC S7-1200/1500 CPU 模块支持的位逻辑运算指令见表 3-6。

表 3-6　SIMATIC S7-1200/1500 CPU 模块支持的位逻辑运算指令

序号	梯形图	说明
1	---| |---	常开触点
2	---| / |---	常闭触点
3	---|NOT|---	取反逻辑运算结果（RLO）
4	---( )---	线圈/赋值
5	---(/)---	线圈取反/赋值取反
6	---(R)---	复位输出
7	---(S)---	置位输出
8	SET_BF	置位位域
9	RESET_BF	复位位域
10	SR	置位/复位触发器
11	RS	复位/置位触发器
12	---| P |---	扫描操作数信号的上升沿
13	---| N |---	扫描操作数信号的下降沿
14	---(P)---	在信号上升沿置位操作数
15	---(N)---	在信号下降沿置位操作数

表 3-6(续)

序号	梯形图	说明
16	P_TRIG	扫描 RLO 信号的上升沿
17	N_TRIG	扫描 RLO 信号的下降沿
18	R_TRIG	检查信号上升沿(带有背景 DB)
19	F_TRIG	检查信号下降沿(带有背景 DB)

1. ---| |---:常开触点

符号:

<操作数>

---| |---

常开触点的参数见表 3-7。

表 3-7　常开触点的参数

参数	声明	数据类型	存储区		说明
			S7-1200	S7-1500	
<操作数>	Input	BOOL	I、Q、M、D、L 或常数	I、Q、M、D、L、T、C 或常量	要查询其信号状态的操作数

常开触点的激活取决于相关操作数的信号状态。当操作数的信号状态为"1"时,常开触点将闭合,同时输出的信号状态置位为"1"。

当操作数的信号状态为"0"时,不会激活常开触点,同时该指令输出的信号状态复位为"0"。

两个或多个常开触点串联时,将逐位进行"与"运算。串联时,所有触点都闭合后才产生信号流。

常开触点并联时,将逐位进行"或"运算。并联时,有一个触点闭合就会产生信号流。

常开触点实例图如图 3-15 所示。

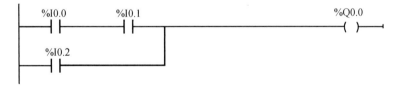

图 3-15　常开触点实例图

满足下列条件之一时,将置位操作数 Q0.0。

- 操作数 I0.0 和 I0.1 的信号状态都为"1"。
- 操作数 I0.2 的信号状态为"1"。

2. ---| / |---:常闭触点

符号:

<操作数>

---| / |---

常闭触点的参数见表3-8。

表 3-8 常闭触点的参数

参数	声明	数据类型	存储区		说明
			S7-1200	S7-1500	
<操作数>	Input	BOOL	I、Q、M、D、L 或常数	I、Q、M、D、L、T、C 或常量	要查询其信号状态的操作数

常闭触点的激活取决于相关操作数的信号状态。当操作数的信号状态为"1"时,常闭触点将断开,同时该指令输出的信号状态复位为"0"。

当操作数的信号状态为"0"时,激活常闭触点,同时将该输入的信号状态置位。

两个或多个常闭触点串联时,将逐位进行"与"运算。串联时,所有触点都闭合后才产生信号流。

常闭触点并联时,将进行"或"运算。并联时,有一个触点闭合就会产生信号流。

常闭触点实例图如图3-16所示。

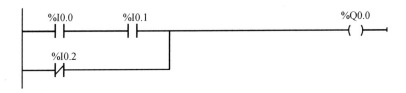

图 3-16 常闭触点实例图

满足下列条件之一时,将置位操作数 Q0.0。

● 操作数 I0.0 和 I0.1 的信号状态都为"1"。

● 操作数 I0.2 的信号状态为"0"。

3. ---|NOT|---:取反 RLO

符号:

---|NOT|---

使用"取反 RLO"指令,可对 RLO 的信号状态进行取反。如果该指令输入的信号状态为"1",则指令输出的信号状态为"0"。如果该指令输入的信号状态为"0",则指令输出的信号状态为"1"。

取反 RLO 实例图如图3-17所示。

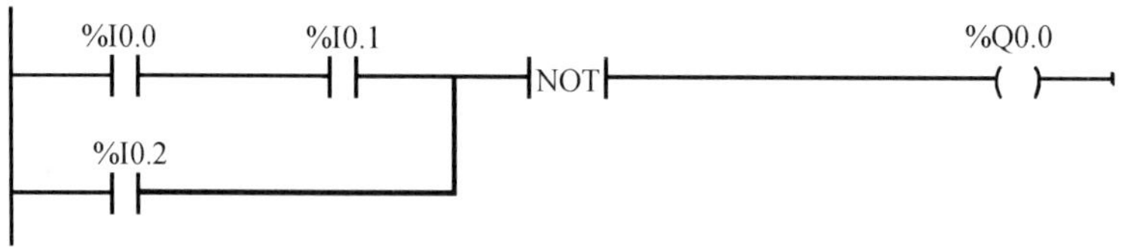

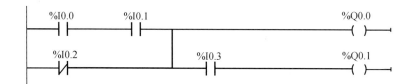

图 3-17 取反 RLO 实例图

满足下列条件之一时,将对操作数 Q0.0 进行复位。

- 操作数 I0.0 和 I0.1 的信号状态都为"1"。
- 操作数 I0.2 的信号状态为"1"。

4. ---( )---:线圈/赋值

符号:

<操作数>

---( )---

线圈/赋值的参数见表 3-9。

表 3-9 线圈/赋值的参数

参数	声明	数据类型	存储区	说明
<操作数>	Onput	BOOL	I、Q、M、D、L	要赋值给 RLO 的操作数

可以使用"线圈/赋值"指令来赋值指定操作数的位。如果线圈输入的 RLO 的信号状态为"1",则将指定操作数的信号状态置位为"1"。如果线圈输入的信号状态为"0",则指定操作数的位将复位为"0"。

该指令不会影响 RLO。线圈输入的 RLO 将直接发送到输出。

线圈/赋值实例图如图 3-18 所示。

图 3-18 线圈/赋值实例图

满足下列条件之一时,将置位操作数 Q0.0。

- 操作数 I0.0 和 I0.1 的信号状态都为"1"。
- 操作数 I0.2 的信号状态为"0"。

满足下列条件之一时,将置位操作数 Q0.1。

- 操作数 I0.0、I0.1 和 I0.3 的信号状态都为"1"。
- 操作数 I0.2 的信号状态为"0",且操作数 I0.3 的信号状态为"1"。

5. ---(/)---:线圈取反/赋值取反

符号:

<操作数>

---(/)---

线圈取反/赋值取反的参数见表3-10。

表3-10 线圈取反/赋值取反的参数

参数	声明	数据类型	存储区	说明
<操作数>	Onput	BOOL	I、Q、M、D、L	要赋值给RLO的操作数

使用"线圈取反/赋值取反"指令,可将RLO进行取反,然后将其赋值给指定操作数。线圈输入的RLO为"1"时,复位操作数。线圈输入的RLO为"0"时,操作数的信号状态置位为"1"。

线圈取反/赋值取反实例图如图3-19所示。

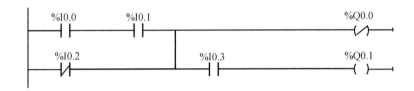

图3-19 线圈取反/赋值取反实例图

满足下列条件之一时,将复位操作数Q0.0。

- 操作数I0.0和I0.1的信号状态都为"1"。
- 操作数I0.2的信号状态为"0"。

6. ---(R)---:复位输出

符号:

<操作数>

---(R)---

复位输出的参数见表3-11。

表3-11 复位输出的参数

参数	声明	数据类型	存储区		说明
			S7-1200	S7-1500	
<操作数>	Input	BOOL	I、Q、M、D、L	I、Q、M、D、L、T、C	RLO为"1"时复位的操作数

可以使用"复位输出"指令将指定操作数的信号状态复位为"0"。

仅当线圈输入的RLO为"1"时,才执行该指令。如果信号流通过线圈(RLO="1"),则指定的操作数复位为"0"。如果线圈输入的RLO为"0"(没有信号流过线圈),则指定操作数的信号状态将保持不变。

复位输出实例图如图3-20所示。

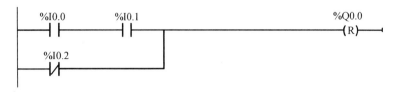

图 3-20　复位输出实例图

满足下列条件之一时,将复位操作数 Q0.0。

- 操作数 I0.0 和 I0.1 的信号状态都为"1"。
- 操作数 I0.2 的信号状态为"0"。

7.---(S)---:置位输出

符号:

<操作数>

---(S)---

置位输出的参数见表 3-12。

表 3-12　置位输出的参数

参数	声明	数据类型	存储区		说明
			S7-1200	S7-1500	
<操作数>	Input	BOOL	I、Q、M、D、L	I、Q、M、D、L	RLO 为"1"时置位的操作数

　　使用"置位输出"指令,可将指定操作数的信号状态置位为"1"。

　　仅当线圈输入的 RLO 为"1"时,才执行该指令。如果信号流通过线圈(RLO="1"),则指定的操作数置位为"1"。如果线圈输入的 RLO 为"0"(没有信号流过线圈),则指定操作数的信号状态将保持不变。

　　置位输出实例图如图 3-21 所示。

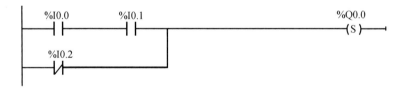

图 3-21　置位输出实例图

满足下列条件之一时,将置位操作数 Q0.0。

- 操作数 I0.0 和 I0.1 的信号状态都为"1"。
- 操作数 I0.2 的信号状态为"0"。

8.SET_BF:置位位域

符号:

<操作数 1>

---(SET_BF)---

<操作数 2>

置位位域的参数见表3-13。

表3-13 置位位域的参数

参数	声明	数据类型	存储区	说明
<操作数1>	Output	BOOL	I、Q、M DB 或 IDB,BOOL 类型的 ARRAY[..]中的元素	指向要置位的第一个位的指针
<操作数2>	InOut	UINT	常数	要置位的位数

使用"置位位域"指令,可对从某个特定地址开始的多个位进行置位。

可使用值<操作数2>指定要置位的位数。要置位位域的首位地址由<操作数1>指定。<操作数2>的值不能大于选定字节中的位数。如果该值大于选定字节中的位数,则将不执行该条指令且显示错误消息"超出索引 <操作数2>的范围"(Range violation for index <Operand1>)。在通过另一条指令显式复位这些位之前,它们会保持置位。

在该指令下方的操作数地址中,指定<操作数2>。在该指令上方的操作数地址中,指定<操作数1>。

仅在线圈输入端的 RLO 为"1"时,才执行该指令。如果线圈输入端的 RLO 为"0",则不会执行该指令。

类型为 PLC 数据类型、STRUCT 或 ARRAY 的位域如下。

具有 PLC 数据类型、STRUCT 或 ARRAY 结构时,结构中所包含的位数即为可置位的最大位数。

- 例如,如果在 <操作数2> 中指定值"20"而结构中仅包含 10 位,则仅置位这 10 个位。
- 例如,如果在 <操作数2> 中指定值"5"而结构中包含 10 位,则仅置位 5 个位。

置位位域实例图如图3-22 所示。

图3-22 置位位域实例图

如果操作数 I0.0 和 I0.1 的信号状态为"1",则将置位从操作数 Q0.0 的地址开始的 5 个位。

9. RESET_BF:复位位域

符号:

<操作数1>

---(RESET_BF)---

<操作数2>

复位位域的参数见表3-14。

表 3-14　复位位域的参数

参数	声明	数据类型	存储区	说明
<操作数 1>	Output	BOOL	I、Q、M DB 或 IDB，BOOL 类型的 ARRAY[..]中的元素	指向要复位的第一个位的指针
<操作数 2>	InOut	UINT	常数	要复位的位数

使用"复位位域"指令，复位从某个特定地址开始的多个位进行复位。

可使用值<操作数 2>指定要复位的位数。要复位位域的首位地址由<操作数 1>指定。<操作数 2>的值不能大于选定字节中的位数。如果该值大于选定字节中的位数，则将不执行该条指令且显示错误消息"超出索引 <操作数 1>的范围"（Range violation for index <Operand1>）。在通过另一条指令显式置位这些位之前，它们会保持复位。

在该指令下方的操作数地址中，指定<操作数 2>。在该指令上方的操作数地址中，指定<操作数 1>。

仅在线圈输入端的 RLO 为"1"时，才执行该指令。如果线圈输入端的 RLO 为"0"，则不会执行该指令。

类型为 PLC 数据类型、STRUCT 或 ARRAY 的位域如下。

具有 PLC 数据类型、STRUCT 或 ARRAY 结构时，结构中所包含的位数即为可复位的最大位数。

- 例如，如果在 <操作数 2> 中指定值"20"而结构中仅包含 10 位，则仅复位这 10 个位。
- 例如，如果在 <操作数 2> 中指定值"5"而结构中包含 10 位，则仅复位 5 个位。

复位位域实例图如图 3-23 所示。

图 3-23　复位位域实例图

如果操作数 I0.0 和 I0.1 的信号状态为"1"，则将复位从操作数 Q0.0 的地址开始的 5 个位。

10. SR：置位/复位触发器

符号（图 3-24）：

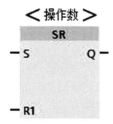

图 3-24　置位/复位触发器的符号

置位/复位触发器的参数见表3-15。

表3-15　置位/复位触发器的参数

参数	声明	数据类型	存储区		说明
			S7-1200	S7-1500	
S	Input	BOOL	I、Q、M、D、L 或常量	I、Q、M、D、L 或常量	使能置位
R1	Input	BOOL	I、Q、M、D、L 或常量	I、Q、M、D、L 或常量	使能复位
<操作数>	InOut	BOOL	I、Q、M、D、L	I、Q、M、D、L	待置位或复位的操作数
Q	Output	BOOL	I、Q、M、D、L	I、Q、M、D、L	操作数的信号状态

可以使用"置位/复位触发器"指令,根据输入 S 和 R1 的信号状态,置位或复位指定操作数的位。如果输入 S 的信号状态为"1"且输入 R1 的信号状态为"0",则将指定的操作数置位为"1"。如果输入 S 的信号状态为"0"且输入 R1 的信号状态为"1",则将指定的操作数复位为"0"。

输入 R1 的优先级高于输入 S。输入 S 和 R1 的信号状态都为"1"时,指定操作数的信号状态将复位为"0"。

如果输入 S 和 R1 的信号状态都为"0",则不会执行该指令,因此操作数的信号状态保持不变。

操作数的当前信号状态被传送到输出 Q,并可在此进行查询。

置位/复位触发器逻辑表见表3-16。

表3-16　置位/复位触发器逻辑表

序号	S	R1	Q
1	0	0	*
2	0	1	0
3	1	0	1
4	1	1	0

置位/复位触发器实例图如图3-25所示。

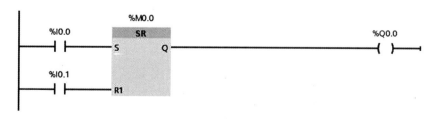

图3-25　置位/复位触发器实例图

满足下列条件时,将置位操作数 M0.0 和 Q0.0。
- 操作数 I0.0 的信号状态为"1",且操作数 I0.1 的信号状态为"0"。

满足下列条件之一时,将复位操作数 M0.0 和 Q0.0。

- 操作数 I0.0 的信号状态为"0",且操作数 I0.1 的信号状态为"1"。
- 操作数 I0.0 和 I0.1 的信号状态都为"1"。

置位/复位触发器实例图逻辑运算表见表 3-17。

表 3-17　置位/复位触发器实例图逻辑运算表

序号	I0.0	I0.1	M0.0	Q0.0
1	0	0	*	*
2	0	1	0	0
3	1	0	1	1
4	1	1	0	0

11. RS:复位/置位触发器

符号(图 3-26):

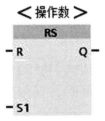

图 3-26　复位/置位触发器的符号

复位/置位触发器的参数见表 3-18。

表 3-18　复位/置位触发器的参数

参数	声明	数据类型	存储区		说明
			S7-1200	S7-1500	
R	Input	BOOL	I、Q、M、D、L 或常量	I、Q、M、D、L 或常量	使能复位
S1	Input	BOOL	I、Q、M、D、L 或常量	I、Q、M、D、L 或常量	使能置位
<操作数>	InOut	BOOL	I、Q、M、D、L	I、Q、M、D、L	待置位或复位的操作数
Q	Output	BOOL	I、Q、M、D、L	I、Q、M、D、L	操作数的信号状态

可以使用"复位/置位触发器"指令,根据输入 R 和 S1 的信号状态,复位或置位指定操作数的位。如果输入 R 的信号状态为"1",且输入 S1 的信号状态为"0",则指定的操作数将复位为"0"。如果输入 R 的信号状态为"0"且输入 S1 的信号状态为"1",则将指定的操作数置位为"1"。

输入 S1 的优先级高于输入 R。当输入 R 和 S1 的信号状态均为"1"时,将指定操作数的信号状态置位为"1"。

如果输入 R 和 S1 的信号状态都为"0",则不会执行该指令,因此操作数的信号状态保持不变。

操作数的当前信号状态被传送到输出 Q,并可在此进行查询。

复位/置位触发器逻辑表见表 3-19。

表 3-19 复位/置位触发器逻辑表

序号	R	S1	Q
1	0	0	*
2	0	1	1
3	1	0	0
4	1	1	1

复位/置位触发器实例图如图 3-27 所示。

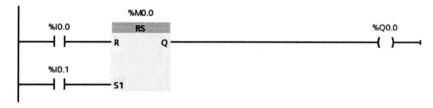

图 3-27 复位/置位触发器实例图

满足下列条件时,将复位操作数 M0.0 和 Q0.0。
- 操作数 I0.0 的信号状态为"1",且操作数 I0.1 的信号状态为"0"。

满足下列条件之一时,将置位操作数 M0.0 和 Q0.0。
- 操作数 I0.0 的信号状态为"0",且操作数 I0.1 的信号状态为"1"。
- 操作数 I0.0 和 I0.1 的信号状态为"1"。

复位/置位触发器实例图逻辑运算表见表 3-20。

表 3-20 复位/置位触发器实例图逻辑运算表

序号	I0.0	I0.1	M0.0	Q0.0
1	0	0	*	*
2	0	1	0	1
3	1	0	1	0
4	1	1	0	1

12. ---| P |---:扫描操作数信号的上升沿

符号:

<操作数1>

---| P |---

<操作数2>

扫描操作数信号的上升沿参数见表3-21。

表3-21 扫描操作数信号的上升沿参数

参数	声明	数据类型	存储区		说明
			S7-1200	S7-1500	
<操作数1>	Input	BOOL	I、Q、M、D、L 或常量	I、Q、M、D、L 或常量	要扫描的信号
<操作数2>	Output	BOOL	I、Q、M、D、L	I、Q、M、D、L	保存上一次查询的信号状态的边沿存储位

使用"扫描操作数信号的上升沿"指令,可以确定所指定操作数(<操作数1>)的信号状态是否从"0"变为"1"。该指令将比较<操作数1>的当前信号状态与上一次扫描的信号状态,上一次扫描的信号状态保存在边沿存储位(<操作数2>)中。如果该指令检测到RLO从"0"变为"1",则说明出现了一个上升沿。

图3-28显示了出现信号下降沿和上升沿时,信号状态的变化。

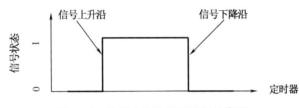

图3-28 信号上升沿和下降沿示意图

每次执行指令时,都会查询信号上升沿。检测到信号上升沿时,<操作数1>的信号状态将在一个程序周期内保持置位为"1"。在其他任何情况下,操作数的信号状态均为"0"。

在该指令上方的操作数地址中,指定要查询的操作数(<操作数1>)。在该指令下方的操作数地址中,指定边沿存储位(<操作数2>)。

注意:修改边沿存储位的地址。

边沿存储位的地址在程序中最多只能使用一次,否则,会覆盖该位存储器。该步骤将影响到边沿检测,从而导致结果不再唯一。边沿存储位的存储区域必须位于DB(FB静态区域)或位存储区中。

扫描操作数信号的上升沿实例图如图3-29所示。

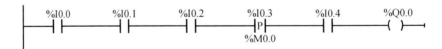

图3-29 扫描操作数信号的上升沿实例图

满足下列条件时,将置位操作数Q0.0。

- 操作数I0.0、I0.1和I0.2的信号状态都为"1"。
- 操作数I0.3为上升沿,上一次扫描的信号状态存储在边沿存储位M0.0。
- 操作数I0.4的信号状态为"1"。

13. ---| N |---:扫描操作数信号的下降沿

符号:

<操作数 1>

---| N |---

<操作数 2>

扫描操作数信号的下降沿参数见表 3-22。

3-22　扫描操作数信号的下降沿参数

参数	声明	数据类型	存储区		说明
			S7-1200	S7-1500	
<操作数 1>	Input	BOOL	I、Q、M、D、L 或常量	I、Q、M、D、L 或常量	要扫描的信号
<操作数 2>	Output	BOOL	I、Q、M、D、L	I、Q、M、D、L	保存上一次查询的信号状态的边沿存储位

使用"扫描操作数信号的下降沿"指令,可以确定所指定操作数(<操作数 1>)的信号状态是否从"1"变为"0"。该指令将比较 <操作数 1> 的当前信号状态与上一次扫描的信号状态,上一次扫描的信号状态保存在边沿存储位(<操作数 2>)中。如果该指令检测到 RLO 从"1"变为"0",则说明出现了一个下降沿。

每次执行指令时,都会查询信号下降沿。检测到信号下降沿时,<操作数 1> 的信号状态将在一个程序周期内保持置位为"1"。在其他任何情况下,操作数的信号状态均为"0"。

在该指令上方的操作数地址中,指定要查询的操作数(<操作数 1>)。在该指令下方的操作数地址中,指定边沿存储位(<操作数 2>)。

注意:修改边沿存储位的地址。

边沿存储位的地址在程序中最多只能使用一次,否则,会覆盖该位存储器。该步骤将影响到边沿检测,从而导致结果不再唯一。边沿存储位的存储区域必须位于 DB(FB 静态区域)或位存储区中。

扫描操作数信号的下降沿实例图如图 3-30 所示。

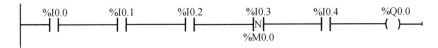

图 3-30　扫描操作数信号的下降沿实例图

满足下列条件时,将置位操作数 Q0.0。

- 操作数 I0.0、I0.1 和 I0.2 的信号状态都为"1"。
- 操作数 I0.3 为下降沿,上一次扫描的信号状态存储在边沿存储位 M0.0。
- 操作数 I0.4 的信号状态为"1"。

14. ---(P)---:在信号上升沿置位操作数

符号:

<操作数 1>

---(P)---

<操作数 2>

在信号上升沿置位操作数参数见表 3-23。

表 3-23　在信号上升沿置位操作数参数

参数	声明	数据类型	存储区	说明
<操作数 1>	InOut	UINT	I、Q、M、D、L	上升沿置位的位数
<操作数 2>	Output	BOOL	I、Q、M、D、L	边沿存储位

可以使用"在信号上升沿置位操作数"指令在 RLO 从"0"变为"1"时置位指定操作数（<操作数 1>）。该指令将当前 RLO 与保存在边沿存储位中（<操作数 2>）上次查询的 RLO 进行比较。如果该指令检测到 RLO 从"0"变为"1"，则说明出现了一个信号上升沿。

每次执行指令时，都会查询信号上升沿。检测到信号上升沿时，<操作数 1>的信号状态将在一个程序周期内保持置位为"1"。在其他任何情况下，操作数的信号状态均为"0"。

可以在该指令上面的操作数地址中指定要置位的操作数（<操作数 1>）。在该指令下方的操作数地址中，指定边沿存储位（<操作数 2>）。

注意：修改边沿存储位的地址。

边沿存储位的地址在程序中最多只能使用一次，否则，会覆盖该位存储器。该步骤将影响到边沿检测，从而导致结果不再唯一。边沿存储位的存储区域必须位于 DB（FB 静态区域）或位存储区中。

在信号上升沿置位操作数实例图如图 3-31 所示。

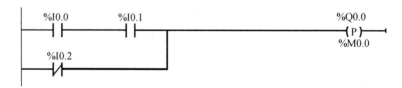

图 3-31　在信号上升沿置位操作数实例图

如果线圈输入的信号状态从"0"更改为"1"（信号上升沿），则将操作数 Q0.0 置位一个程序周期。在其他任何情况下，操作数 Q0.0 的信号状态均为"0"。

15. ---(N)---：在信号下降沿置位操作数

符号：

<操作数 1>

---(N)---

<操作数 2>

在信号下降沿置位操作数参数见表 3-24。

表 3-24　在信号下降沿置位操作数参数

参数	声明	数据类型	存储区	说明
<操作数 1>	InOut	UINT	I、Q、M、D、L	上升沿置位的位数
<操作数 2>	Output	BOOL	I、Q、M、D、L	边沿存储位

可以使用"在信号下降沿置位操作数"指令在 RLO 从"1"变为"0"时置位指定操作数

（<操作数1>）。该指令将当前RLO与保存在边沿存储位中（<操作数2>）上次查询的RLO进行比较。如果该指令检测到RLO从"1"变为"0"，则说明出现了一个信号下降沿。

每次执行指令时，都会查询信号下降沿。检测到信号下降沿时，<操作数1>的信号状态将在一个程序周期内保持置位为"1"。在其他任何情况下，操作数的信号状态均为"0"。

可以在该指令上面的操作数地址中指定要置位的操作数（<操作数1>）。在该指令下方的操作数地址中，指定边沿存储位（<操作数2>）。

注意：修改边沿存储位的地址。

边沿存储位的地址在程序中最多只能使用一次，否则，会覆盖该位存储器。该步骤将影响到边沿检测，从而导致结果不再唯一。边沿存储位的存储区域必须位于DB（FB静态区域）或位存储区中。

在信号下降沿置位操作数实例图如图3-32所示。

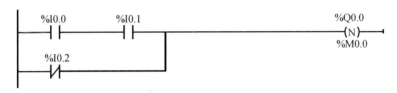

图3-32 在信号下降沿置位操作数实例图

如果线圈输入的信号状态从"1"更改为"0"（信号下降沿），则将操作数Q0.0置位一个程序周期。在其他任何情况下，操作数Q0.0的信号状态均为"0"。

16. P_TRIG：扫描RLO信号的上升沿

符号（图3-33）：

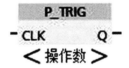

图3-33 扫描RLO信号的上升沿的符号

扫描RLO信号的上升沿参数见表3-25。

表3-25 扫描RLO信号的上升沿参数

参数	声明	数据类型	存储区	说明
CLK	Input	BOOL	I、Q、M、D、L或常量	当前RLO
<操作数>	InOut	BOOL	M、D	保存上一次查询的RLO的边沿存储位
Q	Output	BOOL	I、Q、M、D、L	边沿检测的结果

使用"扫描RLO的信号上升沿"指令，可查询RLO的信号状态从"0"到"1"的更改。该指令将比较RLO的当前信号状态与保存在边沿存储位（<操作数>）中上一次查询的信号状态。如果该指令检测到RLO从"0"变为"1"，则说明出现了一个信号上升沿。

每次执行指令时，都会查询信号上升沿。检测到信号上升沿时，该指令输出Q将立即返回信号状态"1"。在其他任何情况下,该输出返回的信号状态均为"0"。

注意:修改边沿存储位的地址。

边沿存储位的地址在程序中最多只能使用一次,否则,会覆盖该位存储器。该步骤将影响到边沿检测,从而导致结果不再唯一。边沿存储位的存储区域必须位于 DB(FB 静态区域)或位存储区中。

扫描 RLO 信号的上升沿实例图如图 3-34 所示。

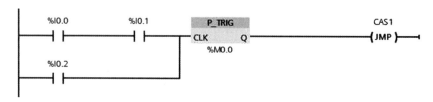

图 3-34　扫描 RLO 信号的上升沿实例图

之前查询的 RLO 保存在边沿存储位 M0.0 中。如果检测到 RLO 的信号状态从"0"变为"1",则程序将跳转到跳转标签 CAS1 处。

17. N_TRIG:扫描 RLO 信号的下降沿

符号(图 3-35):

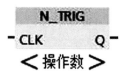

图 3-35　扫描 RLO 信号的下降沿的符号

扫描 RLO 信号的下降沿参数见表 3-26。

表 3-26　扫描 RLO 信号的下降沿参数

参数	声明	数据类型	存储区	说明
CLK	Input	BOOL	I、Q、M、D、L 或常量	当前 RLO
<操作数>	InOut	BOOL	M、D	保存上一次查询的 RLO 的边沿存储位
Q	Output	BOOL	I、Q、M、D、L	边沿检测的结果

使用"扫描 RLO 信号的下降沿"指令,可查询 RLO 的信号状态从"0"到"1"的更改。该指令将比较 RLO 的当前信号状态与保存在边沿存储位(<操作数>)中上一次查询的信号状态。如果该指令检测到 RLO 从"1"变为"0",则说明出现了一个信号下降沿。

每次执行指令时,都会查询信号下降沿。检测到信号下降沿时,该指令输出 Q 将立即返回信号状态"1"。在其他任何情况下,该输出返回的信号状态均为"0"。

注意:修改边沿存储位的地址。

边沿存储位的地址在程序中最多只能使用一次,否则,会覆盖该位存储器。该步骤将影响到边沿检测,从而导致结果不再唯一。边沿存储位的存储区域必须位于 DB(FB 静态区域)或位存储区中。

扫描 RLO 信号的下降沿实例图如图 3-36 所示。

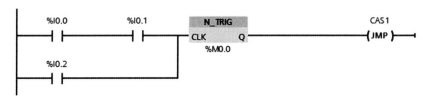

图 3-36　扫描 RLO 信号的下降沿实例图

之前查询的 RLO 保存在边沿存储位 M0.0 中。如果检测到 RLO 的信号状态从"1"变为"0",则程序将跳转到跳转标签 CAS1 处。

18. R_TRIG:检查信号上升沿(带有背景 DB)

符号(图 3-37):

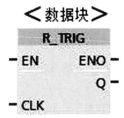

图 3-37　检查信号上升沿(带有背景 DB)的符号

检查信号上升沿(带有背景 DB)参数见表 3-27。

表 3-27　检查信号上升沿(带有背景 DB)参数

参数	声明	数据类型	存储区	说明
EN	Input	BOOL	I、Q、M、D、L 或常量	使能输入
ENO	Output	—	I、Q、M、D、L	使能输出
CLK	Input	BOOL	I、Q、M、D、L 或常量	到达信号,将查询该信号的边沿
Q	Output	BOOL	I、Q、M、D、L	边沿检查的结果

使用"检查信号上升沿(带有背景 DB)"指令,可以检测输入 CLK 的从"0"到"1"的状态变化。该指令将输入 CLK 的当前值与保存在指定实例中的上次查询(边沿存储位)的状态进行比较。如果该指令检测到输入 CLK 的状态从"0"变成了"1",就会在输出 Q 中生成一个信号上升沿,输出的值将在一个循环周期内为"1"。

在其他任何情况下,该指令输出的信号状态均为"0"。

输入 CLK 中变量的上一个状态存储在"R_TRIG_DB"变量中。如果在操作数 I0.0 和 I0.1 或在操作数 I0.2 中检测到信号状态从"0"变为"1",则输出 Q0.0 的信号状态在一个循环周期内为"1"。

检查信号上升沿(带有背景 DB)实例图如图 3-38 所示。

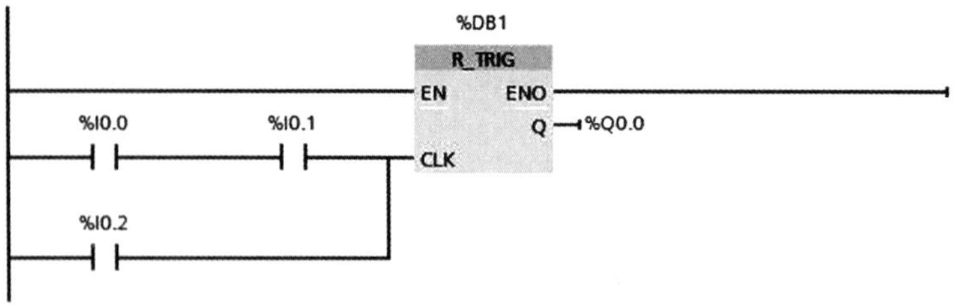

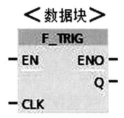

图3-38 检查信号上升沿(带有背景DB)实例图

19. F_TRIG:检查信号下降沿(带有背景DB)

符号(图3-39):

＜数据块＞

F_TRIG

—EN　ENO—

Q—

—CLK

图3-39 检查信号下降沿(带有背景DB)的符号

检查信号下降沿(带有背景DB)参数见表3-28。

表3-28 检查信号下降沿(带有背景DB)参数

参数	声明	数据类型	存储区	说明
EN	Input	BOOL	I、Q、M、D、L或常量	使能输入
ENO	Output	—	I、Q、M、D、L	使能输出
CLK	Input	BOOL	I、Q、M、D、L或常量	到达信号,将查询该信号的边沿
Q	Output	BOOL	I、Q、M、D、L	边沿检查的结果

使用"检查信号下降沿(带有背景DB)"指令,可以检测输入CLK的从"1"到"0"的状态变化。该指令将输入CLK的当前值与保存在指定实例中的上次查询(边沿存储位)的状态进行比较。如果该指令检测到输入CLK的状态从"1"变成了"0",就会在输出Q中生成一个信号下降沿,输出的值将在一个循环周期内为"1"。

在其他任何情况下,该指令输出的信号状态均为"0"。

检查信号下降沿(带有背景DB)实例图如图3-40所示。

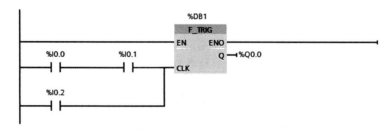

图3-40 检查信号下降沿(带有背景DB)实例图

输入 CLK 中变量的上一个状态存储在"R_TRIG_DB"变量中。如果在操作数 I0.0 和 I0.1 或在操作数 I0.2 中检测到信号状态从"1"变为"0",则输出 Q0.0 的信号状态在一个循环周期内为"1"。

3.4.2 定时器指令

SIMATIC S7-1200/1500 CPU 模块可以使用 IEC 定时器和 SIMATIC 定时器,指令见表 3-29。

表 3-29　SIMATIC S7-1200/1500 CPU 模块定时器指令

序号	指令分类	梯形图	说明
1		TP	生成脉冲(带有参数)(S7-1200,S7-1500)
2		TON	生成接通延时(带有参数)(S7-1200,S7-1500)
3		TOF	生成关断延时(带有参数)(S7-1200,S7-1500)
4		TONR	时间累加器(带有参数)(S7-1200,S7-1500)
5	IEC 定时器	---(TP)	启动脉冲定时器(S7-1200,S7-1500)
6		---(TON)	启动接通延时定时器(S7-1200,S7-1500)
7		---(TOF)	启动关断延时定时器(S7-1200,S7-1500)
8		---(TONR)	时间累加器(S7-1200,S7-1500)
9		---(RT)	复位定时器(S7-1200,S7-1500)
10		---(PT)	加载持续时间(S7-1200,S7-1500)
11		S_PULSE	分配脉冲定时器参数并启动(S7-1500)
12		S_PEXT	分配扩展脉冲定时器参数并启动(S7-1500)
13		S_ODT	分配接通延时定时器参数并启动(S7-1500)
14		S_ODTS	分配保持型接通延时定时器参数并启动(S7-1500)
15	SIMATIC 定时器	S_OFFDT	分配关断延时定时器参数并启动(S7-1500)
16		---(SP)	启动脉冲定时器(S7-1500)
17		---(SE)	启动扩展脉冲定时器(S7-1500)
18		---(SD)	启动接通延时定时器(S7-1500)
19		---(SS)	启动保持型接通延时定时器(S7-1500)
20		---(SF)	启动关断延时定时器(S7-1500)

IEC 定时器占用 CPU 模块的工作存储器资源,数量与工作存储器大小有关;而 SIMATIC 定时器是 CPU 模块的特定资源,数量固定,如 CPU 1513 的 SIMATIC 定时器的个数为 2 048。相比而言,IEC 定时器可设定的时间要远远大于 SIMATIC 定时器可设定的时间。在 SIMATIC 定时器中,带有线圈的定时器相对于带有参数的定时器为简化类型指令,例如,---(SP)与 S_PULSE,在 S_PULSE 指令中带有复位以及当前时间值等参数,而 ---(SP)指令的参数比较简单。在 IEC 定时器中,带有线圈的定时器和带有参数的定时器的参数类似,区别在于前者带有背景 DB,而后者需要定义一个 IEC_TIMER 的数据类型。

1. IEC 定时器

（1）TP：生成脉冲（带有参数）（S7-1200,S7-1500）

符号（图3-41）：

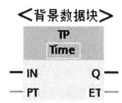

图3-41 生成脉冲（带有参数）的符号

生成脉冲（带有参数）参数见表3-30。

表3-30 生成脉冲（带有参数）参数

参数	声明	数据类型		存储区		说明
		S7-1200	S7-1500	S7-1200	S7-1500	
IN	Input	BOOL	BOOL	I、Q、M、D、L 或常量	I、Q、M、D、L 或常量	启动输入
PT	Input	TIME	TIME、LTIME	I、Q、M、D、L 或常量	I、Q、M、D、L 或常量	脉冲的持续时间,PT 参数的值必须为正数
Q	Output	BOOL	BOOL	I、Q、M、D、L	I、Q、M、D、L、P	脉冲输出
ET	Output	TIME	TIME、LTIME	I、Q、M、D、L	I、Q、M、D、L、P	当前时间值

使用"生成脉冲（带有参数）"指令,可以将输出 Q 置位为预设的一段时间。当输入 IN 的 RLO 从"0"变为"1"（信号上升沿）时,启动该指令。指令启动时,预设的时间 PT 即开始计时。无论后续输入信号的状态如何变化,都将输出 Q 置位由 PT 指定的一段时间。PT 持续时间正在计时时,即使检测到新的信号上升沿,输出 Q 的信号状态也不会受到影响。

可以扫描 ET 输出处的当前时间值。该定时器值从 T#0s 开始,在达到持续时间值 PT 后结束。如果 PT 时间用完且输入 IN 的信号状态为"0",则复位 ET 输出。

每次调用"生成脉冲（带有参数）"指令,都会为其分配一个 IEC 定时器用于存储指令数据。

注意:如果程序中未调用定时器（例如,由于跳过定时器而导致）,则输出 ET 会在定时器计时结束后立即返回一个常数值。

对于 S7-1200 CPU 模块:IEC 定时器是一个 IEC_TIMER 或 TP_TIME 数据类型的结构,可有如下声明。

● 声明为一个系统数据类型为 IEC_TIMER 的 DB（例如,"MyIEC_TIMER"）。

● 声明为块中"STATIC"部分的 TP_TIME、TP_LTIME 或 IEC_TIMER 类型的局部变量（例如,#MyIEC_TIMER）。

对于 S7-1500 CPU 模块:IEC 定时器是一个 IEC_TIMER、IEC_LTIMER、TP_TIME 或 TP_LTIME 数据类型的结构,可有如下声明。

- 声明为一个系统数据类型为 IEC_TIMER 或 IEC_LTIMER 的 DB(例如,"MyIEC_TIMER")。
- 声明为块中"STATIC"部分的 TP_TIME、TP_LTIME、IEC_TIMER 或 IEC_LTIMER 类型的局部变量(例如,#MyIEC_TIMER)。

在以下应用中,将更新该指令数据。

- ET 或 Q 输出未互联时调用该指令。如果输出未互联,则不更新输出 ET 中的当前时间值。
- 访问 Q 或 ET 输出时。

执行"生成脉冲(带有参数)"指令之前,需要事先预设一个逻辑运算。该运算可以放置在程序段的中间或者末尾。

生成脉冲(带有参数)实例图如图 3-42 所示。

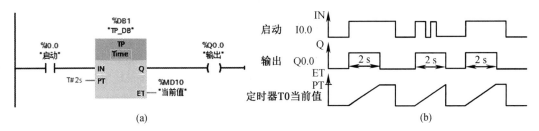

(a)　　　　　　　　　　　　　(b)

图 3-42　生成脉冲(带有参数)实例图

表 3-31 通过具体的操作数值说明生成脉冲(带有参数)的工作原理。

表 3-31　生成脉冲(带有参数)的工作原理

参数	操作数	值
IN	启动(I0.0)	信号跃迁"0"→"1"
PT	T#2s(预设时间值)	T#2s
Q	输出(Q0.0)	"1"
ET	T#0ms(当前时间值)	T#0s→T#2s

当操作数 I0.0 的信号状态从"0"变为"1"时,PT 参数预设的时间开始计时,且操作数 Q0.0 将置位为"1"。当前时间值存储在 MD10 中。定时器计时结束时,操作数 Q0.0 的信号状态复位为"0"。

(2)TON:生成接通延时(带有参数)(S7-1200,S7-1500)

符号(图 3-43):

图 3-43　生成接通延时(带有参数)的符号

生成接通延时(带有参数)参数见表3-32。

表 3-32　生成接通延时(带有参数)参数

参数	声明	数据类型		存储区		说明
		S7-1200	S7-1500	S7-1200	S7-1500	
IN	Input	BOOL	BOOL	I、Q、M、D、L 或常量	I、Q、M、D、L 或常量	启动输入
PT	Input	TIME	TIME、LTIME	I、Q、M、D、L 或常量	I、Q、M、D、L 或常量	接通延时的持续时间,PT 参数的值必须为正数
Q	Output	BOOL	BOOL	I、Q、M、D、L	I、Q、M、D、L、P	超过时间 PT 后,置位的输出
ET	Output	TIME	TIME、LTIME	I、Q、M、D、L	I、Q、M、D、L、P	当前时间值

可以使用"生成接通延时(带有参数)"指令将 Q 输出的设置延时设定为时间 PT。当输入 IN 的 RLO 从"0"变为"1"(信号上升沿)时,启动该指令。指令启动时,预设的时间 PT 即开始计时。超出时间 PT 之后,输出 Q 的信号状态将变为"1"。只要启动输入仍为"1",输出 Q 就保持置位。启动输入的信号状态从"1"变为"0"时,将复位输出 Q。在启动输入检测到新的信号上升沿时,该定时器功能将再次启动。

可以在 ET 输出查询当前的时间值。该定时器值从 T#0s 开始,在达到持续时间值 PT 后结束。只要输入 IN 的信号状态变为"0",输出 ET 就复位。

每次调用"生成接通延时(带有参数)"指令,必须将其分配给存储指令数据的 IEC 定时器。

注意:如果程序中未调用定时器(例如,由于跳过定时器而导致),则输出 ET 会在定时器计时结束后立即返回一个常数值。

对于 S7-1200 CPU 模块:IEC 定时器是一个 IEC_TIMER 或 TON_TIME 数据类型的结构,可有如下声明。

● 声明为一个系统数据类型为 IEC_TIMER 的 DB(例如,"MyIEC_TIMER")。

● 声明为块中"STATIC"部分的 TON_TIME 或 IEC_TIMER 类型的局部变量(例如,#MyIEC_TIMER)。

对于 S7-1500 CPU 模块:IEC 定时器是一个 IEC_TIMER、IEC_LTIMER、TON_TIME 或 TON_LTIME 数据类型的结构,可有如下声明。

● 声明为一个系统数据类型为 IEC_TIMER 或 IEC_LTIMER 的 DB(例如,"MyIEC_TIMER")。

● 声明为块中"STATIC"部分的 TON_TIME、TON_LTIME、IEC_TIMER 或 IEC_LTIMER 类型的局部变量(例如,#MyIEC_TIMER)。

在以下应用中,将更新该指令数据。

● ET 或 Q 输出未互联时调用该指令。如果输出未互联,则不更新输出 ET 中的当前时间值。

● 访问 Q 或 ET 输出时。

执行"生成接通延时"指令之前,需要事先预设一个逻辑运算。该运算可以放置在程序段的中间或者末尾。

生成接通延时(带有参数)实例图如图 3-44 所示。

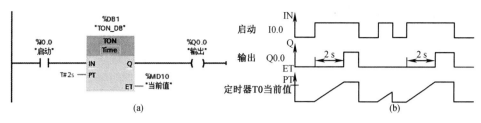

图 3-44 生成接通延时(带有参数)实例图

表 3-33 通过具体的操作数值说明生成接通延时(带有参数)的工作原理。

表 3-33 生成接通延时(带有参数)的工作原理

参数	操作数	值
IN	启动(I0.0)	信号跃迁"0"→"1"
PT	T#2s(预设时间值)	T#2s
Q	输出(Q0.0)	"0";2 s 后变为"1"
ET	T#0ms(当前时间值)	T#0s →T#2s

当操作数 I0.0 的信号状态从"0"变为"1"时,PT 参数预设的时间开始计时。超过该时间周期后,操作数 Q0.0 的信号状态将置"1"。只要操作数 I0.0 的信号状态为"1",操作数 Q0.0 就会保持置位为"1"。当前时间值存储在 MD10 中。当操作数 I0.0 的信号状态从"1"变为"0"时,将复位操作数 Q0.0。

(3)TOF:生成关断延时(带有参数)(S7-1200,S7-1500)

符号(图 3-45):

图 3-45 生成关断延时(带有参数)的符号

生成关断延时(带有参数)参数见表 3-34。

表 3-34 生成关断延时(带有参数)参数

参数	声明	数据类型		存储区		说明
		S7-1200	S7-1500	S7-1200	S7-1500	
IN	Input	BOOL	BOOL	I、Q、M、D、L 或常量	I、Q、M、D、L 或常量	启动输入
PT	Input	TIME	TIME、LTIME	I、Q、M、D、L 或常量	I、Q、M、D、L 或常量	关断延时的持续时间,PT 参数的值必须为正数
Q	Output	BOOL	BOOL	I、Q、M、D、L	I、Q、M、D、L、P	超出时间 PT 时复位的输出
ET	Output	TIME	TIME、LTIME	I、Q、M、D、L	I、Q、M、D、L、P	当前时间值

可以使用"生成关断延时(带有参数)"指令将 Q 输出的复位延时设定为时间 PT。当输入 IN 的 RLO 从"0"变为"1"(信号上升沿)时,将置位 Q 输出。当输入 IN 处的信号状态变回"0"时,预设的时间 PT 开始计时。只要 PT 持续时间仍在计时,输出 Q 就保持置位。持续时间 PT 计时结束后,将复位输出 Q。如果输入 IN 的信号状态在持续时间 PT 计时结束之前变为"1",则复位定时器。输出 Q 的信号状态仍将为"1"。

可以在 ET 输出查询当前的时间值。该定时器值从 T#0s 开始,在达到持续时间值 PT 后结束。当持续时间 PT 计时结束后,在输入 IN 变回"1"之前,输出 ET 会保持被设置为当前值的状态。在持续时间 PT 计时结束之前,如果输入 IN 的信号状态切换为"1",则将 ET 输出复位为值 T#0s。

每次调用"生成关断延时(带有参数)"指令,必须将其分配给存储指令数据的 IEC 定时器。

注意:如果程序中未调用定时器(例如,由于跳过定时器而导致),则输出 ET 会在定时器计时结束后立即返回一个常数值。

对于 S7-1200 CPU 模块:IEC 定时器是一个 IEC_TIMER 或 TOF_TIME 数据类型的结构,可有如下声明。

- 声明为一个系统数据类型为 IEC_TIMER 的 DB(例如,"MyIEC_TIMER")。
- 声明为块中"STATIC"部分的 TOF_TIME、TOF_LTIME 或 IEC_TIMER 类型的局部变量(例如,#MyIEC_TIMER)。

对于 S7-1500 CPU 模块:IEC 定时器是一个 IEC_TIMER、IEC_LTIMER、TOF_TIME 或 TOF_LTIME 数据类型的结构,可有如下声明。

- 声明为一个系统数据类型为 IEC_TIMER 或 IEC_LTIMER 的 DB(例如,"MyIEC_TIMER")。
- 声明为块中"STATIC"部分的 TOF_TIME、TOF_LTIME、IEC_TIMER 或 IEC_LTIMER 类型的局部变量(例如,#MyIEC_TIMER)。

在以下应用中,将更新该指令数据。

- ET 或 Q 输出未互联时调用该指令。如果输出未互联,则不更新输出 ET 中的当前时间值。
- 访问 Q 或 ET 输出时。

执行"生成关断延时(带有参数)"指令之前,需要事先预设一个逻辑运算。该运算可以放置在程序段的中间或者末尾。

生成关断延时(带有参数)实例图如图 3-46 所示。

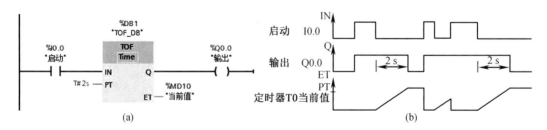

图 3-46　生成关断延时(带有参数)实例图

表 3-35 将通过具体的操作数值说明生成关断延时(带有参数)的工作原理。

表3-35 生成关断延时(带有参数)的工作原理

参数	操作数	值
IN	启动(I0.0)	信号跃迁"0"→"1"
PT	T#2s(预设时间值)	T#2s
Q	输出(Q0.0)	"1"
ET	T#0ms(当前时间值)	T#0s→T#2s

当操作数 I0.0 的信号状态从"0"变为"1"时,操作数 Q0.0 的信号状态将置位为"1"。当 I0.0 操作数的信号状态从"1"变为"0"时,PT 参数预设的时间将开始计时。当前时间值存储在 MD10 中。只要该时间仍在计时,"输出"操作数就会保持置位为"1"。该时间计时完毕后,操作数 Q0.0 将复位为"0"。当前时间值存储在操作数 MD10 中。

(4)TONR:时间累加器(带有参数)(S7-1200,S7-1500)

符号(图3-47):

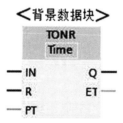

图3-47 时间累加器(带有参数)的符号

时间累加器(带有参数)参数见表3-36。

表3-36 时间累加器(带有参数)参数

参数	声明	数据类型		存储区		说明
		S7-1200	S7-1500	S7-1200	S7-1500	
IN	Input	BOOL	BOOL	I、Q、M、D、L 或常量	I、Q、M、D、L 或常量	启动输入
R	Input	BOOL	BOOL	I、Q、M、D、L 或常量	I、Q、M、D、L 或常量	复位输入
PT	Input	TIME	TIME、LTIME	I、Q、M、D、L 或常量	I、Q、M、D、L 或常量	时间记录的最长持续时间,PT 参数的值必须为正数
Q	Output	BOOL	BOOL	I、Q、M、D、L	I、Q、M、D、L、P	超出时间 PT 时置位的输出
ET	Output	TIME	TIME、LTIME	I、Q、M、D、L	I、Q、M、D、L、P	累计的时间

可以使用"时间累加器(带有参数)"指令来累加由参数 PT 设定的时间段内的时间值。输入 IN 的信号状态从"0"变为"1"(信号上升沿)时,将执行该指令,同时时间值 PT 开始计时。当 PT 正在计时时,加上在 IN 输入的信号状态为"1"时记录的时间值。累加得到的时间值将写入到输出 ET 中,并可以在此进行查询。持续时间 PT 计时结束后,输出 Q 的信号状态为

"1"。即使 IN 参数的信号状态从"1"变为"0"(信号下降沿),Q 参数仍将保持置位为"1"。

无论启动输入的信号状态如何,输入 R 都将复位输出 ET 和 Q。

每次调用"时间累加器(带有参数)"指令,必须为其分配一个用于存储指令数据的 IEC 定时器。

对于 S7-1200 CPU 模块:IEC 定时器是一个 IEC_TIMER 或 TONR_TIME 数据类型的结构,可有如下声明。

● 声明为一个系统数据类型为 IEC_TIMER 的 DB(例如,"MyIEC_TIMER")。

● 声明为块中"STATIC"部分的 TONR_TIME 或 IEC_TIMER 类型的局部变量(例如,#MyIEC_TIMER)。

对于 S7-1500 CPU 模块:IEC 定时器是一个 IEC_TIMER、IEC_LTIMER、TONR_TIME 或 TONR_LTIME 数据类型的结构,可有如下声明。

● 声明为一个系统数据类型为 IEC_TIMER 或 IEC_LTIMER 的 DB(例如,"MyIEC_TIMER")。

● 声明为块中"STATIC"部分的 TONR_TIME、TONR_LTIME、IEC_TIMER 或 IEC_LTIMER 类型的局部变量(例如,#MyIEC_TIMER)。

在以下应用中,将更新该指令数据。

● ET 或 Q 输出未互联时调用该指令。如果输出未互联,则不更新输出 ET 中的当前时间值。

● 访问 Q 或 ET 输出时。

执行"时间累加器(带有参数)"指令之前,需要事先预设一个逻辑运算。该运算可以放置在程序段的中间或者末尾。

时间累加器(带有参数)实例图如图 3-48 所示。

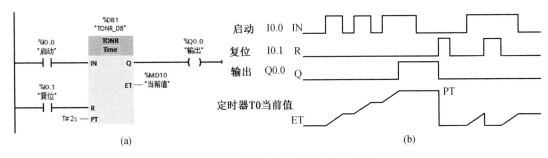

图 3-48　时间累加器(带有参数)实例图

表 3-37 通过具体的操作数值说明时间累加器(带有参数)的工作原理。

表 3-37　时间累加器(带有参数)的工作原理

参数	操作数	值
IN	启动(I0.0)	信号跃迁"0"→"1"
PT	T#2s(预设时间值)	T#2s
Q	输出(Q0.0)	"0";2 s 后变为"1"

表 3-37(续)

参数	操作数	值
ET	T#0ms（当前时间值）	信号跃迁"0"→"1"时间 T#10s 超出。 5 s 后发生信号跃迁"1"→"0"： 操作数"Tag_ElapsedTime"中的时间仍在 T#5s 中计时。 大约 2 s 后重新发生信号跃迁"1"→"0"： 操作数"Tag_ElapsedTime"中的时间继续在 T#5s 中计时

当操作数 I0.0 的信号状态从"0"变为"1"时,PT 参数预设的时间开始计时。只要操作数 I0.0 的信号状态为"1",该时间就继续计时。当操作数 I0.0 的信号状态从"1"变为"0"时,计时将停止,并记录当前时间值到 MD10 中。当操作数 I0.0 的信号状态从"0"变为"1"时,将继续从发生信号跃迁"1"到"0"时记录的时间值开始计时。达到 PT 参数中指定的时间值时,操作数 Q0.0 的信号状态将置位为"1"。当前时间值存储在操作数 MD10 中。

（5）---(TP):启动脉冲定时器(S7-1200,S7-1500)

符号(图 3-49)：

图 3-49 启动脉冲定时器的符号

启动脉冲定时器参数见表 3-38。

表 3-38 启动脉冲定时器参数

参数	声明	数据类型		存储区	说明
		S7-1200	S7-1500		
<持续时间>	Input	TIME	TIME、LTIME	I、Q、M、D、L 或常数	IEC 定时器运行的持续时间
<IEC 定时器>	InOut	IEC_TIMER、TP_TIME	IEC_TIMER、IEC_LTIMER、TP_TIME、TP_LTIME	D、L	启动的 IEC 定时器

使用"启动脉冲定时器"指令启动将指定周期作为脉冲的 IEC 定时器。RLO 从"0"变为"1"(信号上升沿)时,启动 IEC 定时器。无论 RLO 的后续变化如何,IEC 定时器都将运行指定的一段时间。检测到新的信号上升沿也不会影响该 IEC 定时器的运行。只要 IEC 定时器正在计时,对定时器状态是否为"1"的查询均会返回信号状态"1"。当 IEC 定时器计时结束之后,定时器的状态将返回信号状态"0"。

在指令下方的<操作数 1>(持续时间)中指定脉冲的持续时间,在指令上方的<操作数 2>

(IEC 时间)中指定将要开始的 IEC 时间。

注意:可以启动和查询不同执行等级的 IEC 定时器,每次查询输出 Q 或 ET 时,都会更新 IEC_TIMER 的结构。

对于 S7-1200 CPU 模块:"启动脉冲定时器"指令以数据类型为 IEC_TIMER 或 TP_TIME 的结构存储其数据。此结构可有如下声明。

● 声明为一个系统数据类型为 IEC_TIMER 的 DB(例如,"MyIEC_TIMER")。

● 声明为块中"STATIC"部分的 TP_LTIME 或 IEC_TIMER 类型的局部变量(例如,#MyIEC_TIMER)。

对于 S7-1500 CPU 模块:"启动脉冲定时器"指令以数据类型为 IEC_TIMER、IEC_LTIMER、TP_TIME 或 TP_LTIME 的结构存储其数据。此结构可有如下声明。

● 声明为一个系统数据类型为 IEC_TIMER 或 IEC_LTIMER 的 DB(例如,"MyIEC_TIMER")。

● 声明为块中"STATIC"部分的 TP_TIME、TP_LTIME、IEC_TIMER 或 IEC_LTIMER 类型的局部变量(例如,#MyIEC_TIMER)。

在以下应用中,将更新该指令数据。

● 调用该指令时,更新 IEC_TIMER 结构。只有对 ET 或 Q 输出(例如,"MyTIMER". Q 或"MyTIMER". ET)进行了扫描,才会更新 ET 输出中的时间值。

● 访问所指定的定时器时。

当前定时器状态将保存在 IEC 定时器的结构组件 Q 中。可以通过常开触点查询定时器状态"1",或通过常闭触点查询定时器状态"0"。

执行"启动脉冲定时器"指令,需要有一个前导逻辑运算。它只能放置在程序段的末端。

启动脉冲定时器实例图如图 3-50 所示。

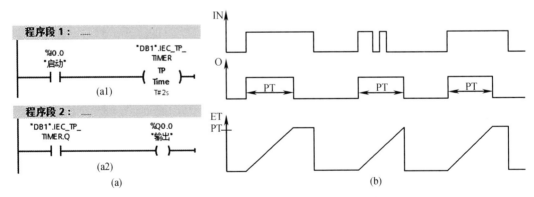

图 3-50 启动脉冲定时器实例图

当操作数 I0.0 的信号状态从"0"变为"1"时,执行"启动脉冲定时器"指令。"DB1". IEC_TP_TIMER 定时器将持续运行操作数 T#2s 中存储的一段时间。

只要定时器"DB1". IEC_TP_TIMER 在运行,定时器状态("DB1". IEC_TP_TIMER. Q)的信号状态便为"1"且置位操作数 Q0.0。当 IEC 定时器计时结束后,定时器状态的信号状态将重新变为"0",同时复位操作数 Q0.0。

（6）---（ TON ）:启动接通延时定时器（S7-1200,S7-1500）

符号（图3-51）:

图3-51　启动接通延时定时器的符号

启动接通延时定时器参数见表3-39。

表3-39　启动接通延时定时器参数

参数	声明	数据类型		存储区	说明
		S7-1200	S7-1500		
<持续时间>	Input	TIME	TIME、LTIME	I、Q、M、D、L 或常数	IEC 定时器运行的持续时间
<IEC 定时器>	InOut	IEC_TIMER、TON_TIME	IEC_TIMER、IEC_LTIMER、TON_TIME、TON_LTIME	D、L	启动的 IEC 定时器

使用"启动接通延时定时器"指令启动将指定周期作为接通延时的 IEC 定时器。RLO 从"0"变为"1"（信号上升沿）时,将启动 IEC 定时器。IEC 定时器运行一段指定的时间。如果该指令输入处 RLO 的信号状态为"1",则输出的信号状态将为"1"。如果 RLO 在定时器计时结束之前变为"0",则复位 IEC 定时器。此时,查询状态为"1"的定时器将返回信号状态"0"。在该指令的输入处检测到下个信号上升沿时,将重新启动 IEC 定时器。

在指令下方的<操作数 1>（持续时间）中指定接通延时的持续时间,在指令上方的<操作数 2>（IEC 时间）中指定将要开始的 IEC 时间。

注意:可以启动和查询不同执行等级的 IEC 定时器,每次查询输出 Q 或 ET 时,都会更新 IEC_TIMER 的结构。

对于 S7-1200 CPU 模块:"启动接通延时定时器"指令以数据类型为 IEC_TIMER 或 TON_TIME 的结构存储其数据。此结构可有如下声明。

● 声明为一个系统数据类型为 IEC_TIMER 的 DB（例如,"MyIEC_TIMER"）。

● 声明为块中"STATIC"部分的 TON_LTIME 或 IEC_TIMER 类型的局部变量（例如,#MyIEC_TIMER）。

对于 S7-1500 CPU 模块:"启动接通延时定时器"指令以数据类型为 IEC_TIMER、IEC_LTIMER、TON_TIME 或 TON_LTIME 的结构存储其数据。此结构可有如下声明。

● 声明为一个系统数据类型为 IEC_TIMER 或 IEC_LTIMER 的 DB（例如,"MyIEC_TIMER"）。

● 声明为块中"STATIC"部分的 TON_TIME、TON_LTIME、IEC_TIMER 或 IEC_LTIMER 类型的局部变量(例如,#MyIEC_TIMER)。

在以下应用中,将更新该指令数据。

● 调用该指令时,更新 IEC_TIMER 结构。只有对 ET 或 Q 输出(例如,"MyTIMER". Q 或"MyTIMER". ET)进行了扫描,才会更新 ET 输出中的时间值。

● 访问所指定的定时器时。

当前定时器状态将保存在 IEC 定时器的结构组件 Q 中。可以通过常开触点查询定时器状态"1",或通过常闭触点查询定时器状态"0"。

执行"启动接通延时定时器"指令,需要有一个前导逻辑运算。它只能放置在程序段的末端。

启动接通延时定时器实例图如图 3-52 所示。

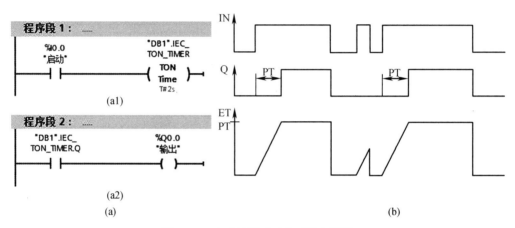

图 3-52　启动接通延时定时器实例图

当操作数 I0.0 的信号状态从"0"变为"1"时,执行"启动接通延时定时器"指令。"DB1". IEC_TON_TIMER 定时器将持续运行操作数 T#2s 中存储的一段时间。

如果定时器"DB1". IEC_TON_TIMER 计时结束且操作数 I0.0 的信号状态为"1",则定时器的状态查询("DB1". IEC_TON_TIMER. Q)将返回信号状态"1",同时置位 Q0.0 操作数。操作数 I0.0 的信号状态变为"0"时,查询定时器状态将返回信号状态"0"且操作数 Q0.0 复位。

(7)---(TOF):启动关断延时定时器(S7-1200,S7-1500)

符号(图 3-53):

图 3-53　启动关断延时定时器的符号

启动关断延时定时器参数见表 3-40。

表 3-40　启动关断延时定时器参数

参数	声明	数据类型		存储区	说明
		S7-1200	S7-1500		
<持续时间>	Input	TIME	TIME、LTIME	I、Q、M、D、L 或常数	IEC 定时器运行的持续时间
<IEC 定时器>	InOut	IEC_TIMER、TOF_TIME	IEC_TIMER、IEC_LTIMER、TOF_TIME、TOF_LTIME	D、L	启动的 IEC 定时器

使用"启动关断延时定时器"指令启动将指定周期作为接通延时的 IEC 定时器。如果指令输入 RLO 的信号状态为"1",则定时器的查询状态"0"将返回信号状态"1"。当 RLO 从"1"变为"0"时(信号下降沿),启动 IEC 定时器指定的一段时间。只要 IEC 定时器正在计时,则定时器状态的信号状态将保持为"1"。定时器计时结束且指令输入 RLO 的信号状态为"0"时,将定时器状态的信号状态设置为"0"。如果 RLO 在计时结束之前变为"1",则将复位 IEC 定时器同时定时器状态保持为信号状态"1"。

在指令下方的<操作数 1>(持续时间)中指定关断延时的持续时间,在指令上方的<操作数 2>(IEC 时间)中指定将要开始的 IEC 时间。

注意:可以启动和查询不同执行等级的 IEC 定时器,每次查询输出 Q 或 ET 时,都会更新 IEC_TIMER 的结构。

对于 S7-1200 CPU 模块:"启动关断延时定时器"指令以数据类型为 IEC_TIMER 或 TON_TIME 的结构存储其数据。此结构可有如下声明。

● 声明为一个系统数据类型为 IEC_TIMER 的 DB(例如,"MyIEC_TIMER")。

● 声明为块中"STATIC"部分的 TOF_LTIME 或 IEC_TIMER 类型的局部变量(例如,#MyIEC_TIMER)。

对于 S7-1500 CPU 模块:"启动关断延时定时器"指令以数据类型为 IEC_TIMER、IEC_LTIMER、TOF_TIME 或 TOF_LTIME 的结构存储其数据。此结构可有如下声明。

● 声明为一个系统数据类型为 IEC_TIMER 或 IEC_LTIMER 的 DB(例如,"MyIEC_TIMER")。

● 声明为块中"STATIC"部分的 TOF_TIME、TOF_LTIME、IEC_TIMER 或 IEC_LTIMER 类型的局部变量(例如,#MyIEC_TIMER)。

在以下应用中,将更新该指令数据。

● 调用该指令时,更新 IEC_TIMER 结构。只有对 ET 或 Q 输出(例如,"MyTIMER". Q 或"MyTIMER". ET)进行了扫描,才会更新 ET 输出中的时间值。

● 访问所指定的定时器时。

当前定时器状态将保存在 IEC 定时器的结构组件 Q 中。可以通过常开触点查询定时器状态"1",或通过常闭触点查询定时器状态"0"。

执行"启动关断延时定时器"指令,需要有一个前导逻辑运算。它只能放置在程序段的末端。

启动关断延时定时器实例图如图 3-54 所示。

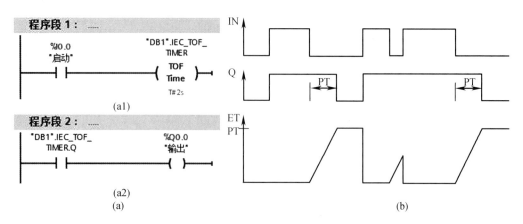

图 3-54　启动关断延时定时器实例图

当操作数 I0.0 的信号状态从"1"变为"0"时,执行"启动关断延时定时器"指令。"DB1".IEC_TOF_TIMER 定时器将持续运行操作数 T#2s 中存储的一段时间。

（8）---（ TONR ）:时间累加器(S7-1200,S7-1500)

符号(图 3-55):

图 3-55　时间累加器的符号

时间累加器参数见表 3-41。

表 3-41　时间累加器参数

参数	声明	数据类型		存储区	说明
		S7-1200	S7-1500		
<持续时间>	Input	TIME	TIME、LTIME	I、Q、M、D、L 或常数	IEC 定时器运行的持续时间
<IEC 定时器>	InOut	IEC_TIMER、TONR_TIME	IEC_TIMER、IEC_LTIMER、TONR_TIME、TONR_LTIME	D、L	启动的 IEC 定时器

可以使用"时间累加器"指令记录指令"1"输入的信号长度。当 RLO 从"0"变为"1"时(信号上升沿),启动该指令。只要 RLO 为"1",就记录执行时间。如果 RLO 变为"0",则指令暂停。如果 RLO 更改回"1",则继续记录运行时间。如果记录的时间超出了所指定的持续时间,并且线圈输入的 RLO 为"1",则定时器状态"1"的查询将返回信号状态"1"。

使用"复位定时器"指令,可将定时器状态和当前到期的定时器复位为"0"。

在指令下方的<操作数 1>(持续时间)中指定持续时间,在指令上方的<操作数 2>(IEC 时间)中指定将要开始的 IEC 时间。

注意:可以启动和查询不同执行等级的 IEC 定时器,每次查询输出 Q 或 ET 时,都会更新 IEC_TIMER 的结构。

对于 S7-1200 CPU 模块:执行"时间累加器"指令之前,需要事先预设一个逻辑运算。它只能放置在程序段的末端。

对于 S7-1500 CPU 模块:TONR_LTIME 的结构存储其数据。此结构可有如下声明。

- 声明为一个系统数据类型为 IEC_TIMER 或 IEC_LTIMER 的 DB(例如,"MyIEC_TIMER")。

- 声明为块中"STATIC"部分的 TONR_TIME、TONR_LTIME、IEC_TIMER 或 IEC_LTIMER 类型的局部变量(例如,#MyIEC_TIMER)。

在以下应用中,将更新该指令数据。

- 调用该指令时,更新 IEC_TIMER 结构。只有对 ET 或 Q 输出(例如,"MyTIMER".Q 或"MyTIMER".ET)进行了扫描,才会更新 ET 输出中的时间值。

- 访问所指定的定时器时。

当前定时器状态将保存在 IEC 定时器的结构组件 ET 中。可以通过常开触点查询定时器状态"1",或通过常闭触点查询定时器状态"0"。

时间累加器实例图如图 3-56 所示。

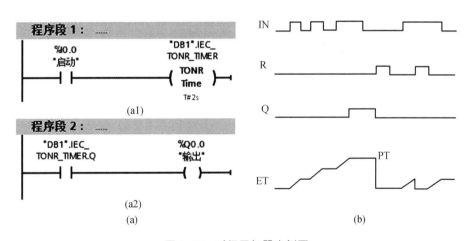

图 3-56 时间累加器实例图

在 RLO 的信号上升沿时,执行"时间累加器"指令。只要操作数 I0.0 的信号状态为"1",就记录执行的时间。

如果记录的时间超出操作数 T#2s 的值,则定时器的状态查询("DB1". IEC_TONR_TIMER. Q)将返回信号状态"1",同时置位操作数 Q0.0。

(9)---(RT):复位定时器(S7-1200,S7-1500)

符号(图3-57):

图 3-57 复位定时器的符号

复位定时器参数见表 3-42。

表 3-42 复位定时器参数

参数	声明	数据类型		存储区	说明
		S7-1200	S7-1500		
<IEC 定时器>	Output	IEC_TIMER、TP_TIME、TON_TIME、TOF_TIME、TONR_TIME	IEC_TIMER、IEC_LTIMER、TP_TIME、TP_LTIME、TON_TIME、TON_LTIME、TOF_TIME、TOF_LTIME、TONR_TIME、TONR_LTIME	D、L	复位的 IEC 定时器

使用"复位定时器"指令,可将 IEC 定时器复位为"0"。仅当线圈输入的 RLO 为"1"时,才执行该指令。如果电流流向线圈(RLO 为"1"),则指定 DB 中的定时器结构组件将复位为"0"。如果该指令输入的 RLO 为"0",则该定时器保持不变。

该指令不会影响 RLO。线圈输入的 RLO 将直接发送到该线圈输出。

为已在程序中声明的 IEC 定时器分配"复位定时器"指令。

只有在调用指令时才更新指令数据,而不是每次都访问分配的 IEC 定时器。只有在指令的当前调用到下一次调用期间,数据查询的结果才相同。

复位定时器实例图如图 3-58 所示。

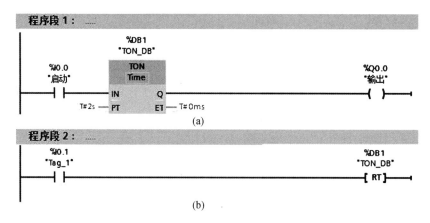

图 3-58 复位定时器实例图

当操作数 I0.0 的信号状态从"0"变为"1"时,执行"启动接通延时定时器"指令。操作数 T#2s 将指定存储在"TON_DB"背景 DB 中定时器的运行时间。

如果操作数 I0.1 的信号状态均为"1",则执行"复位定时器"指令,以及存储在"TON_

DB"数据块中的定时器。

(10)---(PT):加载持续时间(S7-1200,S7-1500)

符号(图3-59):

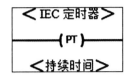

图3-59　加载持续时间的符号

加载持续时间参数见表3-43。

表3-43　加载持续时间参数

参数	声明	数据类型		存储区	说明
		S7-1200	S7-1500		
<持续时间>	Input	TIME	TIME、LTIME	I、Q、M、D、L 或常数	IEC 定时器运行的持续时间
<IEC 定时器>	Output	IEC_TIMER、TP_TIME、TON_TIME、TOF_TIME、TONR_TIME	IEC_TIMER、IEC_LTIMER、TP_TIME、TP_LTIME、TON_TIME、TON_LTIME、TOF_TIME、TOF_LTIME、TONR_TIME、TONR_LTIME	D、L	设置了持续时间的IEC 定时器

可以使用"加载持续时间"指令为 IEC 定时器设置时间。如果该指令输入 RLO 的信号状态为"1",则每个周期都执行该指令。该指令将指定时间写入指定 IEC 定时器的结构中。

在指令下方的<操作数 1>(持续时间)中指定加载的持续时间,在指令上方的<操作数 2>(IEC 时间)中指定将要开始的 IEC 时间。

说明:

如果在指令执行时指定 IEC 定时器正在计时,指令将覆盖该指定 IEC 定时器的当前值。这将更改 IEC 定时器的定时器状态。

可以将在程序中声明的 IEC 定时器赋给"加载持续时间"指令。

只有在调用指令时才更新指令数据,而且每次都访问分配的 IEC 定时器。查询 Q 或 ET 时(例如,"MyTIMER".Q 或"MyTIMER".ET),将更新 IEC_TIMER 的结构。

当操作数 I0.0 的信号状态从"0"变为"1"时,执行"启动接通延时定时器"指令。存储在背景 DB"TON_DB"中的 IEC 定时器启动,持续操作数 T#2s 中已指定的一段时间。

操作数 I0.1 的信号状态为"1"时,执行"加载持续时间"指令。该指令将持续时间

T#10s 写入背景 DB"TON_DB",同时覆盖数据块中操作数 T#2s 的值。因此,在下一次查询或访问"TON_DB".Q 或"TON_DB".ET 时,定时器状态的信号状态可能会发生变化。

加载持续时间实例图如图 3-60 所示。

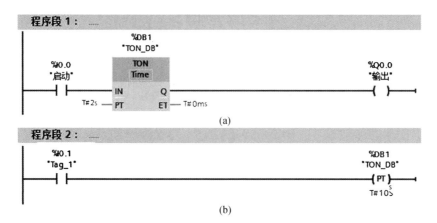

图 3-60　加载持续时间实例图

2. SIMATIC 定时器

(1)S_PULSE:分配脉冲定时器参数并启动(S7-1500)

符号(图 3-61):

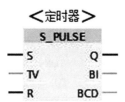

图 3-61　分配脉冲定时器参数并启动的符号

分配脉冲定时器参数并启动参数见表 3-44。

表 3-44　分配脉冲定时器参数并启动参数

参数	声明	数据类型	存储区	说明
<定时器>	InOut/Input	TIMER	T	指令的时间,定时器的数量 取决于 CPU 模块
S	Input	BOOL	I、Q、M、D、L	启动输入
TV	Input	S5TIME、WOED	I、Q、M、D、L 或常数	预设时间值
R	Input	BOOL	I、Q、M、D、L、T、C、P	复位输入
BI	Output	WORD	I、Q、M、D、L、P	当前时间值(BI 编码)
BCD	Output	WORD	I、Q、M、D、L、P	当前时间值(BCD 格式)
Q	Output	BOOL	I、Q、M、D、L	定时器的状态

当输入 S 的 RLO 的信号状态从"0"变为"1"(信号上升沿)时,"分配脉冲定时器参数并启动"指令将启动预设的定时器。当输入 S 的信号状态为"1"后,该定时器在经过预设的持续时间(TV)后计时到结束。如果输入 S 的信号状态在已设定的持续时间计时结束之前变为"0",则定时器停止。这种情况下,输出 Q 的信号状态为"0"。

持续时间由定时器值和时基构成,且在参数 TV 处设定。指令启动时,设定的定时器值将减计数到 0。时基表示定时器值更改的时间段。当前定时器值在输出 BI 处以 BI 编码格式输出,在输出 BCD 处以 BCD 编码格式输出。

如果定时器正在计时且输入端 R 的信号状态变为"1",则当前时间值和输出 Q 的信号状态也将设置为 0。如果定时器未在计时,则输入 R 的信号状态为"1"不会有任何作用。

"分配脉冲定时器参数并启动"指令需要对边沿评估进行前导逻辑运算,可以放在程序段中或程序段的结尾。

每次访问时都会更新指令数据。因此,在循环开始和循环结束时查询数据可能会返回不同的值。

注意:

在时间单元,操作系统通过时基指定的间隔,以一个时间单位缩短时间值,直到该值为"0"。递减操作与用户程序不同步执行。因此,定时器中的值比预期的时基最多短一个时间间隔值。

分配脉冲定时器参数并启动实例图如图 3-62 所示。

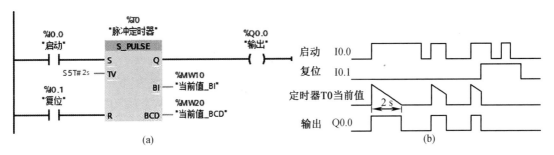

图 3-62 分配脉冲定时器参数并启动实例图

如果操作数 I0.0 的信号状态从"0"变为"1",将启动 T0 定时器。只要操作数 I0.0 具有信号状态"1",定时器便会在等于 2 s 的定时器值时结束计时。如果在定时器计时结束前操作数 I0.0 的信号状态从"1"变为"0",则定时器 T0 将停止。在这种情况下操作数 Q0.0 将被复位为"0"。

只要定时器正在计时且操作数 I0.0 的信号状态为"1",则操作数 Q0.0 的信号状态便为"1"。定时器计时结束或复位后,操作数 Q0.0 将复位为"0"。

当前定时器值以十六进制值的形式保存在操作数 MW10 中,以 BCD 编码的形式保存在操作数 MW20 中。

(2)S_PEXT:分配扩展脉冲定时器参数并启动(S7-1500)

符号(图 3-63):

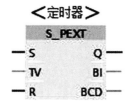

图 3-63　分配扩展脉冲定时器参数并启动的符号

分配扩展脉冲定时器参数并启动参数见表 3-45。

表 3-45　分配扩展脉冲定时器参数并启动参数

参数	声明	数据类型	存储区	说明
<定时器>	InOut/Input	TIMER	T	指令的时间,定时器的数量取决于 CPU 模块
S	Input	BOOL	I、Q、M、D、L	启动输入
TV	Input	S5TIME、WOED	I、Q、M、D、L 或常数	预设时间值
R	Input	BOOL	I、Q、M、D、L、T、C、P	复位输入
BI	Output	WORD	I、Q、M、D、L、P	当前时间值(BI 编码)
BCD	Output	WORD	I、Q、M、D、L、P	当前时间值(BCD 格式)
Q	Output	BOOL	I、Q、M、D、L	定时器的状态

当输入 S 的 RLO 的信号状态从"0"变为"1"(信号上升沿)时,"分配扩展脉冲定时器参数并启动"指令将启动预设的定时器。即使输入 S 的信号状态变为"0",该定时器在经过 TV 后仍会计时到结束。只要定时器正在计时,输出 Q 的信号状态便为"1"。定时器计时结束后,输出 Q 将复位为"0"。如果定时器计时期间输入 S 的信号状态从"0"变为"1",定时器将在输入 TV 中设定的持续时间处重新启动。

持续时间由定时器值和时基构成,且在参数 TV 处设定。指令启动时,设定的定时器值将减计数到 0。时基表示定时器值更改的时间段。当前定时器值在输出 BI 处以 BI 编码格式输出,在输出 BCD 处以 BCD 编码格式输出。

如果定时器正在计时且输入端 R 的信号状态变为"1",则当前时间值和输出 Q 的信号状态也将设置为 0。如果定时器未在计时,则输入 R 的信号状态为"1"不会有任何作用。

"分配扩展脉冲定时器参数并启动"指令需要对边沿评估进行前导逻辑运算,可以放在程序段中或程序段的结尾。

每次访问时都会更新指令数据。因此,在循环开始和循环结束时查询数据可能会返回不同的值。

注意:

在时间单元,操作系统通过时基指定的间隔,以一个时间单位缩短时间值,直到该值为"0"。递减操作与用户程序不同步执行。因此,定时器中的值比预期的时基最多短一个时间间隔值。

分配扩展脉冲定时器参数并启动实例图如图 3-64 所示。

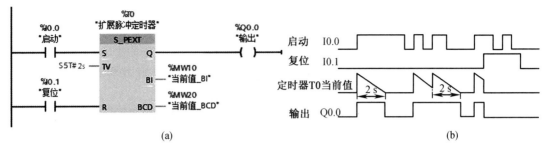

图 3-64　分配扩展脉冲定时器参数并启动实例图

如果操作数 I0.0 的信号状态从"0"变为"1",将启动 T0 定时器。定时器在等于操作数 S5T#2s 的定时器值时结束计时,不受输入 S 中下降沿的影响。如果在定时器计时结束前操作数 I0.0 的信号状态从"0"变为"1",则定时器将重启。

只要定时器正在计时,操作数 Q0.0 的信号状态便为"1"。定时器计时结束或复位后,操作数 Q0.0 将复位为"0"。

当前定时器值以十六进制值的形式保存在操作数 MW10 中,以 BCD 编码的形式保存在操作数 MW20 中。

(3)S_ODT:分配接通延时定时器参数并启动(S7-1500)

符号(图 3-65):

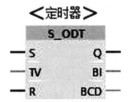

图 3-65　分配接通延时定时器参数并启动的符号

分配接通延时定时器参数并启动参数见表 3-46。

表 3-46　分配接通延时定时器参数并启动参数

参数	声明	数据类型	存储区	说明
<定时器>	InOut/Input	TIMER	T	指令的时间,定时器的数量取决于 CPU 模块
S	Input	BOOL	I、Q、M、D、L	启动输入
TV	Input	S5TIME、WOED	I、Q、M、D、L 或常数	预设时间值
R	Input	BOOL	I、Q、M、D、L、T、C、P	复位输入
BI	Output	WORD	I、Q、M、D、L、P	当前时间值(BI 编码)
BCD	Output	WORD	I、Q、M、D、L、P	当前时间值(BCD 格式)
Q	Output	BOOL	I、Q、M、D、L	定时器的状态

当输入 S 的 RLO 的信号状态从"0"变为"1"(信号上升沿)时,"分配接通延时定时器参数并启动"指令将启动预设的定时器。当输入 S 的信号状态为"1"后,该定时器在经过 TV 后计时到结束。如果定时器正常计时结束且输入 S 的信号状态仍为"1",则输出 Q 将返回

信号状态"1"。如果定时器运行期间输入 S 的信号状态从"1"变为"0",定时器将停止。在这种情况下,将输出 Q 的信号状态复位为"0"。

持续时间由定时器值和时基构成,且在参数 TV 处设定。指令启动时,设定的定时器值将减计数到 0。时基表示定时器值更改的时间段。当前定时器值在输出 BI 处以 BI 编码格式输出,在输出 BCD 处以 BCD 编码格式输出。

如果正在计时且输入端 R 的信号状态从"0"变为"1",则当前时间值和输出 Q 的信号状态也将设置为 0。这种情况下,输出 Q 的信号状态为"0"。如果输入 R 的信号状态为"1",即使定时器未计时且输入 S 的 RLO 为"1",定时器仍会复位。

在框上面的地址中指定指令的定时器。此定时器必须被声明为数据类型 TIMER。

"分配接通延时定时器参数并启动"指令需要对边沿评估进行前导逻辑运算,可以放在程序段中或程序段的结尾。

每次访问时都会更新指令数据。因此,在循环开始和循环结束时查询数据可能会返回不同的值。

注意:

在时间单元,操作系统通过时基指定的间隔,以一个时间单位缩短时间值,直到该值为"0"。递减操作与用户程序不同步执行。因此,定时器中的值比预期的时基最多短一个时间间隔值。

分配接通延时定时器参数并启动实例图如图 3-66 所示。

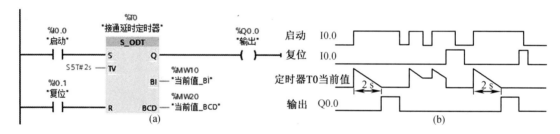

图 3-66　分配接通延时定时器参数并启动实例图

如果操作数 I0.0 的信号状态从"0"变为"1",将启动 T0 定时器。定时器在等于操作数 S5T#2s 的定时器值时结束计时。如果定时器计时结束且操作数的信号状态为"1",则将操作数 Q0.0 置位为"1"。如果在定时器计时结束前操作数 I0.0 的信号状态从"1"变为"0",则定时器将停止。在这种情况下操作数 Q0.0 的信号状态为"0"。

当前定时器值以十六进制值的形式保存在操作数 MW10 中,以 BCD 编码的形式保存在操作数 MW20 中。

(4)S_ODTS:分配保持型接通延时定时器参数并启动(S7-1500)

符号(图 3-67):

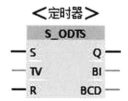

图 3-67　分配保持型接通延时定时器参数并启动的符号

分配保持型接通延时定时器参数并启动参数见表3-47。

表3-47 分配保持型接通延时定时器参数并启动参数

参数	声明	数据类型	存储区	说明
<定时器>	InOut/Input	TIMER	T	指令的时间,定时器的数量 取决于 CPU 模块
S	Input	BOOL	I、Q、M、D、L	启动输入
TV	Input	S5TIME、WOED	I、Q、M、D、L 或常数	预设时间值
R	Input	BOOL	I、Q、M、D、L、T、C、P	复位输入
BI	Output	WORD	I、Q、M、D、L、P	当前时间值(BI 编码)
BCD	Output	WORD	I、Q、M、D、L、P	当前时间值(BCD 格式)
Q	Output	BOOL	I、Q、M、D、L	定时器的状态

当输入 S 的 RLO 的信号状态从"0"变为"1"(信号上升沿)时,"分配保持型接通延时定时器参数并启动"指令将启动预设的定时器。即使输入 S 的信号状态变为"0",该定时器在经过 TV 后仍会计时到结束。只要定时器计时结束,输出"Q"都将返回信号状态"1",而无须考虑"S"输入的信号状态。如果定时器计时期间输入 S 的信号状态从"0"变为"1",定时器将在输入 TV 中设定的持续时间处重新启动。

持续时间由定时器值和时基构成,且在参数 TV 处设定。指令启动时,设定的定时器值将减计数到 0。时基表示定时器值更改的时间段。当前定时器值在输出 BI 处以 BI 编码格式输出,在输出 BCD 处以 BCD 编码格式输出。

输入 R 的信号状态为"1",则当前定时器值和输出 Q 的信号状态都将复位为"0",而与起始输入 S 的信号状态无关。这种情况下,输出 Q 的信号状态为"0"。

"分配保持型接通延时定时器参数并启动"指令需要对边沿评估进行前导逻辑运算,可以放在程序段中或程序段的结尾。

每次访问时都会更新指令数据。因此,在循环开始和循环结束时查询数据可能会返回不同的值。

注意:

在时间单元,操作系统通过时基指定的间隔,以一个时间单位缩短时间值,直到该值为"0"。递减操作与用户程序不同步执行。因此,定时器中的值比预期的时基最多短一个时间间隔值。

分配保持型接通延时定时器参数并启动实例图如图3-68所示。

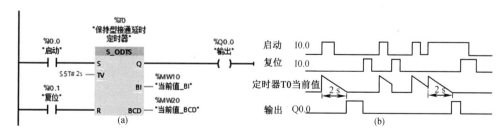

图3-68 分配保持型接通延时定时器参数并启动实例图

如果操作数 I0.0 的信号状态从"0"变为"1",将启动 T0 定时器。即使操作数 I0.0 的信号状态变为"0",定时器也会在操作数 S5T#2s 的定时器值结束时计时结束。定时器计时结束后,操作数 Q0.0 将被置位为"1"。如果定时器计时期间操作数 I0.0 的信号状态从"0"变为"1",定时器将重启。

当前定时器值以十六进制值的形式保存在操作数 MW10 中,以 BCD 编码的形式保存在操作数 MW20 中。

(5)S_OFFDT:分配关断延时定时器参数并启动(S7-1500)

符号(图 3-69):

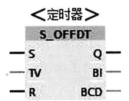

图 3-69 分配关断延时定时器参数并启动的符号

分配关断延时定时器参数并启动参数见表 3-48。

表 3-48 分配关断延时定时器参数并启动参数

参数	声明	数据类型	存储区	说明
<定时器>	InOut/Input	TIMER	T	指令的时间,定时器的数量取决于 CPU 模块
S	Input	BOOL	I、Q、M、D、L	启动输入
TV	Input	S5TIME、WOED	I、Q、M、D、L 或常数	预设时间值
R	Input	BOOL	I、Q、M、D、L、T、C、P	复位输入
BI	Output	WORD	I、Q、M、D、L、P	当前时间值(BI 编码)
BCD	Output	WORD	I、Q、M、D、L、P	当前时间值(BCD 格式)
Q	Output	BOOL	I、Q、M、D、L	定时器的状态

当输入 S 的 RLO 的信号状态从"1"变为"0"(信号下降沿)时,"分配关断延时定时器参数并启动"指令将启动预设的定时器。定时器在 TV 结束时计时结束。只要定时器在计时或输入 S 返回信号状态"1",输出 Q 的信号状态就为"1"。定时器计时结束且输入 S 的信号状态为"0"时,输出 Q 的信号状态将复位为"0"。如果定时器运行期间输入 S 的信号状态从"0"变为"1",定时器将停止。只有在检测到输入 S 的信号下降沿后,才会重新启动定时器。

持续时间由定时器值和时基构成,且在参数 TV 处设定。指令启动后,预设时间值开始递减计数,直至为 0。时基表示定时器值更改的时间段。当前定时器值在输出 BI 处以 BI 编码格式输出,在输出 BCD 处以 BCD 编码格式输出。

输入端 R 的信号状态为"1"时,当前时间值和输出 Q 的信号状态都将复位为"0"。这种情况下,输出 Q 的信号状态为"0"。

"分配关断延时定时器参数并启动"指令需要对边沿评估进行前导逻辑运算,可以放在程序段中或程序段的结尾。

每次访问时都会更新指令数据。因此,在循环开始和循环结束时查询数据可能会返回不同的值。

注意:

在时间单元,操作系统通过时基指定的间隔,以一个时间单位缩短时间值,直到该值为"0"。递减操作与用户程序不同步执行。因此,定时器中的值比预期的时基最多短一个时间间隔值。

分配关断延时定时器参数并启动实例图如图3-70所示。

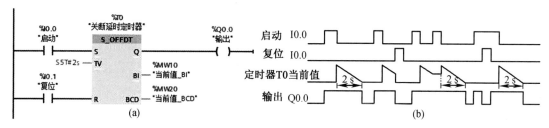

图3-70　分配关断延时定时器参数并启动实例图

如果操作数I0.0的信号状态从"1"变为"0",将启动T0定时器。定时器在等于操作数S5T#2s的定时器值时结束计时。定时器计时期间如果操作数I0.0的信号状态为"0",则操作数Q0.0将被置位为"1"。如果定时器计时期间操作数I0.0的信号状态从"0"变为"1",定时器将被复位。

当前定时器值以十六进制值的形式保存在操作数MW10中,以BCD编码的形式保存在操作数MW20中。

(6)---(SP):启动脉冲定时器(S7-1500)

符号:

<定时器>

---(SP)

<持续时间>

启动脉冲定时器参数见表3-49。

表3-49　启动脉冲定时器参数

参数	声明	数据类型	存储区	说明
<定时器>	Output	TIMER	T	已启动的定时器 定时器的数量取决于CPU模块
<持续时间>	Input	S5TIME、WORD	I、Q、M、D、L或常数	定时器计时结束的持续时间

RLO中检测到信号从"0"到"1"的变化(信号上升沿)时,"启动脉冲定时器"指令将启动已设定的定时器。只要RLO的信号状态为"1",定时器便会运行指定的一段时间。只要定时器正在运行,对定时器状态是否为"1"的查询均会返回信号状态"1"。在该定时器值计时结束前,如果RLO中的信号状态从"1"变为"0",则定时器将停止。在这种情况下,查询定时器状态是否为"1"时均会返回信号状态"0"。

持续时间在内部由定时器值和时基构成。指令启动后,预设时间值开始递减计数,直至为0。时基表示定时器值更改的时间段。

"启动脉冲定时器"指令需要前导逻辑运算进行边沿评估,且只能放在程序段的右侧。

注意:

在时间单元,操作系统通过时基指定的间隔,以一个时间单位缩短时间值,直到该值为"0"。递减操作与用户程序不同步执行。因此,定时器中的值比预期的时基最多短一个时间间隔值。

启动脉冲定时器实例图如图3-71所示。

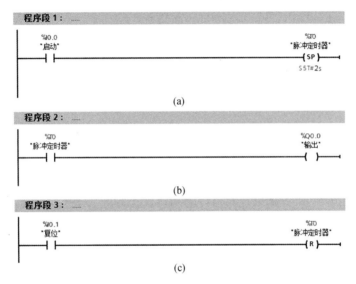

图3-71 启动脉冲定时器实例图

操作数I0.0的信号状态从"0"变为"1"时,T0启动。只要操作数I0.0的信号状态为"1",定时器就运行操作数S5T#2s预设的时间值。如果在定时器计时结束前操作数I0.0的信号状态从"1"变为"0",则定时器将停止。只要定时器正在运行,输出Q0.0的信号状态就为"1"。操作数I0.1的信号状态从"0"变为"1"时会复位定时器,这会使定时器停止并将当前定时器值置位为"0"。

启动脉冲定时器实例时序图如图3-72所示。

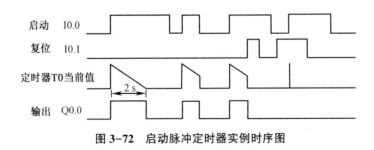

图3-72 启动脉冲定时器实例时序图

(7)---(SE):启动扩展脉冲定时器(S7-1500)

符号:

\<定时器\>

---（ SE ）

\<持续时间\>

启动扩展脉冲定时器参数见表 3-50。

表 3-50 启动扩展脉冲定时器参数

参数	声明	数据类型	存储区	说明
\<定时器\>	Output	TIMER	T	已启动的定时器 定时器的数量取决于 CPU 模块
\<持续时间\>	Input	S5TIME、WORD	I、Q、M、D、L 或常数	定时器计时结束的持续时间

当 RLO 中检测到信号从"0"到"1"的变化（信号上升沿）时，"启动扩展脉冲定时器"指令将启动已设定的定时器。即使 RLO 的信号状态为"0"，定时器也运行预设的时间段。只要定时器正在运行，对定时器状态是否为"1"的查询均将返回信号状态"1"。如果定时器在运行时 RLO 从"0"变为"1"，定时器将按预设的时间段重新启动。定时器计时结束时，查询定时器状态是否为"1"时均会返回信号状态"0"。

持续时间在内部由定时器值和时基构成。指令启动后，预设时间值开始递减计数，直至为 0。时基表示定时器值更改的时间段。

"启动扩展脉冲定时器"指令需要前导逻辑运算进行边沿评估，且只能放在程序段的右侧。

注意：

在时间单元，操作系统通过时基指定的间隔，以一个时间单位缩短时间值，直到该值为"0"。递减操作与用户程序不同步执行。因此，定时器中的值比预期的时基最多短一个时间间隔值。

启动扩展脉冲定时器实例时序图如图 3-73 所示。

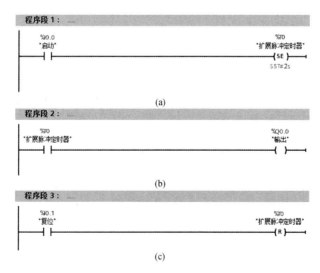

图 3-73 启动扩展脉冲定时器实例图

操作数 I0.0 的信号状态从"0"变为"1"时,T0 启动。定时器在等于操作数 S5T#2s 的定时器值时结束计时,不受 RLO 中信号下降沿的影响。只要定时器正在运行,输出 Q0.0 的信号状态就为"1"。如果在定时器计时结束前操作数 I0.0 的信号状态再次从"0"变为"1",则定时器将重启。

启动扩展脉冲定时器实例时序图如图 3-74 所示。

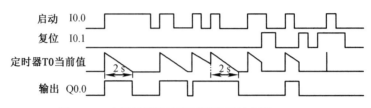

图 3-74 启动扩展脉冲定时器实例时序图

(8)---(SD):启动接通延时定时器(S7-1500)

符号:

<定时器>

---(SD)

<持续时间>

启动接通延时定时器参数见表 3-51。

表 3-51 启动接通延时定时器参数

参数	声明	数据类型	存储区	说明
<定时器>	Output	TIMER	T	已启动的定时器 定时器的数量取决于 CPU 模块
<持续时间>	Input	S5TIME、WORD	I、Q、M、D、L 或常数	定时器计时结束的持续时间

当在启动输入处检测到信号状态为"1"时,"启动接通延时定时器"指令将启动一个编程的定时器。只要该信号状态保持为"1",定时器将在超出指定的持续时间后结束计时。如果定时器计时结束且启动输入的信号状态仍为"1",则定时器状态的查询将返回"1"。如果启动输入处的信号状态为"0",则将复位定时器。此时,查询定时器状态将返回信号状态"0"。只要启动输入的信号状态再次变为"1",定时器将再次运行。

定时器输出的信号状态与启动输入的信号状态相同。启动输入与输出直接互联,而非连接定时器。

持续时间由定时器值和时基构成,且在参数 TV 处设定。该指令启动后,预设定时器值开始递减计数,直至为 0。

注意:

在时间单元,操作系统通过时基指定的间隔,以一个时间单位缩短时间值,直到该值为"0"。递减操作与用户程序不同步执行。因此,定时器中的值比预期的时基最多短一个时间间隔值。

程序段1：

操作数 T0 的信号状态从"0"变为"1"时，I0.0 启动，并根据操作数 S5T#2s 的值结束计时。如果在定时器计时结束前操作数 I0.0 的信号状态从"1"变为"0"，则定时器将复位。

程序段2：

当定时器计时结束后，启动输入的操作数 I0.0 的信号状态为"1"且定时器未复位，操作数 Q0.0 为"1"。

程序段3：

如果操作数 I0.1 的信号状态为"1"，将复位定时器 T0 和输出 Q0.0。

如需重启 T0，操作数 I0.1 的信号状态必须为"0"，启动输入 I0.0 的信号状态必须从"0"变为"1"。

启动接通延时定时器实例图如图 3-75 所示。

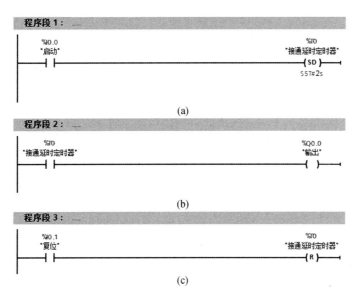

图 3-75 启动接通延时定时器实例图

启动接通延时定时器实例时序图如图 3-76 所示。

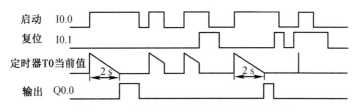

图 3-76 启动接通延时定时器实例时序图

(9)---(SS)：启动保持型接通延时定时器(S7-1500)

符号：

<定时器>

---(SS)

<持续时间>

启动保持型接通延时定时器参数见表 3-52。

表 3-52　启动保持型接通延时定时器参数

参数	声明	数据类型	存储区	说明
<定时器>	Output	TIMER	T	已启动的定时器 定时器的数量取决于 CPU 模块
<持续时间>	Input	S5TIME、WORD	I、Q、M、D、L 或常数	定时器计时结束的持续时间

当 RLO 中检测到信号从"0"到"1"的变化(信号上升沿)时,"启动保持型接通延时定时器"指令将启动已设定的定时器。即使 RLO 的信号状态变为"0",定时器也会计时结束指定的持续时间。定时器计时结束后,查询定时器状态是否为"1"时均会返回信号状态"1"。定时器计时结束后,只有复位才能重启定时器。

持续时间在内部由定时器值和时基构成。指令启动时,设定的定时器值将减计数到 0。时基表示定时器值更改的时间段。

"启动保持型接通延时定时器"指令需要前导逻辑运算进行边沿评估,且只能放在程序段的右侧。

注意:

在时间单元,操作系统通过时基指定的间隔,以一个时间单位缩短时间值,直到该值为"0"。递减操作与用户程序不同步执行。因此,定时器中的值比预期的时基最多短一个时间间隔值。

启动保持型接通延时定时器实例图如图 3-77 所示。

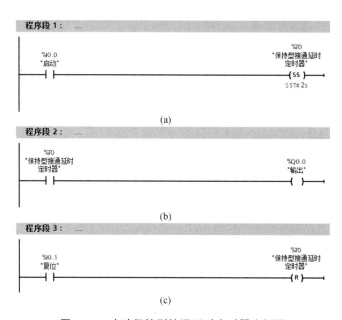

图 3-77　启动保持型接通延时定时器实例图

如果操作数 I0.0 的信号状态从"0"变为"1",将启动 T0 定时器。定时器在等于操作数 S5T#2s 的定时器值时结束计时。定时器计时结束后,操作数 Q0.0 将被置位为"1"。如果定时器计时期间操作数 I0.0 的信号状态从"0"变为"1",定时器将重启。如果操作数 I0.1 的信号状态为"1",则定时器 T0 将被复位,这会使定时器停止并将当前定时器值设置为"0"。

启动保持型接通延时定时器实例时序图如图 3-78 所示。

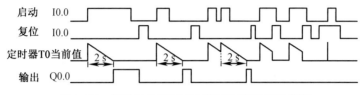

图 3-78 启动保持型接通延时定时器实例时序图

(10)---(SF):启动关断延时定时器(S7-1500)

符号:

<定时器>

---(SF)

<持续时间>

启动关断延时定时器参数见表 3-53。

表 3-53 启动关断延时定时器参数

参数	声明	数据类型	存储区	说明
<定时器>	Output	TIMER	T	已启动的定时器 定时器的数量取决于 CPU 模块
<持续时间>	Input	S5TIME、WORD	I、Q、M、D、L 或常数	定时器计时结束的持续时间

当 RLO 中检测到信号从"1"到"0"的变化(信号下降沿)时,"启动关断延时定时器"指令将启动已设定的定时器。定时器在指定的持续时间后计时结束。只要定时器正在运行,对定时器状态是否为"1"的查询均将返回信号状态"1"。如果定时器在计时过程中 RLO 从"0"变为"1",则将复位定时器。只要 RLO 从"1"变为"0",定时器即会重新启动。

持续时间在内部由定时器值和时基构成。指令启动时,设定的定时器值开始递减计数,直至为 0。时基表示定时器值更改的时间段。

如果在执行指令时,RLO 的信号状态为"1",则查询定时器状态是否为"1"均将返回"1"。如果 RLO 为"0",则查询定时器状态是否为"1"的查询结果将返回"0"。

"启动关断延时定时器"指令需要使用前导逻辑运算进行边沿检测,并只能置于程序段的边沿上。

注意:

在时间单元,操作系统通过时基指定的间隔,以一个时间单位缩短时间值,直到该值为"0"。递减操作与用户程序不同步执行。因此,定时器中的值比预期的时基最多短一个时间间隔值。

启动关断延时定时器实例图如图 3-79 所示。

程序段 1：……

```
    %I0.0                                          %T0
    "启动"                                    "关断延时定时器"
    ─┤ ├─                                          ─( SF )─
                                                   S5T#2s
```

(a)

程序段 2：……

```
    %T0                                            %Q0.0
 "关断延时定时器"                                   "输出"
    ─┤ ├─                                          ─( )─
```

(b)

程序段 3：……

```
    %I0.1                                          %T0
    "复位"                                    "关断延时定时器"
    ─┤ ├─                                          ─( R )─
```

(c)

图 3-79 启动关断延时定时器实例图

如果操作 I0.0 的信号状态从"1"变为"0"，将启动 T0 定时器，并根据操作数 S5T#2s 的值结束计时。只要定时器正在计时，操作数 Q0.0 便被置位为"1"。如果定时器计时期间操作数 I0.0 的信号状态从"1"变为"0"，定时器将重启。如果操作数 I0.1 的信号状态变为"1"，则 T0 将复位，即定时器停止，同时当前时间值将设置为"0"。

启动关断延时定时器实例时序图如图 3-80 所示。

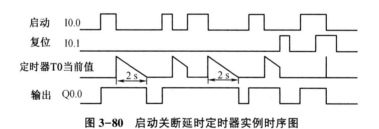

图 3-80 启动关断延时定时器实例时序图

3.4.3 计数器操作指令

SIMATIC S7-1200/1500 CPU 模块可以使用 IEC 计数器和 SIMATIC 计数器，指令见表 3-54。

表 3-54 SIMATIC S7-1200/1500 CPU 模块计数器指令

序号	指令分类	梯形图	说明
1	IEC 计数器	CTU	加计数函数（S7-1200,S7-1500）
2		CTD	减计数函数（S7-1200,S7-1500）
3		CTUD	加-减计数函数（S7-1200,S7-1500）

表 3-54(续)

序号	指令分类	梯形图	说明
4	SIMATIC 计数器	S_CU	分配参数并加计数(S7-1500)
5		S_CD	分配参数并减计数(S7-1500)
6		S_CUD	分配参数并加/减计数(S7-1500)
7		---(SC)	设置计数器值(S7-1500)
8		---(CU)	加计数线圈(S7-1500)
9		---(CD)	减计数线圈(S7-1500)

IEC 计数器占用 CPU 模块的工作存储器资源,数量与工作存储器大小有关;而 SIMATIC 计数器是 CPU 模块的特定资源,数量固定,如 CPU 1513 的 SIMATIC 计数器的个数为 2 048。相比而言,IEC 计数器可设定的计数范围远大于 SIMATIC 计数器可设定的计数范围。

使用梯形图编程,计数器指令分为以下两种。

(1)加、减计数线圈,如---(CU)、---(CD),使用计数器线圈时必须与设置计数器值指令---(SC)、计数器复位指令结合使用。

(2)加、减计数器中包含计数器复位、设置等功能。使用语句表编程,计数器指令只有加计数 CU 和减计数 CD 两个指令。S、R 指令为位操作指令,可以对计数器进行设置初值和复位操作。

1. IEC 计数器

(1)CTU:加计数函数(S7-1200,S7-1500)

符号(图 3-81):

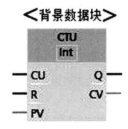

图 3-81　加计数函数的符号

加计数函数参数见表 3-55。

表 3-55　加计数函数参数

参数	声明	数据类型	存储区		说明
			S7-1200	S7-1500	
CU	Input	BOOL	I、Q、M、D、L 或常数	I、Q、M、D、L 或常数	计数输入
R	Input	BOOL	I、Q、M、D、L、P 或常数	I、Q、M、T、C、D、L、P 或常数	复位输入

表 3-55(续)

参数	声明	数据类型	存储区		说明
			S7-1200	S7-1500	
PV	Input	整数	I、Q、M、D、L、P 或常数	I、Q、M、D、L、P 或常数	置位输出 Q 的值
Q	Output	BOOL	I、Q、M、D、L	I、Q、M、D、L	计数器状态
CV	Output	整数、CHAR、WCHAR、DATE	I、Q、M、D、L、P	I、Q、M、D、L、P	当前计数值

可以使用"加计数函数"指令,递增输出 CV 的值。如果输入 CU 的信号状态从"0"变为"1"(信号上升沿),则执行该指令,同时输出 CV 的当前计数器值加 1。每检测到一个信号上升沿,计数器值就会递增,直到达到输出 CV 中所指定数据类型的上限。达到上限时,输入 CU 的信号状态将不再影响该指令。

可以查询 Q 输出中的计数器状态。输出 Q 的信号状态由参数 PV 决定。如果当前计数器值大于或等于参数 PV 的值,则将输出 Q 的信号状态置位为"1"。在其他任何情况下,输出 Q 的信号状态均为"0"。

输入 R 的信号状态变为"1"时,输出 CV 的值被复位为"0"。只要输入 R 的信号状态仍为"1",输入 CU 的信号状态就不会影响该指令。

每次调用"加计数函数"指令,都会为其分配一个 IEC 计数器用于存储指令数据。

可以按如下方式声明 IEC 计数器。

- 系统数据类型 IEC_<COUNTER>的 DB 声明(例如,"MyIEC_COUNTER")。
- 声明为块中"STATIC"部分的 CTU_<DATA TYPE>或 IEC_<COUNTER>类型的局部变量(例如, #MyIEC_COUNTER)。

如果在单独的数据块中设置 IEC 计数器(单背景),则将默认使用"优化的块访问"创建背景 DB,并将各个变量定义为具有保持性。

如果在 FB 中使用"优化的块访问"设置 IEC 计数器作为本地变量(多重背景),则其在块接口中定义为具有保持性。

执行"加计数函数"指令之前,需要事先预设一个逻辑运算。该运算可以放置在程序段的中间或者末尾。

注意:只需在程序中的某一位置处使用计数器,即可避免计数错误的风险。

加计数函数实例图如图 3-82 所示。

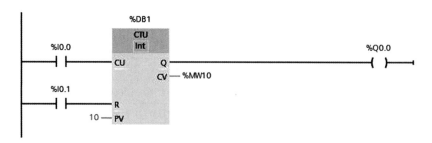

图 3-82　加计数函数实例图

当操作数 I0.0 的信号状态从"0"变为"1"时,将执行"加计数函数"指令,同时操作数 MW10 的当前计数器值加 1(MW10 的数据类型须设置为"INT"型)。每检测到一个额外的信号上升沿,计数器值都会递增,直至达到该数据类型的上限值(INT=32 767)。

PV 参数的值作为确定 Q0.0 输出的限制。只要当前计数器值大于或等于操作数"I0.0"的值,输出 Q0.0 的信号状态就为"1"。在其他任何情况下,输出 Q0.0 的信号状态均为"0"。

(2)CTD:减计数函数(S7-1200,S7-1500)

符号(图 3-83):

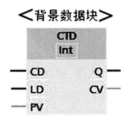

图 3-83 减计数函数的符号

减计数函数参数见表 3-56。

表 3-56 减计数函数参数

参数	声明	数据类型	存储区		说明
			S7-1200	S7-1500	
CD	Input	BOOL	I、Q、M、D、L 或常数	I、Q、M、D、L 或常数	计数输入
LD	Input	BOOL	I、Q、M、D、L、P 或常数	I、Q、M、T、C、D、L、P 或常数	装载输入
PV	Input	整数	I、Q、M、D、L、P 或常数	I、Q、M、D、L、P 或常数	使用 LD=1 置位输出 CV 的目标值
Q	Output	BOOL	I、Q、M、D、L	I、Q、M、D、L	计数器状态
CV	Output	整数、CHAR、WCHAR、DATE	I、Q、M、D、L、P	I、Q、M、D、L、P	当前计数值

可以使用"减计数函数"指令,递减输出 CV 的值。如果输入 CD 的信号状态从"0"变为"1"(信号上升沿),则执行该指令,同时输出 CV 的当前计数器值减 1。每检测到一个信号上升沿,计数器值就会递减 1,直到达到指定数据类型的下限为止。达到下限时,输入 CD 的信号状态将不再影响该指令。

可以查询 Q 输出中的计数器状态。如果当前计数器值小于或等于"0",则 Q 输出的信号状态将置位为"1"。在其他任何情况下,输出 Q 的信号状态均为"0"。

输入 LD 的信号状态变为"1"时,将输出 CV 的值设置为参数 PV 的值。只要输入 LD 的信号状态仍为"1",输入 CD 的信号状态就不会影响该指令。

每次调用"减计数函数"指令,都会为其分配一个 IEC 计数器用于存储指令数据。

可以按如下方式声明 IEC 计数器。

● 系统数据类型 IEC_<COUNTER>的 DB 声明(例如,"MyIEC_COUNTER")。

● 声明为块中"STATIC"部分的 CTD_<DATA TYPE>或 IEC_<COUNTER>类型的局部变量(例如,#MyIEC_COUNTER)。

如果在单独的 DB 中设置 IEC 计数器(单背景),则将默认使用"优化的块访问"创建背景 DB,并将各个变量定义为具有保持性。

如果在 FB 中使用"优化的块访问"设置 IEC 计数器作为本地变量(多重背景),则其在块接口中定义为具有保持性。

执行"减计数函数"指令之前,需要事先预设一个逻辑运算。该运算可以放置在程序段的中间或者末尾。

注意:

只需在程序中的某一位置处使用计数器,即可避免计数错误的风险。

减计数函数实例图如图 3-84 所示。

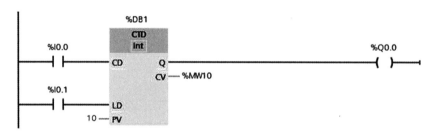

图 3-84 减计数函数实例图

当操作数 I0.0 的信号状态从"0"变为"1"时,执行该指令,同时操作数 MW10 的当前计数器值减 1(MW10 的数据类型须设置为"INT"型)。每出现一个信号上升沿,计数器值便减 1,直到达到数据类型的下限值(INT=-32 768)为止。

只要当前计数器值小于或等于 0,Q0.0 输出的信号状态就为"1"。在其他任何情况下,输出 Q0.0 的信号状态均为"0"。

(3)CTUD:加-减计数函数(S7-1200,S7-1500)

符号(图 3-85):

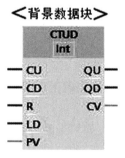

图 3-85 加-减计数函数的符号

加-减计数函数参数见表 3-57。

表 3-57 加-减计数函数参数

参数	声明	数据类型	存储区		说明
			S7-1200	S7-1500	
CU	Input	BOOL	I、Q、M、D、L 或常数	I、Q、M、D、L 或常数	加计数输入
CD	Input	BOOL	I、Q、M、D、L 或常数	I、Q、M、D、L 或常数	减计数输入
R	Input	BOOL	I、Q、M、D、L、P 或常数	I、Q、M、T、C、D、L、P 或常数	复位输入
LD	Input	BOOL	I、Q、M、D、L、P 或常数	I、Q、M、T、C、D、L、P 或常数	装载输入
PV	Input	整数	I、Q、M、D、L、P 或常数	I、Q、M、D、L、P 或常数	输出 QU 被设置的值/LD=1 的情况下,输出 CV 被设置的值
QU	Output	BOOL	I、Q、M、D、L	I、Q、M、D、L	加计数器状态
QD	Output	BOOL	I、Q、M、D、L	I、Q、M、D、L	减计数器状态
CV	Output	整数、CHAR、WCHAR、DATE	I、Q、M、D、L、P	I、Q、M、D、L、P	当前计数值

可以使用"加-减计数函数"指令,递增和递减输出 CV 的计数器值。如果输入 CU 的信号状态从"0"变为"1"(信号上升沿),则当前计数器值加 1 并存储在输出 CV 中。如果输入 CD 的信号状态从"0"变为"1"(信号上升沿),则输出 CV 的计数器值减 1。如果在一个程序周期内,输入 CU 和 CD 都出现信号上升沿,则输出 CV 的当前计数器值保持不变。

计数器值可以一直递增,直到其达到输出 CV 处指定数据类型的上限。达到上限后,即使出现信号上升沿,计数器值也不再递增。达到指定数据类型的下限后,计数器值便不再递减。

输入 LD 的信号状态变为"1"时,将输出 CV 的计数器值置位为参数 PV 的值。只要输入 LD 的信号状态仍为"1",输入 CU 和 CD 的信号状态就不会影响该指令。

当输入 R 的信号状态变为"1"时,将计数器值置位为"0"。只要输入 R 的信号状态仍为"1",输入 CU、CD 和 LD 信号状态的改变就不会影响"加-减计数函数"指令。

可以在 QU 输出中查询加计数器的状态。如果当前计数器值大于或等于参数 PV 的值,则将输出 QU 的信号状态置位为"1"。在其他任何情况下,输出 QU 的信号状态均为"0"。

可以在 QD 输出中查询减计数器的状态。如果当前计数器值小于或等于"0",则 QD 输出的信号状态将置位为"1"。在其他任何情况下,输出 QD 的信号状态均为"0"。

每次调用"加-减计数函数"指令,都会为其分配一个 IEC 计数器用来存储指令数据。

可以按如下方式声明 IEC 计数器。

- 系统数据类型 IEC_<COUNTER>的 DB 声明(例如,"MyIEC_COUNTER")。
- 声明为块中"STATIC"部分的 CTUD_<DATA TYPE>或 IEC_<COUNTER>类型的局部变量(例如,#MyIEC_COUNTER)。

如果在单独的数据块中设置 IEC 计数器(单背景),则将默认使用"优化的块访问"创建背景 DB,并将各个变量定义为具有保持性。

如果在 FB 中使用"优化的块访问"设置 IEC 计数器作为本地变量(多重背景),则其在块接口中定义为具有保持性。

执行"加-减计数函数"指令之前,需要事先预设一个逻辑运算。该运算可以放置在程序段的中间或者末尾。

注意:

只需在程序中的某一位置处使用计数器,即可避免计数错误的风险。

加-减计数函数实例图如图 3-86 所示。

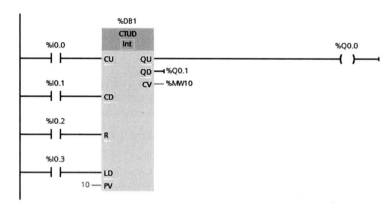

图 3-86 加-减计数函数实例图

如果操作数 I0.0 或操作数 I0.1 的信号状态从"0"变为"1"(信号上升沿),则执行"加-减计数函数"指令。操作数 I0.0 出现信号上升沿时,当前计数器值加 1 并存储在输出 MW10 中。操作数 I0.1 出现信号上升沿时,计数器值减 1 并存储在输出 MW10 中。输入 CU 出现信号上升沿时,计数器值将递增,直至其达到上限值 32 767。输入 CD 出现信号上升沿时,计数器值将递减,直至其达到下限值(INT = -32 768)。

只要当前计数器值大于或等于"10"输入的值,Q0.0 输出的信号状态就为"1"。在其他任何情况下,输出 Q0.0 的信号状态均为"0"。

只要当前计数器值小于或等于 0,Q0.0 输出的信号状态就为"1"。在其他任何情况下,输出 Q0.0 的信号状态均为"0"。

2. SIMATIC 计数器

(1)S_CU:分配参数并加计数(S7-1500)

符号(图 3-87):

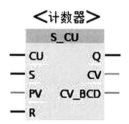

图 3-87 分配参数并加计数的符号

分配参数并加计数参数见表3-58。

表3-58　分配参数并加计数参数

参数	声明	数据类型	存储区	说明
<计数器>	InOut	COUNTER	C	指令中的计数器,计数器的数量 取决于 CPU 模块
CU	Input	BOOL	I、Q、M、D、L	加计数输入
S	Input	BOOL	I、Q、M、D、L、T、C	用于设置计数器的输入
PV	Input	WORD	I、Q、M、D、L、P	设置计数器的值(C#0~C#999)
R	Output	BOOL	I、Q、M、D、L、T、C	复位输入
CV	Output	WORD、S5TIME、DATE	I、Q、M、D、L、P	当前计数器值(十六进制)
CV_BCD	Output	WORD、S5TIME、DATE	I、Q、M、D、L、P	当前计数器值(BCD 编码)
Q	Output	BOOL	I、Q、M、D、L	计数器状态

可使用"分配参数并加计数"指令递增计数器值。如果输入 CU 的信号状态从"0"变为"1"(信号上升沿),则当前计数器值将加 1。当前计数器值在输出 CV 处输出十六进制值,在输出 CV_BCD 处输出 BCD 编码的值。计数器值达到上限值"999"后,停止递增。达到上限值后,即使出现信号上升沿,计数器值也不再递增。

当输入 S 的信号状态从"0"变为"1"时,将计数器值设置为参数 PV 的值。如果已设置计数器,并且输入 CU 处的 RLO 为"1",则即使没有检测到信号沿的变化,计数器也会在下一扫描周期相应地进行计数。

当输入 R 的信号状态变为"1"时,将计数器值置位为"0"。只要 R 输入的信号状态为"1",输入 CU 和 S 信号状态的处理就不会影响该计数器值。

如果计数器值大于 0,输出 Q 的信号状态就为"1"。如果计数器值等于 0,则输出 Q 的信号状态为"0"。

注意:

只需在程序中的某一位置处使用计数器,即可避免计数错误的风险。

"分配参数并加计数"指令需要对边沿评估进行前导逻辑运算,可以放在程序段中或程序段的结尾。

分配参数并加计数实例图如图 3-88 所示。

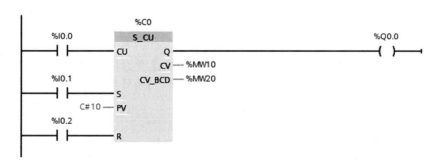

图3-88　分配参数并加计数实例图

如果操作数 I0.0 的信号状态从"0"变为"1"(信号上升沿)且当前计数器值小于"999",则计数器值加 1。当操作数 I0.1 的信号状态从"0"变为"1"时,将该计数器的值设置为"10"。当操作数 I0.2 的信号状态为"1"时,计数器值将复位为"0"。

当前计数器值以十六进制值的形式保存在操作数 MW10 中,以 BCD 编码的形式保存在操作数 MW20 中。

只要当前计数器值不等于"0",操作数 Q0.0 的信号状态便为"1"。

(2)S_CD:分配参数并减计数(S7-1500)

符号(图 3-89):

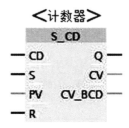

图 3-89　分配参数并减计数的符号

分配参数并减计数参数见表 3-59。

表 3-59　分配参数并减计数参数

参数	声明	数据类型	存储区	说明
<计数器>	InOut	COUNTER	C	指令中的计数器,计数器的数量取决于 CPU 模块
CD	Input	BOOL	I、Q、M、D、L	减计数输入
S	Input	BOOL	I、Q、M、D、L、T、C	用于设置计数器的输入
PV	Input	WORD	I、Q、M、D、L、P	设置计数器的值(C#0~C#999)
R	Output	BOOL	I、Q、M、D、L、T、C	复位输入
CV	Output	WORD、S5TIME、DATE	I、Q、M、D、L、P	当前计数器值(十六进制)
CV_BCD	Output	WORD、S5TIME、DATE	I、Q、M、D、L、P	当前计数器值(BCD 编码)
Q	Output	BOOL	I、Q、M、D、L	计数器状态

可使用"分配参数并减计数"指令递减计数器值。如果输入 CD 的信号状态从"0"变为"1"(信号上升沿),则计数器值减 1。当前计数器值在输出 CV 处输出十六进制值,在输出 CV_BCD 处输出 BCD 编码的值。计数器值达到下限值"0"后,停止递减。如果达到下限值,即使出现信号上升沿,计数器值也不再递减。

当输入 S 的信号状态从"0"变为"1"时,将计数器值设置为参数 PV 的值。如果已设置计数器,并且输入 CD 处的 RLO 为"1",则即使没有检测到信号沿的变化,计数器也会在下一扫描周期相应地进行计数。

当输入 R 的信号状态变为"1"时,将计数器值置位为"0"。只要 R 输入的信号状态为"1",输入 CD 和 S 信号状态的处理就不会影响该计数器值。

如果计数器值大于 0,则输出 Q 的信号状态为"1"。如果计数器值等于 0,则输出 Q 的信号状态为"0"。

注意：

只需在程序中的某一位置处使用计数器，即可避免计数错误的风险。

"分配参数并减计数"指令需要对边沿评估进行前导逻辑运算，可以放在程序段中或程序段的结尾。

如果操作数 I0.0 的信号状态从"0"变为"1"（信号上升沿）且当前计数器值大于"0"，则计数器值减1。当操作数 I0.1 的信号状态从"0"变为"1"时，将该计数器的值设置为"10"。当操作数 I0.2 的信号状态为"1"时，计数器值将复位为"0"。

分配参数并减计数实例图如图3-90所示。

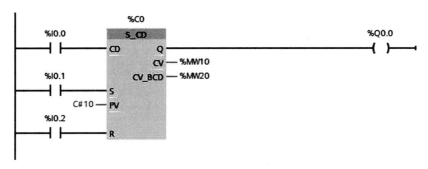

图3-90 分配参数并减计数实例图

当前计数器值以十六进制值的形式保存在操作数 MW10 中，以 BCD 编码的形式保存在操作数 MW20 中。

只要当前计数器值不等于"0"，操作数 Q0.0 的信号状态便为"1"。

(3) S_CUD：分配参数并加/减计数（S7-1500）

符号（图3-91）：

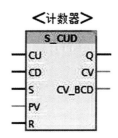

图3-91 分配参数并加/减计数的符号

分配参数并加/减计数参数见表3-60。

表3-60 分配参数并加/减计数参数

参数	声明	数据类型	存储区	说明
<计数器>	InOut	COUNTER	C	指令中的计数器，计数器的数量取决于 CPU 模块
CU	Input	BOOL	I、Q、M、D、L	加计数输入
CD	Input	BOOL	I、Q、M、D、L	减计数输入

表 3-60(续)

参数	声明	数据类型	存储区	说明
S	Input	BOOL	I、Q、M、D、L、T、C	用于设置计数器的输入
PV	Input	WORD	I、Q、M、D、L、P	设置计数器的值(C#0~C#999)
R	Output	BOOL	I、Q、M、D、L、T、C	复位输入
CV	Output	WORD、S5TIME、DATE	I、Q、M、D、L、P	当前计数器值(十六进制)
CV_BCD	Output	WORD、S5TIME、DATE	I、Q、M、D、L、P	当前计数器值(BCD 编码)
Q	Output	BOOL	I、Q、M、D、L	计数器状态

可以使用"分配参数并加/减计数"指令递增或递减计数器值。如果输入 CU 的信号状态从"0"变为"1"(信号上升沿),则当前计数器值将加 1。如果输入 CD 的信号状态从"0"变为"1"(信号上升沿),则计数器值减 1。当前计数器值在输出 CV 处输出十六进制值,在输出 CV_BCD 处输出 BCD 编码的值。如果在一个程序周期内输入 CU 和 CD 都出现信号上升沿,则计数器值将保持不变。

计数器值达到上限值"999"后,停止递增;如果达到上限值,即使出现信号上升沿,计数器值也不再递增;达到下限值"0"时,计数器值不再递减。

当输入 S 的信号状态从"0"变为"1"时,将计数器值设置为参数 PV 的值。如果计数器已置位,并且输入 CU 和 CD 处的 RLO 为"1",那么即使没有检测到信号沿变化,计数器也会在下一个扫描周期内相应地进行计数。

当输入 R 的信号状态变为"1"时,将计数器值置位为"0"。只要 R 输入的信号状态为"1",输入 CU、CD 和 S 信号状态的处理就不会影响该计数器值。

如果计数器值大于 0,则输出 Q 的信号状态为"1"。如果计数器值等于 0,则输出 Q 的信号状态为"0"。

注意:

只需在程序中的某一位置处使用计数器,即可避免计数错误的风险。

"分配参数并加/减计数"指令需要对边沿评估进行前导逻辑运算,可以放在程序段中或程序段的结尾。

分配参数并加/减计数实例图如图 3-92 所示。

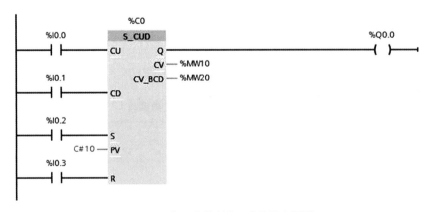

图 3-92 分配参数并加/减计数实例图

　　如果操作数 I0.0 或 I0.1 的信号状态从"0"变为"1"(信号上升沿),则执行"分配参数并加/减计数"指令。操作数 I0.0 出现信号上升沿且当前计数器值小于"999"时,计数器值加"1"。操作数 I0.1 出现信号上升沿且当前计数器值大于"0"时,计数器值减"1"。

　　当操作数 I0.2 的信号状态从"0"变为"1"时,将该计数器的值设置为"10"。当操作数 I0.3 的信号状态为"1"时,计数器值将复位为"0"。

　　当前计数器值以十六进制值的形式保存在操作数 MW10 中,以 BCD 编码的形式保存在操作数 MW20 中。

　　只要当前计数器值不等于"0",操作数 Q0.0 的信号状态便为"1"。

　　(4)---(SC):设置计数器值(S7-1500)

　　符号:

　　<计数器>

　　---(SC)

　　<计数值>

　　设置计数器值参数见表 3-61。

表 3-61　设置计数器值参数

参数	声明	数据类型	存储区	说明
<计数器>	InOut/Input	COUNTER	C	设置的计数器
<计数值>	Input	WORD	I、Q、M、D、L 或常数	计数器中的值表示为 BCD 格式 (C#0~C#999)

　　可以使用"设置计数器值"指令设置计数器的值。当输入的 RLO 从"0"变为"1"时,执行该指令。执行指令后,将计数器设置为指定计数器值。

　　在该指令下方的操作数占位符<计数值>处,指定计数器的预设持续时间,在指令上方的<计数器>中指定计数器。

　　"设置计数器值"指令需要使用前导逻辑运算进行边沿检测,并只能置于程序段的右边沿上。

　　设置计数器值实例图如图 3-93 所示。

图 3-93　设置计数器值实例图

　　操作数 I0.0 的信号状态从"0"变为"1"时,计数器 C0 将从值"100"开始。

　　(5)---(CU):加计数线圈

　　符号:

　　<C 编号>

　　---(CU)

　　加计数线圈参数见表 3-62。

表 3-62 加计数线圈参数

参数	声明	数据类型	存储区	说明
<计数器>	InOut/Input	COUNTER	C	值递增的计数器

如果在 RLO 中出现信号上升沿,则可以通过"加计数线圈"指令将指定计数器的值递增"1"。计数器值达到上限值"999"后,停止增加。达到上限值后,即使出现信号上升沿,计数值也不再递增。

"加计数线圈"指令需要前导逻辑运算进行边沿评估,而且只能放在程序段的右侧。

当操作数 I0.0 的信号状态从"0"变为"1"(信号上升沿)时,计数器 C0 将预设为值"100"。

操作数 I0.1 的信号状态从"0"变为"1"时,计数器 C0 的值加 1。

操作数 I0.2 的信号状态为"1"时,计数器 C0 的值被预设为"0"。

加计数线圈实例图如图 3-94 所示。

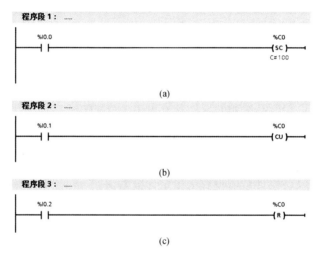

图 3-94 加计数线圈实例图

(6)---(CD):减计数线圈(S7-1500)

符号:

<计数器>

---(CD)

减计数线圈参数见表 3-63。

表 3-63 减计数线圈参数

参数	声明	数据类型	存储区	说明
<计数器>	InOut/Input	COUNTER	C	值递减的计数器

如果在 RLO 中出现信号上升沿,则可以通过"减计数线圈"指令将指定计数器的值递减"1"。计数器值达到下限值"0"后,停止减少。达到下限值后,即使出现上升沿,计数器值

也不再递减。

"减计数线圈"指令需要前导逻辑运算进行边沿评估,而且只能放在程序段的右侧。

减计数线圈实例图如图 3-95 所示。

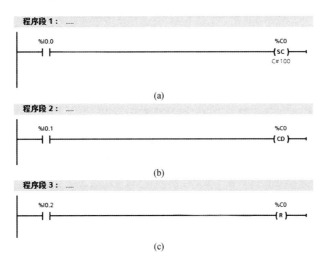

图 3-95　减计数线圈实例图

当操作数 I0.0 的信号状态从"0"变为"1"(信号上升沿)时,计数器 C0 将预设为值"100"。

操作数 I0.1 的信号状态从"0"变为"1"时,计数器 C0 的值减 1。

操作数 I0.2 的信号状态为"1"时,计数器 C0 的值被预设为"0"。

3.4.4　比较操作指令

SIMATIC S7-1500 CPU 模块可以使用的比较器指令见表 3-64。

表 3-64　SIMATIC S7-1500 CPU 模块可以使用的比较器指令

序号	指令分类	梯形图	说明
1	值比较指令	CMP = =	等于
2		CMP > =	大于或等于
3		CMP < =	小于或等于
4		CMP >	大于
5		CMP <	小于
6		CMP < >	不等于
7		IN_RANGE	值在范围内
8		OUT_RANGE	值超出范围
9		---|OK|---	检查是否为有效的浮点数
10		---|NOT_OK|---	检查是否为无效的浮点数

表 3-64(续)

序号	指令分类	梯形图	说明
11		EQ_TYPE	比较两个变量数据类型是否相等
12		NE_TYPE	比较两个变量数据类型是否不相等
13		EQ_Elem TYPE	比较数组元素与一个变量的数据类型是否相等
14	变量类型检查	NE_Elem TYPE	比较数组元素与一个变量的数据类型是否不相等
15		IS_NULL	如果指向 NULL 或 ANY 指针,则 RLO 为"1"
16		NOT_NULL	如果没有指向 NULL 或 ANY 指针而是一个对象,则 RLO 为"1"
17		IS_ARRAY	检查是否为数组变量

3.4.5 数学函数指令

在数学函数指令中包含了整数运算指令、浮点数运算指令及三角函数等指令。梯形图指令中整数可以是 8 位、16 位、32 位或 64 位变量,浮点数可以是 32 位或 64 位变量。语句表指令受到限制,只能操作 16 位或 32 位变量。SIMAIIC S7-1500 数学函数指令见表 3-65。

表 3-65   SIMAIIC S7-1500 数学函数指令

序号	梯形图	说明	序号	梯形图	说明
1	CALCULATE	计算	14	SQR	浮点数平方
2	ADD	加法	15	SQRT	浮点数平方根
3	SUB	减法	16	LN	浮点数自然对数运算
4	MUL	乘法	17	EXP	浮点数指数运算
5	DIV	除法	18	SIN	浮点数正弦运算
6	MOD	整数取余数	19	COS	浮点数余弦运算
7	NEG	取反	20	TAN	浮点数正切运算
8	INC	变量值递增	21	ASIN	浮点数反正弦运算
9	DEC	变量值递减	22	ACOS	浮点数反余弦运算
10	ABS	绝对值运算	23	ATAN	浮点数反正切运算
11	MIN	获取最小值函数	24	FRAC	浮点数提取小数运算
12	MAX	获取最大值函数	25	EXPT	浮点数取幂运算
13	LIMIT	设置限值函数	26	—	—

在 SIMATIC S7-1500 中增加了由用户设定计算公式的"计算"指令。该指令非常适合复杂的变量函数运算,且运算中无须考虑中间变量。"计算"指令应用示例如图 3-96 所示。

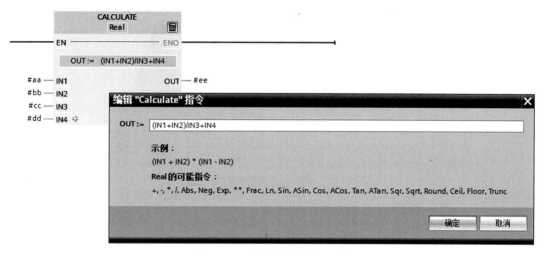

图 3-96 "计算"指令应用示例

3.5 材料分拣控制系统实例

近 30 年来,PLC 在工业领域得到了十分广泛的应用,在现代的工业生产现场中到处可见 PLC。西门子 S7-1200 是西门子公司推出的主流 PLC 产品。本节介绍的材料分拣控制系统是采用 PLC 进行控制,能连续、大批量地分拣货物,分拣误差率低且劳动强度大大降低,可显著提高劳动率。

3.5.1 控制系统模型简介

材料分拣装置是一个模拟自动化工业生产过程的微缩模型,它使用了 PLC、传感器、位置控制、电气传动和气动等技术,可以实现不同材料的自动分拣和归类功能,并可配置监控软件由上位计算机监控。其适用于各类学校机电专业的教学演示、教学实验、实习培训和课程设计,可以培养学生对 PLC 控制系统硬件和软件的设计与调试能力;分析和解决系统调试运行过程中出现的各种实际问题的能力。

该装置采用架式结构,配有 PLC、传感器(电感式识别、电容式识别、颜色识别)、电动机、输送带、气缸、电磁阀、直流电源、空气过滤减压器等,构成典型的机电一体化教学装置。装置实物如图 3-97 和图 3-98 所示。

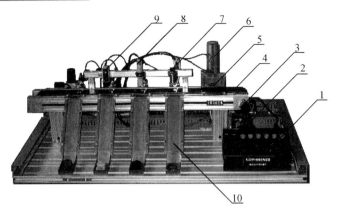

1—手动操作盘;2—输送带驱动电机;3—旋转编码器;4—输送带;;5—料仓料块检测传感器;
6—料块仓库;7—电感式识别传感器;8—电容式识别传感器;9—颜色识别传感器;10—分类储存滑道。

图 3-97　材料分拣装置结构图(正面)

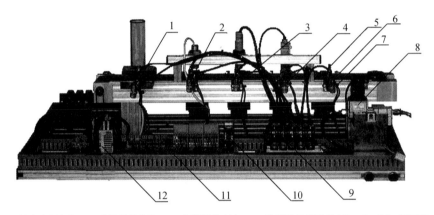

1—料仓出料气缸;2—分拣铁块气缸;3—分拣铝块气缸;4—分拣黄色塑料块气缸;5—气缸调压阀;
6—气缸杆位置传感器;7—分拣蓝色塑料块气缸;8—气源过滤减压阀;9—电磁阀组;10—继电器;
11—信号接口板;12—S7-200 PLC控制器。

图 3-98　材料分拣装置结构图(背面)

3.5.2　控制系统功能描述

1.材料分拣装置的组成

分拣装置为工业现场生产设备,采用台式结构,内置电源,有竖井式产品输入料槽、滑板式产品输出料槽,转接板上还设计了可与PLC连接的转接口。同时,输送带作为传动机构,采用电机驱动,对不同材质敏感的3种传感器分别固定在传送带上方。整个控制系统由气动部分和电气部分组成。气动部分由减压阀、气压指示表、气缸等部件组成;电气部分由PLC、电感式识别传感器、电容式识别传感器、颜色识别传感器、旋转编码器、单相交流电机、开关电源、电磁阀等部件组成。

2.材料分拣装置的工作原理

分拣控制系统结构框图如图3-99所示。它采用台式结构,内置电源,有步进电机、气缸、电磁阀、旋转编码器、气动减压器、气压指示等部件,可与各类气源相连接。选用颜色识别传感器及对不同材料敏感的电容式和电感式识别传感器,分别固定在传送带上方的架子上。

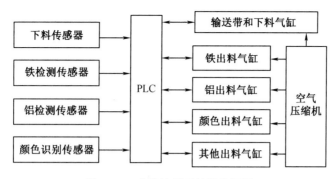

图 3-99 分拣控制系统结构框图

材料分拣装置能实现如下 3 种基本功能。

（1）分拣出金属与非金属。

（2）分拣某一颜色块。

（3）分拣出金属中某一颜色块和非金属中某一颜色块。

系统利用各种传感器对待测材料进行检测并分类。待测物体经下料装置送入传送带依次接受各种传感器检测。如果被某种传感器测中,则通过相应的气动装置将其推入料箱;否则,继续前行。其控制要求如下。

（1）系统送电后,光电编码器便可发生所需的脉冲。

（2）电机运行,带动传输带传送物体向前运行。

（3）有物料时,仓储气缸动作,将物料送出。

（4）当电感式识别传感器检测到铁物料时,分拣铁气缸动作将待测物料推入下料槽。

（5）当电容式识别传感器检测到铝物料时,分拣铝气缸动作将待测物料推入下料槽。

（6）当颜色识别传感器检测到材料为黄颜色时,分拣黄色气缸动作将待测物料推入下料槽。

（7）其他物料及蓝色物料被送到末位气缸位置时,末位气缸将蓝色物料推入下料槽。

（8）下料槽内无下料时,延时后自动停机。

3.5.3 控制程序分析

1. 简易调试程序分析

简易调试程序是针对传送带上只有一个物料块,即传送带上的物料被处理后出料仓才动作,显而易见,此时的效率非常低,尤其传送带的长度越长,效率越低。PLC 的 I/O 地址分配见表 3-66。

表 3-66　PLC 的 I/O 地址分配

输入	对应输入	输出	对应输出
I0.0	编码器输入	Q0.0	出料口动作
I0.1	仓储传感器	Q0.1	分拣铁动作
I0.2	铁传感器	Q0.2	分拣铝动作

表 3-66（续）

输入	对应输入	输出	对应输出
I0.3	铝传感器	Q0.3	分拣黄色动作
I0.4	颜色识别传感器	Q0.4	分拣蓝色动作
I0.5	出料气缸外定位	Q0.5	传送带电机
I0.6	铁质物料分拣气缸外定位	—	—
I0.7	铝质物料分拣气缸外定位	—	—
I1.0	颜色物料分拣气缸外定位	—	—
I1.1	其他物料气缸外定位	—	—
I1.2	自动/手动切换开关	—	—

S7-1200 PLC 系统存储器字节设置示意图如图 3-100 所示,分拣系统实例图如图 3-101 所示。

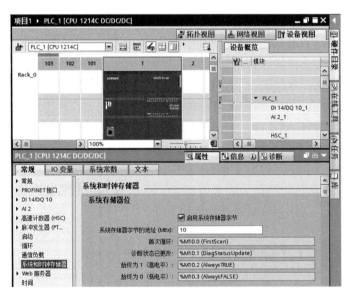

图 3-100　S7-1200 PLC 系统存储器字节设置示意图

试分析简易程序,思考两个问题:一是简易程序是否还能简化,如能,则试着编制简易程序;二是程序中是否存在问题,如有,则运用所学知识找出来并修改(提示:双线圈问题)。

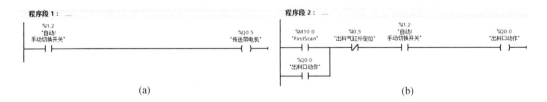

图 3-101　分拣系统实例图

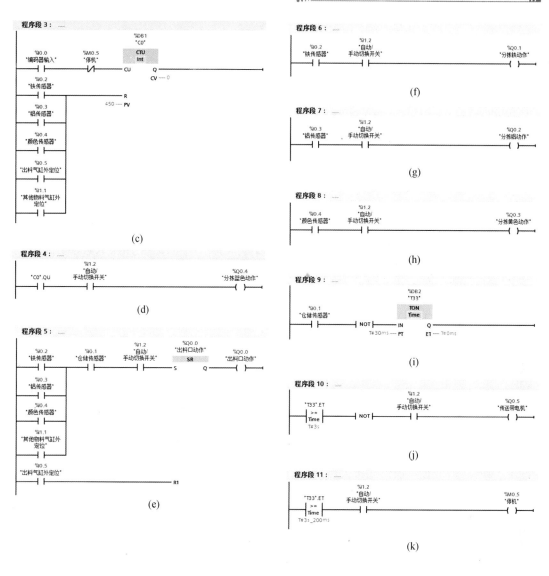

图 3-101(续)

2. 完整程序分析

分拣系统完整程序的 I/O 地址分配见表 3-67。

表 3-67 分拣系统完整程序的 I/O 地址分配

序号	符号	地址	解释	序号	符号	地址	解释
1	AM	I1.2	自动/手动切换开关	43	OPN31	M7.1	第3组1门开
2	AST	M0.0	自动运行	44	OPN32	M7.4	第3组2门开
3	ASP	M0.1	自动停止	45	OPN33	M8.0	第3组3门开
4	CY	M1.0	料仓有料	46	OPN41	M9.1	第4组1门开

表 3-67(续1)

序号	符号	地址	解释	序号	符号	地址	解释
5	CL11	M3.2	第1组1门关	47	OPN42	M9.4	第4组2门开
6	CL12	M3.5	第1组2门关	48	OPN43	M10.0	第4组3门开
7	CL13	M4.1	第1组3门关	49	OPN51	M11.1	第5组1门开
8	CL21	M5.2	第2组1门关	50	OPN52	M11.4	第5组2门开
9	CL22	M5.5	第2组2门关	51	OPN53	M12.0	第4组3门开
10	CL23	M6.1	第2组3门关	52	STEP	I0.0	步进脉冲
11	CL31	M7.2	第3组1门关	53	S01	I0.1	料仓传感器
12	CL32	M7.5	第3组2门关	54	S02	I0.2	电感式识别传感器
13	CL33	M8.1	第3组3门关	55	S03	I0.3	电容式识别传感器
14	CL41	M9.2	第4组1门关	56	S04	I0.4	颜色识别传感器
15	CL42	M9.5	第4组2门关	57	TLS1	M4.3	第1组推蓝色物料
16	CL43	M10.1	第4组3门关	58	TLS2	M6.3	第2组推蓝色物料
17	CL51	M11.2	第5组1门关	59	TLS3	M8.3	第3组推蓝色物料
18	CL52	M11.5	第5组2门关	60	TLS4	M10.3	第4组推蓝色物料
19	CL53	M12.1	第5组3门关	61	TLS5	M12.3	第5组推蓝色物料
20	GP1	M3.0	第1组	62	TLU1	M3.6	第1组推铝物料
21	GP2	M5.0	第2组	63	TLU2	M5.6	第2组推铝物料
22	GP3	M7.0	第3组	64	TLU3	M7.6	第3组推铝物料
23	GP4	M9.0	第4组	65	TLU4	M9.6	第4组推铝物料
24	GP5	M11.0	第5组	66	TLU5	M11.6	第5组推铝物料
25	GP1OVER	M4.7	第1组结束	67	TS1	M4.2	第1组推颜色
26	GP2OV	M6.7	第2组结束	68	TS2	M6.2	第2组推颜色
27	GP3OV	M8.7	第3组结束	69	TS3	M8.2	第3组推颜色
28	GP4OV	M10.7	第4组结束	70	TS4	M10.2	第4组推颜色
29	GP5OV	M12.7	第5组结束	71	TS5	M12.2	第5组推颜色
30	J1	Q0.5	皮带电机	72	TT1	M3.3	第1组推铁
31	K01	I0.5	出料气缸外定位	73	TT2	M5.3	第2组推铁
32	K02	I0.6	铁质物料分拣气缸外定位	74	TT3	M7.3	第3组推铁
33	K03	I0.7	铝质物料分拣气缸外定位	75	TT4	M9.3	第4组推铁
34	K04	I1.0	颜色物料分拣气缸外定位	76	TT5	M11.3	第5组推铁
35	K05	I1.1	其他物料气缸外定位	77	WL	M1.2	无料
36	KYL	M1.5	可能有料	78	WLJ	M1.3	无料计数
37	OPN11	M3.1	第1组1门开	79	WLT	M1.4	无料停止
38	OPN12	M3.4	第1组2门开	80	V1	Q0.0	气缸1动作
39	OPEN13	M4.0	第1组3门开	81	V2	Q0.1	气缸2动作

表 3-67(续 2)

序号	符号	地址	解释	序号	符号	地址	解释
40	OPN21	M5.1	第 2 组 1 门开	82	V3	Q0.2	气缸 3 动作
41	OPN22	M5.4	第 2 组 2 门开	83	V4	Q0.3	气缸 4 动作
42	OPN23	M6.0	第 2 组 3 门开	84	V5	Q0.4	气缸 5 动作

程序段 1(图 3-102):当自动运行按钮被按下,在料仓有物料时,材料分拣系统开始工作。

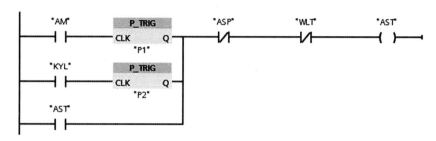

图 3-102　分拣系统完整程序实例图(一)

程序段 2(图 3-103):自动运行按钮无效时,分拣系统停止运行。

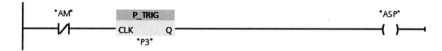

图 3-103　分拣系统完整程序实例图(二)

程序段 3(图 3-104):分拣系统开始工作,启动皮带电机。

图 3-104　分拣系统完整程序实例图(三)

程序段 4(图 3-105):利用料仓传感器判断料仓中是否有物料。

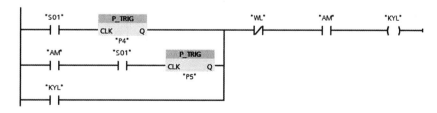

图 3-105　分拣系统完整程序实例图(四)

程序段 5(图 3-106):要求料仓传感器的状态保持一定时间,避免料仓传感器的误判。电机运转(Q0.5)使旋转编码器产生脉冲输出 I0.0,获得脉冲计数。当料仓中没有物料或者系统重新启动时,对传感器的判断时间置0,避免影响下次料仓中物料的判断。

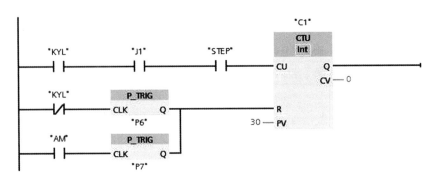

图 3-106　分拣系统完整程序实例图(五)

程序段 6(图 3-107):料仓传感器的状态持续有效,判断料仓中有物料。

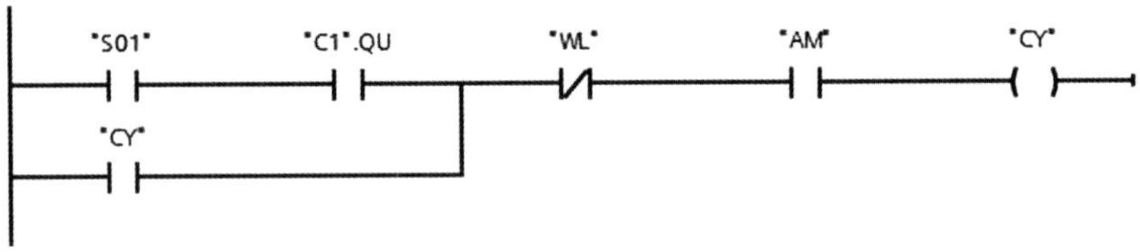

图 3-107　分拣系统完整程序实例图(六)

程序段 7(图 3-108):否则无物料。

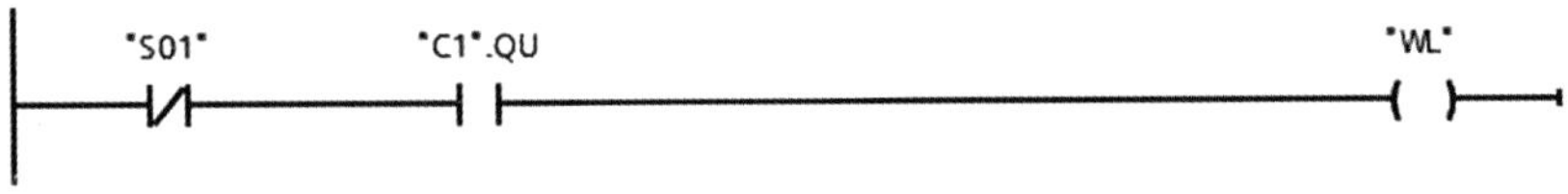

图 3-108　分拣系统完整程序实例图(七)

程序段 8(图 3-109):系统自动运行下,无物料时,考虑皮带运行一定时间后,系统自动停止。

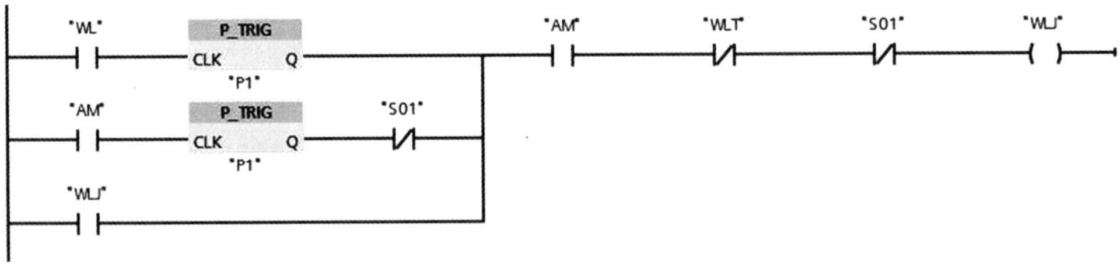

图 3-109　分拣系统完整程序实例图(八)

程序段 9(图 3-110):无料块时,系统等待一个分拣循环周期后自动停机,若在此过程中出现系统开、关机(皮带停止)或料仓传感器的状态变为 1 的情况,则清除无料计数,使下次无料计时从 0 开始。

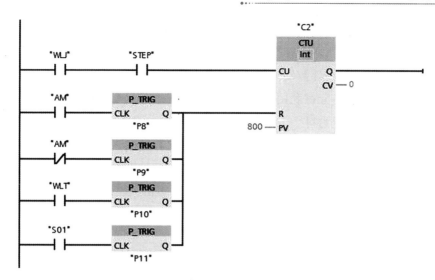

图 3-110 分拣系统完整程序实例图(九)

程序段 10(图 3-111):一个分拣过程时间内料仓中都没有物料,皮带停止运行。

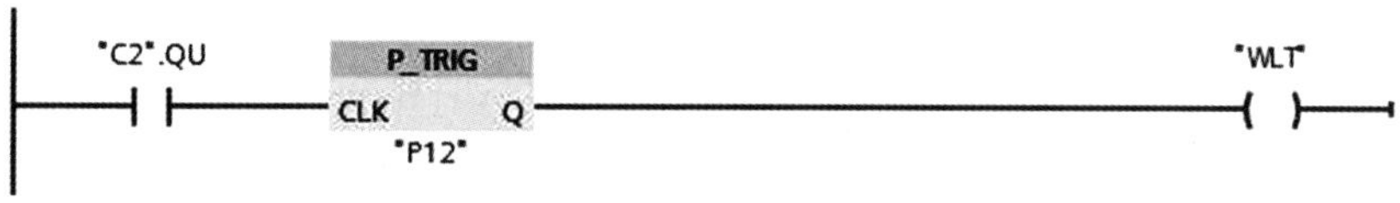

图 3-111 分拣系统完整程序实例图(十)

程序段 11(图 3-112):当料仓中有物料时,每隔一定时间从仓中推出一个物料。出料间隔由 C0 给出,推出后,使出料计数器复位。

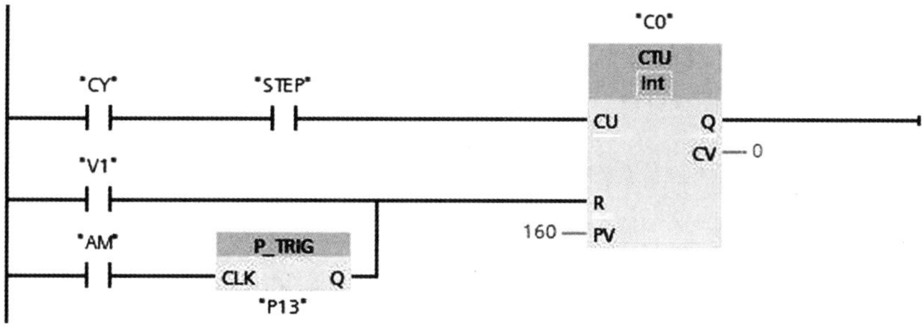

图 3-112 分拣系统完整程序实例图(十一)

程序段 12(图 3-113):达到设定的出料计数值时,气缸 1 把物料从料仓推到皮带上。

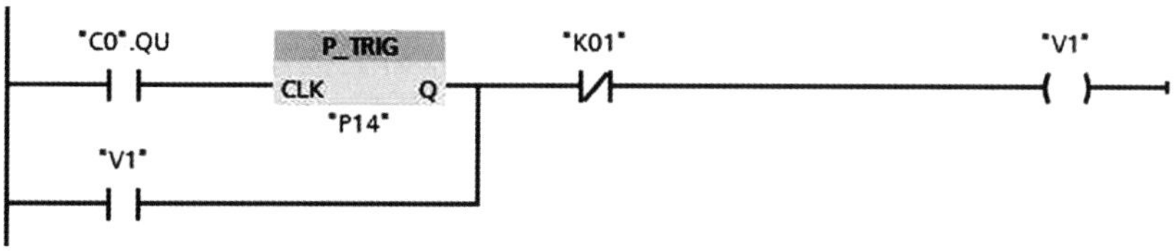

图 3-113 分拣系统完整程序实例图(十二)

程序段13(图3-114):皮带上的物料通过检测传感器的变化和皮带运行时间计数的方式被推出。皮带上同时存在多个物料,若皮带上同时有多个蓝色物料,则各个蓝色物料必须建立各自的皮带运行时间计数器才能保证最后被准确推出。为使各个物料的分拣过程互不干扰,对每一个物料的分拣利用一个组程序模块来处理,考虑到皮带上存在的物料个数,建立5个组来循环处理物料。

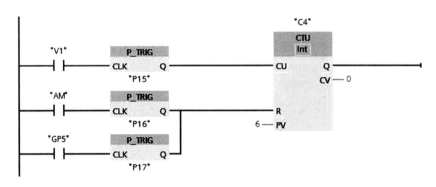

图3-114 分拣系统完整程序实例图(十三)

程序段14(图3-115):皮带上出现第1,6,11等物料时由第1组程序模块负责分拣处理。当第1组的物料完成铁、铝、颜色、蓝色的分拣时,第1组处理结束。

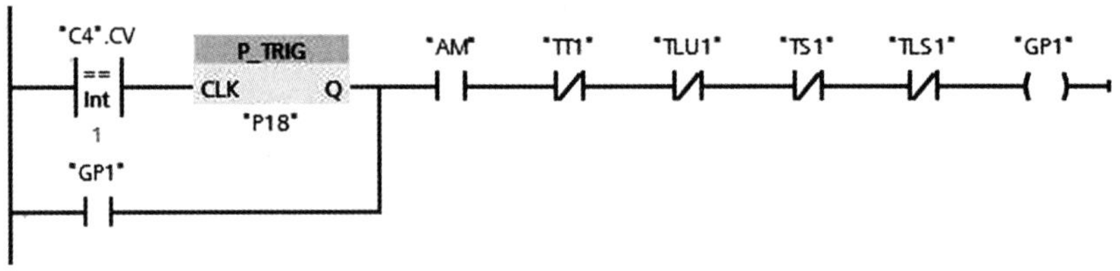

图3-115 分拣系统完整程序实例图(十四)

程序段15(图3-116):分拣系统只设有电感式、电容式、颜色识别传感器,蓝色物料不能通过传感器的检测实现分类,因此考虑料仓到蓝色料仓之间的距离利用计数器来实现。当该组发生推铁、铝、颜色时,说明不是蓝色物料,不用继续考虑是否是蓝色块,计数器复位,否则该物料是蓝色物料,通过计数器触发气缸,把它推出皮带。

程序段16(图3-117):为避免由其他组处理物料引发的传感器变化影响到当前组处理模块,在各个组内分别对传感器的有效时间进行限定。当计数器C5的值为70~120时,第1组对电感式识别传感器的变化做出反应,分拣铁。这种设定使得其他组的程序模块即使也检测到电感式识别传感器的变化,但由于各个组的计数器的限定,各组之间的处理不会相互干扰。

程序段17(图3-118):有效时间要根据物料仓与铁仓之间的距离设定。

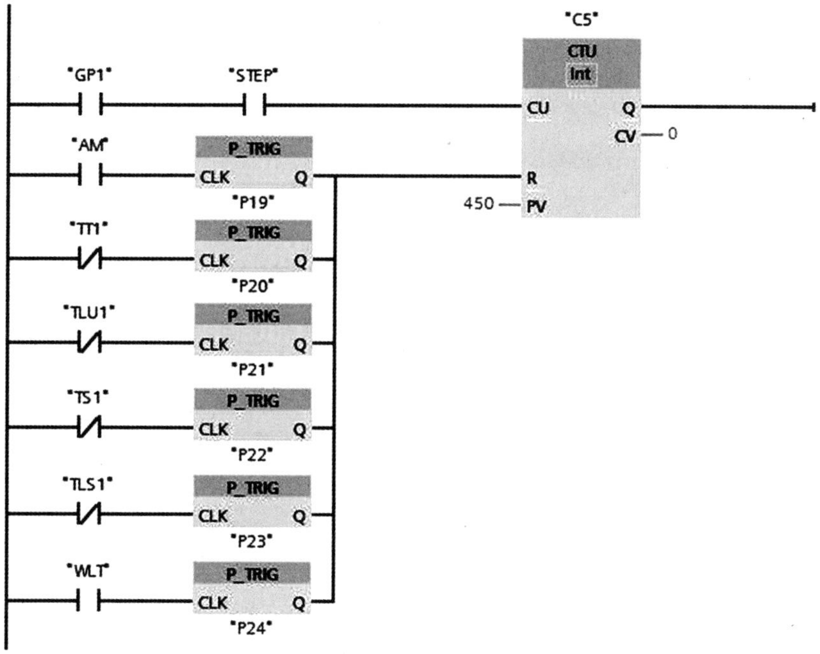

图 3-116 分拣系统完整程序实例图(十五)

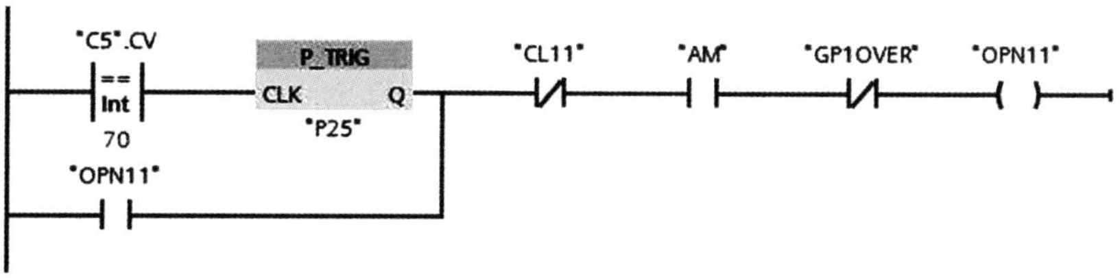

图 3-117 分拣系统完整程序实例图(十六)

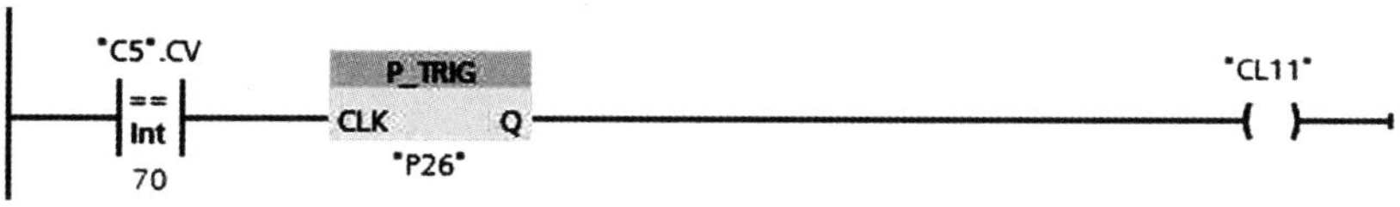

图 3-118 分拣系统完整程序实例图(十七)

程序段 18(图 3-119):在这段时间内,若检测到电感式识别传感器有效,判断物料为铁,把铁块推出皮带使其进入铁仓库。气缸推铁的动作引发第 1 组处理程序的结束,第 1 组判断物料是否为铝、颜色、蓝色的程序不再执行。

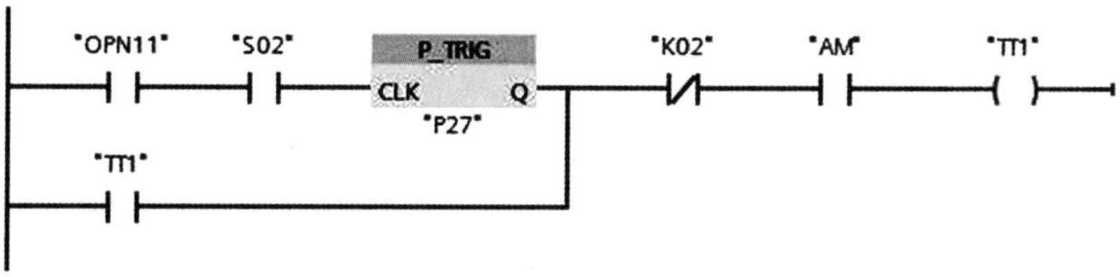

图 3-119 分拣系统完整程序实例图(十八)

程序段19(图3-120):若物料不是铁块,则通过电容式识别传感器检测物料是否为铝块。

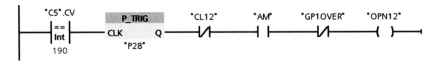

图3-120 分拣系统完整程序实例图(十九)

程序段20(图3-121):有效时间要根据物料仓与铝仓之间的距离设定。

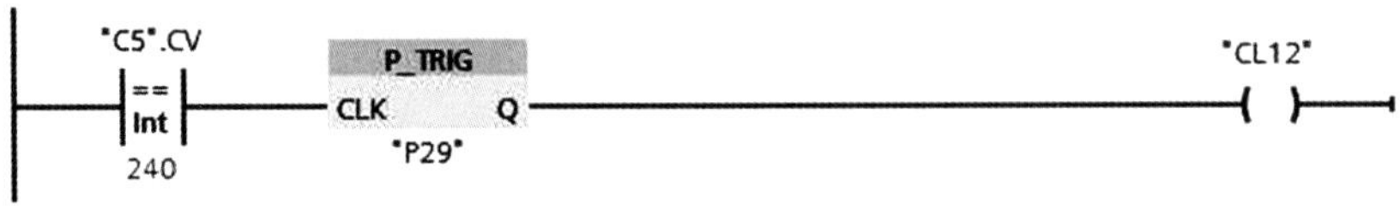

图3-121 分拣系统完整程序实例图(二十)

程序段21(图3-122):若电容式识别传感器的电平有效,判断物料是铝块,物料被推出皮带使其进入铝仓库。气缸推铝的动作引发第1组处理程序的结束,第1组判断物料是否为颜色、蓝色的程序不再执行。

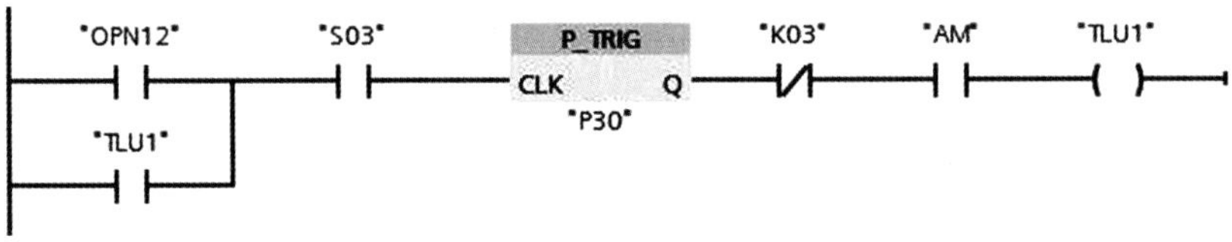

图3-122 分拣系统完整程序实例图(二十一)

程序段22(图3-123):若物料不是铁块和铝块,继续检测物料是否是颜色块。

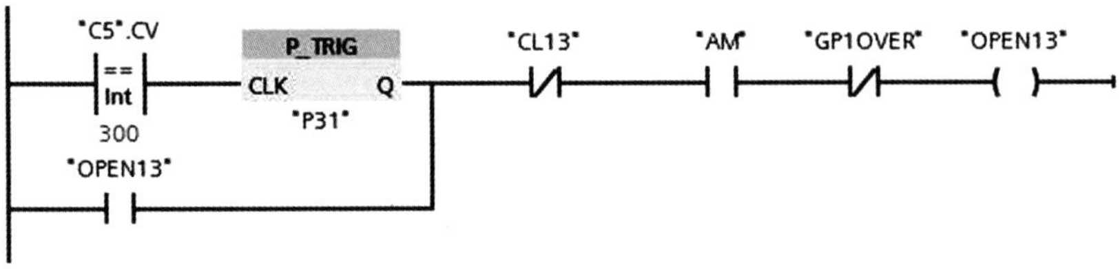

图3-123 分拣系统完整程序实例图(二十二)

程序段23(图3-124):有效时间要根据物料仓与颜色仓之间的距离设定。

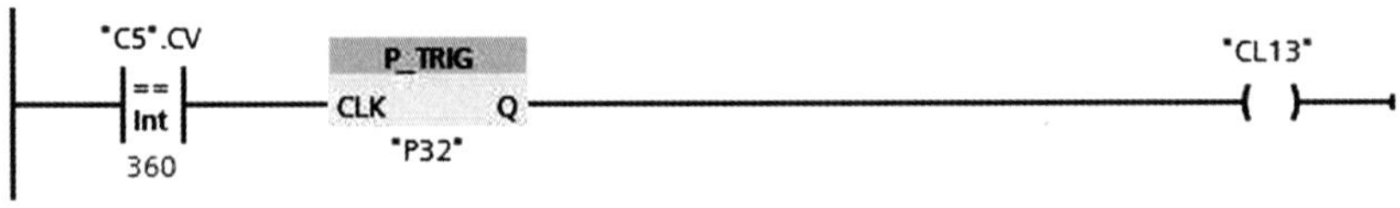

图3-124 分拣系统完整程序实例图(二十三)

程序段24(图3-125):物料是颜色块,物料被推出皮带。气缸推颜色的动作引发第1

组处理程序的结束,第1组判断物料是否为蓝色的程序不再执行。

图3-125 分拣系统完整程序实例图(二十四)

程序段25(图3-126):若物料不是铁块、铝块和颜色块,则把它归为蓝色块,由最后的气缸把它推出皮带进入仓库。气缸的动作由计数器输出有效引发,因此设计的时候要考虑物料仓与蓝色料仓之间的距离和皮带运行的速度。

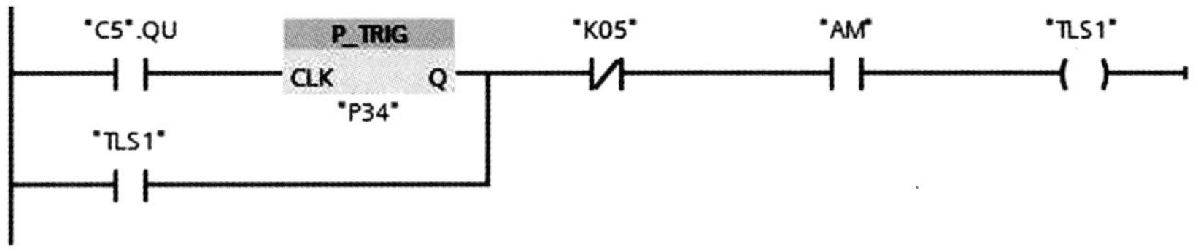

图3-126 分拣系统完整程序实例图(二十五)

程序段26(图3-127):第1组模块在执行过程中,一旦完成铁、铝、颜色、蓝色的分拣,第1组处理程序模块结束。

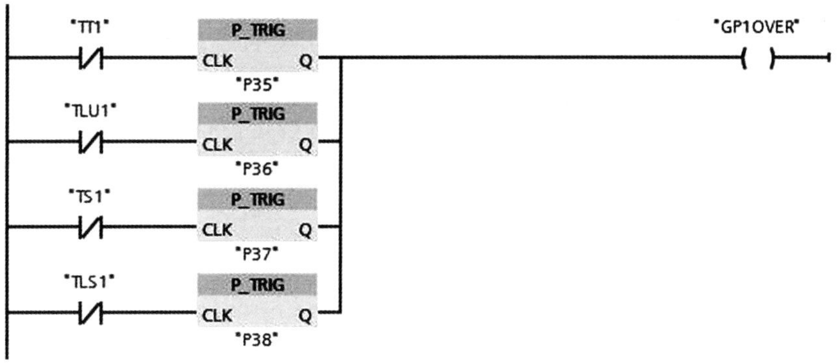

图3-127 分拣系统完整程序实例图(二十六)

程序段27(图3-128):皮带上出现第2,7,12等物料块时由第2组程序模块负责分拣处理。当第2组的物料完成铁、铝、颜色、蓝色的分拣时,第2组处理结束。

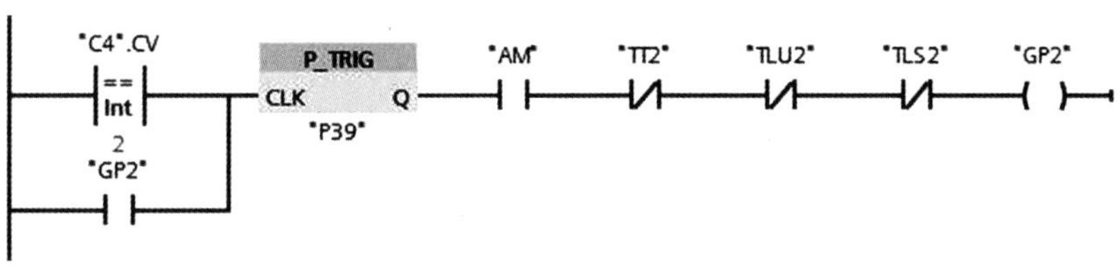

图3-128 分拣系统完整程序实例图(二十七)

程序段28(图3-129):PV值的设定考虑物料仓与蓝色仓之间的距离和皮带的运行速度,使得计数器输出有效时皮带上的蓝色物料正好在蓝色仓的入口。一旦第2组完成了分拣,计数器将复位,使得下一个循环重新计数开始。

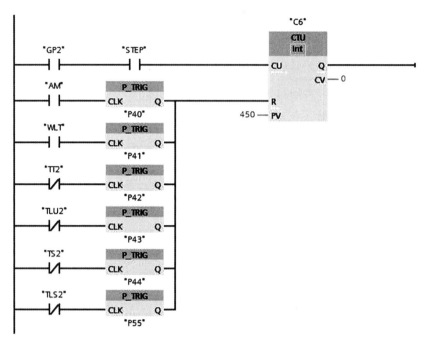

图3-129 分拣系统完整程序实例图(二十八)

程序段29(图3-130):为避免由其他组处理物料引发的传感器变化影响到当前组处理模块,在各个组内分别对传感器的有效时间进行限定。当计数器C6的值为70~120时,第2组对电感式识别传感器的变化做出反应,分拣铁。这种设定使得其他组的程序模块即使也检测到电感式识别传感器的变化,但由于各个组的计数器的限定,各组之间的处理不会相互干扰。

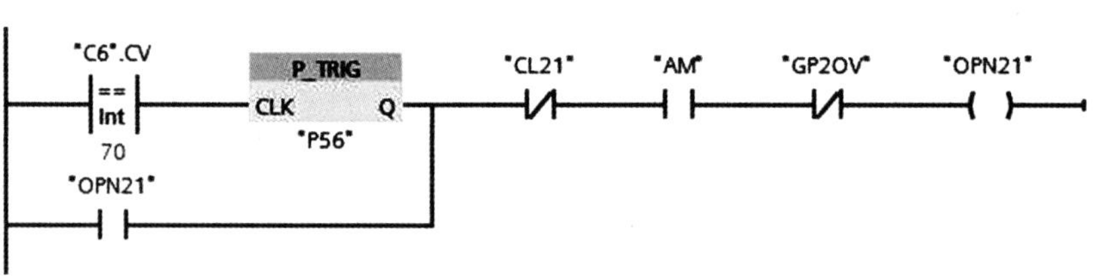

图3-130 分拣系统完整程序实例图(二十九)

程序段30(图3-131):有效时间要根据物料仓与铁仓之间的距离设定。

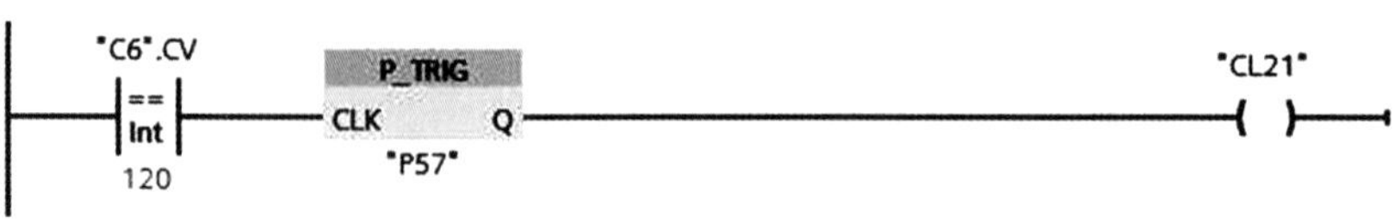

图3-131 分拣系统完整程序实例图(三十)

程序段31(图3-132):根据电感式识别传感器的信号判断物料是否为铁块。

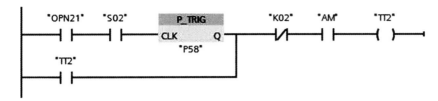

图3-132 分拣系统完整程序实例图(三十一)

程序段32(图3-133):若物料不是铁块,则通过电容式识别传感器检测物料是否为铝块。

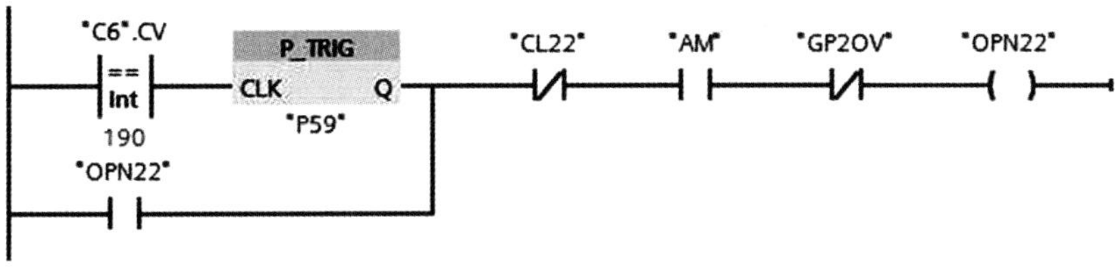

图3-133 分拣系统完整程序实例图(三十二)

程序段33(图3-134):有效时间要根据物料仓与铝仓之间的距离设定。

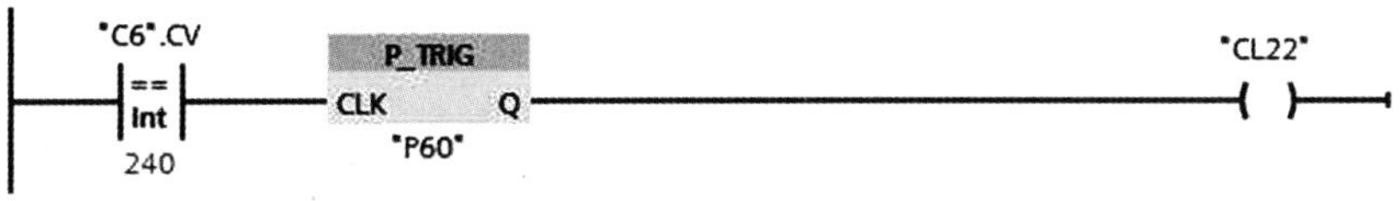

图3-134 分拣系统完整程序实例图(三十三)

程序段34(图3-135):根据电感式识别传感器的信号判断物料是否为铝块。

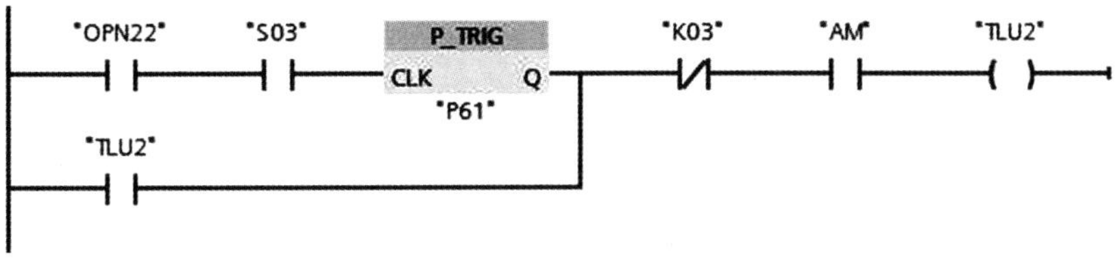

图3-135 分拣系统完整程序实例图(三十四)

程序段35(图3-136):若物料不是铁块和铝块,则继续检测物料是否是颜色块。

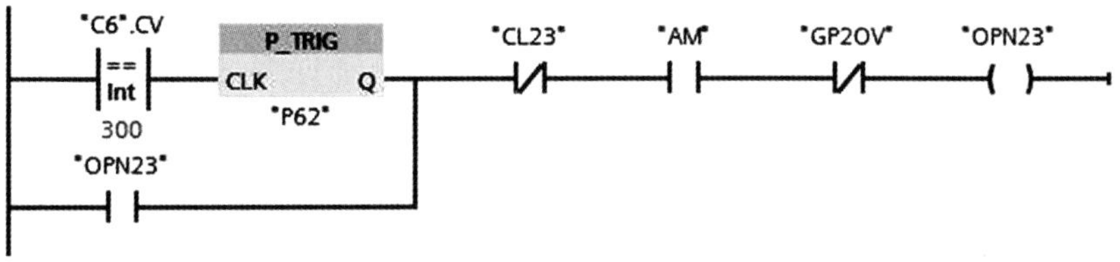

图3-136 分拣系统完整程序实例图(三十五)

程序段 36(图 3-137):有效时间要根据物料仓与颜色仓之间的距离设定。

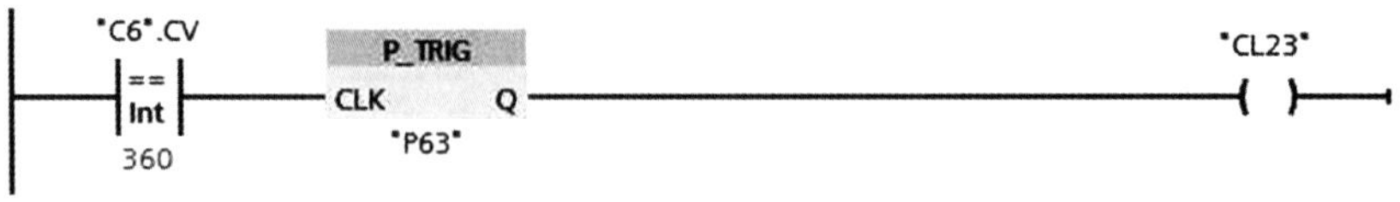

图 3-137　分拣系统完整程序实例图(三十六)

程序段 37(图 3-138):根据颜色识别传感器的信号,判断物料是否为颜色。

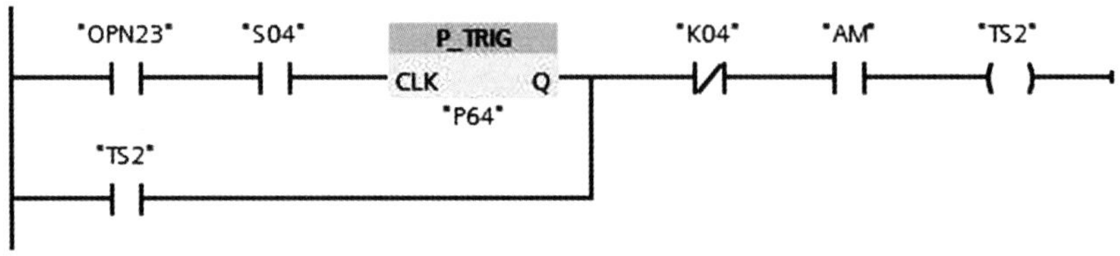

图 3-138　分拣系统完整程序实例图(三十七)

程序段 38(图 3-139):根据计数器的输出信号,判断物料是否为蓝色。

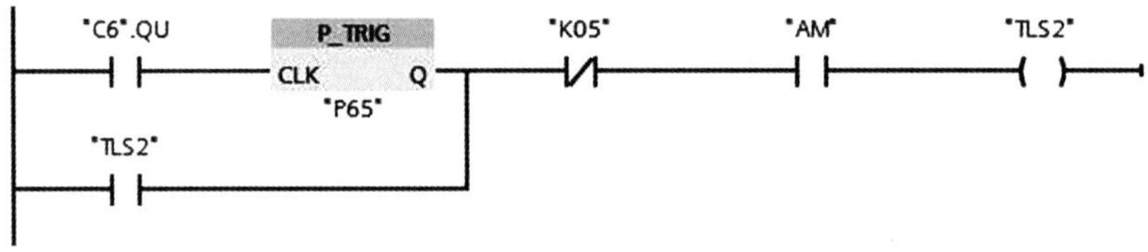

图 3-139　分拣系统完整程序实例图(三十八)

程序段 39(图 3-140):第 2 组分拣程序模块结束。

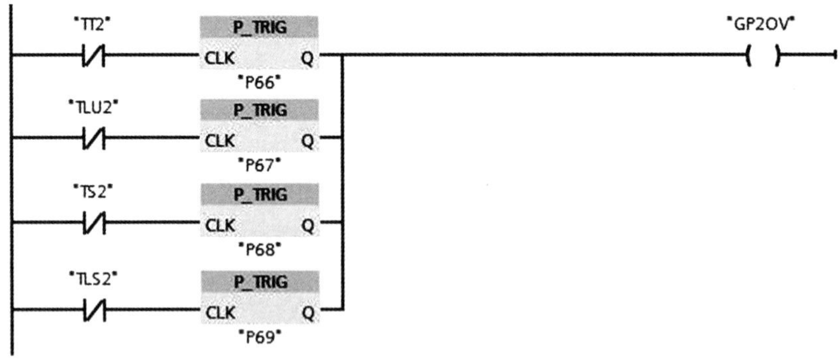

图 3-140　分拣系统完整程序实例图(三十九)

程序段 40(图 3-141):皮带上出现第 3,8,13 等物料时由第 3 组程序模块负责分拣处理。当第 3 组的物料完成铁、铝、颜色、蓝色的分拣时,第 3 组处理结束。

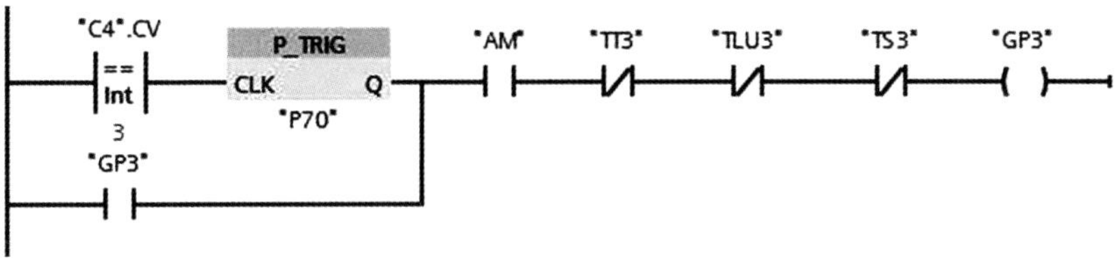

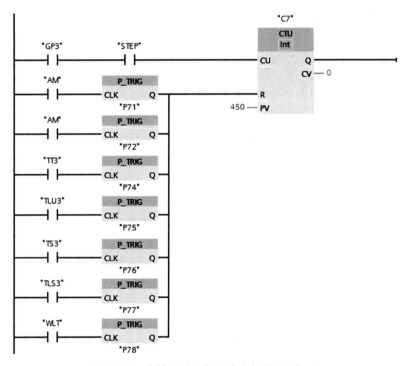

图3-141　分拣系统完整程序实例图(四十)

程序段41(图3-142):PV值的设定考虑物料仓与蓝色仓之间的距离和皮带的运行速度,使得计数器输出有效时皮带上的蓝色物料正好在蓝色仓的入口。一旦第3组完成了分拣,将计数器复位,使得下一个循环重新计数开始。

图3-142　分拣系统完整程序实例图(四十一)

程序段42(图3-143):为避免由其他组处理物料引发的传感器变化影响到当前组处理模块,在各个组内分别对传感器的有效时间进行限定。当计数器C7的值为70~120时,第3组对电感式识别传感器的变化做出反应,分拣铁。这种设定使得其他组的程序模块即使也检测到电感式识别传感器的变化,但由于各个组的计数器的限定,各组之间的处理不会相互干扰。

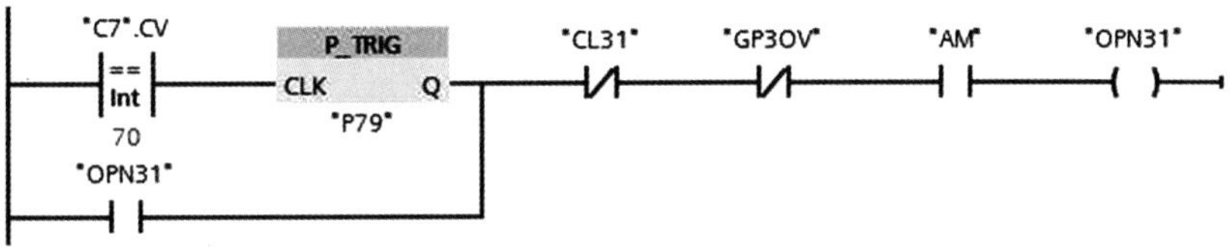

图3-143　分拣系统完整程序实例图(四十二)

147

程序段43(图3-144):有效时间要根据物料仓与铁仓之间的距离设定。

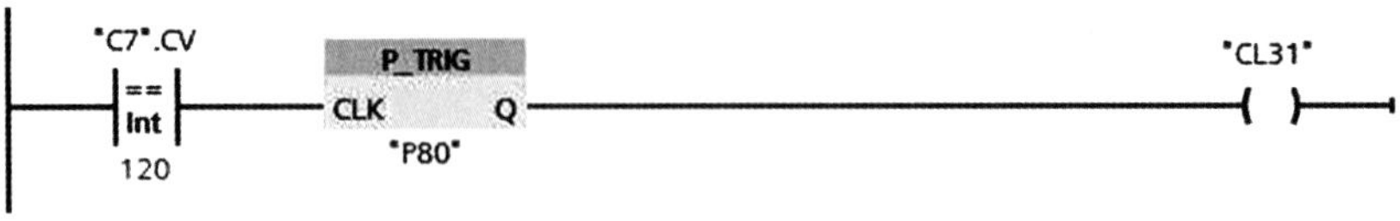

图3-144 分拣系统完整程序实例图(四十三)

程序段44(图3-145):根据电感式识别传感器的信号判断物料是否为铁块。

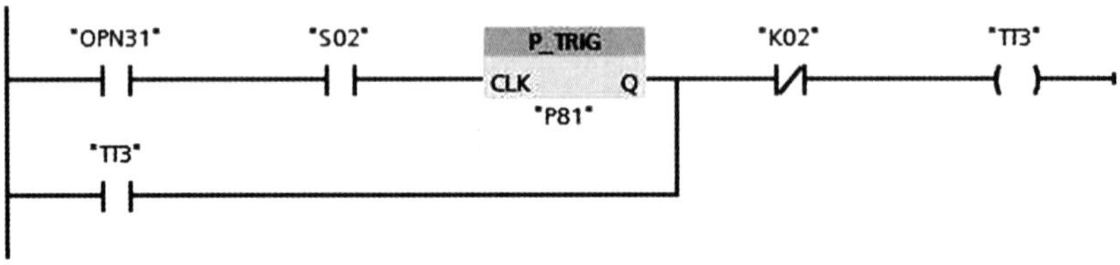

图3-145 分拣系统完整程序实例图(四十四)

程序段45(图3-146):若物料不是铁块,则通过电容式识别传感器检测物料是否为铝块。

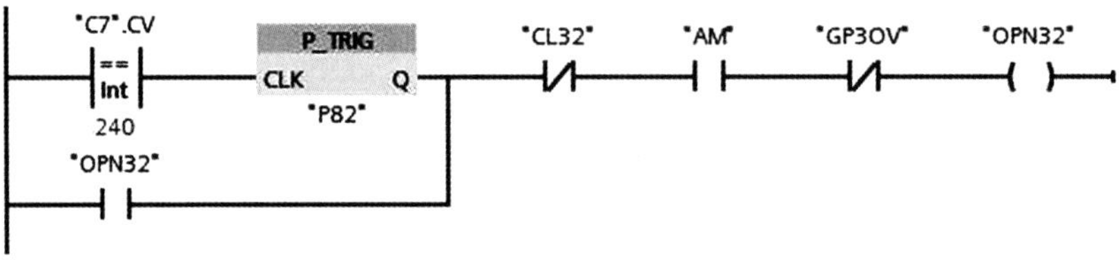

图3-146 分拣系统完整程序实例图(四十五)

程序段46(图3-147):有效时间要根据物料仓与铝仓之间的距离设定。

图3-147 分拣系统完整程序实例图(四十六)

程序段47(图3-148):根据电感式识别传感器的信号判断物料是否为铝块。

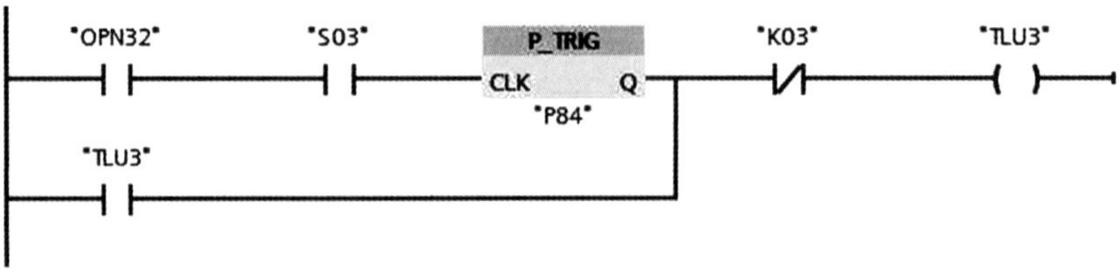

图3-148 分拣系统完整程序实例图(四十七)

程序段48(图3-149):若物料不是铁块和铝块,则继续检测物料是否是颜色块。

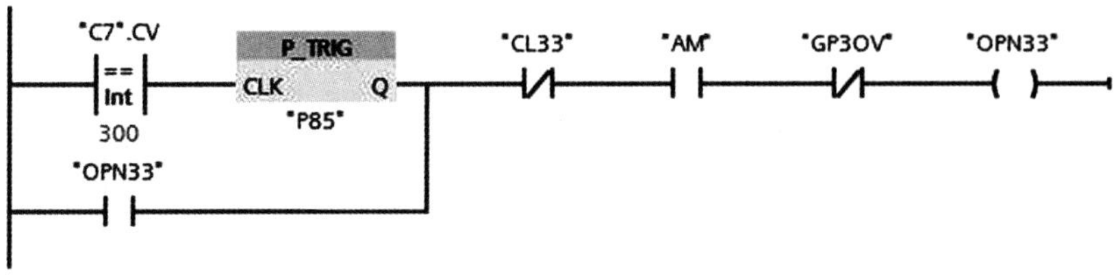

图3-149 分拣系统完整程序实例图(四十八)

程序段49(图3-150):有效时间要根据物料仓与颜色仓之间的距离设定。

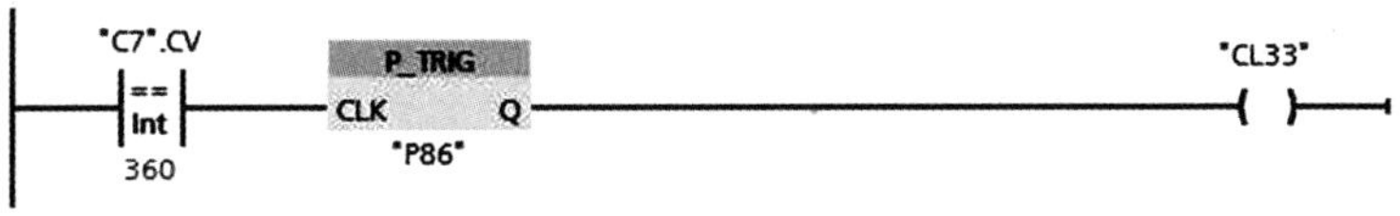

图3-150 分拣系统完整程序实例图(四十九)

程序段50(图3-151):根据颜色识别传感器的信号,判断物料是否为颜色。

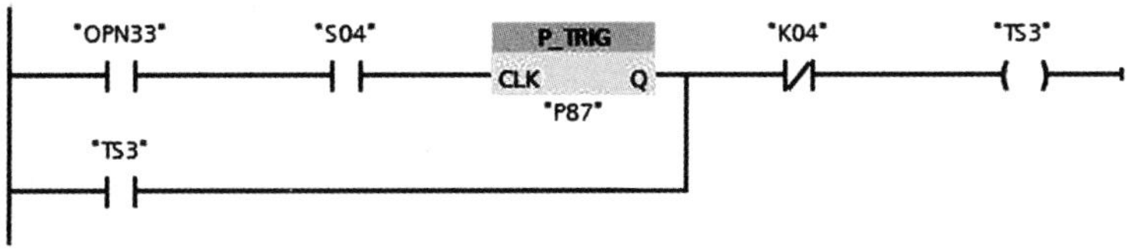

图3-151 分拣系统完整程序实例图(五十)

程序段51(图3-152):根据计数器的输出信号,判断物料是否为蓝色。

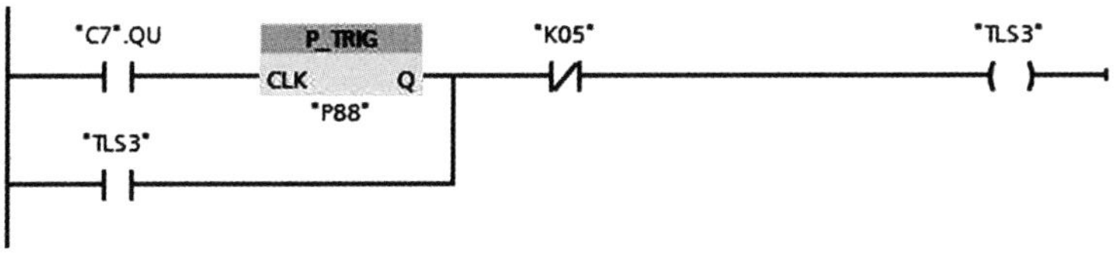

图3-152 分拣系统完整程序实例图(五十一)

程序段52(图3-153):第3组处理程序结束。

图3-153 分拣系统完整程序实例图(五十二)

程序段53(图3-154):皮带上出现第4,9,14等物料时由第4组程序模块负责分拣处理。当第4组的物料完成铁、铝、颜色、蓝色的分拣时,第4组处理结束。

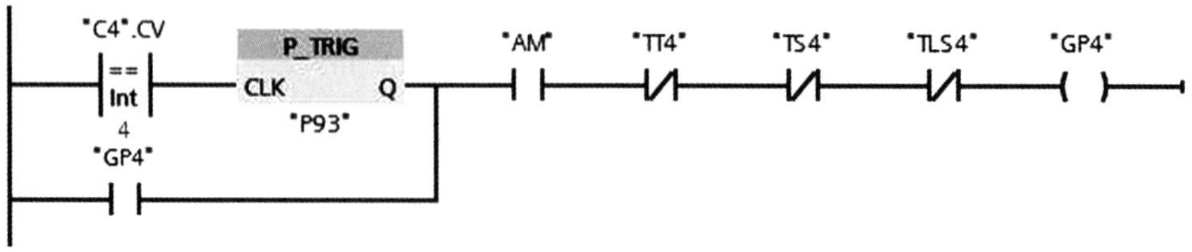

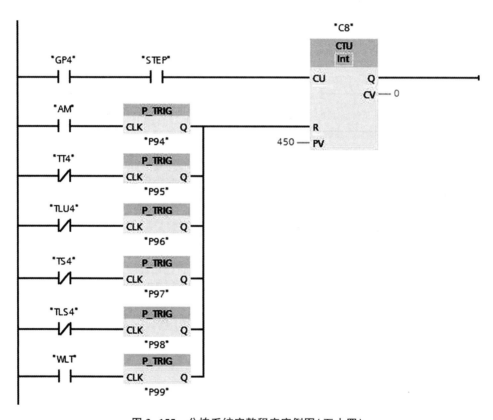

图3-154　分拣系统完整程序实例图(五十三)

程序段54(图3-155):PV值的设定考虑物料仓与蓝色仓之间的距离和皮带的运行速度,使得计数器输出有效时皮带上的蓝色物料正好在蓝色仓的入口。一旦第4组完成了分拣,将计数器复位,使得下一个循环重新计数开始。

图3-155　分拣系统完整程序实例图(五十四)

程序段55(图3-156):为避免由其他组处理物料引发的传感器变化影响到当前组处理模块,在各个组内分别对传感器的有效时间进行限定。当计数器C8的值为70~120时,第4组对电感式识别传感器的变化做出反应,分拣铁。这种设定使得其他组的程序模块即使也检测到电感式识别传感器的变化,但由于各个组的计数器的限定,各组之间的处理不会相互干扰。

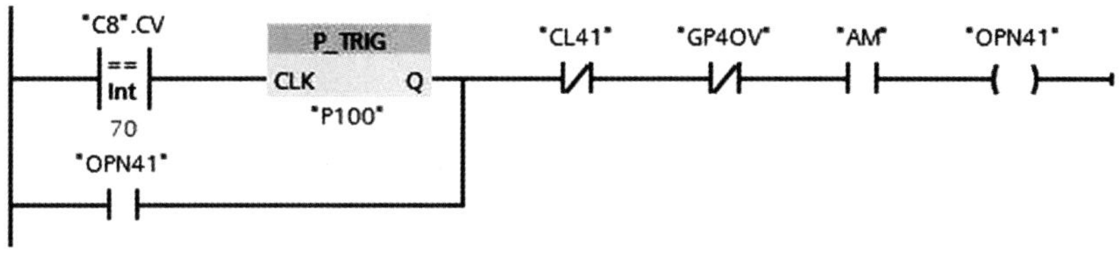

图3-156 分拣系统完整程序实例图(五十五)

程序段56(图3-157):有效时间要根据物料仓与铁仓之间的距离设定。

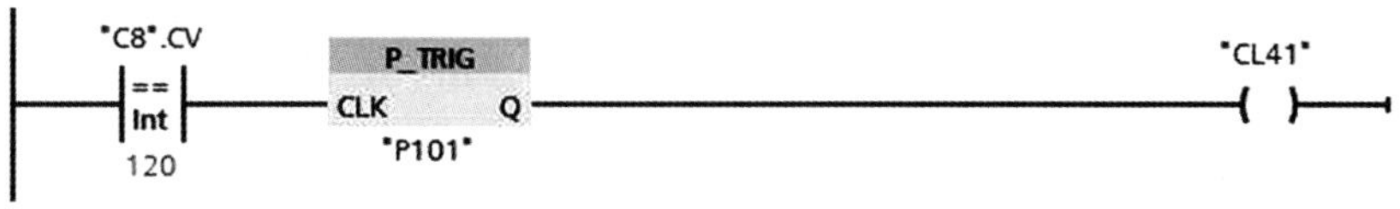

图3-157 分拣系统完整程序实例图(五十六)

程序段57(图3-158):根据电感式识别传感器的信号判断物料是否为铁块。

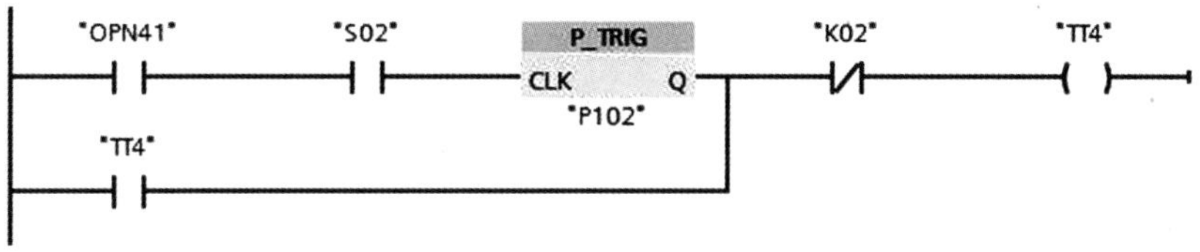

图3-158 分拣系统完整程序实例图(五十七)

程序段58(图3-159):若物料不是铁块,则通过电容式识别传感器检测物料是否为铝块。

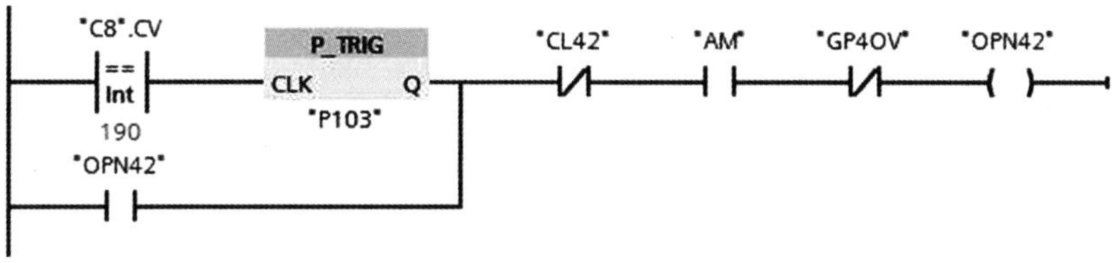

图3-159 分拣系统完整程序实例图(五十八)

程序段59(图3-160):有效时间要根据物料仓与铝仓之间的距离设定。

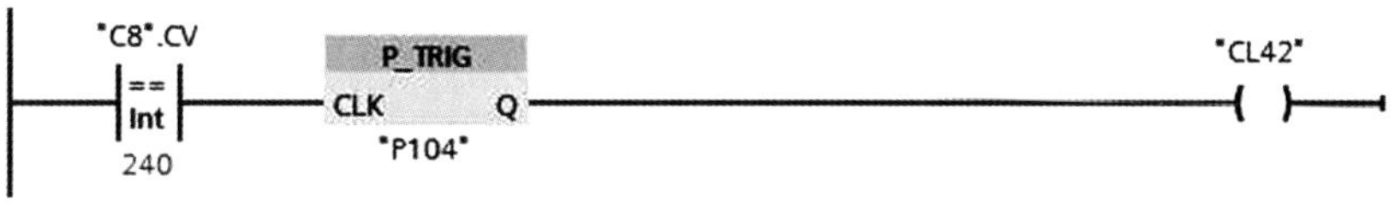

图3-160 分拣系统完整程序实例图(五十九)

程序段 60(图 3-161):根据电感式识别传感器的信号判断物料是否为铝块。

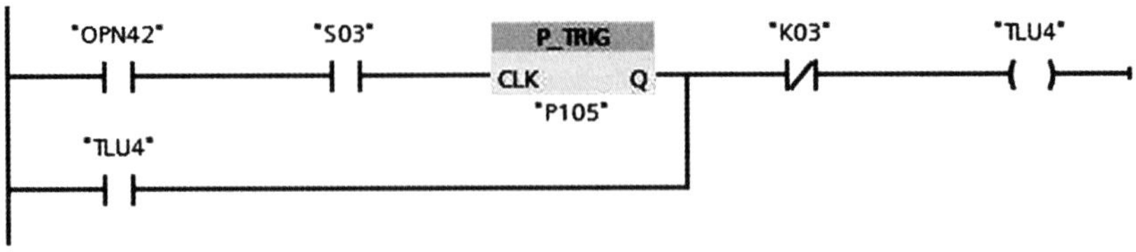

图 3-161　分拣系统完整程序实例图(六十)

程序段 61(图 3-162):若物料不是铁块和铝块,则继续检测物料是否是颜色块。

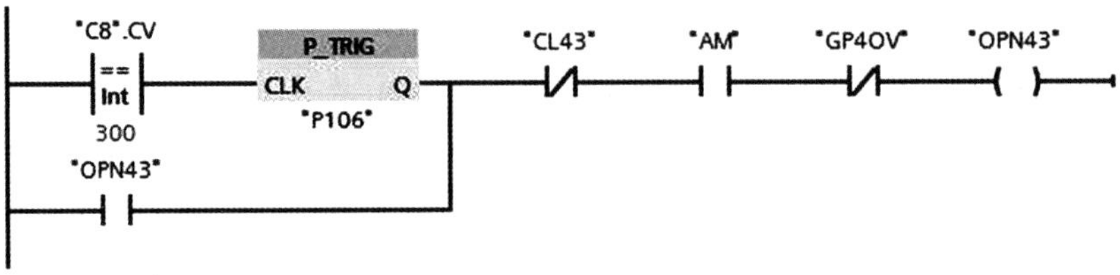

图 3-162　分拣系统完整程序实例图(六十一)

程序段 62(图 3-163):有效时间要根据物料仓与颜色仓之间的距离设定。

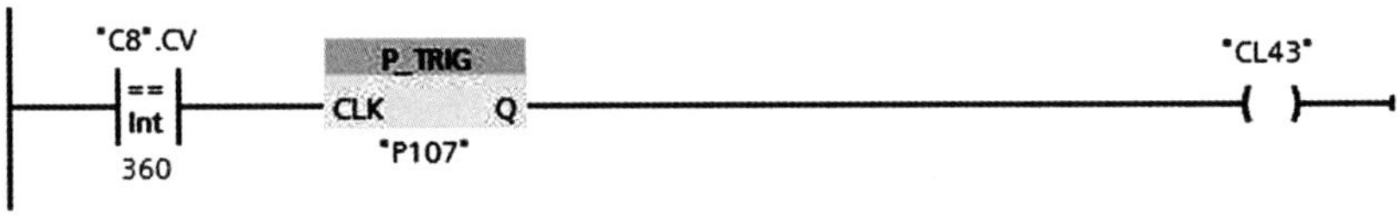

图 3-163　分拣系统完整程序实例图(六十二)

程序段 63(图 3-164):根据颜色识别传感器的信号,判断物料是否为颜色。

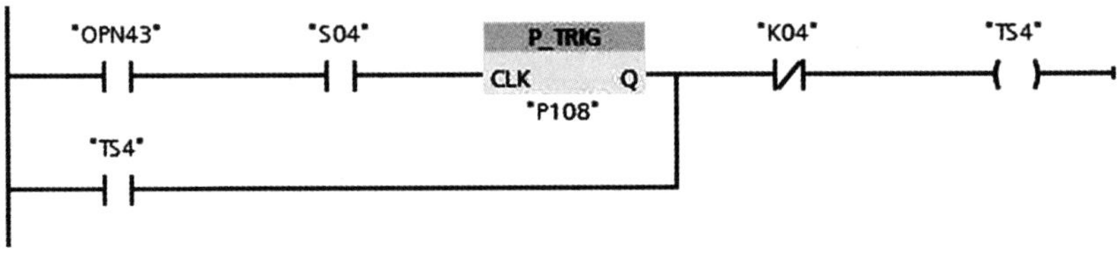

图 3-164　分拣系统完整程序实例图(六十三)

程序段 64(图 3-165):根据计数器的输出信号,判断物料是否为蓝色。

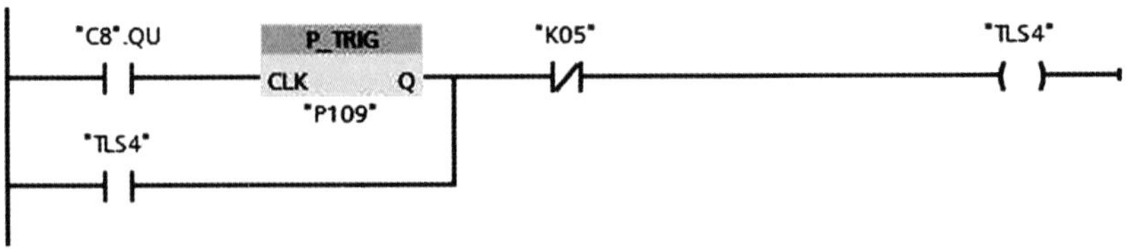

图 3-165　分拣系统完整程序实例图(六十四)

程序段65(图3-166):第4组处理程序结束。

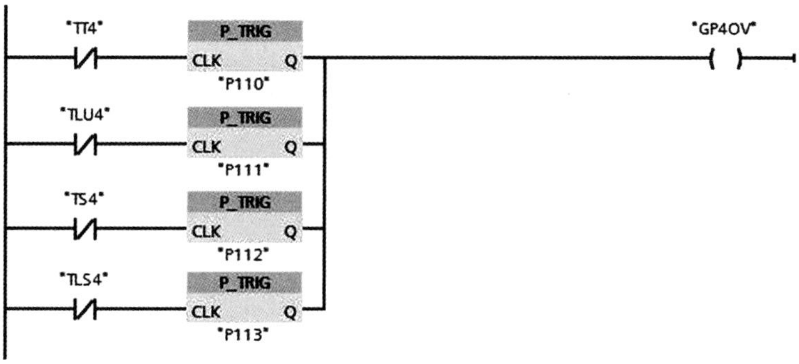

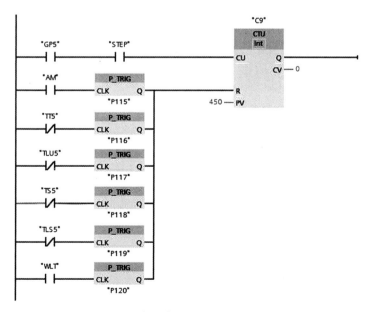

图3-166 分拣系统完整程序实例图(六十五)

程序段66(图3-167):皮带上出现第5,10,15等物料时由第5组程序模块负责分拣处理。当第5组的物料完成铁、铝、颜色、蓝色的分拣时,第5组处理结束。

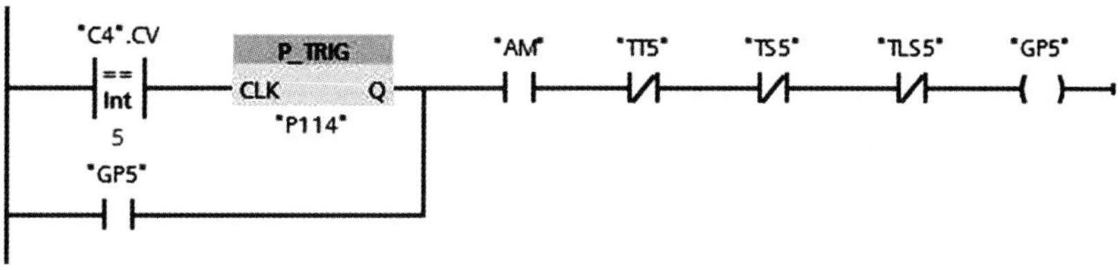

图3-167 分拣系统完整程序实例图(六十六)

程序段67(图3-168):PV值的设定考虑物料仓与蓝色仓之间的距离和皮带的运行速度,使得计数器输出有效时皮带上的蓝色物料正好在蓝色仓的入口。一旦第5组完成了分拣,将计数器复位,使得下一个循环重新计数开始。

图3-168 分拣系统完整程序实例图(六十七)

程序段68(图3-169):为避免由其他组处理物料引发的传感器变化影响到当前组处理模块,在各个组内分别对传感器的有效时间进行限定。当计数器C9的值为70~120时,第5组对电感式识别传感器的变化做出反应,分拣铁。这种设定使得其他组的程序模块即使也检测到电感式识别传感器的变化,但由于各个组的计数器的限定,各组之间的处理不会相互干扰。

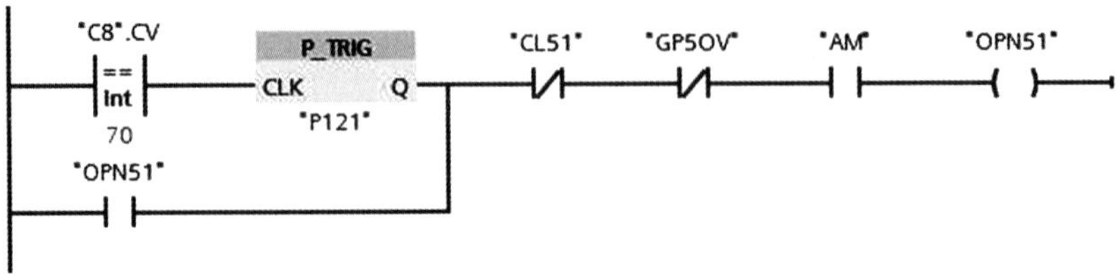

图3-169　分拣系统完整程序实例图(六十八)

程序段69(图3-170):有效时间要根据物料仓与铁仓之间的距离设定。

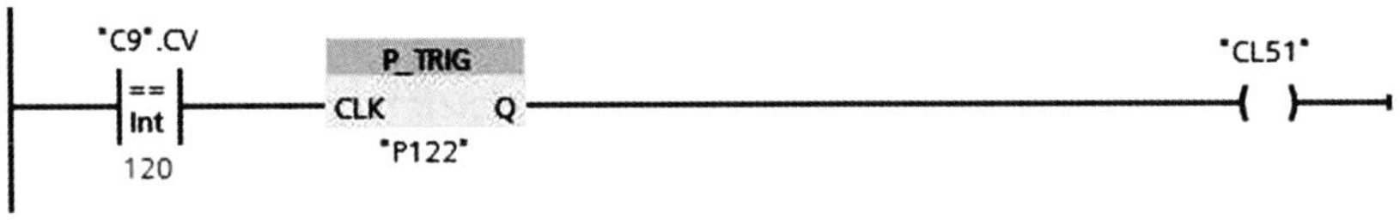

图3-170　分拣系统完整程序实例图(六十九)

程序段70(图3-171):根据电感式识别传感器的信号判断物料是否为铁块。

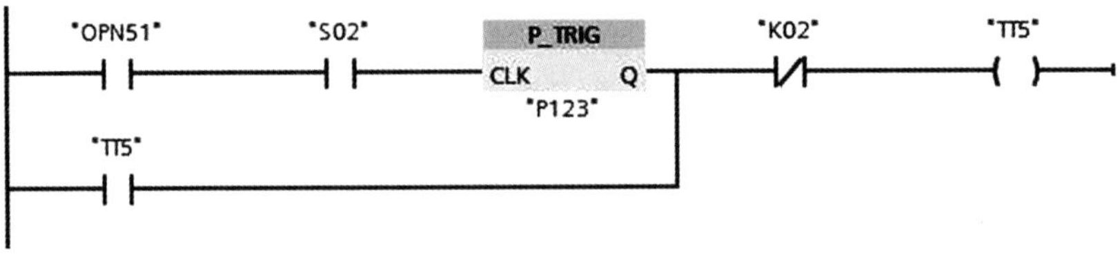

图3-171　分拣系统完整程序实例图(七十)

程序段71(图3-172):若物料不是铁块,则通过电容式识别传感器检测物料是否为铝块。

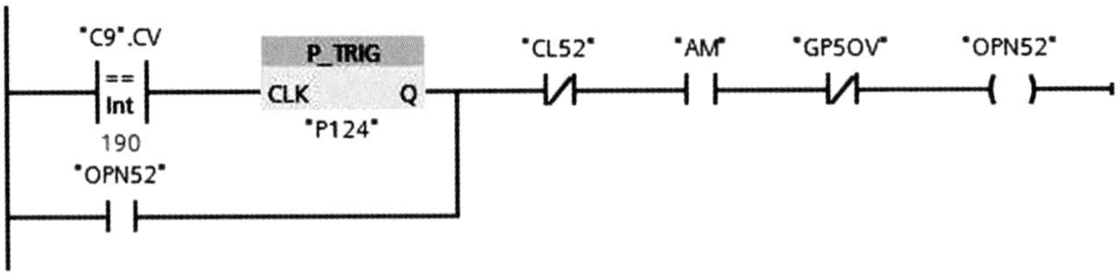

图3-172　分拣系统完整程序实例图(七十一)

程序段72(图3-173):有效时间要根据物料仓与铝仓之间的距离设定。

图3-173　分拣系统完整程序实例图(七十二)

程序段73(图3-174):根据电感式识别传感器的信号判断物料是否为铝块。

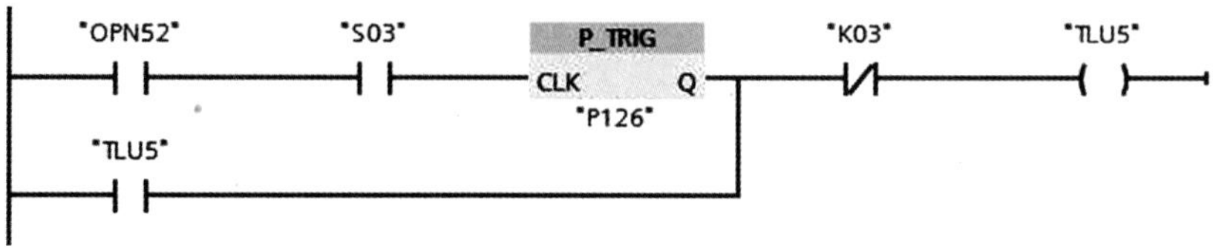

图3-174　分拣系统完整程序实例图(七十三)

程序段74(图3-175):若物料不是铁块和铝块,则继续检测物料是否是颜色块。

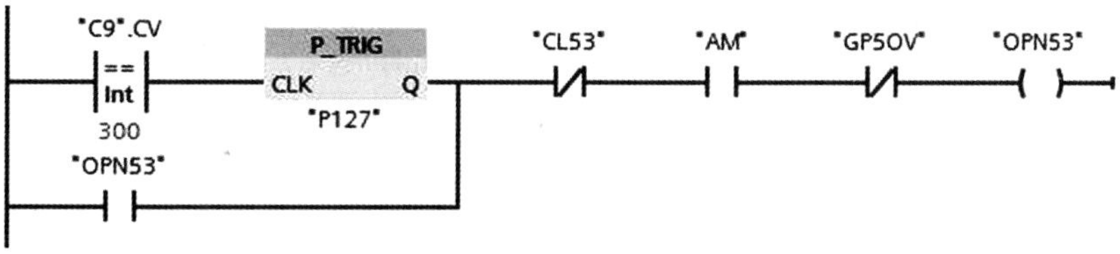

图3-175　分拣系统完整程序实例图(七十四)

程序段75(图3-176):有效时间要根据物料仓与颜色仓之间的距离设定。

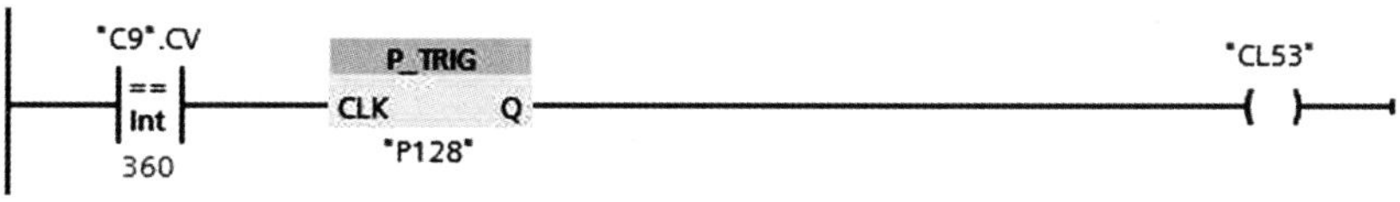

图3-176　分拣系统完整程序实例图(七十五)

程序段76(图3-177):根据颜色识别传感器的信号,判断物料是否为颜色。

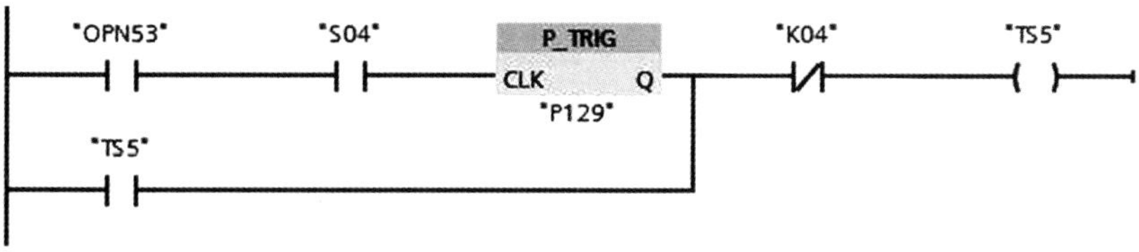

图3-177　分拣系统完整程序实例图(七十六)

程序段77(图3-178):根据计数器的输出信号,判断物料是否为蓝色。

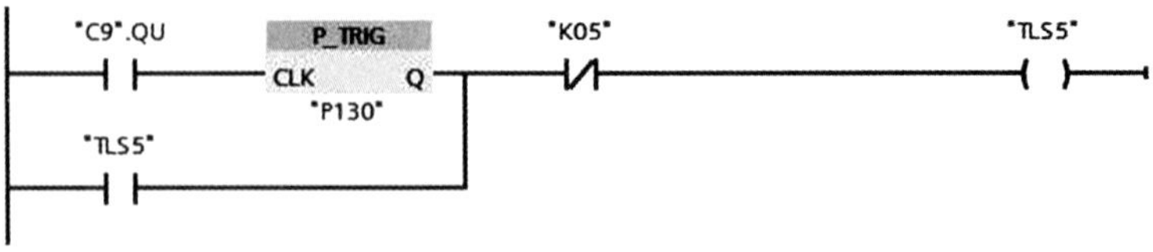

图3-178　分拣系统完整程序实例图(七十七)

程序段78(图3-179):第5组处理程序结束。

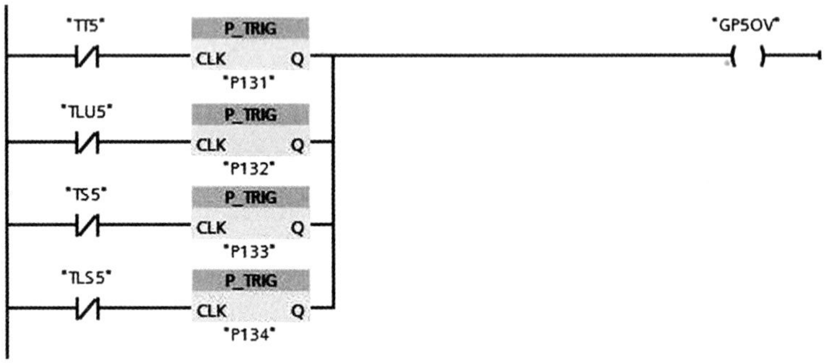

图3-179　分拣系统完整程序实例图(七十八)

程序段79(图3-180):各个组处理程序的推铁动作由相同的气缸完成。

图3-180　分拣系统完整程序实例图(七十九)

程序段80(图3-181):各个组处理程序的推铝动作由相同的气缸完成。

图3-181　分拣系统完整程序实例图(八十)

程序段81（图3-182）：各个组处理程序的推颜色动作由相同的气缸完成。

```
       "TS1"                              "V4"
      ┤ ├                               ( )
       "TS2"
      ┤ ├
       "TS3"
      ┤ ├
       "TS4"
      ┤ ├
       "TS5"
      ┤ ├
```

图3-182　分拣系统完整程序实例图(八十一)

程序段82（图3-183）：各个组处理程序的推蓝色动作由相同的气缸完成。

```
      "TLS1"                             "V5"
      ┤ ├                               ( )
      "TLS2"
      ┤ ├
      "TLS3"
      ┤ ├
      "TLS4"
      ┤ ├
      "TLS5"
      ┤ ├
```

图3-183　分拣系统完整程序实例图(八十二)

第4章　S7-300/ET 200 分布式 I/O PLC 控制系统

S7-300 是一种通用型的 PLC,适用于自动化工程中的各种应用场合,尤其是生产制造过程。S7-300 的模块化、无风扇结构、易于实现分布式配置、循环周期短、指令集功能强大以及用户易于掌握等特点使其在完成生产制造工程、汽车工业、通用机械制造、工艺过程及包装等工业的任务时,成为一种既经济又切合实际的解决方案。

4.1　S7-300 的硬件组成

大、中型 PLC(如西门子的 S7-300 和 S7-400 系列)一般采用模块式结构,用搭积木的方式来组成系统,模块式 PLC 由机架和模块组成。S7-300(图 4-1)是模块化的中型 PLC,适用于中等性能的控制要求。品种繁多的 CPU 模块、信号模块和功能模块能满足各种领域的自动控制任务,用户可以根据系统的具体情况选择合适的模块,维修时更换模块也很方便。当系统规模扩大和更为复杂时,可以增加模块,对 PLC 进行扩展。简单实用的分布式结构和强大的通信联网能力,使其应用十分灵活。

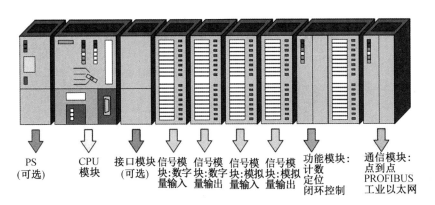

PS (可选)　CPU 模块　接口模块 (可选)　信号模块:数字量输入　信号模块:数字量输出　信号模块:模拟量输入　信号模块:模拟量输出　功能模块:计数定位闭环控制　通信模块:点到点 PROFIBUS 工业以太网

图 4-1　S7-300 PLC

S7-300 系列 PLC 采用模块化结构,一般由 CPU 模块、PS、信号模块、功能模块、通信模块和接口模块组成。各个模块以搭积木的方式在机架上组成系统,使得系统组成灵活,便于维修。

S7-300 的每个 CPU 模块都有一个编程用的 RS-485 接口,使用西门子的 MPI 通信协议。有的 CPU 模块还带有集成的现场总线 PROFIBUS-DP 接口或点对点串行通信接口。S7-300 不需要附加任何硬件、软件和编程,就可以建立一个 MPI 网络,通过 PROFIBUS-DP 接口可以建立一个 DP 网络。

功能最强的 CPU 模块的 RAM 存储容量为 512 KB,有 8 192 个存储器位,512 个定时器和 512 个计数器,数字量通道最大为 65 536 点,模拟量通道最大为 4 096 个。计数器的计数为 1~999,定时器的定时为 10~9 990 000 ms。由于使用 Flash EPROM,CPU 模块断电后无须后备电池也可以长时间保持动态数据,使 S7-300 成为完全无维护的控制设备。

S7-300 有很高的电磁兼容性和抗振动、抗冲击能力。S7-300 标准型的环境温度为 0~60 ℃。环境条件扩展型的温度为−25~60 ℃,有更强的耐振动和耐污染性能。通过 CPU 模块或通信模块上的通信接口,PLC 被连接到通信网络上,可以与计算机、其他 PLC 或其他设备通信(图 4-2)。

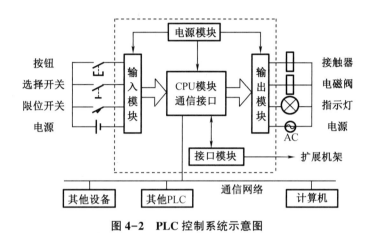

图 4-2　PLC 控制系统示意图

4.1.1　CPU 模块

CPU 模块主要由微处理器(CPU 芯片)和存储器组成,S7-300 将 CPU 模块简称为 CPU。在 PLC 控制系统中,CPU 模块相当于人的大脑和心脏,它不断地采集输入信号,执行用户程序,刷新系统的输出,模块中的存储器用来储存程序和数据。CPU 模块前面板上有状态和故障指示 LED、模式选择开关、24 V 电源端子、电池盒与存储器模块盒。

CPU 模块内的元件封装在一个牢固而紧凑的塑料机壳内,面板上有状态和故障指示 LED、模式选择开关和通信接口。存储器插槽可以插入多达数兆字节的 Flash EPROM 微存储器卡(MMC),用于断电后程序和数据的保存。

图 4-3 是 CPU 315-2 PN/DP 的面板图,有 MMC 才能运行,新面板横向的宽度只是原来的 1/2,此型号 CPU 模块没有集成的 I/O 模块,标准型 CPU 模块技术参数见表 4-1。

1. 状态和故障指示 LED

CPU 模块面板上的 LED 的意义如下。

- SF(系统出错/故障显示,红色):CPU 模块硬件故障或软件错误时亮。
- BATF(电池故障,红色):电池电压低或没有电池时亮。
- DC 5 V(+5 V 电源指示,绿色):CPU 模块和 S7-300 总线的 5 V 电源正常时亮。
- FRCE(强制,黄色):至少有一个 I/O 被强制时亮。
- STOP(停止方式,黄色):CPU 模块处于 STOP、HOLD(保持)状态或重新启动时常亮;执行存储器复位时闪亮。

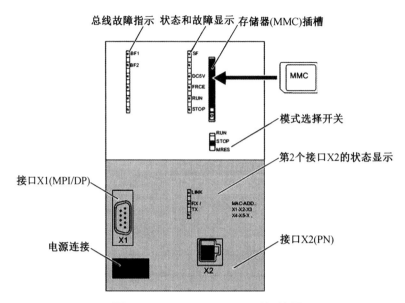

图 4-3　CPU 315-2 PN/DP 的面板图

● BUSF(总线错误,红色):PROFIBUS-DP 接口硬件或软件故障时亮,集成有 DP 接口的 CPU 模块才有此 LED。集成有两个 DP 接口的 CPU 模块有两个对应的 LED(BUS1F 和 BUS2F)。

2. CPU 模块的运行模式

CPU 模块有 4 种操作模式:STOP、RUN、HOLD、STARTUP。在所有的模式中,都可以通过 MPI 接口与其他设备通信。

(1)STOP 模式

CPU 模块通电后自动进入 STOP 模式,在该模式不执行用户程序,可以接收全局数据和检查系统。

(2)RUN 模式

RUN 模式执行用户程序,刷新输入和输出,处理中断和故障信息服务。

(3)HOLD 模式

HOLD 模式在 STARTUP 模式和 RUN 模式执行程序时遇到调试用的断点,用户程序的执行被挂起(暂停),定时器被冻结。

(4)STARTUP 模式

STARTUP 模式,可以用模式选择开关或编程软件启动 CPU 模块。如果模式选择开关在 RUN 或 RUN-P(运行—编程)位置,通电时自动进入 STARTUP 模式。

3. 模式选择开关

有的 CPU 模块的模式选择开关(模式选择器)是一种钥匙开关,操作时需要插入钥匙,用来设置 CPU 模块当前的运行方式。钥匙拔出后,就不能改变操作方式。这样可以防止未经授权的人员非法删除或改写用户程序。还可以使用多级口令来保护整个数据库,使用户有效地保护其技术机密,防止未经允许的复制和修改。钥匙开关各位置的意义如下。

表 4-1 标准型 CPU 模块技术参数

CPU模块型号	名称	312	314	315-DP	317-DP	315-2 PN/DP	317-2 PN/DP	319-3 PN/DP
电源电压	额定值	DC 24 V	DC 24 V	DC 24 V	DC 24 V	DC 24 V	DC 24 V	DC 24 V
	允许范围	20.4~28.8 V	20.4~28.8 V	20.4~28.8 V	20.4~28.8 V	20.4~28.8 V	20.4~28.8 V	20.4~28.8 V
功耗	—	2.5 W	2.5 W	2.5 W	4 W	3.5 W	3.5 W	14 W
存储器	内置/可扩展	32 KB/×	96 KB/×	128 KB/×	512 KB/×	256 KB/×	1 024 KB/×	1 400 KB/×
	MMC/最大	4 MB	8 MB	8 MB	8 MB	8 MB	8 MB	8 MB
块	DB数量/容量	511/16 KB	511/16 KB	1 024/16 KB	2 048/64 KB	1 024/16 KB	2 048/64 KB	4 096/64 KB
	FB数量/容量	1 024/16 KB	2 048/16 KB	2 048/16 KB	2 048/64 KB	2 048/16 KB	2 048/64 KB	2 048/64 KB
	FC数量/容量	1 024/16 KB	2 048/16 KB	2 048/16 KB	2 048/64 KB	2 048/16 KB	2 048/64 KB	2 048/64 KB
	OB数量/容量	见指令表/16 KB	见指令表/16 KB	见指令表/16 KB	见指令表/64 KB	见指令表/16 KB	见指令表/64 KB	见指令表/64 KB
	嵌套深度	8层	8层	8层	16层	8层	16层	16层
	错误OB中增加	4个	4个	4个	4个	4个	4个	4个
计数器	计数器数量	128个	256个	256个	512个	256个	512个	2 048个
	计数器范围	0~999	0~999	0~999	0~999	0~999	0~999	0~999
定时器	定时器数量	128	256	256	512	256	512	2 048
	定时器范围	10~9 990 000 ms	10~9 990 000 ms	10~9 990 000 ms	10~9 990 000 ms	10~9 990 000 ms	10~9 990 000 ms	10~9 990 000 ms
数据区	DB数量/容量	511/16 KB	511/16 KB	1 024/16 KB	2 048/64 KB	1 024/16 KB	2 048/64 KB	4 096/64 KB
地址区	输入地址区容量	1 KB	1 KB	2 KB	8 KB	2 KB	8 KB	8 KB
	输出地址区容量	1 KB	1 KB	2 KB	8 KB	2 KB	8 KB	8 KB
	输入过程映像区容量	128 B	128 B	128 B	256 B	128 B	2 KB	2 KB
	输出过程映像区容量	128 B	128 B	128 B	256 B	128 B	2 KB	2 KB
	数字量输入通道容量	256 B	1 024 B	16 384 B	65 536 B	65 536 B	65 536 B	65 536 B
	数字量输出通道容量	256 B	1 024 B	16 384 B	65 536 B	65 536 B	65 536 B	65 536 B

表 4-1（续）

CPU模块型号		312	314	315-DP	317-DP	315-2 PN/DP	317-2 PN/DP	319-3 PN/DP
	名称							
	模拟量输入通道容量	64 B	256 B	1 024 B	4 096 B	1 024 B	4 096 B	4 096 B
	模拟量输出通道容量	64 B	256 B	1 024 B	4 096 B	1 024 B	4 096 B	4 096 B
	中央单元数量	—	—	—	—	1个	1个	—
	扩展单元数量	—	—	—	—	3个	3个	—
硬件组态	最大机架数	1个	4个	4个	4个	4个	4个	4个
	模块总数	8个	8个	8个	8个	8个	8个	8个
	DP主站数量	4个	4个	4个	4个	4个	4个	4个
	功能模拟数量	8个	8个	8个	8个	8个	8个	8个
	通信模块（点到点）数量	8个	8个	8个	8个	8个	8个	8个
	通信模块（LAN）数量	4个	10个	10个	10个	10个	10个	10个

（1）RUN-P 位置

CPU 模块不仅执行用户程序,在运行时还可以通过编程软件读出和修改用户程序,以及改变运行方式。在这个位置不能拔出钥匙开关。

（2）RUN 位置

CPU 模块执行用户程序,可以通过编程软件读出用户程序,但是不能修改用户程序。在这个位置可以取出钥匙开关。

（3）STOP 位置

CPU 模块不执行用户程序,通过编程软件可以读出和修改用户程序。在这个位置可以取出钥匙开关。

（4）MRES

MRES 位置不能保持,在这个位置松手时开关将自动返回 STOP 位置。将模式选择开关从 STOP 状态扳到 MRES 位置,可以复位存储器,使 CPU 模块回到初始状态。工作存储器、RAM 装载存储器中的用户程序和地址区被清除,全部存储器位、定时器、计数器和 DB 均被删除,即复位为"0",包括有保持功能的数据。CPU 模块检测硬件,初始化硬件和系统程序的参数,系统参数、CPU 模块的参数被恢复为默认设置,MPI 的参数被保留。如果有快闪存储器卡,CPU 模块在复位后将它里面的用户程序和系统参数复制到工作存储区。

复位存储器按下述顺序操作:PLC 通电后将钥匙开关从 STOP 位置扳到 MRES 位置,"STOP"LED 熄灭 1 s,亮 1 s,再熄灭 1 s 后保持亮。放开开关,使它回到 STOP 位置,然后又回到 MRES 位置,"STOP"LED 以 2 Hz 的频率至少闪动 3 s,表示正在执行复位,最后"STOP"LED 一直亮,可以松开钥匙开关。

存储器卡被取掉或插入时,CPU 模块发出系统复位请求,"STOP"LED 以 0.5 Hz 的频率闪动,此时应将模式选择开关扳到 MRES 位置,执行复位操作。

4. 微存储器卡

MMC 用于在断电时保存用户程序和某数据,它可以扩展 CPU 模块的存储器容量,也可以将有 CPU 模块的操作系统保存在 MMC 中,这对于操作系统的升级是非常方便的。MMC 用作装载存储器或便携式保存媒体。MMC 的读写直接在 CPU 模块内进行,不需要专用的编程器。由于 CPU 31xC 没有安装集成的装载存储器,在使用 CPU 模块时必须插入 MMC。

如果在写访问过程中拆下 SIMATIC 微存储卡,卡中的数据会被破坏。在这种情况下,必须将 MMC 插入 CPU 模块中并删除它,或在 CPU 模块中格式化存储卡。只有在断电状态或 CPU 模块处于"STOP"状态时,才能取下存储卡。

5. 通信接口

所有的 CPU 模块都有一个 MPI,有的 CPU 模块有一个 MPI 和一个 PROFIBUS-DP 接口,有的 CPU 模块有一个 MPI/DP 接口和一个 DP 接口。

PLC 与其他西门子 PLC、编程器或个人计算机(PG/PC)、操作员接口(OP)通过 MPI 网络的通信。PROFIBUS-DP 最高传输速率为 12 Mbit/s,用于与其他西门子带 DP 接口的 PLC、PG/PC、OP 和其他 DP 主站、从站的通信。

6. 电池盒

电池盒是安装锂电池的盒子,在 PLC 断电时,锂电池用来保证实时时钟的正常运行,并可以在 RAM 中保存用户程序和更多的数据,保存的时间为 1 年。有的低端 CPU 模块(如 312 IFM 与 313)因为没有实时时钟,没有配备锂电池。

7. 电源接线端子

电源模块的 L1. N 端子接 AC 220 V 电源,电源模块的接地端子和 M 端子一般用短路片短接后接地,机架的导轨也应接地。

电源模块上的 L+和 M 端子分别是 DC 24 V 输出电压的正极与负极。用专用的电源连接器或导线连接电源模块与 CPU 模块的 L+和 M 端子。

8. 实时时钟与运行时间计数器

CPU 312 IFM 与 CPU 313 因为没有锂电池,只有软件实时时钟,PLC 断电时停止计时,恢复供电后,从断电瞬时的时刻开始计时。有后备锂电池的 CPU 模块有硬件实时时钟,可以在 PLC 电源断电时继续运行。运行小时计数器的技术为 0~32 767 h。

9. CPU 模块上的集成 I/O

CPU 模块上有集成的数字量 I/O,有的还有集成的模拟量 I/O。图 4-4 为集成在 CPU 模块上的数字量或模拟量 I/O。

图 4-4　集成在 CPU 模块上的数子量或模拟量 I/O

4.1.2　I/O 模块

I/O 模块统称为信号模块,主要有数字量输入模块 SM 321 和数字量输出模块 SM 322、模拟量输入模块 SM 331 和模拟量输出模块 SM 332。S7-300 的 I/O 模块的外部接线接在插入式的前连接器的端子上,前连接器插在前盖后面的凹槽内,不需断开前连接器上的外部连线,就可以迅速地更换模块。

信号模块面板的 LED 用来显示各数字量 I/O 电源的信号状态,模块安装在标准 DIN 导轨上,通过总线连接器与相邻的模块连接。模块的默认地址由模块所在的位置决定,也可以用 STEP 7 指定模块的地址。

输入模块用来接收和采集输入信号。数字量输入模块用于连接外部的机械触点和电子数字传感器,如按钮、选择开关、数字拨码开关、限位开关、接近开关、光电开关、压力继电器等来的开关量输入信号。数字量输入模块将从现场传来的外部数字信号的电平转换为 PLC 内部的信号电平。输入电路中一般设有 RC 滤波电路,以防止由于输入触点抖动或外部干扰脉冲引起的错误输入信号,输入电流一般为数毫安。模拟量输入模块用来接收热电阻、热电偶、电位器、测速发电机和各种变送器提供的连续变化的模拟量电流与电压信号。

数字量输出模块用来控制接触器、电磁阀、电磁铁、指示灯、数字显示装置和报警装置等输出设备,SM 322 数字量输出模块将 S7-300 的内部信号电平转化为控制过程所需的外部信号电平,同时有隔离和功率放大的作用。模拟量输出模块用来控制电动调节阀、变频器等执行器。

CPU 模块内部的工作电压一般是 DC 5 V,而 PLC 的 I/O 信号电压一般较高,如 DC 24 V 或 AC 220 V。从外部引入的尖峰电压和干扰噪声可能损坏 CPU 模块中的元器件,或使 PLC 不能正常工作。在信号模块中,用光耦合器、光敏晶闸管、小型继电器等器件来隔离 PLC 的内部电路和外部的输入、输出电路。信号模块除了传递信号外,还有电平转换与隔离的作用。

1. 数字量输入模块

数字量模块分为直流输入模块和交流输入模块。S7-300 PLC 的数字量输入模块型号主要有 6S7E 321 系列和 6S7E 131 系列,后者主要用于 ET 200(分布式 I/O)。图 4-5 与图 4-6 分别为直流数字量输入模块、交流数字量输入模块内部电路和外部接线图。

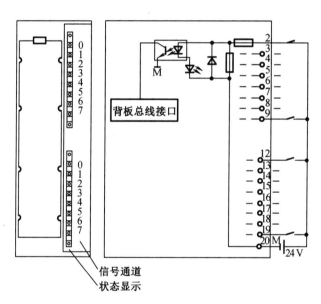

图 4-5　直流数字量输入模块内部电路和外部接线图

图 4-5 中只画出了单条输入电路,M 和 N 是同一输入组内各输入信号的公共点。当外接触点接通时,光耦合器中的 LED 点亮,光敏三极管饱和导通;当外接触点断开时,光耦合器中的 LED 熄火,光敏三极管截止,信号经背板总线接口传送给 CPU 模块。

交流输入模块的额定输入电压为 AC 120 V 或 AC 230 V。在图 4-6 中用电容隔离输入信号中的直流成分,用电阻限流,交流成分经桥式整流电路转换为直流电流。外接触点接通时,光耦合器中的 LED 和显示用的 LED 点亮,光敏三极管饱和导通。外接触点断开时,光耦合器中的 LED 熄灭,光敏三极管截止,信号经背板总线接口传送给 CPU 模块。直流输入电路的延迟时间较短,可以直接与接近开关、光电开关等电子输入装置连接。

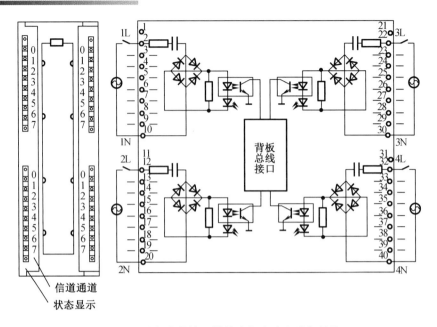

信道通道
状态显示

图4-6　交流数字量输入模块内部电路和外部接线图

直流输入电路的延迟时间短,可以直接与接近开关、光电开关等电子输入装置连接。如果信号线不是很长,PLC所处的物理环境较好,电磁干扰较轻,应考虑优先选用DC 24 V的输入模块。交流输入方式适合于在有油雾、粉尘的恶劣环境下使用。

数字量输入模块技术参数见表4-2。

2. 数字量输出模块

数字量输出模块将PLC的内部信号电平转化为控制过程所需的外部信号电平,同时有隔离和功率放大的作用。S7-300 PLC的数字量输出模块型号主要有6S7E 322系列和6S7E 132系列,后者主要用于ET 200(分布式I/O)。

数字量输出模块的功率放大元件有驱动直流负载的大功率晶体管和场效应晶体管(图4-7)、驱动交流负载的双向晶闸管或固态继电器(图4-8),以及既可以驱动交流负载又可以驱动直流负载的小型继电器(图4-9)。

在选择数字量输出模块时,应注意负载电压的种类和大小、工作频率和负载的类型(电阻性、电感性负载、机械负载或白炽灯)。除了每一点的输出电流外,还应注意每一组的最大输出电流。

在图4-7中只能驱动直流负载。图中只画出了2路输出电路,M和L是公共点。输出信号经光耦合器送给输出元件,图中用一个带三角形符号的小方框表示输出元件。输出元件的饱和导通状态与截止状态相当于触点的接通和断开。这类输出电路的延迟时间小于1 ms。

图4-8中的输出信号经光耦合器使容量较大的双向晶闸管导通,模块外部的负载得电工作。图中的RC电路用来抑制晶闸管的关断电压和外部的浪涌电压。这类模块只能用于交流负载,因为是无触点开关输出,其开关速度快,工作寿命长。

表4-2 数字量输入模块技术参数

SM321 6S7E 321	模块									
	1BL00	1EL00	1BH02	1BH10	1BH50	1CH00	1CH20	1FH00	1FF01	1FF10
输入点数	32	32	16	16	16	16	16	16	8	8
电缆长度/屏蔽	600/1 000 m	600/1 000 m	600/1 000 m	600/1 000 m	600/1 000 m	600/1 000 m	600/1 000 m	600/1 000 m	600/1 000 m	600/1 000 m
电气隔离	√	√	√	√	√	√	√	√	√	√
功率损耗	6.5 W	4 W	3.5 W	3.8 W	3.5 W	2.8 W	4.3 W	4.9 W	4.9 W	4.9 W
额定输入电压	24 V	AC 120 V	24 V	24 V	24 V	DC/AC 24 或 48 V	DC/AC 48~125 V	AC 120/230 V	AC 120/230 V	AC 120/230 V
"1"输入电压	13~30 V	AC 74~132 V	13~30 V	13~30 V	13~30 V	14~60 V	30~146 V	79~264 V	79~264 V	79~264 V
"0"输入电压	−30~5 V	AC 0~20 V	−30~5 V	−30~5 V	−30~5 V	−5~5 V	−146~15 V	0~40 V	0~40 V	0~40 V
频带输入	—	47~63 Hz	—	—	—	0~63 Hz	—	47~63 Hz	47~63 Hz	47~63 Hz
输入电流	7 mA	21 mA	7 mA	7 mA	7 mA	27 mA	3.5 mA	16 mA	11 mA	17.3 mA
"0"→"1"输入延时	1.2~4.8 ms	15 ms	1.2~4.8 ms	25~75 μs	1.2~4.8 ms	16 ms	0.1~3.5 ms	25 ms	25 ms	25 ms
"1"→"0"输入延时	1.2~4.8 ms	21 ms	1.2~4.8 ms	25~75 μs	1.2~4.8 ms	16 ms	0.1~3.5 ms	25 ms	25 ms	25 ms

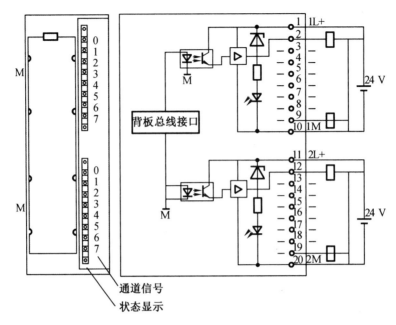

图 4-7 场效应管或晶体管输出模块内部电路和外部接线图

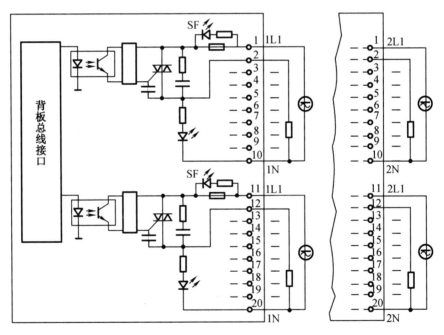

图 4-8 双向晶闸管输出模块内部电路和外部接线图

图 4-9 中的输出信号通过背板总线接口和光耦合器,使模块中对应的微型硬件继电器线圈通电,其常开触点闭合,使外部的负载工作。输出点为 0 状态时,梯形图中的线圈"断电",输出模块中的微型继电器的线圈也断电,其常开触点断开。

数字量输出模块技术参数见表 4-3。

表4-3 数字量输出模块技术参数

6S7E 322 / SM322	1BL00	1FL00	1BH01	1BH10	5GH00	1FH00	1BF01	8BF00	1CF00	1FF01	5FF00	1HH01	1HF01	5HF00	1HF10
输出点数	32	32	16	16	16	16	8	8	8	8	8	16	8	8	8
电缆长度/屏蔽	600 /1 000 m	600 /1 000 m	600 /1 000 m	600 /1 000 m	600 /1 000 m	600 /1 000 m	600 /1 000 m	600 /1 000 m	600 /1 000 m	600 /1 000 m	600 /1 000 m	600 /1 000 m	600 /1 000 m	600 /1 000 m	600 /1 000 m
电气隔离	√	√	√	√	√	√	√	√	√	√	√	√	√	√	√
功率损耗	6.6 W	25 W	4.9 W	5 W	2.8 W	8.6 W	6.8 W	5 W	7.2 W	8.6 W	8.6 W	4.5 W	3.2 W	3.5 W	4.2 W
额定输出电压	DC 24 V	AC 120/230 V	DC 24 V	DC 24 V	DC 24 V	AC 120/230 V	DC 24 V	DC 24 V	DC 48~125 V	AC 120/230 V	AC 120/230 V	DC 24~120 V /AC 48~230 V	DC 24~120 V /AC 48~230 V	DC 24~120 V /AC 48~230 V	DC 24~120 V /AC 48~230 V
额定输出电流	500 mA	1 A	500 mA	500 mA	500 mA	1 A	2 A	500 mA	1.5 A	2 A	2 A	2 A	3 A	5 A	8 A
"0"~"1"输出延时	100 μs	1个周波	100 μs	100 μs	6 ms	—	100 μs	180 μs	2 ms	1个周波	—	—	—	—	—
"1"~"0"输出延时	500 μs	1个周波	500 μs	200 μs	3 ms	—	500 μs	245 μs	15 ms	1个周波	—	—	—	—	—
负载阻抗范围	48~4 000 Ω	—	48~4 000 Ω	48~4 000 Ω	—	—	48~4 000 Ω	48~3 000 Ω	—	—	—	—	—	—	—
灯负载	5 W	50 W	5 W	5 W	2.5 W	50 W	10 W	5 W	15 W	50 W	50 W	5/50 W	50 W	1 500 W	1 500 W
短路保护	√	√	√	√	√	√	√	√	√	√	√	—	—	—	—

169

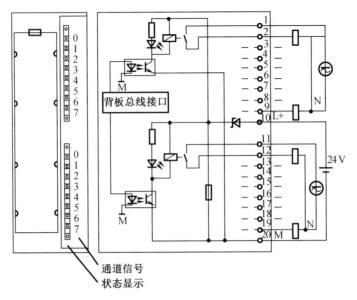

图 4-9　继电器输出模块内部电路和外部接线图

3. 数字量 I/O 模块

图 4-10 为数字量 I/O 模块内部电路和外部接线图,输入电路和输出电路通过光耦合器与背板总线相连,输出电路为晶体管型,有电子保护功能。

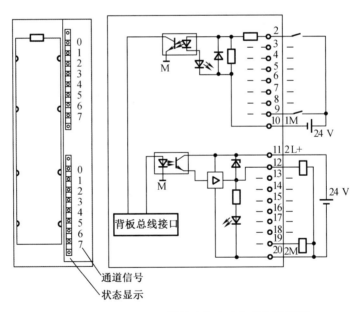

图 4-10　数字量 I/O 模块内部电路和外部接线图

4. 模拟量输入模块

生产过程中有大量的连续变化的模拟量需要 PLC 来测量或控制,有的是非电量,如温度、压力、流量、液位、物体的成分(如气体中的含氧量)和频率等;有的是强电电量,如发电机组的电流、电压、有功功率和无功功率、功率因数等。模拟量输入模块用于将模拟量信号

170

转换为CPU模块内部处理用的数字信号,其主要组成部分是A/D转换器。模拟量输入模块的输入信号一般是模拟量变送器输出的标准量程的直流电压、电流信号。S7-300 PLC的模拟量输入模块可以直接连接电压/电流传感器、热电偶、热电阻和电阻式温度计。

S7-300的模拟量I/O模块包括模拟量输入模块SM 331和模拟量输出模块SM 332。

（1）模拟量输入转换后的模拟值表示方法

模拟量I/O模块中模拟量对应的数字称为模拟值,模拟值用16位二进制补码定点数来表示。最高位(第15位)为符号位,正数的符号位为0,负数的符号位为1。

模拟量模块的模拟值位数(即转换精度)可以设置为9～15位(与模块的型号有关,不包括符号位),如果模拟值的精度小于15位,则模拟值左移,使其最高位(符号位)在16位字的最高位(第15位),模拟值左移后未使用的低位则填入0,这种处理方法称为"左对齐"。设模拟值的精度为12位加符号位,未使用的低位(第0～2位)为0,相当于实际的模拟值被乘以8。

表4-4给出了SM 331模拟量输入模块的模拟值与模拟量之间的对应关系(表4-5),模拟量量程的上、下限(±100%)分别对应于十六进制模拟值6C00H和9400H(H表示十六进制数)。

表4-4 SM 331模拟量输入模块的模拟值

项目名称	百分比	十进制	十六进制	±5 V	±10 V	±20 mA
上溢出	18.515%	32 767	7FFFH	5.926 V	11.851 V	23.70 mA
超出范围	117.589%	32 511	7EFFH	5.879 V	11.759 V	23.52 mA
正常范围	100.000%	27 648	6C00H	5 V	10 V	20 mA
	0%	0	0H	0 V	0 V	0 mA
	−100.000%	−27 648	9400H	−5 V	−10 V	−20 mA
低于范围	−117.593%	−32 512	8100H	−5.879 V	−11.759 V	−23.52 mA
下溢出	−118.519%	−32 768	8000H	−5.926 V	−11.851 V	−23.70 mA

表4-5 模拟量输入模块的模拟值与模拟量之间的对应关系

精度	系统字	测试值/%	2^{15}	2^{14}	2^{13}	2^{12}	2^{11}	2^{10}	2^9	2^8	2^7	2^6	2^5	2^4	2^3	2^2	2^1	2^0	范围
双精度	32 767 (7FFFH)	>118.515	0	1	1	1	1	1	1	1	1	1	1	1	1	1	1	1	上溢出
	32 511 (7EFFH)	117.589	0	1	1	1	1	1	1	0	1	1	1	1	1	1	1	1	超出范围
	27 649 (6C01H)	>100.004	0	1	1	0	1	1	0	0	0	0	0	0	0	0	0	1	

表 4-5（续）

精度	系统字	测试值/%	2^15	2^14	2^13	2^12	2^11	2^10	2^9	2^8	2^7	2^6	2^5	2^4	2^3	2^2	2^1	2^0	范围
	27 648 (6C00H)	100.000	0	1	1	0	1	1	0	0	0	0	0	0	0	0	0	0	标称范围
	1 (0001H)	0.003 617	0	0	0	0	0	0	0	0	0	0	0	0	0	0	0	1	
	0 (0000H)	0	0	0	0	0	0	0	0	0	0	0	0	0	0	0	0	0	
	−1 (FFFFH)	−0.003 617	1	1	1	1	1	1	1	1	1	1	1	1	1	1	1	1	
	−27 648 (9400H)	−100.000	1	0	0	1	0	1	0	0	0	0	0	0	0	0	0	0	
	−27 649 (93FFH)	≤−100.004	1	0	0	1	0	0	1	1	1	1	1	1	1	1	1	1	超出范围
	−32 512 (8100H)	−117.593	1	0	0	0	0	0	1	0	0	0	0	0	0	0	0	0	
	−32 768 (8000H)	≤−117.596	1	0	0	0	0	0	0	0	0	0	0	0	0	0	0	0	下溢出
单精度	32 767 (7FFFH)	>118.515	0	1	1	1	1	1	1	1	1	1	1	1	1	1	1	1	上溢出
	32 511 (7EFFH)	117.589	0	1	1	1	1	1	1	0	1	1	1	1	1	1	1	1	超出范围
	27 649 (6C01H)	>100.004	0	1	1	0	1	1	0	0	0	0	0	0	0	0	0	1	
	27 648 (6C00H)	100.000	0	1	1	0	1	1	0	0	0	0	0	0	0	0	0	0	标称范围
	1 (0001H)	0.003 617	0	0	0	0	0	0	0	0	0	0	0	0	0	0	0	1	
	0 (0000H)	0	0	0	0	0	0	0	0	0	0	0	0	0	0	0	0	0	
	−1 (FFFFH)	−0.003 617	1	1	1	1	1	1	1	1	1	1	1	1	1	1	1	1	超出范围
	−4 864 (ED00H)	−17.593	1	1	1	0	1	1	0	1	0	0	0	0	0	0	0	0	
	−32 768 (8000H)	≤−117.596	1	0	0	0	0	0	0	0	0	0	0	0	0	0	0	0	下溢出

模拟量输入模块在模块通电前或模块参数设置完成后第一次转换之前,或上溢出时,其模拟值为7FFFH,下溢出时模拟值为8000H。上、下溢出时 SF 指示灯闪烁,有诊断功能的模块可以产生诊断中断。

(2)模拟量输入模块测量范围的设置

模拟量输入模块的输入信号种类用安装在模块侧面的量程卡(或称为量程模块)来设置。量程卡安装在模拟量输入模块的侧面,每两个通道为一组,共用一个量程卡。量程卡插入输入模块后,如果量程卡上的标记 C 与输入模块上的标记相对,则量程卡被设置在 C 位置。模块出厂时,量程卡预设在 B 位置。

以模拟量输入模块6ES7331-7KF02-0AB0 为例,量程卡的 B 位置包括4 种电压输入;C 位置包括5 种电流输入;D 位置的测量只有 4~20 mA。其余的 21 种温度传感器、电阻测量或电压测量的测量范围均应选择位置 A。使用 STEP 7 中的硬件组态功能可以进一步确定测量范围。各位置对应的测量方法和测量范围都印在模拟量模块上。

供货时量程卡被设置在默认的 B 位置。用 STEP 7 设置量程时可以看到该量程对应的量程卡的位置,应正确地设置量程卡,否则将会损坏模拟量输入模块。

(3)模拟量输入模块的输出值转换为实际的物理量

模拟量输入模块的输出值转换为实际的物理量时应考虑变送器的 I/O 量程和模拟量输入模块的量程,找出被测物理量与 A/D 转换后的数字之间的比例关系。

下面以连接电压/电流传感器的模拟量输入模块(6ES7 331-7HF0x-0AB0)为例,介绍模拟量输入模块。

图 4-11 为电压/电流传感器的输入模块内部电路和外部接线图。

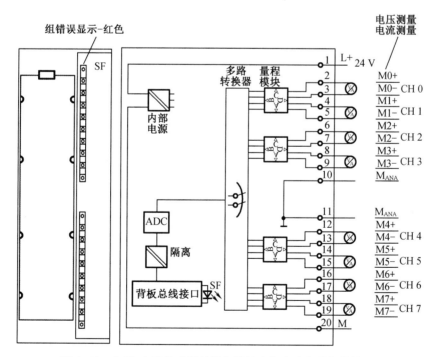

图 4-11 电压/电流传感器的输入模块内部电路和外部接线图

PLC 的 CPU 模块仅以二进制格式来处理模拟值,模拟量输入模块将模拟过程信号转换为16位的数字格式,最高位为符号位。对于精度小于16位的模拟量输入模块,模拟值以左对齐方式存储,未使用的最低有效位用0填充。表4-6列出了S7-300 PLC模拟量输入模块指出的模拟值精度。

表4-6　S7-300 PLC模拟量输入模块指出的模拟值精度

精度位(+符号位)	系统字		模拟值	
	十进制	十六进制	高位字节	低位字节
8	128	80H	00000000	1XXXXXXX
9	64	40H	00000000	01XXXXXX
10	32	20H	00000000	001XXXXX
11	16	10H	00000000	0001XXXX
12	8	8H	00000000	00001XXX
13	4	4H	00000000	000001XX
14	2	2H	00000000	0000001X
15	1	1H	00000000	0000000X

这里需要说明一下模拟量输入模块的两个重要的性能参数:转换时间和周期时间。

●转换时间是基本转换时间与模块在电阻测量和断线监控处理上花费的其他时间之和。基本转换时间直接取决于模拟量输入通道的转换方法(积分方法、实际值转换)。

●模数转换以及将数字化测量值传送至存储器和/或背板总线是按顺序执行的,即模拟量输入通道连续进行转换。周期时间(即模拟量输入值再次转换前所经历的时间)表示模拟量输入模块的全部激活的模拟量输入通道的累积转换时间。

5. 模拟量输出模块

S7-300 PLC的模拟量输出模块型号主要有6S7E 332系列和6S7E 135系列,后者主要用于ET 200(分布式I/O)。

下面以连接电压/电流传感器的模拟量输出模块(6ES7 332-5HF00-0AB0)为例,介绍模拟量输出模块。

图4-12为电压/电流传感器的输出模块内部电路和外部接线图。

影响模拟量输出模块性能的有两个参数,即稳定时间和响应时间。如图4-13所示,稳定时间 $t_E(t_2$ 到 $t_3)$,即转换值达到模拟量输出指定级别所经历的时间,稳定时间由负载决定。据此,我们将负载区分为阻性、容性和感性负载。

最坏情况下的响应时间 $t_A(t_1$ 到 $t_3)$,即从将数字量输出值输入内部存储器到模拟量输出的信号稳定所经历的时间,此时间可能等于周期时间 t_Z 与稳定时间 t_E 的总和。模拟量通道在传送新的输出值之前即已转换,并且直到所有其他通道均已转换时(周期时间)仍未再次转换,此时就会出现最坏情况。

6. 模拟量I/O模块

与数字量模块相同,模拟量模块也具有同时输入和输出功能的模块。以SM 334(6ES7 334-0CE01-0AA0)为例,它具有4路输入、2路输出、8位精度,通过硬连线定义测量和输出类型,I/O电压或电流为0~10 V或0~20 mA,不与背板总线接口隔离,但与负载电压/电流隔离。图 4-14 为模拟量 I/O 内部和外部接线图。

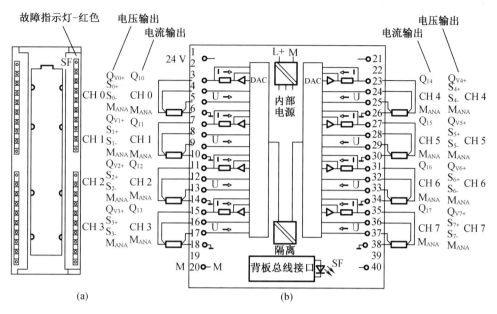

图 4-12 电压/电流传感器的输出模块内部电路和外部接线图

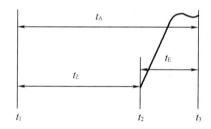

图 4-13 稳定时间 t_E 和 t_A 响应时间示意图

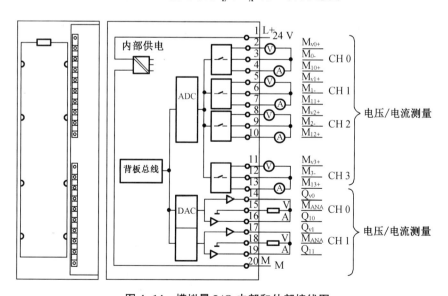

图 4-14 模拟量 I/O 内部和外部接线图

4.1.3 电源模块

PS 307 电源模块将 AC 120/230 V 电压转换为 DC 24 V 电压,为 S7-300、传感器和执行器供电。输出电流有 2 A、5 A 或 10 A 3 种。

电源模块安装在标准 DIN 导轨上的插槽 1 处,紧靠在 CPU 模块或扩展机架 IM 361 的左侧,用电源连接器连接到 CPU 模块或 IM 361 上。

PS 3072A 电源模块的接线图如图 4-15 所示,PS 3072A 电源模块方框图如图 4-16 所示,模块的输入和输出之间有可靠的隔离,输出正常电压 24 V 时,绿色 LED 亮;输出过载时 LED 闪烁;输出电流大于 2 A 时,电压跌落,跌落后自动恢复;输出短路时输出电压消失,短路消失后电压自动恢复。

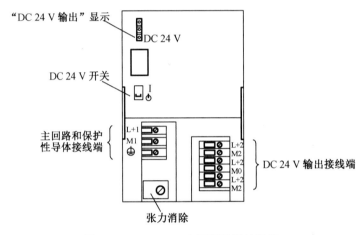

图 4-15 PS 3072A 电源模块的接线图

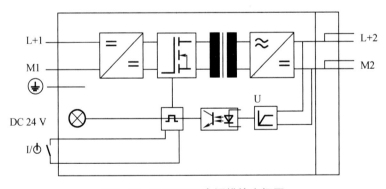

图 4-16 PS 3072A 电源模块方框图

电源模块除了给 CPU 模块提供电源外,还要给 I/O 模块提供 DC 24 V 电源。CPU 模块上的 M 端子一般是接地的,接地端子与 M 端子用短接片连接。某些大型工厂(如化工厂和发电厂)为了监视对地的短路电流,可能采用浮动参考电位,这时应将 M 点与接地点之间的短接片去掉,可能存在的干扰电流通过集成在 CPU 模块中的 M 点与接地点之间的 RC 电路对接地母线放电。电源模块技术参数见表 4-7。

表4-7 电源模块技术参数

项目名称	PS 3052A （6ES7305- 1BA80-0AA0）	PS 3072A （6ES7307- 1BA00-0AA0）	PS 3075A （6ES7307- 1EAX0-0AA0）	PS 30710A （6ES7307- 1KA00-0AA0）
额定输入电压/V	DC 24/48/72/96/110	AC 120/230	AC 120/230	AC 120/230
允许输入电压/V	DC 16.8~138	—	—	—
额定输出电压/V	DC 24	DC 24	DC 24	DC 24
额定输出电流/A	2	2	5	10
短路保护	电子式	电子式	电子式	电子式
效率	75%	83%	87%	89%
功耗/W	64	58	138	270

4.1.4 其他模块

1.计数器模块

计数器模块的计数器均为0~32位或±31位加减计数器,可以判断脉冲的方向,模块给编码器供电。其有比较功能,达到比较值时,通过集成的数字量输出响应信号,或通过背板总线向 CPU 模块发出中断。其以2倍频和4倍频计数,4倍频是指在两个互差90°的A、B相信号的上升沿、下降沿都计数。通过集成的数字量输入直接接收启动、停止计数器等数字量信号。

以 FM 350-1 为例,它是单通道计数器模块,可以检测最高达 500 kHz 的脉冲,有连续计数、单向计数、循环计数3种工作模式;有3种特殊功能:设定计数器、门计数器和用门功能控制计数器的启/停;达到基准值、过零点和超限时可以产生中断;有3个数字量输入、2个数字量输出。

2.位置控制与位置检测模块

FM 351 双通道定位模块用于控制变级调速电动机或变频器。FM 353 是步进电动机定位模块。FM 354 伺服电动机定位模块用于要求动态性能快、高精度的定位系统。FM 357用于最多4个插补轴的协同定位,既能用于伺服电动机也能用于步进电动机。FM 352 高速电子凸轮控制器用于顺序控制,它有32个凸轮轨迹,13个集成的数字输出端用于动作的直接输出,采用增量式编码器或绝对式编码器。

FM 352 高速布尔处理器高速地进行布尔控制(即数字量控制)。SM 338 用超声波传感器检测位置,具有无磨损、保护等级高、精度稳定不变、与传感器的长度无关等优点。SM 338 可以提供最多3个 SSI 和 CPU 模块之间的接口,将 SSI 的信号转换为 S7-300 的数字值,可以为编码器提供 DC 24 V 电源。

3.闭环控制模块

FM 355 闭环控制模块有4个闭环控制通道,用于压力、流量、液位等控制,有自优化温度控制算法和 PID 算法;FM 355C 是具有4个模拟量输出端的连续控制器;FM 355S 是具有8个数字输出点的步进或脉冲控制器。

FM 355-2 是适用于温度闭环控制的4通道闭环控制模块,可以方便地实现在线自优化温度控制;FM 355-2C 是具有4个模拟量输出端的连续控制器;FM 355-2S 是具有8个数字输出端的步进或脉冲控制器。

4. 称重模块

SIWAREX U 称重模块是紧凑型电子秤,用于化学工业和食品工业等行业测定料仓与储斗的料位,对起重机载荷进行监控,对传送带载荷进行测量或对工业提升机、轧机超载进行安全防护等。

SIWAREX M 称重模块是有校验能力的电子称重和配料单元,可以组成多料秤称重系统,安装在易爆区域,还可以作为独立于 PLC 的现场仪器使用。

5. 前连接器

前连接器用于将传感器和执行元件连接到信号模块,有 20 针和 40 针两种。它被插入到模块上,有前盖板保护。更换模块时只需要拆下前连接器,不用花费很长的时间重新接线。模块上有两个带顶罩的编码元件,第一次插入时,顶罩永久地插入到前连接器上。前连接器之后只能插入同样类型的模块。

前连接器模块代替前连接器插入到信号模块上,用于连接 16 通道或 32 通道信号模块。

6. TOP 连接器

TOP 连接器包括前连接器模块、连接电缆和端子块。所有部件均可以方便地连接,并可以单独更换。TOP 全模块化端子允许方便、快速和无错误地将传感器与执行元件连接到 S7-300,最长距离 30 m。模拟信号模块的负载电源 L+ 和地 M 的允许距离为 5 m,超过 5 m 时前连接器一端和端子块一端均需要加电源。

7. 仿真模块

仿真模块 SM 374 用于调试程序,用开关来模拟实际的输入信号,用 LED 显示输出信号的状态。模块上有一个功能设置开关,可以仿真 16 点输入、16 点输出,或 8 点输入、8 点输出,具有相同的起始地址。

8. 占位模块

占位模块 DM 370 为模块保留一个插槽,如果用一个其他模块代替占位模块整个配置和地址都保持不变。只有当为可编程信号模块进行模块化处理时,才能在 STEP 7 中组态 DM 370 占位模块。如果该模块为某个接口模块预留了插槽,则可在 STEP 7 中删除模块组态。

9. 模拟器模块

模拟器模块 DM 374 的 16 个开关可以被设置为 16 路输入、16 路输出或 8 路输入、8 路输出。

10. 位置解码器模块

位置解码器模块 SM 338 额定输入电压 DC 24 V,与 CPU 模块没有电气隔离,它主要用于连接多达 3 个 SSI 的输入(帧长度为 13 位的 SSI、帧长度为 21 位的 SSI、帧长度为 25 位的 SSI),以及 2 个用于冻结编码器数值的数字量输入,采集方式为周期采集或同步采集;它允许在运动系统中对编码器值直接做出反应,并且支持同步模式。

11. 接口模块

IM 360/IM 361、IM 365 为接口模块,PLC 通过接口模块实现系统的扩展。IM 360/IM 361 用于配置 1 个中央控制器和 3 个扩展机架,IM 365 用于配置 1 个中央控制器和 1 个扩展机架。

4.2 ET 200 分布式 I/O 的硬件组成

4.2.1 ET 200 分布式 I/O 综述

1.分布式 I/O 概念

当一个控制系统搭建完毕后,系统的过程控制量会频繁地输入到控制器或控制器输出。如果系统的过程控制量远离系统控制器,过长的 I/O 过程量传输线很难保证信号不被干扰。

分布式 I/O 的引入则可以很好地解决这个问题,所谓的分布式 I/O 就是系统的控制器位于系统核心位置,I/O 系统独立运行并分布在系统的远距离外围,而高传输速率的 PROFIBUS-DP 总线保证了控制器与 I/O 系统间的顺畅通信。

PROFIBUS-DP 是一种开放的总线,其中 DP 主站负责将分布式 I/O 系统(DP 从站)连接到控制器,同时 DP 主站通过 PROFIBUS-DP 网络与分布式 I/O 系统(DP 从站)交换数据。图 4-17 就是一个 PROFIBUS-DP 网络的组成示意图。

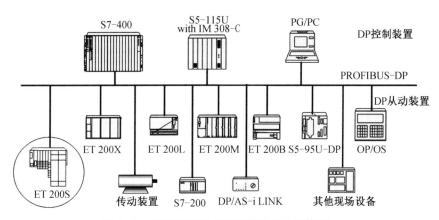

图 4-17 PROFIBUS-DP 网络的组成示意图

2. ET 200 的特点

西门子的 ET 200 是基于 PROFIBUS-DP 现场总线的分布式 I/O,可以与经过认证的非西门子公司生产的 PROFIBUS-DP 主站协同运行。

PROFIBUS 是为全集成自动化定制的开放的现场总线系统,它将现场设备连接到控制装置,并保证在各个部件之间的高速通信,从 I/O 传送信号到 PLC 的 CPU 模块只需毫秒级的时间。

全集成自动化概念和 STEP 7 使 ET 200 能与西门子的其他自动化系统协同运行,实现从硬件配置到共享数据库等所有层次上的集成。所有的 I/O 均在一个软件的控制之上,因此用户在增加程序时不需要额外的培训。

ET 200 只需很小的空间,因此能使用体积更小的控制柜。集成的连接器代替了过去密密麻麻、杂乱无章的电缆,加快了安装过程,紧凑的结构使成本大幅度降低。

ET 200 能在非常严酷的环境(如酷热、严寒、强压、潮湿或多粉尘等)中使用;能提供连接光纤 PROFIBUS 网络的接口,可以节省费用昂贵的抗电磁干扰措施。

3. ET 200 的集成功能

(1)电动机启动器

集成的电动机启动器用于异步电动机的单向或可逆启动,可以直接控制 7.5 kW 以下的电动机,节省了动力电缆,馈电电缆最大电流达 40 A,一个站可以带 6 个电动机启动器。

(2)气动系统

经过适当的配置,ET 200 能用于阀门控制。ET 200X 很容易安装上这种阀门,直接由 PROFIBUS 总线控制,并由 STEP 7 软件包组态。

(3)变频器

ET 200X 用于电气传动工程的模块提供变频器的所有功能。

(4)智能传感器

光电式编码器或光电开关等可以与使用 IQ Sense 智能传感器的 ET 200S 进行通信,可以直接在控制器上进行所有设置,然后将数值传送到传感器。传感器出现故障时,系统诊断功能自动发出报警信号。

(5)安全技术

ET 200 可以在冗余设计的容错控制系统或安全自动化系统中使用。集成的安全技术能显著地降低接线费用。安全技术包括紧急断开开关、安全门的监控以及众多与安全有关的电路。通过 ET 200S 故障防止模块、故障防止 CPU 模块和 PROFISafe 协议,与故障有关的信号亦能同标准功能一样在 PROFIBUS 网络上进行传送。

(6)分布式智能

ET 200S 中的 IM 151/CPU 模块类似于大型 S7 控制器的功能,可以用 STEP 7 对它编程。它用分布式智能传送 I/O 子任务,因而减轻了中央控制器的负担,能对时间要求很高的信号快速做出响应和简化对部件的管理。

(7)功能模块

功能模块是用于 ET 200M 和 ET 200S 的附加模块,如计数器、步进电动机或定位模块,以模块化的方法扩展分布式 I/O 的功能。

4.2.2　ET 200 的分类

ET 200 分为以下几个子系列。

(1)ET 200S 是分布式 I/O 系统,特别适用于需要电动机启动器和安全装置的开关柜,一个站最多可接 64 个子模块。

(2)ET 200M 是多通道模块化的分布式 I/O,采用 S7-300 全系列模块,最多可扩展 8 个模块,可以连接 256 个 I/O 通道,适用于大点数、高性能的应用。ET 200M 户外型是为野外应用设计的,其温度为-25~600 ℃。

(3)ET 200is 是本质安全系统,通过紧固和本质安全的设计,适用于有爆炸危险的区域。

(4)ET 200X 是具有高保护等级 IP 65/67(NEMA4)的分布式 I/O 设备,其功能相当于

S7-300 的 CPU 314,最多 7 个具有多种功能的模块连接在一块基板上。它封装在一个坚固的玻璃纤维的塑料外壳中,可以直接安装在机器上,用于有粉末和水流喷溅的场合。

(5)ET 200eco 是经济实用的 I/O,具有很高的保护等级(IP 67),能在运行时更换模块。

(6)ET 200R 适用于机器人,用于恶劣的工业环境,能抗焊接火花的飞溅。

(7)ET 200L 是小巧经济的分布式 I/O,像明信片大小的 I/O 模块适用于小规模的任务,十分方便地安装在标准 DIN 导轨上。

(8)ET 200B 是整体式的一体化分布式 I/O,有交流或直流的数字量 I/O 模块和模拟量 I/O 模块,具有模块诊断功能。

4.2.3 ET 200S 简介

ET 200S 是模块化分布式 I/O 机架,它按"位"模板化设计,能精确地适配自动化任务的要求。如图 4-18 所示,ET 200S 由 I/O 模板、功能模板(最大支持 63 个模板)和电机启动器组成。

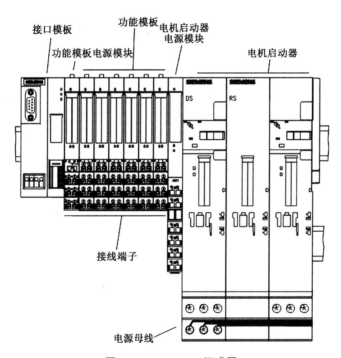

图 4-18 ET 200S 组成图

1. IM 151-1 接口模板

IM 151-1 接口模板是用来将 ET 200S 连接到 PROFIBUS-DP 上,用于处理与 PROFIBUS-DP 主站的所有数据交换。目前 IM 151-1 接口模板有 3 种型号:IM 151 标准型 (RS-485 和 FO)、IM 151 高性能型(RS-485)和 IM 151 基本型(RS-485)。

2. IM 151-7 CPU 接口模板

IM 151-7 CPU 接口模板用于 SIMATIC ET 200S,带有集成 CPU 模块,可以增强整套设备和机器的有效性与系统的可用性。IM 151-7 CPU 接口模板通过 PROFIBUS-DP 进行编程,并提供全新的 SIMATIC 微存储卡,由于没有电池,因此免维护。另外,IM 151-7 CPU 接口模板与 S7-314 的 CPU 接口模板功能一致。

ET 200S CPU 接口模板脱网运行时,IM 151-7 CPU 接口模板作为 PLC 单独运行,功能与 S7-314 一致。ET 200S CPU 接口模板联网运行时,IM 151-7 CPU 接口模板作为智能型从站运行,CPU 模块快速响应处理现场 I/O 信号,并与 PROFIBUS 主站交换数据。图 4-19 为 IM 151-7 CPU 接口模板脱网或联网运行时的示意图。

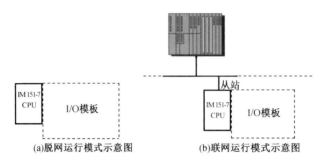

(a)脱网运行模式示意图   (b)联网运行模式示意图

图 4-19   IM 151-7 CPU 接口模板脱网或联网运行时的示意图

如果使用用于 IM 151-7 CPU 接口模板的主站接口模板(订货号 MLFB 6ES7151-7AA10-0AB0),则可将 IM 151-7 CPU 接口模板升级为 PROFIBUS 主站,即在一个 IM 151-7 CPU 接口模板上扩展一个新的 PROFIBUS 子网,功能相当于作为 S7-314 CPU 中 DP 主站组态的接口。通过主站模板,可以低成本地实现多层 PROFIBUS 系统,从而提高整个系统的可用性,并在 PROFIBUS 子网上实现高速响应(最高速率为 12 Mbit/s,最远传输距离为 1 000 m)。图 4-20 为用于 IM 151-7 CPU 接口模板的主站接口模板连接示意图。

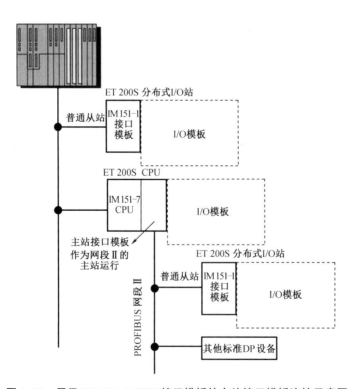

图 4-20   用于 IM 151-7 CPU 接口模板的主站接口模板连接示意图

3. 用于电子模板的 PM-E 电源管理模板

图 4-21 为用于电子模板的 PM-E 电源管理模板的原理图。

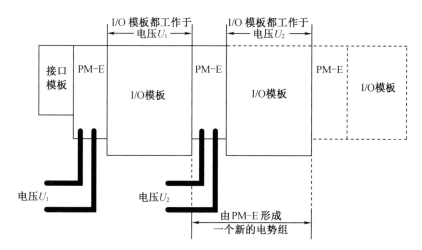

图 4-21　用于电子模板的 PM-E 电源管理模板的原理图

4. 数字量电子模板

数字量输入电子模板的技术参数见表 4-8。

数字量输出电子模板的技术参数见表 4-9。

5. 模拟量电子模板

模拟量输入电子模板的技术参数见表 4-10。

模拟量输出电子模板的技术参数见表 4-11。

6. 其他模板

（1）传感器模板 4IQ-Sense

4IQ-Sense 传感器模板是一种智能化 4 通道电子模板,用于 ET 200S。它可用于连接 IQ-Sense 传感器。ET 200S 为 PROFIBUS-DP 主站模板提供有各种功能。对于 SIMATIC S7 的简单处理,4IQ-Sense 提供有标准的功能块,常规传感器不能使用该模板运行。

传感器模板 4IQ-Sense 特点如下。

①可连接最多 4 个 IQ-Sense 传感器。

②采用 2 线制,降低布线费用。

③通过 IntelliTeach,调试快速。

④通道精确系统诊断(如断线、短路、模板/传感器故障等)。

⑤在运行过程中和通电情况下即可进行模板更换(热插拔)。

⑥采用自动编码,连接到 TM-E 端子模板。

（2）SSI 模板

SSI 模板用于将 SSI 传感器连接到 ET 200S 上,可实现位置检测和简单的定位功能;可与指定比较值进行两次比较操作(标准模式);数字量输入用于锁定实际值(标准模式);采用自动编码,插入到 TM-E 端子模板;在运行过程中和通电情况下即可进行模板更换(热插拔)。

西门子PLC原理及应用实例

表4-8 数字量输入电子模板的技术参数

6ES7	输入通道数	电缆长度/屏蔽	"0"~"1" 输入延时	"1"~"0" 输入延时	额定输入 电压/电流	"1"信号 输入电压/电流	"0"信号 输入电压/电流
2DI DC 24 V (131-4BB00-0AA0)	2个	600/1 000 m	3 ms	3 ms	DC 24 V	DC 15~30 V	DC −30~5 V
4DI DC 24 V (131-4BD00-0AA0)	4个	600/1 000 m	3 ms	3 ms	DC 24 V	DC 15~30 V	DC −30~5 V
4DI DC/SRC 24 V (131-4BD50-0AA0)	4个	600/1 000 m	3 ms	3 ms	DC 24 V	DC 15~30 V	DC −30~5 V
2DI DC 24 V (131-4BB00-0AB0)	2个	600/1 000 m	0.1 ms	0.1 ms	DC 24 V	DC 11~30 V	DC −30~5 V
4DI DC 24 V (131-4BD00-0AB0)	4个	600/1 000 m	0.1 ms	0.1 ms	DC 24 V	DC 11~30 V	DC −30~5 V
4DI UC 24/48 V (131-4CD00-0AB0)	4个	600/1 000 m	1.5 ms	1.5 ms	DC/AC 24~48 V	DC −15~−57.6 V DC 15~57.6 V AC 15~48 V	DC −6~6 V AC 0~5 V
4DI NAMUR (131-4RD00-0AB0)	4个	200 m	4.6 ms	4.6 ms	—	2.1~7 mA	0.35~1.2 mA
2DI AC 120 V (131-4EB00-0AB0)	2个	600/1 000 m	15 ms	25 ms	AC 120 V	AC 79~132 V	AC 0~20 V
2DI AC 230 V (131-4FB00-0AB0)	2个	600/1 000 m	15 ms	45 ms	AC 230 V	AC 164~264 V	AC 0~40 V

表4-9 数字量输出电子模板的技术参数

6ES7	输出通道数/输出电压	电缆长度/屏蔽	总输出电流	额定输出电流	允许输出电流	负载范围	切换频率
2DO DC 24 V/0.5 A (132-4BB00-0AA0)	2个/DC 24 V	600/1 000 m	1 A	0.5 A	7~600 mA	阻性:48~3 400 Ω 灯负载:5 W	阻性:100 Hz 感性:2 Hz(0.5H) 灯负载:10 Hz
4DO DC 24 V/0.5 A (132-4BD00-0AA0)	4个/DC 24 V	600/1 000 m	2 A	0.5 A	7~600 mA	阻性:48~3 400 Ω 灯负载:5 W	阻性:100 Hz 感性:2 Hz(0.5H) 灯负载:10 Hz
2DO DC 24 V/0.5 A (132-4BB00-0AB0)	2个/DC 24 V	600/1 000 m	2 A	0.5 A	7~600 mA	阻性:48~3 400 Ω 灯负载:2.5 W	阻性:100 Hz 感性:2 Hz(0.5H) 灯负载:10 Hz
2DO DC 24 V/2 A (132-4BB30-0AA0)	2个/DC 24 V	600/1 000 m	4 A	2 A	7~2 400 mA	阻性:12~3 400 Ω 灯负载:10 W	阻性:100 Hz 感性:2 Hz(0.5H) 灯负载:10 Hz
4DO DC 24 V/2 A (132-4BD30-0AA0)	4个/DC 24 V	600/1 000 m	8 A	2 A	7~2 400 mA	阻性:12~3 400 Ω 灯负载:10 W	阻性:100 Hz 感性:2 Hz(0.5H) 灯负载:10 Hz
2DO DC 24 V/2 A (132-4BB30-0AB0)	2个/DC 24 V	600/1 000 m	4 A	2 A	7~2 400 mA	阻性:12~3 400 Ω 灯负载:5 W	阻性:100 Hz 感性:2 Hz(0.5H) 灯负载:10 Hz
2DO AC 24~230 V/2 A (132-4FB00-0AB0)	2个/AC 24~230 V	600/1 000 m	4 A	2 A	0.1~2 200 mA	灯负载:100 W	阻性:10 Hz 感性:0.5 Hz(0.5H) 灯负载:1 Hz
2RO NO DC 24~120 V/5 A, AC 24~230 V/5 A (132-4HB00-0AB0)	2个/DC 24~120 V /AC 24~230 V	600/1 000 m	10 A	5 A	0.8~2 200 mA	—	阻性:2 Hz 感性:0.5 Hz(0.5H) 灯负载:2 Hz
2RO NO/NC DC 24~48 V/5 A, AC 24~230 V/5 A (132-4HB10-0AB0)	2个/DC 24~48 V /AC 24~230 V	600/1 000 m	10 A	5 A	0.8~2 200 mA	—	阻性:2 Hz 感性:0.5 Hz(0.5H) 灯负载:2 Hz

表4-10 模拟量输入电子模板的技术参数

6ES7	通道数/输入类型	电缆长度	测量原理	积分时间	转换时间（单通道）	循环时间（单通道）	分辨率	温度误差	线性误差	重复性
2AI U (134-4FB00-0AB0)	2个/电压	200 m	积分式	20 ms	55 ms	65 ms	13+符号位（±10 V；±5 V）/ 13位（1~5 V）	±0.01%/K	±0.01%	±0.05%
2AI U (134-4LB00-0AB0)	2个/电压	200 m	积分式	20 ms	30 ms	90 ms	15+符号位（±10 V；±5 V）/ 15位（1~5 V）	±0.003%/K	±0.03%	±0.01%
2AI U (134-4FB51-0AB0)	2个/电压	200 m	瞬时值编码	—	0.1 ms	1 ms	13+符号位（±10 V；±5 V；±2.5 V）/ 13位（1~5 V）	±0.01%/K	±0.01%	±0.05%
2AI (134-4GB00-0AB0)	2个/电流（2线）	200 m	积分式	20 ms	65 ms	65 ms	13位（4~20 mA）	±0.005%/K	±0.01%	±0.05%
2AI I (134-4GB51-0AB0)	2个/电流（2线）	200 m	瞬时值编码	—	0.1 ms	1 ms	13位（4~20 mA；0~20 mA）	±0.01%/K	±0.01%	±0.05%
2AI I (134-4GB10-0AB0)	2个/电流（4线）	200 m	积分式	20 ms	65 ms	65 ms	13+符号位（±20 mA）/ 13位（4~20 mA）	±0.005%/K	±0.01%	±0.05%
2AI I (134-4MB00-0AB0)	2个/电流（2/4线）	200 m	积分式	20 ms	30 ms	90 ms	15+符号位（±20 mA）/ 15位（4~20 mA）	±0.003%/K	±0.03%	±0.01%
2AI I (134-4GB61-0AB0)	2个/电流（4线）	200 m	瞬时值编码	—	0.1 ms	1 ms	13位（4~20 mA；0~20 mA）/ 13+符号位（±20 mA）	±0.01%/K	±0.01%	±0.05%

表 4-10（续）

6ES7	通道数/输入类型	电缆长度	测量原理	积分时间	转换时间（单通道）	循环时间（单通道）	分辨率	温度误差	线性误差	重复性
2AI RTD (134-4JB50-0AB0)	2个/热电阻	200 m	积分式	20 ms	130 ms	130 ms	15+符号位（Pt100；Ni100） 14 位（150 Ω） 15 位（300 Ω，600 Ω）	±0.005%/K	±0.01%	±0.05%
2AI RTD (134-4NB50-0AB0)	2个/电阻	200 m	积分式	20 ms	60 ms	65 ms	15+符号位（Pt100；Ni100；Ni120；Pt200；Ni200；Pt500；Ni500；Pt1000；Ni1000；Cu10） 15 位（150 Ω；300 Ω；600 Ω；3 000 Ω）	±0.000 9%/K	±0.01%	±0.05%
2AI TC (134-4JB00-0AB0)	2个/热电耦	50 m	积分式	20 ms	65 ms	85 ms	15+符号位	±0.005%/K	±0.01%	±0.05%
2AI TC (134-4NB00-0AB0)	2个/热电耦	50 m	积分式	20 ms	80 ms	85 ms	15+符号位	±0.005%/K	±0.01%	±0.05%

表 4-11　模拟量输出电子模板的技术参数

6ES7	输出通道数/输出类型	电缆长度	循环时间	输出范围	温度误差	线性误差	重复性
2AO U (135-4FB00-0AB0)	2 个/电压	200 m	1.5 ms	±10 V 1~5 V	±0.01%/K	±0.02%	±0.05%
2AO U (135-4LB01-0AB0)	2 个/电压	200 m	1 ms	±10 V 1~5 V	±0.02%/K	±0.01%	±0.02%
2AO I (135-4GB00-0AB0)	2 个/电流	200 m	1.5 ms	±20 V·mA 4~20 V·mA	±0.01%/K	±0.02%	±0.05%
2AO I (135-4MB01-0AB0)	2 个/电流	200 m	1 ms	±20 V·mA 4~20 V·mA	±0.001%/K	±0.02%	±0.05%

（3）2 PULSE 脉冲发生器

2 PULSE 脉冲发生器是双通道脉冲发生器和定时器模板,用于 ET 200S,可实现控制最终控制元件、阀、加热元件等,并具有脉冲宽度调制（PWM）、脉冲顺序和脉冲跟踪等功能。

（4）1 STEP 步进电机模板

1 STEP 步进电机模板是单通道模板,用于 ET 200S 的步进电机定位控制,带有基准点或增量运行模式,用 5 V 插分信号使功率电路与脉冲/方向接口相连接,具有经过数字量输入的斜坡外部停止与状态和故障 LED 显示功能。

（5）1 POS SSI/数字量定位模板

1 POS SSI/数字量定位模板是单通道定位模板,其根据快速/爬行进给原理,使用数字量输入进行定位控制。其可进行 SSI 实际位置感测,可在运行过程中更改参数。

（6）1 POSS SSI/模拟量定位模板

1 POSS SSI/模拟量定位模板是单通道定位模板,其根据快速/爬行进给原理,使用模拟量输出进行定位控制。其可进行 SSI 实际位置感测,可在运行过程中更改反向差、关断差、编码器调整、转速、加速度等参数。

（7）1 POS Inc/数字量定位模板

1 POS Inc/数字量定位模板是单通道定位模板,其根据快速/爬行进给原理,使用数字量输出进行定位控制。其带有实际位置确定功能,可用于增量式编程器。

（8）1 COUNT 24 V/100 kHz 计数器模板

1 COUNT 24 V/100 kHz 计数器模板是单通道智能 32 位计数模板,用于通用计数任务、时限测量任务和直接连接 24 V 增量传感器或执行器。其具有比较功能,可与预定义比较值进行比较;集成了数字量输出,到达比较值时,输出反应;采用自动编码,可连接到 TM-ED 端子模板;在运行过程中和通电情况下即可进行模板更换（热插拔）。

（9）1 COUNT 5 V/500 kHz 计数器模板

1 COUNT 5 V/500 kHz 计数器模板是单通道智能 32 位计数模板,用于通用计数任务、时限测量任务并可用于直接连接5 V增量编程器(RS-422)。其具有比较功能,可与预定义比较值进行比较;集成2点数字量输出,到达比较值时,输出反应;采用自动编码,可连接到TM-ED端子模板;在运行过程中和通电情况下即可进行模板更换(热插拔)。

(10)1 SI 接口模板

1 SI 接口模板是单通道模板,用于通过点到点连接进行串行数据交换,报文帧长度最大200 B,支持 ASCII、3964(R)、Modbus 和 USS 协议。

(11)电机启动器

使用 ET 200S 电机启动器,可保护和开关任何三相负载。通信接口使之理想用于分布式控制柜或控制箱中。

由于电机启动器出厂时全部接线,控制柜的装配极为快速,结构更为紧凑;高度模块化的设计,组态简化;对于每个负载电器,使用 ET 200S,可显著节省部件,即无源端子模板和电机启动器。因此,ET 200S 最佳适用于模块化机器解决方案。

通过端子模板排,电机启动器可实现扩展。由于采用端子模板的端子排(10 mm),将不再需要以前必需的导线编组。固定接线与热插拔功能意味着电机启动器可在几秒钟之内更换完毕。因此,这些电机启动器尤其适用于对可用性有严格要求的应用。

使用制动控制模板 xB1～xB4 扩展电机启动器,可以控制带有 DC 24 V 制动器(xB1、xB3)以及 DC 500 V 制动器(xB2、xB4)的电机。DC 24 V 制动器由外部供电,并可通风,与电机启动器的开关状态无关。相比较而言,DC 500 V 制动器主要通过一个整流器直接从电机端子板供电,因此在电机启动器关闭时不能通风。这些制动器不能与 DSS1e-x 电机启动器(软启动器)组合使用。

制动器控制模板的输出还可用于其他目的,如用于激活直流阀。通过制动控制模板(xB3、xB4)上的两个任选的本地作用输入和高性能型启动器上的其他两个本地作用输入,可以实现独立的特殊功能,与总线和上游 PLC 无关,如滑动控制中的快速制动,同时这些输入的状态将被传送到 PLC。

4.3 S7-300/400 的指令系统

4.3.1 位逻辑指令

位逻辑指令用于二进制数的逻辑运算,二进制数只有1和0这两个数,位逻辑指令只使用1和0两个数字。在触点和线圈领域中,1表示激活或激励状态,0表示未激活或未激励状态。位逻辑指令对1和0信号状态加以解释,并按照布尔逻辑组合它们。这些组合会产生由1或0组成的结果,即 RLO。位逻辑指令符号表见表4-12。

表4-12 位逻辑指令符号表

序号	梯形图	说明
1	---| |---	常开触点
2	---| / |---	常闭触点
3	---|NOT|---	取反 RLO
4	---( )---	线圈/赋值
5	---(R)---	复位输出
6	---(S)---	置位输出
7	SR	置位复位触发器
8	RS	复位置位触发器
9	---| P |---	扫描操作数的信号上升沿
10	---| N |---	扫描操作数的信号下降沿
11	P_TRIG	扫描 RLO 的信号上升沿
12	N_TRIG	扫描 RLO 的信号下降沿

1. ---\| \|---:常开触点

符号：

<操作数>

---\| \|---

常开触点的参数见表4-13。

表4-13 常开触点的参数

参数	声明	数据类型	存储区	说明
<操作数>	Input	BOOL	I、Q、M、D、L、T、C	要查询其信号状态的操作数

常开触点的激活取决于相关操作数的信号状态。当操作数的信号状态为"1"时,常开触点将闭合,同时将输出的信号状态置位为"1"。

当操作数的信号状态为"0"时,不会激活常开触点,同时该指令输出的信号状态复位为"0"。

两个或多个常开触点串联时,将逐位进行"与"运算。串联时,所有触点都闭合后才产生信号流。

常开触点并联时,将逐位进行"或"运算。并联时,有一个触点闭合就会产生信号流。

常开触点实例图如图4-22所示。

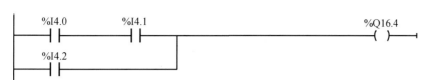

图 4-22 常开触点实例图

满足下列条件之一时,将置位操作数 Q16.4。

- 操作数 I4.0 和 I4.1 的信号状态都为"1"。
- 操作数 I4.2 的信号状态为"1"。

常开触点实例图逻辑运算表见表 4-14。

表 4-14 常开触点实例图逻辑运算表

序号	I4.0	I4.1	I4.2	Q16.4
1	0	0	0	0
2	0	0	1	1
3	0	1	0	0
4	0	1	1	1
5	1	0	0	0
6	1	0	1	1
7	1	1	0	1
8	1	1	1	1

2. ---| / |---:常闭触点

符号:

<操作数>

---| / |---

常闭触点参数见表 4-15。

表 4-15 常闭触点参数

参数	声明	数据类型	存储区	说明
<操作数>	Input	BOOL	I、Q、M、D、L、T、C	要查询其信号状态的操作数

常闭触点的激活取决于相关操作数的信号状态。当操作数的信号状态为"1"时,常闭触点将断开,同时该指令输出的信号状态复位为"0"。

当操作数的信号状态为"0"时,激活常闭触点,同时将该输入的信号状态置位为"1"。

两个或多个常闭触点串联时,将逐位进行"与"运算。串联时,所有触点都闭合后才产生信号流。

常闭触点并联时,将进行"或"运算。并联时,有一个触点闭合就会产生信号流。

常闭触点实例图如图 4-23 所示。

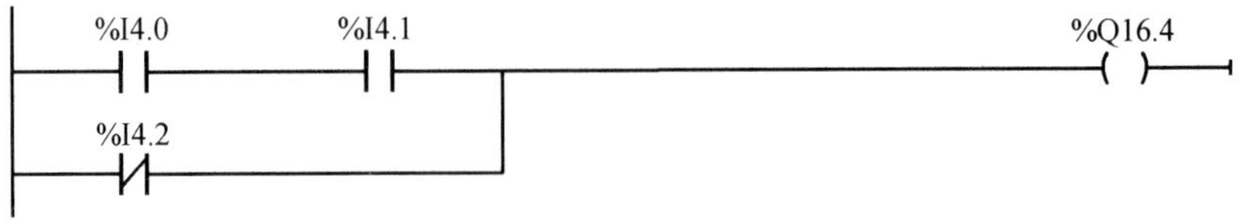

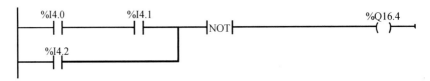

图 4-23 常闭触点实例图

满足下列条件之一时,将置位操作数 Q16.4。

- 操作数 I4.0 和 I4.1 的信号状态都为"1"。
- 操作数 I4.2 的信号状态为"0"。

常闭触点实例图逻辑运算表见表 4-16。

表 4-16 常闭触点实例图逻辑运算表

序号	I4.0	I4.1	I4.2	Q16.4
1	0	0	0	1
2	0	0	1	0
3	0	1	0	1
4	0	1	1	0
5	1	0	0	1
6	1	0	1	0
7	1	1	0	1
8	1	1	1	1

3. ---|NOT|---:取反 RLO

符号:

---| NOT |---

使用"取反 RLO"指令,可对 RLO 的信号状态进行取反。如果该指令输入的信号状态为"1",则指令输出的信号状态为"0"。如果该指令输入的信号状态为"0",则输出的信号状态为"1"。

取反 RLO 实例图如图 4-24 所示。

图 4-24 取反 RLO 实例图

满足下列条件之一时,可对操作数 Q16.4 进行复位。

- 操作数 I4.0 和 I4.1 的信号状态都为"1"。
- 操作数 I4.2 的信号状态为"1"。

取反 RLO 实例图逻辑运算表见表 4-17。

表 4-17 取反 RLO 实例图逻辑运算表

序号	I4.0	I4.1	I4.2	Q16.4
1	0	0	0	1
2	0	0	1	0
3	0	1	0	1
4	0	1	1	0
5	1	0	0	1
6	1	0	1	0
7	1	1	0	0
8	1	1	1	0

4. ---( )---:线圈/赋值

符号:

<操作数>

---( )---

线圈/赋值参数见表 4-18。

表 4-18 线圈/赋值参数

参数	声明	数据类型	存储区	说明
<操作数>	Output	BOOL	I、Q、M、D、L	要赋值给 RLO 的操作数

可以使用"线圈/赋值"指令来赋值指定操作数的位。如果线圈输入的 RLO 的信号状态为"1",则将指定操作数的信号状态置位为"1"。如果线圈输入的信号状态为"0",则指定操作数的位将复位为"0"。

该指令不会影响 RLO。线圈输入的 RLO 将直接发送到输出。

线圈/赋值实例图如图 4-25 所示。

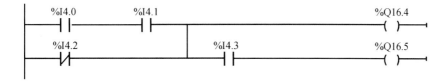

图 4-25 线圈/赋值实例图

满足下列条件之一时,将置位 Q16.4 操作数。

- 操作数 I4.0 和 I4.1 的信号状态都为"1"。
- 操作数 I4.2 的信号状态为"0"。

满足下列条件之一时,将置位 Q16.5 操作数。

- 操作数 I4.0 和 I4.1 的信号状态都为"1"。
- 操作数 I4.2 的信号状态为"0",且操作数 I4.3 的信号状态为"1"。

线圈/赋值实例图逻辑运算表见表4-19。

表4-19 线圈/赋值实例图逻辑运算表

序号	I4.0	I4.1	I4.2	I4.3	Q16.4	Q16.5
1	0	0	0	0	1	0
2	0	0	1	0	0	0
3	0	1	0	0	1	0
4	0	1	1	0	0	0
5	1	0	0	0	1	0
6	1	0	1	0	0	0
7	1	1	0	0	1	0
8	1	1	1	0	1	0
9	0	0	0	1	1	1
10	0	0	1	1	0	0
11	0	1	0	1	1	1
12	0	1	1	1	0	0
13	1	0	0	1	1	1
14	1	0	1	1	0	0
15	1	1	0	1	1	1
16	1	1	1	1	1	1

5. ---(R)---：复位输出

符号：

<操作数>

---(R)---

复位输出参数见表4-20。

表4-20 复位输出参数

参数	声明	数据类型	存储区	说明
<操作数>	Output	BOOL	I、Q、M、D、L、T、C	RLO 为"1"时复位的操作数

可以使用"复位输出"指令将指定操作数的信号状态复位为"0"。

仅当线圈输入的 RLO 为"1"时，才执行该指令。如果信号流通过线圈（RLO="1"），则指定的操作数复位为"0"。如果线圈输入的 RLO 为"0"（没有信号流过线圈），则指定操作数的信号状态将保持不变。

复位输出实例图如图4-26所示。

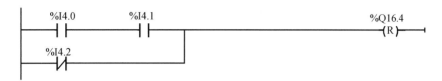

图4-26 复位输出实例图

满足下列条件之一时,可对操作数Q16.4进行复位。

- 操作数I4.0和I4.1的信号状态都为"1"。
- 操作数I4.2的信号状态为"0"。

复位输出实例图逻辑运算表见表4-21。

表4-21 复位输出实例图逻辑运算表

序号	I4.0	I4.1	I4.2	Q16.4
1	0	0	0	0
2	0	0	1	*
3	0	1	0	0
4	0	1	1	*
5	1	0	0	0
6	1	0	1	*
7	1	1	0	0
8	1	1	1	0

6. ---(S)---:置位输出

符号:

<操作数>

---(S)---

置位输出参数见表4-22。

表4-22 置位输出参数

参数	声明	数据类型	存储区	说明
<操作数>	Output	BOOL	I、Q、M、D、L	RLO为"1"时置位的操作数

使用"置位输出"指令,可将指定操作数的信号状态置位为"1"。

仅当线圈输入的RLO为"1"时,才执行该指令。如果信号流通过线圈(RLO="1"),则指定的操作数置位为"1"。如果线圈输入的RLO为"0"(没有信号流过线圈),则指定操作数的信号状态将保持不变。

置位输出实例图如图4-27所示。

图4-27 置位输出实例图

满足下列条件之一时,将置位 Q16.4 操作数。

- 操作数 I4.0 和 I4.1 的信号状态都为"1"。
- 操作数 I4.2 的信号状态为"0"。

置位输出实例图逻辑运算表见表4-23。

表4-23 置位输出实例图逻辑运算表

序号	I4.0	I4.1	I4.2	Q16.4
1	0	0	0	1
2	0	0	1	*
3	0	1	0	1
4	0	1	1	*
5	1	0	0	1
6	1	0	1	*
7	1	1	0	1
8	1	1	1	1

7. SR:置位复位触发器

符号(图4-28):

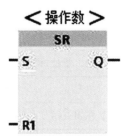

图4-28 置位复位触发器符号

置位复位触发器参数见表4-24。

表4-24 置位复位触发器参数

参数	声明	数据类型	存储区	说明
S	Input	BOOL	I、Q、M、D、L	使能置位
R1	Input	BOOL	I、Q、M、D、L、T、C	使能复位
<操作数>	InOut	BOOL	I、Q、M、D、L	待置位或复位的操作数
Q	Output	BOOL	I、Q、M、D、L	操作数的信号状态

可以使用"置位复位触发器"指令,根据输入 S 和 R1 的信号状态,置位或复位指定操作数的位。如果输入 S 的信号状态为"1"且输入 R1 的信号状态为"0",则将指定的操作数置位为"1"。如果输入 S 的信号状态为"0",且输入 R1 的信号状态为"1",则指定的操作数将复位为"0"。

输入 R1 的优先级高于输入 S,即输入 S 和 R1 的信号状态都为"1"时,指定操作数的信号状态将复位为"0"。

如果两个输入 S 和 R1 的信号状态都为"0",则不会执行该指令。因此操作数的信号状态保持不变。

操作数的当前信号状态被传送到输出 Q,并可在此进行查询。

置位复位触发器逻辑表见表4-25。

表4-25 置位复位触发器逻辑表

序号	S	R1	Q
1	0	0	*
2	0	1	0
3	1	0	1
4	1	1	0

置位复位触发器实例图如图4-29所示。

图4-29 置位复位触发器实例图

满足下列条件时,将置位操作数 M0.0 和 Q16.4。
- 操作数 I4.0 的信号状态为"1",且操作数 I4.1 的信号状态为"0"。

满足下列条件之一时,将复位操作数 M0.0 和 Q16.4。
- 操作数 I4.0 的信号状态为"0",且操作数 I4.1 的信号状态为"1"。
- 操作数 I4.0 和 I4.1 的信号状态都为"1"。

置位复位触发器实例图逻辑运算表见表4-26。

表4-26 置位复位触发器实例图逻辑运算表

序号	I4.0	I4.1	M0.0	Q16.4
1	0	0	*	*
2	0	1	0	0
3	1	0	1	1
4	1	1	0	0

8.RS:复位置位触发器

符号(图4-30):

图4-30 复位置位触发器符号

复位置位触发器参数见表4-27。

表4-27 复位置位触发器参数

参数	声明	数据类型	存储区	说明
R	Input	BOOL	I、Q、M、D、L	使能复位
S1	Input	BOOL	I、Q、M、D、L、T、C	使能置位
<操作数>	InOut	BOOL	I、Q、M、D、L	待置位或复位的操作数
Q	Output	BOOL	I、Q、M、D、L	操作数的信号状态

使用"复位置位触发器"指令,根据R和S1输入端的信号状态,复位或置位指定操作数的位。如果输入R的信号状态为"1",且输入S1的信号状态为"0",则指定的操作数将复位为"0"。如果输入R的信号状态为"0",且输入S1的信号状态为"1",则将指定的操作数置位为"1"。

输入S1的优先级高于输入R,即当输入R和S1的信号状态均为"1"时,将指定操作数的信号状态置位为"1"。

如果两个输入R和S1的信号状态都为"0",则不会执行该指令。因此操作数的信号状态保持不变。

操作数的当前信号状态被传送到输出Q,并可在此进行查询。

复位置位触发器逻辑表见表4-28。

表4-28　复位置位触发器逻辑表

序号	R	S	Q
1	0	0	*
2	0	1	1
3	1	0	0
4	1	1	1

复位置位触发器实例图如图4-31所示。

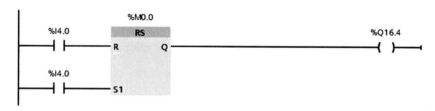

图4-31　复位置位触发器实例图

满足下列条件时,将复位操作数 M0.0 和 Q16.4。
- 操作数 I4.0 的信号状态为"1",且操作数 I4.1 的信号状态为"0"。

满足下列条件之一时,将置位 M0.0 和 Q16.4 操作数。
- 操作数 I4.0 的信号状态为"0",且操作数 I4.1 的信号状态为"1"。
- 操作数 I4.0 和 I4.1 的信号状态为"1"。

复位置位触发器实例图逻辑运算表见表4-29。

表4-29　复位置位触发器实例图逻辑运算表

序号	I4.0	I4.1	M0.0	Q16.4
1	0	0	*	*
2	0	1	1	1
3	1	0	0	0
4	1	1	1	1

9. ---| P |---:扫描操作数的信号上升沿

符号:

<操作数 1>

---| P |---

<操作数 2>

扫描操作数的信号上升沿参数见表4-30。

表 4-30　扫描操作数的信号上升沿参数

参数	声明	数据类型	存储区	说明
<操作数 1>	Input	BOOL	I、Q、M、D、L、T、C	要扫描的信号
<操作数 2>	Input	BOOL	I、Q、M、D、L	保存上一次查询的信号 状态的边沿存储位

使用"扫描操作数的信号上升沿"指令,可以确定所指定操作数(<操作数 1>)的信号状态是否从"0"变为"1"。该指令将比较<操作数 1>的当前信号状态与上一次扫描的信号状态,上一次扫描的信号状态保存在边沿存储位(<操作数 2>)中。如果该指令检测到 RLO 从"0"变为"1",则说明出现了一个上升沿。

图 4-32 显示了出现信号下降沿和上升沿时,信号状态的变化。

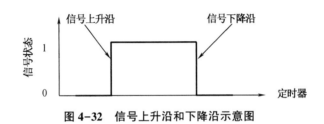

图 4-32　信号上升沿和下降沿示意图

每次执行指令时,都会查询信号上升沿。检测到信号上升沿时,<操作数 1>的信号状态将在一个程序周期内保持置位为"1"。在其他任何情况下,操作数的信号状态均为"0"。

在该指令上方的操作数地址中,指定要查询的操作数(<操作数 1>)。在该指令下方的操作数地址中,指定边沿存储位(<操作数 2>)。

注意:修改边沿存储位的地址。

边沿存储位的地址在程序中最多只能使用一次,否则,会覆盖该位存储器。该步骤将影响到边沿检测,从而导致结果不再唯一。边沿存储位的存储区域必须位于 DB(FB 静态区域)或位存储区中。

扫描操作数的信号上升沿实例图如图 4-33 所示。

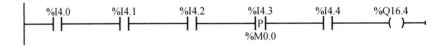

图 4-33　扫描操作数的信号上升沿实例图

满足下列条件时,将置位操作数 Q16.4。

● 操作数 I4.0、I4.1 和 I4.2 的信号状态为"1"。
● 操作数 I4.3 为上升沿。上一次扫描的信号状态存储在边沿存储位 M0.0 中。
● 操作数 I4.4 的信号状态为"1"。

10. ---| N |---:扫描操作数的信号下降沿

符号:

<操作数 1>

---| N |---

<操作数 2>

扫描操作数的信号下降沿参数见表4-31。

表4-31 扫描操作数的信号下降沿参数

参数	声明	数据类型	存储区	说明
<操作数1>	Input	BOOL	I、Q、M、D、L、T、C	要扫描的信号
<操作数2>	Input	BOOL	I、Q、M、D、L	保存上一次查询的信号状态的边沿存储位

使用"扫描操作数的信号下降沿"指令,可以确定所指定操作数(<操作数1>)的信号状态是否从"1"变为"0"。该指令将比较<操作数1>的当前信号状态与上一次扫描的信号状态,上一次扫描的信号状态保存在边沿存储位<操作数2>中。如果该指令检测到RLO从"1"变为"0",则说明出现了一个下降沿。

图4-32显示了出现信号下降沿和上升沿时,信号状态的变化。

每次执行指令时,都会查询信号下降沿。检测到信号下降沿时,<操作数1>的信号状态将在一个程序周期内保持置位为"1"。在其他任何情况下,操作数的信号状态均为"0"。

在该指令上方的操作数地址中,指定要查询的操作数(<操作数1>)。在该指令下方的操作数地址中,指定边沿存储位(<操作数2>)。

注意:修改边沿存储位的地址。

边沿存储位的地址在程序中最多只能使用一次,否则,会覆盖该位存储器。该步骤将影响到边沿检测,从而导致结果不再唯一。边沿存储位的存储区域必须位于DB(FB静态区域)或位存储区中。

扫描操作数的信号下降沿实例图如图4-34所示。

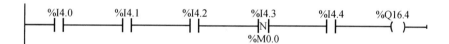

图4-34 扫描操作数的信号下降沿实例图

满足下列条件时,将置位操作数Q16.4。

- 操作数I4.0、I4.1和I4.2的信号状态为"1"。
- 操作数I4.3为下降沿。上一次扫描的信号状态存储在边沿存储位M0.0中。
- 操作数I4.4的信号状态为"1"。

11. P_TRIG:扫描RLO的信号上升沿

符号(图4-35):

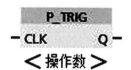

图4-35 扫描RLO的信号上升沿符号

扫描 RLO 的信号上升沿参数见表 4-32。

表 4-32 扫描 RLO 的信号上升沿参数

参数	声明	数据类型	存储区	说明
CLK	Input	BOOL	I、Q、M、D、L	当前 RLO
<操作数>	InOut	BOOL	M、D	保存上一次查询的 RLO 的边沿存储位
Q	Output	BOOL	I、Q、M、D、L	边沿检测的结果

使用"扫描 RLO 的信号上升沿"指令,可查询 RLO 的信号状态从"0"到"1"的更改。该指令将比较 RLO 的当前信号状态与保存在边沿存储位(<操作数>)中上一次查询的信号状态。如果该指令检测到 RLO 从"0"变为"1",则说明出现了一个信号上升沿。

每次执行指令时,都会查询信号上升沿。检测到信号上升沿时,该指令输出 Q,立即返回的信号状态为"1"。在其他任何情况下,该输出返回的信号状态均为"0"。

注意:修改边沿存储位的地址。

边沿存储位的地址在程序中最多只能使用一次,否则,会覆盖该位存储器。该步骤将影响到边沿检测,从而导致结果不再唯一。边沿存储位的存储区域必须位于 DB(FB 静态区域)或位存储区中。

扫描 RLO 的信号上升沿实例图如图 4-36 所示。

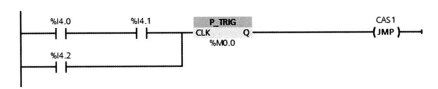

图 4-36 扫描 RLO 的信号上升沿实例图

先前查询的 RLO 保存在边沿存储位 M0.0 中。如果检测到 RLO 的信号状态从"0"变为"1",则程序将跳转到跳转标签 CAS1 处。

12. N_TRIG:扫描 RLO 的信号下降沿

符号(图 4-37):

图 4-37 扫描 RLO 的信号下降沿符号

扫描 RLO 的信号下降沿参数见表 4-33。

表4-33 扫描 RLO 的信号下降沿参数

参数	声明	数据类型	存储区	说明
CLK	Input	BOOL	I、Q、M、D、L	当前 RLO
<操作数>	InOut	BOOL	M、D	保存上一次查询的 RLO 的边沿存储位
Q	Output	BOOL	I、Q、M、D、L	边沿检测的结果

使用"扫描 RLO 的信号下降沿"指令,可查询 RLO 的信号状态从"1"到"0"的更改。该指令将比较 RLO 的当前信号状态与保存在边沿存储位(<操作数>)中上一次查询的信号状态。如果该指令检测到 RLO 从"1"变为"0",则说明出现了一个信号下降沿。

每次执行指令时,都会查询信号下降沿。检测到信号下降沿时,该指令输出 Q,立即返回的信号状态为"1"。在其他任何情况下,该指令输出的信号状态均为"0"。

注意:修改边沿存储位的地址。

边沿存储位的地址在程序中最多只能使用一次,否则,会覆盖该位存储器。该步骤将影响到边沿检测,从而导致结果不再唯一。边沿存储位的存储区域必须位于 DB(FB 静态区域)或位存储区中。

扫描 RLO 的信号下降沿实例图如图 4-38 所示。

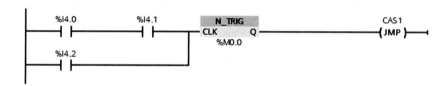

图4-38 扫描 RLO 的信号下降沿实例图

先前查询的 RLO 保存在边沿存储位 M0.0 中。如果检测到 RLO 的信号状态从"1"变为"0",则程序将跳转到跳转标签 CAS1 处。

4.3.2 定时器指令

SIMATIC S7-300/400 CPU 模块定时器指令见表4-34。

表4-34 SIMATIC S7-300/400 CPU 模块定时器指令

序号	指令分类	梯形图	说明
1	IEC 定时器	TP	生成脉冲(带有参数)
2		TON	生成接通延时(带有参数)
3		TOF	生成关断延时(带有参数)

表 4-34(续)

序号	指令分类	梯形图	说明
4		S_PULSE	分配脉冲定时器参数并启动
5		S_PEXT	分配扩展脉冲定时器参数并启动
6		S_ODT	分配接通延时定时器参数并启动
7	SIMATIC	S_ODTS	分配保持型接通延时定时器参数并启动
8	定时器	S_OFFDT	分配关断延时定时器参数并启动
9		---(SP)	启动脉冲定时器
10		---(SE)	启动扩展脉冲定时器
11		---(SD)	启动接通延时定时器
12		---(SS)	启动保持型接通延时定时器
13		---(SF)	启动关断延时定时器

1. 定时器概述

(1)定时器的种类

定时器相当于继电器电路中的时间继电器,S7-300/400 的定时器分为脉冲定时器(SP)、扩展脉冲定时器(SE)、接通延时定时器(SD)、保持型接通延时定时器(SS)和关断延时定时器(SF)。

脉冲定时器,在输入信号的上升沿开始定时,输出为1,当定时时间结束或输入信号变为0或复位输入信号为1时,则输出为0。

扩展脉冲定时器,在输入信号的上升沿开始定时,输出为1,当定时时间结束或复位输入信号为1,则输出为0。脉冲定时器和扩展脉冲定时器的主要区别在于开始定时后,在定时时间未到时是否受到输入信号的影响。

接通延时定时器,是使用最多的定时器,在输入信号的上升沿开始定时,当输入信号为1且定时时间结束时输出才为1,否则输出为0。

保持型接通延时定时器,在输入信号的上升沿开始定时,定时时间结束时输出为1,当复位输入信号为1时,输出为0。与接通延时定时器的主要区别在于开始定时后是否受到输入信号的影响。

关断延时定时器,在输入信号的上升沿输出为1,在输入信号的下降沿才开始定时,时间结束时或复位输入信号为1时,输出为0。

定时器指令的工作时序图如图4-39所示。

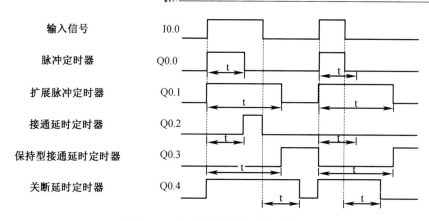

图 4-39 定时器指令的工作时序图

（2）定时器的存储区

S5 是西门子 PLC 老一代产品的系列号，S5 定时器是 S5 系列 PLC 的定时器，在梯形图中用指令框（Box）的形式表示。此外每一个 S5 定时器都有功能相同的用线圈形式表示的定时器。

S7 CPU 模块为定时器保留了一片存储区域。每个定时器有一个 16 位的字和一个二进制位，定时器的字用来存放它当前的定时时间值，定时器触点的状态由它的位的状态来决定。用定时器地址（T 和定时器号，如 T6）来存取它的时间值和定时器位，带位操作数的指令存取定时器位，带字操作数的指令存取定时器的时间值。不同的 CPU 模块支持 32~512 个定时器。梯形图逻辑指令集支持 256 个定时器。

（3）定时器字的表示方法

用户使用的定时器由 3 位 BCD 码时间值（0~999）和时基组成，时间值以指定的时基为单位。在 CPU 模块内部，时间值以二进制格式存放，占定时器字的 0~9 位。定时器字的 0~9 位包含二进制编码的时间值。时间值指定单位数。时间更新操作以时基指定的时间间隔，将时间值递减一个单位。递减至时间值等于 0。可以用二进制、十六进制或 BCD 格式，将时间值装载到累加器 1 的低位字中。定时器字如图 4-40 所示。

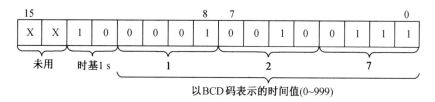

图 4-40 定时器字

可以使用以下任意一种格式预先装载时间值。

①十六进制数 W#16#wxyz

w 为时基（即时间间隔或分辨率）；

x、y、z 为 BCD 格式表示的时间值。

②S5T#ah_bm_cs_dms

h 为小时，m 为分钟，s 为秒，ms 为毫秒；a、b、c、d 为用户设置的值。

时基是 CPU 模块自动选择的，原则是在满足定时范围要求的条件下选择最小的时基。

可以输入的最大时间值是 9 990 s 或 2h_46m_30s。

S5TIME#4s = 4 s

S5T#2h_15m = 2 h 15 min

S5T#1h_12m_18s = 1 h 12 min 18 s

③时基

定时器字的第 12 位和第 13 位用于时基,时基定义将时间值递减一个单位所用的时间间隔。最小的时基是 10 ms;最大的时基是 10 s。时基代码为二进制数 00,01,10,11 时,对应的时基分别为 10 ms、100 ms、1 s、10 s(表 4-35)。实际的定时时间等于时间值乘以时基值。如定时器字为 W#16#3999 时,时基为 10 s,定时时间为 9 990 s。时基反映了定时器的分辨率,时基越小分辨率越高,定时的时间越短;时基越大分辨率越低,定时的时间越长。

表 4-35　时基及其对应的二进制编码

时基	时基的二进制编码
10 ms	00
100 ms	01
1 s	10
10 s	11

不接受超过 2 h 46 min 30 s 的数值。其分辨率超出范围限制的值(如 2 h 10 ms)将被舍入到有效的分辨率。用于 S5TIME 的通用格式对范围和分辨率的限制见表 4-36。

表 4-36　用于 S5TIME 的通用格式对范围和分辨率的限制

分辨率	范围
0.01 s	10 ms 到 9s_990ms
0.1 s	100 ms 到 1m_39s_900ms
1 s	1 s 到 16m_39s
10 s	10 s 到 2h_46m_30s

④时间单元中的位组态

定时器启动时,定时器单元的内容用作时间值。定时器单元的 0~11 位容纳二进制编码的十进制时间值(BCD 格式:四位一组,包含一个用二进制编码的十进制值)。12 和 13 位存储二进制编码的时基。

⑤读取时间和时基

每个定时器逻辑框提供两种输出:BI 和 BCD,从中可指示一个字位置。BI 输出提供二进制格式的时间值。BCD 输出提供 BCD 格式的时基和时间值。

2. 定时器指令

(1)IEC 定时器

①TP:生成脉冲(带有参数)

符号(图 4-41):

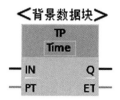

图4-41 生成脉冲(带有参数)符号

生成脉冲(带有参数)参数见表4-37。

表4-37 生成脉冲(带有参数)参数

参数	声明	数据类型	存储区	说明
IN	Input	BOOL	I、Q、M、D、L	启动输入
PT	Input	TIME	I、Q、M、D、L 或常量	脉冲的持续时间,PT参数的值必须为正数
Q	Output	BOOL	I、Q、M、D、L	脉冲输出
ET	Output	TIME	I、Q、M、D、L	当前时间值

使用"生成脉冲(带有参数)"指令,可以将输出Q置位为预设的一段时间。当输入IN的RLO从"0"变为"1"(信号上升沿)时,启动该指令。执行该指令需要一个前置逻辑运算。该运算可以放置在程序段的中间或者末尾。指令启动时,预设的时间PT即开始计时。无论后续输入信号的状态如何变化,都将输出Q置位由PT指定的一段时间。PT持续时间正在计时时,即使检测到新的信号上升沿,输出Q的信号状态也不会受到影响。

可以扫描ET输出处的当前时间值。时间值从T#0s开始,达到PT时间值时结束。

如果PT持续时间计时结束且输入IN的信号状态为"0",则复位ET输出。

每次调用"生成脉冲(带有参数)"指令,都会为其分配一个IEC定时器用于存储指令数据。可按如下方式声明IEC定时器。

- 声明类型为生成脉冲的DB(例如,"TP_DB")。
- 声明为块中"STATIC"程序段内生成脉冲类型的局部变量(例如,TP_TIMER)。

在程序中插入该指令时,将自动打开"调用选项"(Call options)对话框,可以指定IEC定时器存储在自身的DB中(单背景)或者作为局部变量存储在块接口中(多重背景)。如果创建了一个单独的DB,则该DB将保存到项目树"程序块"→"系统块"(Program blocks→System blocks)路径中的"程序资源"(Program resources)文件夹内。

操作系统会在冷启动期间复位"生成脉冲(带有参数)"指令的实例。如果要在暖启动之后初始化该指令的实例,则在启动OB中调用这些实例,其中PT参数将置位为"0"。如果"生成脉冲(带有参数)"指令的实例位于其他块中,则可以通过诸如初始化上级块来复位这些实例。

注意:

跳过该指令:如果程序中未调用该指令(如跳过),则ET输出将在超出定时器值后立即返回一个常数值。

更新指令数据:只有在调用指令时才更新指令数据。访问输出Q或ET时,不更新数据。

生成脉冲(带有参数)实例图如图4-42所示。

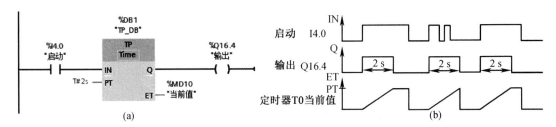

图 4-42　生成脉冲(带有参数)实例图

当操作数 I4.0 的信号状态从"0"变为"1"时,PT 参数预设的时间开始计时,且操作数 Q16.4 将置位为"1"。定时器计时结束时,操作数 Q16.4 的信号状态复位为"0"。

②TON:生成接通延时(带有参数)

符号(图 4-43):

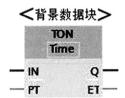

图 4-43　生成接通延时(带有参数)符号

生成接通延时(带有参数)参数见表 4-38。

表 4-38　生成接通延时(带有参数)参数

参数	声明	数据类型	存储区	说明
IN	Input	BOOL	I、Q、M、D、L	启动输入
PT	Input	TIME	I、Q、M、D、L 或常量	脉冲的持续时间,PT 参数的值必须为正数
Q	Output	BOOL	I、Q、M、D、L	脉冲输出
ET	Output	TIME	I、Q、M、D、L	当前时间值

可以使用"生成接通延时(带有参数)"指令将 Q 输出的置位延时 PT 指定的一段时间。当输入 IN 的 RLO 从"0"变为"1"(信号上升沿)时,启动该指令。执行该指令需要一个前置逻辑运算。该运算可以放置在程序段的中间或者末尾。指令启动时,预设的时间 PT 即开始计时。当持续时间 PT 计时结束后,输出 Q 的信号状态为"1"。只要启动输入仍为"1",输出 Q 就保持置位。启动输入的信号状态从"1"变为"0"时,将复位输出 Q。在启动输入检测到新的信号上升沿时,该定时器功能将再次启动。

可以扫描 ET 输出处的当前时间值。时间值从 T#0s 开始,达到 PT 时间值时结束。

只要输入 IN 的信号状态变为"0",输出 ET 就复位。

每次调用"生成接通延时(带有参数)"指令,必须将其分配给存储指令数据的 IEC 定时器。

可按如下方式声明 IEC 定时器。

- 声明类型为生成接通延时的 DB(例如,"TON_DB")。

- 声明为块中"STATIC"程序段内生成接通延时类型的局部变量(例如,TON_TIMER)。

在程序中插入该指令时,将自动打开"调用选项"对话框,可以指定 IEC 定时器存储在

208

自身的 DB 中(单背景)或者作为局部变量存储在块接口中(多重背景)。如果创建一个单独的 DB,则该 DB 将保存到项目树"程序块"→"系统块"路径中的"程序资源"文件夹内。

操作系统会在冷启动期间复位"生成接通延时(带有参数)"指令的实例。如果要在暖启动之后初始化该指令的实例,则在启动 OB 中调用这些实例,其中 PT 参数将置位为"0"。如果"生成接通延时(带有参数)"指令的实例位于其他块中,则可以通过诸如初始化上级块来复位这些实例。

注意:

跳过该指令:如果程序中未调用该指令(如跳过),则 ET 输出将在超出定时器值后立即返回一个常数值。

更新指令数据:只有在调用指令时才更新指令数据。访问输出 Q 或 ET 时,不更新数据。

生成接通延时(带有参数)实例图如图 4-44 所示。

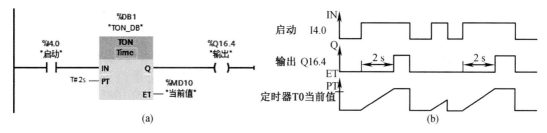

图 4-44 生成接通延时(带有参数)实例图

当操作数 I4.0 的信号状态从"0"变为"1"时,PT 参数预设的时间开始计时。超过该时间周期后,操作数 Q16.4 的信号状态将置"1"。只要操作数 I4.0 的信号状态为"1",操作数 Q16.4 就会保持置位为"1"。当操作数"启动"的信号状态从"1"变为"0"时,将复位操作数 Q16.4。

③TOF:生成关断延时(带有参数)

符号(图 4-45):

图 4-45 生成关断延时(带有参数)符号

生成关断延时(带有参数)参数见表 4-39。

表 4-39 生成关断延时(带有参数)参数

参数	声明	数据类型	存储区	说明
IN	Input	BOOL	I、Q、M、D、L	启动输入
PT	Input	TIME	I、Q、M、D、L 或常量	脉冲的持续时间,PT 参数的值必须为正数
Q	Output	BOOL	I、Q、M、D、L	脉冲输出
ET	Output	TIME	I、Q、M、D、L	当前时间值

可以使用"生成关断延时(带有参数)"指令将Q输出的复位延时PT指定的一段时间。当输入IN的RLO从"0"变为"1"(信号上升沿)时,将置位Q输出。执行该指令需要一个前置逻辑运算。该运算可以放置在程序段的中间或者末尾。当输入IN处的信号状态变回"0"时,预设的时间PT开始计时。只要持续时间PT仍在计时,则输出Q就保持置位。当持续时间PT计时结束后,将复位输出Q。如果输入IN的信号状态在持续时间PT计时结束之前变为"1",则复位定时器。输出Q的信号状态仍将为"1"。

可以扫描ET输出处的当前时间值。当前定时器值从T#0s开始,达到PT持续时间值时结束。当持续时间PT计时结束后,在输入IN变回"1"之前,ET输出仍保持置位为当前值。在持续时间PT计时结束之前,如果输入IN的信号状态切换为"1",则将ET输出复位为值T#0s。

每次调用"生成关断延时(带有参数)"指令,必须将其分配给存储指令数据的IEC定时器。

可按如下方式声明IEC定时器。

● 声明类型为生成关断延时的DB(例如,"TOF_DB")。

● 声明为块中"STATIC"程序段内生成关断延时类型的局部变量(例如,TOF_TIMER)。

在程序中插入该指令时,将自动打开"调用选项"对话框,可以指定IEC定时器存储在自身的DB中(单背景)或者作为局部变量存储在块接口中(多重背景)。如果创建一个单独的DB,则该DB将保存到项目树"程序块"→"系统块"路径中的"程序资源"文件夹内。

操作系统会在冷启动期间复位"生成关断延时(带有参数)"指令的实例。如果要在暖启动之后初始化该指令的实例,则在启动OB中调用这些实例,其中PT参数将置位为"0"。如果"生成关断延时(带有参数)"指令的实例位于其他块中,则可以通过诸如初始化上级块来复位这些实例。

注意:

跳过该指令:如果程序中未调用该指令(如跳过),则ET输出将在超出定时器值后立即返回一个常数值。

更新指令数据:只有在调用指令时才更新指令数据。访问输出Q或ET时,不更新数据。

生成关断延时(带有参数)实例图如图4-46所示。

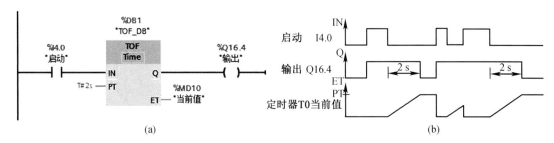

图4-46 生成关断延时(带有参数)实例图

当操作数I4.0的信号状态从"0"变为"1"时,操作数Q16.4的信号状态将置位为"1"。当操作数I4.0的信号状态从"1"变为"0"时,PT参数预设的时间将开始计时。只要该时间仍在计时,操作数Q16.4就会保持置位为"1"。该时间计时完毕后,操作数Q16.4将复位为"0"。

(2)SIMATIC定时器

①S_PULSE:分配脉冲定时器参数并启动

符号(图4-47):

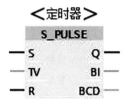

图4-47　分配脉冲定时器参数并启动符号

分配脉冲定时器参数并启动参数见表4-40。

表4-40　分配脉冲定时器参数并启动参数

参数	声明	数据类型	存储区	说明
<定时器>	InOut/Input	TIMER	T	指令的时间,定时器的数量取决于CPU模块
S	Input	BOOL	I、Q、M、D、L	启动输入
TV	Input	S5TIME、WOED	I、Q、M、D、L或常数	预设时间值
R	Input	BOOL	I、Q、M、D、L、T、C、P	复位输入
BI	Output	WORD	I、Q、M、D、L、P	当前时间值(BI编码)
BCD	Output	WORD	I、Q、M、D、L、P	当前时间值(BCD格式)
Q	Output	BOOL	I、Q、M、D、L	定时器的状态

当输入S的RLO的信号状态从"0"变为"1"(信号上升沿)时,"分配脉冲定时器参数并启动"指令将启动预设的定时器。当输入S的信号状态为"1"后,该定时器在经过TV后计时到结束。如果输入S的信号状态在已设定的持续时间计时结束之前变为"0",则定时器停止。这种情况下,输出Q的信号状态为"0"。

持续时间由定时器值和时基构成,且在参数TV处设定。指令启动时,设定的定时器值将减计数到0。时基表示定时器值更改的时间段。当前定时器值在输出BI处以BI编码格式输出,在输出BCD处以BCD编码格式输出。

如果定时器正在计时且输入端R的信号状态变为"1",则当前时间值和输出Q的信号状态也将设置为0。如果定时器未在计时,则输入R的信号状态为"1"不会有任何作用。

"分配脉冲定时器参数并启动"指令需要对边沿评估进行前导逻辑运算,可以放在程序段中或程序段的结尾。

每次访问时都会更新指令数据。因此,在循环开始和循环结束时查询数据可能会返回不同的值。

注意:

在时间单元,操作系统通过时基指定的间隔,以一个时间单位缩短时间值,直到该值为"0"。递减操作与用户程序不同步执行。因此,定时器中的值比预期的时基最多短一个时间间隔值。

分配脉冲定时器参数并启动实例图如图4-48所示。

如果操作数I4.0的信号状态从"0"变为"1",将启动T0定时器。只要操作数I4.0具有信号状态"1",定时器便会在等于操作数S5T#2s的定时器值时结束计时。如果在定时器计时结束前操作数I4.0的信号状态从"1"变为"0",则定时器T0将停止。在这种情况下操作数 Q16.4 将被复位为"0"。

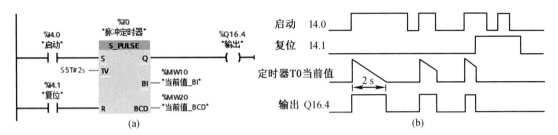

图 4-48   分配脉冲定时器参数并启动实例图

只要定时器正在计时且操作数 I4.0 的信号状态为"1",则操作数 Q16.4 的信号状态便为"1"。定时器计时结束或复位后,操作数 Q16.4 将复位为"0"。

当前定时器值以十六进制值的形式保存在操作数 MW10 中,以 BCD 编码的形式保存在操作数 MW20 中。

②S_PEXT:分配扩展脉冲定时器参数并启动

符号(图 4-49):

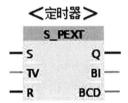

图 4-49   分配扩展脉冲定时器参数并启动符号

分配扩展脉冲定时器参数并启动参数见表 4-41。

表 4-41   分配扩展脉冲定时器参数并启动参数

参数	声明	数据类型	存储区	说明
<定时器>	InOut/Input	TIMER	T	指令的时间,定时器的数量取决于 CPU 模块
S	Input	BOOL	I、Q、M、D、L	启动输入
TV	Input	S5TIME、WOED	I、Q、M、D、L 或常数	预设时间值
R	Input	BOOL	I、Q、M、D、L、T、C、P	复位输入
BI	Output	WORD	I、Q、M、D、L、P	当前时间值(BI 编码)
BCD	Output	WORD	I、Q、M、D、L、P	当前时间值(BCD 格式)
Q	Output	BOOL	I、Q、M、D、L	定时器的状态

当输入 S 的 RLO 的信号状态从"0"变为"1"(信号上升沿)时,"分配扩展脉冲定时器参数并启动"指令该定将启动预设的定时器。即使输入 S 的信号状态变为"0",时器在经过 TV 后仍会计时到结束。只要定时器正在计时,输出 Q 的信号状态便为"1"。定时器计时结束后,输出 Q 将复位为"0"。如果定时器计时期间输入 S 的信号状态从"0"变为"1",定时

器将在输入TV中设定的持续时间处重新启动。

持续时间由定时器值和时基构成,且在参数TV处设定。指令启动时,设定的定时器值将减计数到0。时基表示定时器值更改的时间段。当前定时器值在输出BI处以BI编码格式输出,在输出BCD处以BCD编码格式输出。

如果定时器正在计时且输入端R的信号状态变为"1",则当前时间值和输出Q的信号状态也将设置为0。如果定时器未在计时,则输入R的信号状态为"1"不会有任何作用。

"分配扩展脉冲定时器参数并启动"指令需要对边沿评估进行前导逻辑运算,可以放在程序段中或程序段的结尾。

每次访问时都会更新指令数据。因此,在循环开始和循环结束时查询数据可能会返回不同的值。

注意:

在时间单元,操作系统通过时基指定的间隔,以一个时间单位缩短时间值,直到该值为"0"。递减操作与用户程序不同步执行。因此,定时器中的值比预期的时基最多短一个时间间隔值。

分配扩展脉冲定时器参数并启动实例图如图4-50所示。

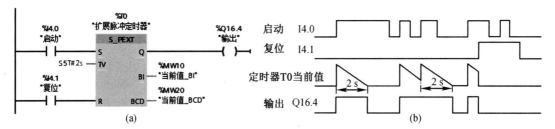

图4-50　分配扩展脉冲定时器参数并启动实例图

如果操作数I4.0的信号状态从"0"变为"1",将启动T0定时器。定时器在等于操作数S5T#2s的定时器值时结束计时,不受输入S中下降沿的影响。如果在定时器计时结束前操作数I4.0的信号状态从"0"变为"1",则定时器将重启。

只要定时器正在计时,操作数Q16.4的信号状态便为"1"。定时器计时结束或复位后,操作数Q16.4将复位为"0"。

当前定时器值以十六进制值的形式保存在操作数MW10中,以BCD编码的形式保存在操作数MW20中。

③S_ODT:分配接通延时定时器参数并启动

符号(图4-51):

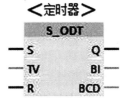

图4-51　分配接通延时定时器参数并启动符号

分配接通延时定时器参数并启动参数见表4-42。

表 4-42   分配接通延时定时器参数并启动参数

参数	声明	数据类型	存储区	说明
<定时器>	InOut/Input	TIMER	T	指令的时间,定时器的数量取决于 CPU 模块
S	Input	BOOL	I、Q、M、D、L	启动输入
TV	Input	S5TIME、WOED	I、Q、M、D、L 或常数	预设时间值
R	Input	BOOL	I、Q、M、D、L、T、C、P	复位输入
BI	Output	WORD	I、Q、M、D、L、P	当前时间值(BI 编码)
BCD	Output	WORD	I、Q、M、D、L、P	当前时间值(BCD 格式)
Q	Output	BOOL	I、Q、M、D、L	定时器的状态

当输入 S 的 RLO 的信号状态从"0"变为"1"(信号上升沿)时,"分配接通延时定时器参数并启动"指令将启动预设的定时器。当输入 S 的信号状态为"1"后,该定时器在经过 TV 后计时到结束。如果定时器正常计时结束且输入 S 的信号状态仍为"1",则输出 Q 将返回信号状态"1"。如果定时器运行期间输入 S 的信号状态从"1"变为"0",定时器将停止。在这种情况下,将输出 Q 的信号状态复位为"0"。

持续时间由定时器值和时基构成,且在参数 TV 处设定。指令启动时,设定的定时器值将减计数到 0。时基表示定时器值更改的时间段。当前定时器值在输出 BI 处以 BI 编码格式输出,在输出 BCD 处以 BCD 编码格式输出。

如果正在计时且输入端 R 的信号状态从"0"变为"1",则当前时间值和输出 Q 的信号状态也将设置为 0。这种情况下,输出 Q 的信号状态为"0"。如果输入 R 的信号状态为"1",即使定时器未计时且输入 S 的 RLO 为"1",定时器仍会复位。

在框上面的地址中指定指令的定时器。此定时器必须被声明为数据类型 TIMER。

"分配接通延时定时器参数并启动"指令需要对边沿评估进行前导逻辑运算,可以放在程序段中或程序段的结尾。

每次访问时都会更新指令数据。因此,在循环开始和循环结束时查询数据可能会返回不同的值。

注意:

在时间单元,操作系统通过时基指定的间隔,以一个时间单位缩短时间值,直到该值为"0"。递减操作与用户程序不同步执行。因此,定时器中的值比预期的时基最多短一个时间间隔值。

分配接通延时定时器参数并启动实例图如图 4-52 所示。

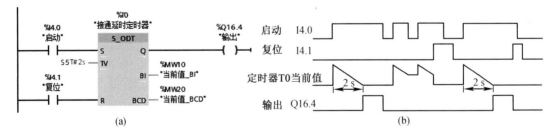

图 4-52   分配接通延时定时器参数并启动实例图

如果操作数 I4.0 的信号状态从"0"变为"1",将启动 T0 定时器。定时器在等于操作数 S5T#2s 的定时器值时结束计时。如果定时器计时结束且操作数的信号状态为"1",则将操作数 Q16.4 置位为"1"。如果在定时器计时结束前操作数 I4.0 的信号状态从"1"变为"0",则定时器将停止,在这种情况下操作数 Q16.4 的信号状态为"0"。

当前定时器值以十六进制值的形式保存在操作数 MW10 中,以 BCD 编码的形式保存在操作数 MW20 中。

④S_ODTS:分配保持型接通延时定时器参数并启动

符号(图 4-53):

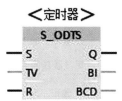

图 4-53　分配保持型接通延时定时器参数并启动符号

分配保持型接通延时定时器参数并启动参数见表 4-43。

表 4-43　分配保持型接通延时定时器参数并启动参数

参数	声明	数据类型	存储区	说明
<定时器>	InOut/Input	TIMER	T	指令的时间,定时器的数量取决于 CPU 模块
S	Input	BOOL	I、Q、M、D、L	启动输入
TV	Input	S5TIME、WOED	I、Q、M、D、L 或常数	预设时间值
R	Input	BOOL	I、Q、M、D、L、T、C、P	复位输入
BI	Output	WORD	I、Q、M、D、L、P	当前时间值(BI 编码)
BCD	Output	WORD	I、Q、M、D、L、P	当前时间值(BCD 格式)
Q	Output	BOOL	I、Q、M、D、L	定时器的状态

当输入 S 的 RLO 的信号状态从"0"变为"1"(信号上升沿)时,"分配保持型接通延时定时器参数并启动"指令将启动预设的定时器。即使输入 S 的信号状态变为"0",该定时器在经过 TV 后仍会计时到结束。只要定时器计时结束,输出 Q 都将返回信号状态"1",而无须考虑 S 输入的信号状态。如果定时器计时期间输入 S 的信号状态从"0"变为"1",定时器将在输入 TV 中设定的持续时间处重新启动。

持续时间由定时器值和时基构成,且在参数 TV 处设定。指令启动时,设定的定时器值将减计数到 0。时基表示定时器值更改的时间段。当前定时器值在输出 BI 处以 BI 编码格式输出,在输出 BCD 处以 BCD 编码格式输出。

输入 R 的信号状态为"1",则当前定时器值和输出 Q 的信号状态都将复位为"0",而与起始输入 S 的信号状态无关,在这种情况下,输出 Q 的信号状态为"0"。

"分配保持型接通延时定时器参数并启动"指令需要对边沿评估进行前导逻辑运算,可以放在程序段中或程序段的结尾。

每次访问时都会更新指令数据。因此,在循环开始和循环结束时查询数据可能会返回不同的值。

注意:

在时间单元,操作系统通过时基指定的间隔,以一个时间单位缩短时间值,直到该值为"0"。递减操作与用户程序不同步执行。因此,定时器中的值比预期的时基最多短一个时间间隔值。

分配保持型接通延时定时器参数并启动实例图如图4-54所示。

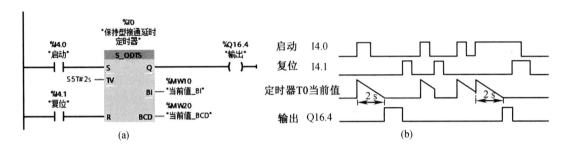

图4-54 分配保持型接通延时定时器参数并启动实例图

如果操作数I4.0的信号状态从"0"变为"1",将启动T0定时器。即使操作数I4.0的信号状态变为"0",定时器也会在操作数S5T#2s的定时器值结束时计时结束。定时器计时结束后,操作数Q16.4将被置位为"1"。如果定时器计时期间操作数I4.0的信号状态从"0"变为"1",定时器将重启。

当前定时器值以十六进制值的形式保存在操作数MW10中,以BCD编码的形式保存在操作数MW20中。

⑤S_OFFDT:分配关断延时定时器参数并启动

符号(图4-55):

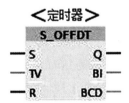

图4-55 分配关断延时定时器参数并启动符号

分配关断延时定时器参数并启动参数见表4-44。

表4-44 分配关断延时定时器参数并启动参数

参数	声明	数据类型	存储区	说明
<定时器>	InOut/Input	TIMER	T	指令的时间,定时器的数量取决于CPU模块
S	Input	BOOL	I、Q、M、D、L	启动输入
TV	Input	S5TIME、WOED	I、Q、M、D、L或常数	预设时间值

表 4-44(续)

参数	声明	数据类型	存储区	说明
R	Input	BOOL	I、Q、M、D、L、T、C、P	复位输入
BI	Output	WORD	I、Q、M、D、L、P	当前时间值(BI 编码)
BCD	Output	WORD	I、Q、M、D、L、P	当前时间值(BCD 格式)
Q	Output	BOOL	I、Q、M、D、L	定时器的状态

当输入 S 的 RLO 的信号状态从"1"变为"0"(信号下降沿)时,"分配关断延时定时器参数并启动"指令将启动预设的定时器。定时器在 TV 结束时计时结束。只要定时器在计时或输入 S 返回信号状态"1",输出 Q 的信号状态就为"1"。定时器计时结束且输入 S 的信号状态为"0"时,输出 Q 的信号状态将复位为"0"。如果定时器运行期间输入 S 的信号状态从"0"变为"1",定时器将停止。只有在检测到输入 S 的信号下降沿后,才会重新启动定时器。

持续时间由定时器值和时基构成,且在参数 TV 处设定。指令启动后,预设时间值开始递减计数,直至为 0。时基表示定时器值更改的时间段。当前定时器值在输出 BI 处以 BI 编码格式输出,在输出 BCD 处以 BCD 编码格式输出。

输入端 R 的信号状态为"1"时,当前时间值和输出 Q 的信号状态都将复位为"0",在这种情况下,输出 Q 的信号状态为"0"。

"分配关断延时定时器参数并启动"指令需要对边沿评估进行前导逻辑运算,可以放在程序段中或程序段的结尾。

每次访问时都会更新指令数据。因此,在循环开始和循环结束时查询数据可能会返回不同的值。

注意:

在时间单元,操作系统通过时基指定的间隔,以一个时间单位缩短时间值,直到该值为"0"。递减操作与用户程序不同步执行。因此,定时器中的值比预期的时基最多短一个时间间隔值。

分配关断延时定时器参数并启动实例图如图 4-56 所示。

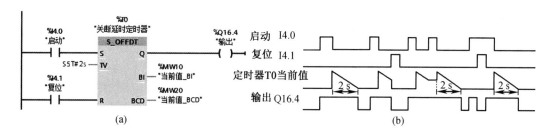

图 4-56　分配关断延时定时器参数并启动实例图

如果操作数 I4.0 的信号状态从"1"变为"0",将启动 T0 定时器。定时器在等于操作数 S5T#2s 的定时器值时结束计时。定时器计时期间如果操作数 I4.0 的信号状态为"0",则操作数 Q16.4 将被置位为"1"。如果定时器计时期间操作数 I4.0 的信号状态从"0"变为"1"，定时器将被复位。

当前定时器值以十六进制值的形式保存在操作数 MW10 中，以 BCD 编码的形式保存在操作数 MW20 中。

⑥---（ SP ）:启动脉冲定时器

符号：

<定时器>

---（ SP ）

<持续时间>

启动脉冲定时器参数见表 4-45。

表 4-45 启动脉冲定时器参数

参数	声明	数据类型	存储区	说明
<定时器>	Output	TIMER	T	已启动的定时器 定时器的数量取决于 CPU 模块
<持续时间>	Input	S5TIME、WORD	I、Q、M、D、L 或常数	定时器计时结束的持续时间

RLO 中检测到信号从"0"到"1"的变化(信号上升沿)时，"启动脉冲定时器"指令将启动已设定的定时器。只要 RLO 的信号状态为"1"，定时器便会运行指定的一段时间。只要定时器正在运行，对定时器状态是否为"1"的查询均将返回信号状态"1"。在该定时器值计时结束前，如果 RLO 中的信号状态从"1"变为"0"，则定时器将停止。在这种情况下，查询定时器状态是否为"1"时均会返回信号状态"0"。

持续时间在内部由定时器值和时基构成。指令启动后，预设时间值开始递减计数，直至为 0。时基表示定时器值更改的时间段。

"启动脉冲定时器"指令需要前导逻辑运算进行边沿评估，且只能放在程序段的右侧。

注意：

在时间单元，操作系统通过时基指定的间隔，以一个时间单位缩短时间值，直到该值为"0"。递减操作与用户程序不同步执行。因此，定时器中的值比预期的时基最多短一个时间间隔值。

操作数 I4.0 的信号状态从"0"变为"1"时，T0 启动。只要操作数 I4.0 的信号状态为"1"，定时器就运行操作数 S5T#2s 预设的时间值。如果在定时器计时结束前操作数 I4.0 的信号状态从"1"变为"0"，则定时器将停止。只要定时器正在运行，输出 Q16.4 的信号状态就为"1"。操作数 I4.1 的信号状态从"0"变为"1"时会复位定时器，这会使定时器停止并将当前定时器值置位为"0"。

启动脉冲定时器实例图如图 4-57 所示。

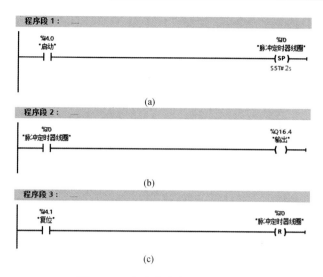

图 4-57 启动脉冲定时器实例图

启动脉冲定时器实例时序图如图 4-58 所示。

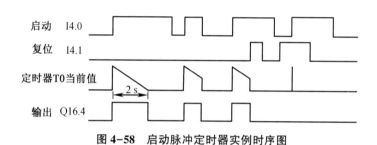

图 4-58 启动脉冲定时器实例时序图

⑦---(SE):启动扩展脉冲定时器

符号:

<定时器>

---(SE)

<持续时间>

启动扩展脉冲定时器参数见表 4-46。

表 4-46 启动扩展脉冲定时器参数

参数	声明	数据类型	存储区	说明
<定时器>	Output	TIMER	T	已启动的定时器 定时器的数量取决于 CPU 模块

　　当 RLO 中检测到信号从"0"到"1"的变化(信号上升沿)时,"启动扩展脉冲定时器"指令将启动已设定的定时器。即使 RLO 的信号状态为"0",定时器也运行预设的时间段。只要定时器正在运行,对定时器状态是否为"1"的查询均将返回信号状态"1"。如果定时器在运行时 RLO 从"0"变为"1",定时器将按预设的时间段重新启动。定时器计时结束时,查询

定时器状态是否为"1"时均会返回信号状态"0"。

持续时间在内部由定时器值和时基构成。指令启动后,预设时间值开始递减计数,直至为0。时基表示定时器值更改的时间段。

"启动扩展脉冲定时器"指令需要前导逻辑运算进行边沿评估,且只能放在程序段的右侧。

注意:在时间单元,操作系统通过时基指定的间隔,以一个时间单位缩短时间值,直到该值为"0"。递减操作与用户程序不同步执行。因此,定时器中的值比预期的时基最多短一个时间间隔值。

启动扩展脉冲定时器实例图如图 4-59 所示。

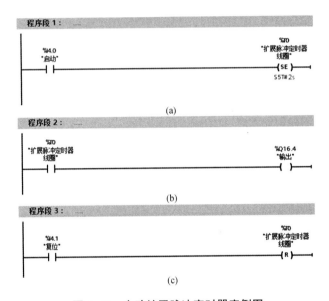

图 4-59　启动扩展脉冲定时器实例图

操作数 I4.0 的信号状态从"0"变为"1"时,T0 启动。定时器在等于操作数 S5T#2s 的定时器值时结束计时,不受 RLO 中信号下降沿的影响。只要定时器正在运行,输出 Q16.4 的信号状态就为"1"。如果在定时器计时结束前操作数 I4.0 的信号状态再次从"0"变为"1",则定时器将重启。

启动扩展脉冲定时器实例时序图如图 4-60 所示。

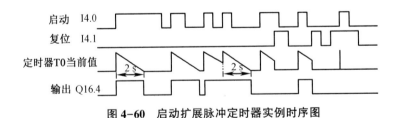

图 4-60　启动扩展脉冲定时器实例时序图

⑧---(SD):启动接通延时定时器

符号:

<定时器>

---(SD)

<持续时间>

启动接通延时定时器参数见表 4-47。

表 4-47 启动接通延时定时器参数

参数	声明	数据类型	存储区	说明
<定时器>	Output	TIMER	T	已启动的定时器 定时器的数量取决于 CPU 模块
<持续时间>	Input	S5TIME、WORD	I、Q、M、D、L 或常数	定时器计时结束的持续时间

当在启动输入处检测到信号状态"1"时,"启动接通延时定时器"指令将启动一个编程的定时器。只要该信号状态保持为"1",定时器将在超出指定的持续时间后结束计时。如果定时器计时结束且启动输入的信号状态仍为"1",则定时器状态的查询将返回"1"。如果启动输入处的信号状态为"0",则将复位定时器。此时,查询定时器状态将返回信号状态"0"。只要启动输入的信号状态变为"1",定时器将再次运行。

定时器输出的信号状态与启动输入的信号状态相同。启动输入与输出直接互联,而非连接定时器。

持续时间由定时器值和时基构成,且在参数 TV 处设定。该指令启动后,预设定时器值开始递减计数,直至为 0。

注意:

在时间单元,操作系统通过时基指定的间隔,以一个时间单位缩短时间值,直到该值为"0"。递减操作与用户程序不同步执行。因此,定时器中的值比预期的时基最多短一个时间间隔值。

启动接通延时定时器实例图如图 4-61 所示。

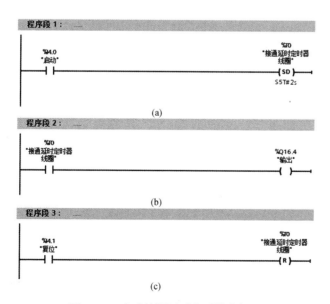

图 4-61 启动接通延时定时器实例图

程序段 1：

操作数 T0 的信号状态从"0"变为"1"时，I4.0 启动，并根据操作数 S5T#2s 的值结束计时。如果在定时器计时结束前操作数 I4.0 的信号状态从"1"变为"0"，则定时器将复位。

程序段 2：

当定时器计时结束后，启动输入的操作数 I4.0 的信号状态为"1"且定时器未复位，操作数 Q16.4 为"1"。

程序段 3：

如果操作数 I4.1 的信号状态为"1"，将复位定时器 T0 和输出 Q16.4。

如需重启 T0，操作数 I4.1 的信号状态必须为"0"，启动输入 I4.0 的信号状态必须从"0"变为"1"。

启动接通延时定时器实例时序图如图 4-62 所示。

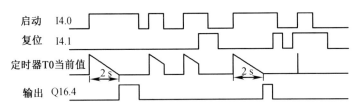

图 4-62　启动接通延时定时器实例时序图

⑨---（ SS ）：启动保持型接通延时定时器

符号：

<定时器>

---（ SS ）

<持续时间>

启动保持型接通延时定时器参数见表 4-48。

表 4-48　启动保持型接通延时定时器参数

参数	声明	数据类型	存储区	说明
<定时器>	Output	TIMER	T	已启动的定时器 定时器的数量取决于 CPU 模块
<持续时间>	Input	S5TIME、WORD	I、Q、M、D、L 或常数	定时器计时结束的持续时间

当 RLO 中检测到信号从"0"到"1"的变化（信号上升沿）时，"启动保持型接通延时定时器"指令将启动已设定的定时器。即使 RLO 的信号状态变为"0"，定时器也会计时结束指定的持续时间。定时器计时结束后，查询定时器状态是否为"1"时均会返回信号状态"1"。定时器计时结束后，只有复位才能重启定时器。

持续时间在内部由定时器值和时基构成。指令启动时，设定的定时器值将减计数到 0。时基表示定时器值更改的时间段。

"启动保持型接通延时定时器"指令需要前导逻辑运算进行边沿评估，且只能放在程序段的右侧。

注意:

在时间单元,操作系统通过时基指定的间隔,以一个时间单位缩短时间值,直到该值为"0"。递减操作与用户程序不同步执行。因此,定时器中的值比预期的时基最多短一个时间间隔值。

启动保持型接通延时定时器实例图如图 4-63 所示。

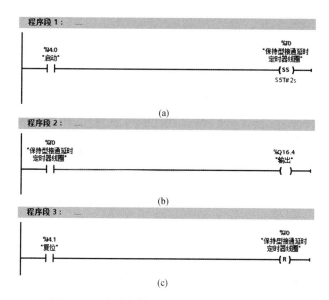

图 4-63　启动保持型接通延时定时器实例图

如果操作数 I4.0 的信号状态从"0"变为"1",将启动 T0 定时器。定时器在等于操作数 S5T#2s 的定时器值时结束计时。定时器计时结束后,操作数 Q16.4 将被置位为"1"。如果定时器计时期间操作数 I4.0 的信号状态从"0"变为"1",定时器将重启。如果操作数 I4.1 的信号状态为"1",则定时器 T0 将被复位,这会使定时器停止并将当前定时器值设置为"0"。

启动保持型接通延时定时器实例时序图如图 4-64 所示。

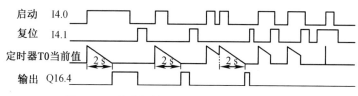

图 4-64　启动保持型接通延时定时器实例时序图

⑩---(SF):启动关断延时定时器

符号:

<定时器>

---(SF)

<持续时间>

启动关断延时定时器参数见表 4-49。

表4-49　启动关断延时定时器参数

参数	声明	数据类型	存储区	说明
<定时器>	Output	TIMER	T	已启动的定时器 定时器的数量取决于 CPU 模块
<持续时间>	Input	S5TIME、WORD	I、Q、M、D、L 或常数	定时器计时结束的持续时间

当 RLO 中检测到信号从"1"到"0"的变化(信号下降沿)时,"启动关断延时定时器"指令将启动已设定的定时器。定时器在指定的持续时间后计时结束。只要定时器正在运行,对定时器状态是否为"1"的查询均将返回信号状态"1"。如果定时器在计时过程中 RLO 从"0"变为"1",则将复位定时器。只要 RLO 从"1"变为"0",定时器即会重新启动。

持续时间在内部由定时器值和时基构成。指令启动时,设定的定时器值开始递减计数,直至为 0。时基表示定时器值更改的时间段。

如果在执行指令时,RLO 的信号状态为"1",则对定时器状态是否为"1"的查询均将返回"1"。如果 RLO 为"0",则对定时器状态是否为"1"的查询均将返回"0"。

"启动关断延时定时器"指令需要使用前导逻辑运算进行边沿检测,并只能置于程序段的边沿上。

注意:

在时间单元,操作系统通过时基指定的间隔,以一个时间单位缩短时间值,直到该值为"0"。递减操作与用户程序不同步执行。因此,定时器中的值比预期的时基最多短一个时间间隔值。

启动关断延时定时器实例图如图 4-65 所示。

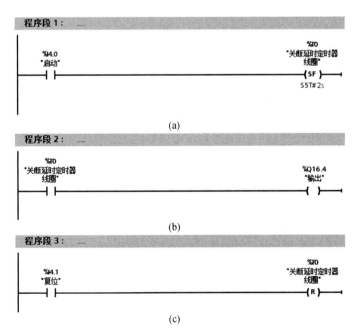

图 4-65　启动关断延时定时器实例图

如果操作数 I4.0 的信号状态从"1"变为"0",将启动 T0 定时器,并根据操作数 S5T#2s

的值结束计时。只要定时器正在计时，操作数 Q16.4 便被置位为"1"。如果定时器计时期间操作数 I4.0 的信号状态从"1"变为"0"，定时器将重启。如果操作数 I4.1 的信号状态变为"1"，则 T0 将复位，即定时器停止，同时当前时间值将设置为"0"。

启动关断延时定时器实例时序图如图 4-66 所示。

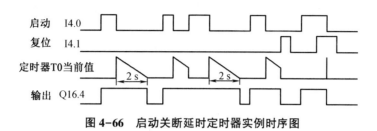

图 4-66　启动关断延时定时器实例时序图

4.3.3　计数器指令

SIMATIC S7-300/400 CPU 模块计数器指令见表 4-50。

表 4-50　SIMATIC S7-300/400 CPU 模块计数器指令

序号	指令分类	梯形图	说明
1	IEC 计数器	CTU	加计数函数
2		CTD	减计数函数
3		CTUD	加-减计数函数
4	SIMATIC 计数器	S_CU	分配参数并加计数
5		S_CD	分配参数并减计数
6		S_CUD	分配参数并加/减计数
7		---(SC)	设置计数器值
8		---(CU)	加计数线圈
9		---(CD)	减计数线圈

1.计数器概述

（1）计数器的存储器区

S7 CPU 模块为计数器保留了一片计数器存储区。每个计数器有一个 16 位的字和一个二进制位，计数器的字用来存放它的当前计数值，计数器触点的状态由它的位的状态来决定。用计数器地址（C 和计数器号，如 C24）来存取当前计数值和计数器位，带位操作数的指令存取计数器位，带字操作数的指令存取计数器的计数值。梯形图指令集支持 256 个计数器。只有计数器指令能访问计数器存储区。

（2）计数值

计数器字的 0~11 位是计数值的 BCD 码，计数值为 0~999。

计数器字的计数值为 BCD 码 127 时，计数器单元中的各位如图 4-67 所示，用格式 C#127 表示 BCD 码 127。二进制格式的计数值只占用计数器字的 0~9 位。

计数器中的位组态如下。

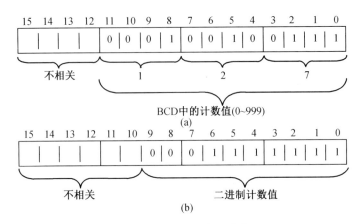

图 4-67　计数器字组成表

输入从 0~999 的数字,用户可为计数器提供预设值,例如,输入 127:C#127。其中 C#代表 BCD 格式(四位一组,包含一个用二进制编码的十进制值)。

计数器中的 0~11 位包含 BCD 格式的计数值。

2.计数器指令

(1)IEC 计数器

①CTU:加计数函数

符号(图 4-68):

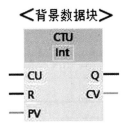

图 4-68　加计数函数符号

加计数函数参数见表 4-51。

表 4-51　加计数函数参数

参数	声明	数据类型	存储区	说明
CU	Input	BOOL	I、Q、M、D、L	加计数输入
R	Input	BOOL	I、Q、M、D、L、T、C、P	复位输入
PV	Input	INT	I、Q、M、D、L、P 或常数	置位输出 Q 的目标值
Q	Output	BOOL	I、Q、M、D、L	计数器状态
CV	Output	INT	I、Q、M、D、L、P	当前计数器值

可以使用"加计数函数"指令,递增输出 CV 的值。如果输入 CU 的信号状态从"0"变为

"1"(信号上升沿),则执行该指令,同时输出 CV 的当前计数器值加 1。每检测到一个信号上升沿,计数器值就会递增,直至达到输出 CV 中所指定数据类型(INT)的上限值。达到上限值时,输入 CU 的信号状态将不再影响该指令。

可以查询 Q 输出中的计数器状态。输出 Q 的信号状态由参数 PV 决定。如果当前计数器值大于或等于参数 PV 的值,则将输出 Q 的信号状态置位为"1"。在其他任何情况下,输出 Q 的信号状态均为"0"。也可以为参数 PV 指定一个常数。

输入 R 的信号状态变为"1"时,输出 CV 的值被复位为"0"。只要输入 R 的信号状态仍为"1",输入 CU 的信号状态就不会影响该指令。

每次调用"加计数函数"指令,都会为其分配一个 IEC 计数器用于存储指令数据。

可以按如下方式声明 IEC 计数器。

● 声明类型为加计数函数的 DB(例如,"CTU_DB")。

● 声明为块中"STATIC"程序段内加计数函数类型的局部变量(例如,CTU_COUNTER)。

在程序中插入该指令时,将打开"调用选项"对话框,可以指定 IEC 计数器存储在自身 DB 中(单背景)还是作为局部变量存储在块接口中(多重背景)。如果创建一个单独的 DB,则该 DB 将保存到项目树"程序块"→"系统块"路径中的"程序资源"文件夹内。

操作系统会在冷启动期间复位"加计数函数"指令的实例。如果要在暖启动后初始化指令的实例,则必须在重启 OB 中调用这些实例,且该指令 R 参数的值为"1"。如果"加计数函数"指令的实例位于其他块中,则可通过初始化上级块等方法复位这些实例。

注意:只需在程序中的某一位置处使用计数器,即可避免计数错误的风险。

执行"加计数函数"指令之前,需要事先预设一个逻辑运算。该运算可以放置在程序段的中间或者末尾。

加计数函数实例图如图 4-69 所示。

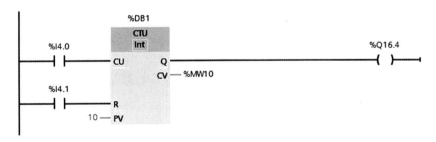

图 4-69 加计数函数实例图

当操作数 I4.0 的信号状态从"0"变为"1"时,将执行"加计数函数"指令,同时操作数 MW10 的当前计数器值加 1(MW10 的数据类型须设置为"INT"型)。每检测到一个额外的信号上升沿,计数器值都会递增,直至达到该数据类型的上限(INT=32 767)。

PV 参数的值作为确定 Q16.4 输出的限制。只要当前计数器值大于或等于操作数"10"的值,输出 Q16.4 的信号状态就为"1"。在其他任何情况下,输出 Q16.4 的信号状态均为"0"。

②CTD:减计数函数

符号(图 4-70):

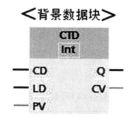

图 4-70　减计数函数符号

减计数函数参数见表 4-52。

表 4-52　减计数函数参数

参数	声明	数据类型	存储区	说明
CD	Input	BOOL	I、Q、M、D、L	减计数输入
LD	Input	BOOL	I、Q、M、D、L、P	装载输入
PV	Input	INT	I、Q、M、D、L、P 或常数	使用 LD=1 置位输出 CV 的目标值
Q	Output	BOOL	I、Q、M、D、L	计数器状态
CV	Output	INT	I、Q、M、D、L、P	当前计数器值

可以使用"减计数函数"指令,递减输出 CV 的值。如果输入 CD 的信号状态从"0"变为"1"(信号上升沿),则执行该指令,同时输出 CV 的当前计数器值减 1。每检测到一个信号上升沿,计数器就会递减 1,直至达到指定数据类型(INT)的下限值为止。达到下限值时,输入 CD 的信号状态将不再影响该指令。

可以查询 Q 输出中的计数器状态。如果当前计数器值小于或等于"0",则 Q 输出的信号状态将置位为"1"。在其他任何情况下,输出 Q 的信号状态均为"0"。也可以为参数 PV 指定一个常数。

输入 LD 的信号状态变为"1"时,将输出 CV 的值设置为参数 PV 的值。只要输入 LD 的信号状态仍为"1",输入 CD 的信号状态就不会影响该指令。

每次调用"减计数函数"指令,都会为其分配一个 IEC 计数器用于存储指令数据。

可以按如下方式声明 IEC 计数器。

● 声明类型为减计数函数的 DB(例如,"CTD_DB")。

● 声明为块中"STATIC"程序段内减计数函数类型的局部变量(例如,CTD_COUNTER)。

在程序中插入该指令时,将打开"调用选项"对话框,可以指定 IEC 计数器存储在自身 DB 中(单背景)还是作为局部变量存储在块接口中(多重背景)。如果创建一个单独的 DB,则该 DB 将保存到项目树"程序块"→"系统块"路径中的"程序资源"文件夹内。

操作系统会在冷启动期间复位"减计数函数"指令的实例。如果在暖启动后初始化该指令的实例,则在启动 OB 中将参数 LD 的值设置为"1"的情况下调用要初始化的实例。在这种情况下,会在参数 PV 中指定参数 CV 的期望初始值。

注意:只需在程序中的某一位置处使用计数器,即可避免计数错误的风险。

执行"减计数函数"指令之前,需要事先预设一个逻辑运算。该运算可以放置在程序段的中间或者末尾。

减计数函数实例图如图 4-71 所示。

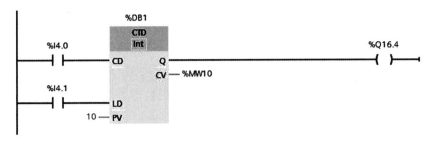

图 4-71　减计数函数实例图

当操作数 I4.0 的信号状态从"0"变为"1"时,执行该指令,同时操作数 MW10 的当前计数器值减 1(MW10 的数据类型须设置为"INT"型)。每出现一个信号上升沿,计数值器便减 1,直至达到数据类型的下限值(INT=-32 768)为止。

只要当前计数器值小于或等于 0,Q16.4 输出的信号状态就为"1"。在其他任何情况下,输出 Q16.4 的信号状态均为"0"。

③CTUD:加-减计数函数

符号(图 4-72):

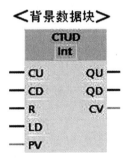

图 4-72　加-减计数函数符号

加-减计数函数参数见表 4-53。

表 4-53　加-减计数函数参数

参数	声明	数据类型	存储区	说明
CU	Input	BOOL	I、Q、M、D、L	加计数输入
CD	Input	BOOL	I、Q、M、D、L	减计数输入
R	Input	BOOL	I、Q、M、D、L、T、C、P	复位输入
LD	Input	BOOL	I、Q、M、D、L、P	装载输入
PV	Input	INT	I、Q、M、D、L、P 或常数	置位输出 Q 的目标值/当 LD＝1 时,置位输出 CV 的值
QU	Output	BOOL	I、Q、M、D、L	加计数器的状态
QD	Output	BOOL	I、Q、M、D、L	减计数器的状态
CV	Output	INT	I、Q、M、D、L、P	当前计数器值

可以使用"加-减计数函数"指令,递增和递减输出 CV 的计数器值。如果输入 CU 的信号状态从"0"变为"1"(信号上升沿),则当前计数器值加 1 并存储在输出 CV 中。如果输入 CD 的信号状态从"0"变为"1"(信号上升沿),则输出 CV 的计数器值减 1。如果在一个程序周期内,输入 CU 和 CD 都出现信号上升沿,则输出 CV 的当前计数器值保持不变。

计数器值可以一直递增,直至达到输出 CV 指定数据类型 INT 的上限。达到上限值后,即使出现信号上升沿,计数器值也不再递增。达到指定数据类型 INT 的下限值时,计数器值不再递减。

输入 LD 的信号状态变为"1"时,将输出 CV 的计数器值置位为参数 PV 的值。只要输入 LD 的信号状态仍为"1",输入 CU 和 CD 的信号状态就不会影响该指令。

当输入 R 的信号状态变为"1"时,将计数器值置位为"0"。只要输入 R 的信号状态仍为"1",输入 CU、CD 和 LD 信号状态的改变就不会影响"加-减计数函数"指令。

可以在 QU 输出中查询加计数器的状态。如果当前计数器值大于或等于参数 PV 的值,则将输出 QU 的信号状态置位为"1"。在其他任何情况下,输出 QU 的信号状态均为"0"。

可以在 QD 输出中查询减计数器的状态。如果当前计数器值小于或等于"0",则 QD 输出的信号状态将置位为"1"。在其他任何情况下,输出 QD 的信号状态均为"0"。

每次调用"加-减计数函数"指令,都会为其分配一个 IEC 计数器用来存储指令数据。

可以按如下方式声明 IEC 计数器。

- 声明类型为加-减计数函数的 DB(例如,"CTUD_DB")。
- 声明为块中"STATIC"程序段内加-减计数函数类型的局部变量(例如,CTUD_COUNTER)。

在程序中插入该指令时,将打开"调用选项"对话框,可以指定 IEC 计数器存储在自身 DB 中(单背景)还是作为局部变量存储在块接口中(多重背景)。如果创建一个单独的 DB,则该 DB 将保存到项目树"程序块"→"系统块"路径中的"程序资源"文件夹内。

操作系统会在冷启动期间复位"加-减计数函数"指令的实例。如果要在暖启动后初始化该指令的实例,则必须在启动 OB 时使用以下参数值调用要初始化的实例。

- 用作加计数器时,参数 R 的值必须设置为"1"。
- 用作减计数器时,参数 LD 的值必须设置为"1"。在这种情况下,需要在参数 PV 中为 CV 参数指定所需的初始值。

如果"加-减计数函数"指令的实例位于其他块中,则可以通过诸如初始化上级块来复位这些实例。

注意:只需在程序中的某一位置处使用计数器,即可避免计数错误的风险。

执行"加-减计数函数"指令之前,需要事先预设一个逻辑运算。该运算可以放置在程序段的中间或者末尾。

加-减计数函数实例图如图 4-73 所示。

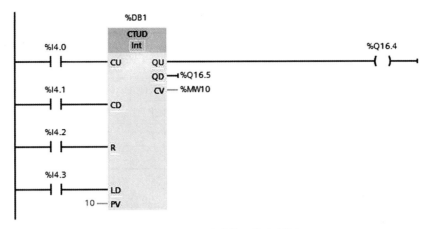

图 4-73　加-减计数函数实例图

如果操作数 I4.0 或操作数 I4.1 的信号状态从"0"变为"1"(信号上升沿),则执行"加-减计数函数"指令。操作数 I4.0 出现信号上升沿时,当前计数器值加 1 并存储在输出 MW10 中。操作数 I4.1 出现信号上升沿时,计数器值减 1 并存储在输出 MW10 中。输入 CU 出现信号上升沿时,计数器值将递增,直至达到上限值 32 767。输入 CD 出现信号上升沿时,计数器值将递减,直至达到下限值-32 768。

只要当前计数器值大于或等于"10"输入的值,Q16.4 输出的信号状态就为"1"。在其他任何情况下,输出 Q16.4 的信号状态均为"0"。

只要当前计数器值小于或等于 0,Q16.5 输出的信号状态就为"1"。在其他任何情况下,输出 Q16.5 的信号状态均为"0"。

(2)SIMATIC 计数器指令

①S_CU:分配参数并加计数

符号(图 4-74):

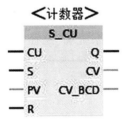

图 4-74　分配参数并加计数符号

分配参数并加计数参数见表 4-54。

表 4-54　分配参数并加计数参数

参数	声明	数据类型	存储区	说明
<计数器>	InOut	COUNTER	C	指令中的计数器, 计数器的数量取决于 CPU 模块
CU	Input	BOOL	I、Q、M、D、L	加计数输入
S	Input	BOOL	I、Q、M、D、L、T、C	用于设置计数器的输入

表4-54(续)

参数	声明	数据类型	存储区	说明
PV	Input	WORD	I、Q、M、D、L、P	设置计数器的值(C#0~C#999)
R	Output	BOOL	I、Q、M、D、L、T、C	复位输入
CV	Output	WORD、S5TIME、DATE	I、Q、M、D、L、P	当前计数器值(十六进制)
CV_BCD	Output	WORD、S5TIME、DATE	I、Q、M、D、L、P	当前计数器值(BCD 编码)
Q	Output	BOOL	I、Q、M、D、L	计数器状态

可使用"分配参数并加计数"指令递增计数器值。如果输入 CU 的信号状态从"0"变为"1"(信号上升沿),则当前计数器值将加 1。当前计数器值在输出 CV 处输出十六进制值,在输出 CV_BCD 处输出 BCD 编码的值。计数器值达到上限"999"后,停止递增。达到上限后,即使出现信号上升沿,计数器值也不再递增。

当输入 S 的信号状态从"0"变为"1"时,将计数器值设置为参数 PV 的值。如果已设置计数器,并且输入 CU 处的 RLO 为"1",则即使没有检测到信号沿的变化,计数器也会在下一扫描周期相应地进行计数。

当输入 R 的信号状态变为"1"时,将计数器值置位为"0"。只要 R 输入的信号状态为"1",输入 CU 和 S 信号状态的处理就不会影响该计数器值。

如果计数器值大于0,输出 Q 的信号状态就为"1"。如果计数器值等于0,则输出 Q 的信号状态为"0"。

注意:避免在多个程序点使用同一计数器(可能出现计数出错)。

"分配参数并加计数"指令需要对边沿评估进行前导逻辑运算,可以放在程序段中或程序段的结尾。

分配参数并加计数实例图如图4-75 所示。

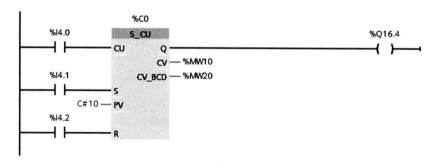

图4-75 分配参数并加计数实例图

如果操作数 I4.0 的信号状态从"0"变为"1"(信号上升沿)且当前计数器值小于"999",则计数器值加 1。当操作数 I4.1 的信号状态从"0"变为"1"时,将该计数器的值设置为"10"。当操作数 I4.2 的信号状态为"1"时,计数器值将复位为"0"。

当前计数器值以十六进制值的形式保存在操作数 MW10 中,以 BCD 编码的形式保存在操作数 MW20 中。

只要当前计数器值不等于"0",操作数 Q16.4 的信号状态便为"1"。

②S_CD:分配参数并减计数

符号(图4-76):

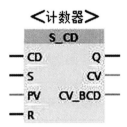

图4-76 分配参数并减计数符号

分配参数并减计数参数见表4-55。

表4-55 分配参数并减计数参数

参数	声明	数据类型	存储区	说明
<计数器>	InOut	COUNTER	C	指令中的计数器, 计数器的数量取决于 CPU 模块
CD	Input	BOOL	I、Q、M、D、L	减计数输入
S	Input	BOOL	I、Q、M、D、L、T、C	用于设置计数器的输入
PV	Input	WORD	I、Q、M、D、L、P	设置计数器的值(C#0~C#999)
R	Output	BOOL	I、Q、M、D、L、T、C	复位输入
CV	Output	WORD、S5TIME、DATE	I、Q、M、D、L、P	当前计数器值(十六进制)
CV_BCD	Output	WORD、S5TIME、DATE	I、Q、M、D、L、P	当前计数器值(BCD 编码)
Q	Output	BOOL	I、Q、M、D、L	计数器状态

可使用"分配参数并减计数"指令递减计数器值。如果输入 CD 的信号状态从"0"变为"1"(信号上升沿),则计数器值减1。当前计数器值在输出 CV 处输出十六进制值,在输出 CV_BCD 处输出 BCD 编码的值。计数器值达到下限值"0"后,停止递减。如果达到下限值,即使出现信号上升沿,计数器值也不再递减。

当输入 S 的信号状态从"0"变为"1"时,将计数器值设置为参数 PV 的值。如果已设置计数器,并且输入 CD 处的 RLO 为"1",则即使没有检测到信号沿的变化,计数器也会在下一扫描周期相应地进行计数。

当输入 R 的信号状态变为"1"时,将计数器值置位为"0"。只要 R 输入的信号状态为"1",输入 CD 和 S 信号状态的处理就不会影响该计数器值。

如果计数器值大于0,输出 Q 的信号状态就"1"。如果计数器值等于0,则输出 Q 的信号状态为"0"。

注意:避免在多个程序点使用同一计数器(可能出现计数出错)。

"分配参数并减计数"指令需要对边沿评估进行前导逻辑运算,可以放在程序段中或程序段的结尾。

分配参数并减计数实例图如图4-77所示。

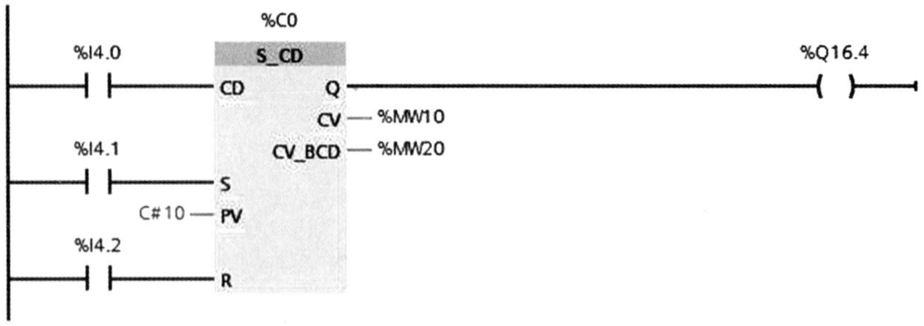

```
              %C0
%I4.0      ┌─────────┐                              %Q16.4
 ┤ ├──────┤ S_CD    │                              ( )
          │CD      Q├──────────────────────────────
          │        CV├── %MW10
%I4.1     │    CV_BCD├── %MW20
 ┤ ├──────┤S        │
       C#10┤PV       │
%I4.2     │         │
 ┤ ├──────┤R        │
          └─────────┘
```

图4-77 分配参数并减计数实例图

如果操作数I4.0的信号状态从"0"变为"1"(信号上升沿)且当前计数器值大于"0",则计数器值减1。当操作数I4.1的信号状态从"0"变为"1"时,将该计数器的值设置为"10"。当操作数I4.2的信号状态为"1"时,计数器值将复位为"0"。

当前计数器值以十六进制值的形式保存在操作数MW10中,以BCD编码的形式保存在操作数MW20中。

只要当前计数器值不等于"0",操作数Q16.4的信号状态便为"1"。

③S_CUD:分配参数并加/减计数

符号(图4-78):

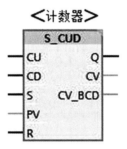

图4-78 分配参数并加/减计数符号

分配参数并加/减计数参数见表4-56。

表4-56 分配参数并加/减计数参数

参数	声明	数据类型	存储区	说明
<计数器>	InOut	COUNTER	C	指令中的计数器,计数器的数量取决于CPU模块
CU	Input	BOOL	I、Q、M、D、L	加计数输入
CD	Input	BOOL	I、Q、M、D、L	减计数输入
S	Input	BOOL	I、Q、M、D、L、T、C	用于设置计数器的输入
PV	Input	WORD	I、Q、M、D、L、P	设置计数器的值(C#0~C#999)
R	Output	BOOL	I、Q、M、D、L、T、C	复位输入
CV	Output	WORD、S5TIME、DATE	I、Q、M、D、L、P	当前计数器值(十六进制)
CV_BCD	Output	WORD、S5TIME、DATE	I、Q、M、D、L、P	当前计数器值(BCD编码)
Q	Output	BOOL	I、Q、M、D、L	计数器状态

234

可以使用"分配参数并加/减计数"指令递增或递减计数器值。如果输入 CU 的信号状态从"0"变为"1"（信号上升沿），则当前计数器值将加 1。如果输入 CD 的信号状态从"0"变为"1"（信号上升沿），则计数器值减 1。当前计数器值在输出 CV 处输出十六进制值，在输出 CV_BCD 处输出 BCD 编码的值。如果在一个程序周期内输入 CU 和 CD 都出现信号上升沿，则计数器值将保持不变。

计数器值达到上限值"999"后，停止递增。如果达到上限值，即使出现信号上升沿，计数器值也不再递增。达到下限值"0"时，计数器值不再递减。

当输入 S 的信号状态从"0"变为"1"时，将计数器值设置为参数 PV 的值。如果计数器已置位，并且输入 CU 和 CD 处的 RLO 为"1"，那么即使没有检测到信号沿变化，计数器也会在下一个扫描周期内相应地进行计数。

当输入 R 的信号状态变为"1"时，将计数器值置位为"0"。只要 R 输入的信号状态为"1"，输入 CU、CD 和 S 信号状态的处理就不会影响该计数器值。

如果计数器值大于 0，输出 Q 的信号状态就为"1"。如果计数器值等于 0，则输出 Q 的信号状态为"0"。

注意：避免在多个程序点使用同一计数器（可能出现计数出错）。

"分配参数并加/减计数"指令需要对边沿评估进行前导逻辑运算，可以放在程序段中或程序段的结尾。

分配参数并加/减计数实例图如图 4-79 所示。

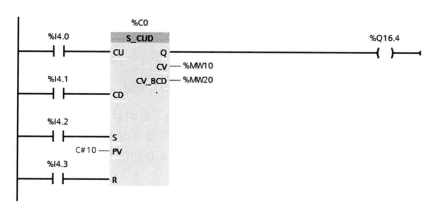

图 4-79　分配参数并加/减计数实例图

如果操作数 I4.0 或 I4.1 的信号状态从"0"变为"1"（信号上升沿），则执行"分配参数并加/减计数"指令。操作数 I4.0 出现信号上升沿且当前计数器值小于"999"时，计数器值加"1"。操作数 I4.1 出现信号上升沿且当前计数器值大于"0"时，计数器值减"1"。

当操作数 I4.2 的信号状态从"0"变为"1"时，将该计数器的值设置为"10"。当操作数 I4.3 的信号状态为"1"时，计数器值将复位为"0"。

当前计数器值以十六进制值的形式保存在操作数 MW10 中，以 BCD 编码的形式保存在操作数 MW20 中。

只要当前计数器值不等于"0"，操作数 Q16.4 的信号状态便为"1"。

④---(SC)：设置计数器值

符号：

<计数器>

---（ SC ）

<计数值>

设置计数器值参数见表4-57。

表 4-57　设置计数器值参数

参数	声明	数据类型	存储区	说明
<计数器>	InOut/Input	COUNTER	C	设置的计数器
<计数值>	Input	WORD	I、Q、M、D、L 或常数	计数器中的值表示为 BCD 格式（C#0 ~ C#999）

可以使用"设置计数器值"指令设置计数器的值。当输入的 RLO 从"0"变为"1"时,执行该指令。执行指令后,将计数器设置为指定计数器值。

"设置计数器值"指令需要前导逻辑运算进行边沿评估,而且只能放在程序段的右侧。

设置计数器值实例图如图 4-80 所示。

图 4-80　设置计数器值实例图

操作数 I4.0 的信号状态从"0"变为"1"时,使用值"100"设置计数器 C0。

⑤---（ CU ）:加计数线圈

符号:

<C 编号>

---（ CU ）

加计数线圈参数见表4-58。

表 4-58　加计数线圈参数

参数	声明	数据类型	存储区	说明
<计数器>	InOut/Input	COUNTER	C	值递增的计数器

如果在 RLO 中出现信号上升沿,则可以通过"加计数线圈"指令将指定计数器的值递增"1"。计数器达到上限值"999"后,停止增加。达到上限值后,即使出现信号上升沿,计数值也不再递增。

"加计数线圈"指令需要前导逻辑运算进行边沿评估,而且只能放在程序段的右侧。

加计数线圈实例图如图 4-81 所示。

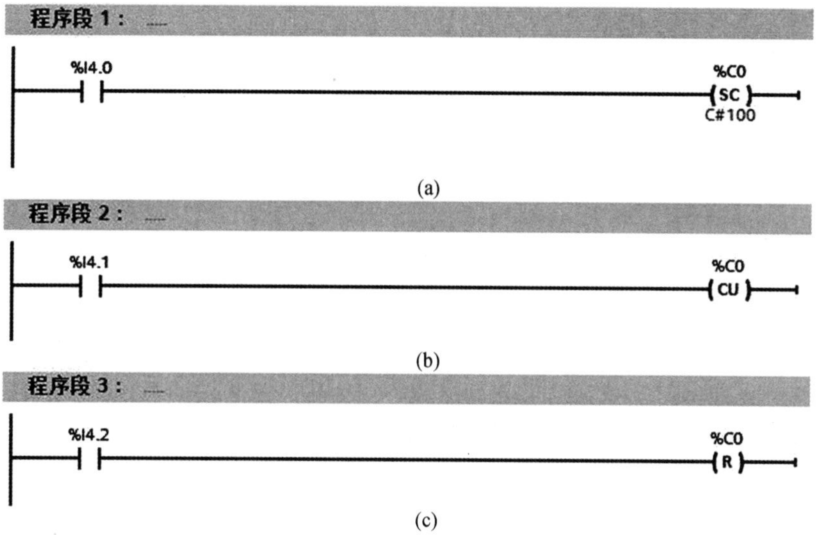

程序段1：

```
        %I4.0                                    %C0
   ─────┤ ├──────────────────────────────────┤SC├─
                                             C#100
```

(a)

程序段2：

```
        %I4.1                                    %C0
   ─────┤ ├──────────────────────────────────┤CU├─
```

(b)

程序段3：

```
        %I4.2                                    %C0
   ─────┤ ├──────────────────────────────────┤R├─
```

(c)

图4-81 加计数线圈实例图

当操作数 I4.0 的信号状态从"0"变为"1"(信号上升沿)时,计数器 C0 将预设为值"100"。

操作数 I4.1 的信号状态从"0"变为"1"时,计数器 C0 的值加1。

操作数 I4.2 的信号状态为"1"时,计数器 C0 的值被预设为"0"。

⑥---(CD):减计数线圈

符号：

<计数器>

---(CD)

减计数线圈参数见表4-59。

表4-59 减计数线圈参数

参数	声明	数据类型	存储区	说明
<计数器>	InOut/Input	COUNTER	C	值递减的计数器

如果在 RLO 中出现信号上升沿,则可以通过"减计数线圈"指令将指定计数器的值递减"1"。计数器达到下限值"0"后,停止减少。达到下限值后,即使出现上升沿,计数器值也不再递减。

减计数线圈实例图如图4-82所示。

"减计数线圈"指令需要前导逻辑运算进行边沿评估,而且只能放在程序段的右侧。

当操作数 I4.0 的信号状态从"0"变为"1"(信号上升沿)时,计数器 C0 将预设为值"100"。

操作数 I4.1 的信号状态从"0"变为"1"时,计数器 C0 的值减1。

操作数 I4.2 的信号状态为"1"时,计数器 C0 的值被预设为"0"。

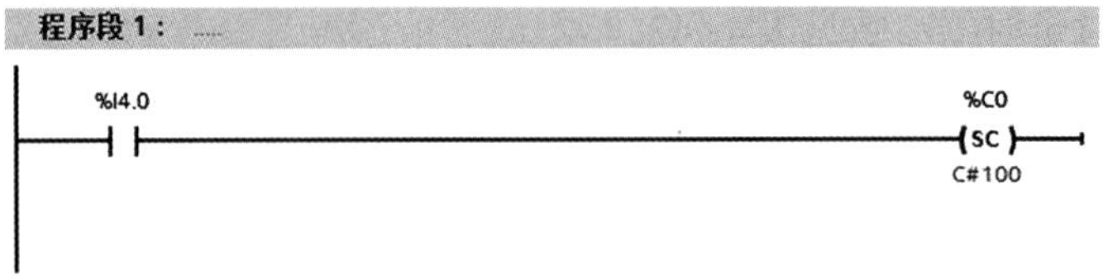

程序段 1：
%I4.0
%C0
SC
C#100

(a)

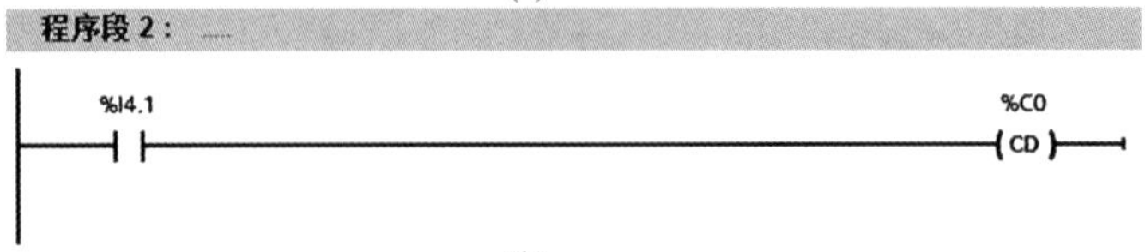

程序段 2：
%I4.1
%C0
CD

(b)

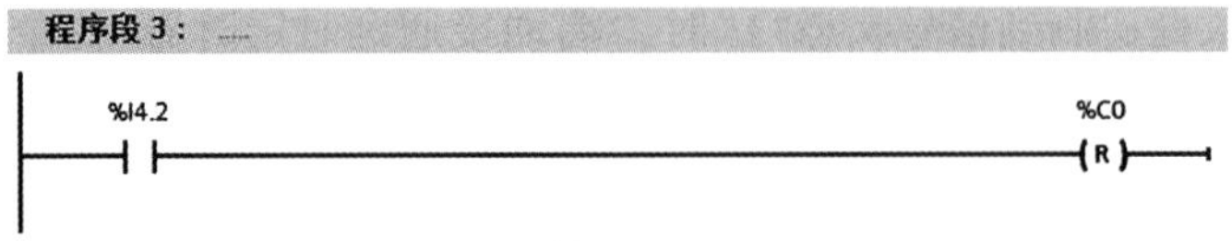

程序段 3：
%I4.2
%C0
R

(c)

图 4-82　减计数线圈实例图

4.3.4　移动值指令

移动值符号(图 4-83)：

MOVE
EN
ENO
IN
OUT1

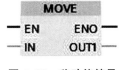

图 4-83　移动值符号

移动值参数见表 4-60。

表 4-60　移动值参数

参数	声明	数据类型	内存区域	说明
EN	Input	BOOL	I、Q、M、D、L	使能输入
ENO	Output	BOOL	I、Q、M、D、L	使能输出
IN	Input	位字符串、整数、浮点数、定时器、DATE、TOD、CHAR、TIMER、COUNTER	I、Q、M、D、L 和常数	源值
OUT1	Output	位字符串、整数、浮点数、定时器、DATE、TOD、CHAR、TIMER、COUNTER	I、Q、M、D、L	目标地址

移动值指令传送列表见表 4-61。

表 4-61　移动值指令传送列表

传送源 （IN）	传送目标（OUT1）	
	进行 IEC 检查	不进行 IEC 检查
BYTE	BYTE、WORD、DWORD	BYTE、WORD、DWORD、INT、DINT、TIME、DATE、TOD、CHAR
WORD	WORD、DWORD	BYTE、WORD、DWORD、INT、DINT、 TIME、S5TIME、DATE、TOD、CHAR
DWORD	DWORD	BYTE、WORD、DWORD、INT、DINT、 REAL、TIME、DATE、TOD、CHAR
INT	INT	BYTE、WORD、DWORD、INT、DINT、TIME、DATE、TOD
DINT	DINT	BYTE、WORD、DWORD、INT、DINT、TIME、DATE、TOD
REAL	REAL	DWORD、REAL
TIME	TIME	BYTE、WORD、DWORD、INT、DINT、TIME
S5TIME	S5TIME	WORD、S5TIME
DATE	DATE	BYTE、WORD、DWORD、INT、DINT、DATE
TOD	TOD	BYTE、WORD、DWORD、INT、DINT、TOD
CHAR	CHAR	BYTE、WORD、DWORD、CHAR
COUNTER	INT、WORD、COUNTER	WORD、DWORD、INT、UINT、DINT、UDINT
TIMER	INT、WORD、TIMER	WORD、DWORD、INT、UINT、DINT、UDINT

使用"移动值"指令,可将 IN 输入操作数中的内容传送到 OUT1 输出的操作数中。始终沿地址升序方向进行传送。

如果输入 IN 数据类型的位长度超出输出 OUT1 数据类型的位长度,则传送源值的高位会丢失。如果 IN 输入数据类型的位长度小于 OUT1 输出数据类型的位长度,则用"0"填充传送目标值中多出来的有效位。

也可以使用"块移动"(BLKMOV)和"不可中断的存储区移动"(UBLKMOV)指令移动字段与结构。

移动值指令实例图如图 4-84 所示。

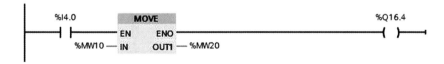

图 4-84　移动值指令实例图(一)

如果操作数 I4.0 的信号状态为"1",则将执行"移动值"指令。该指令将操作数 MW10 的内容复制到操作数 MW20 中,并将 Q16.4 的信号状态置位为"1"。

图 4-85 所示程序可以产生幅值和占空比可调的方波。程序运行时定时器 T1 计时开始,"0"被赋给地址为 PQW658 的模拟量输出端口;T1 计时时间结束后,置位 M0.0,触发 T2

239

的计时停止 T1 的计时,并将"10 000"赋给地址为 PQW658 的模拟量输出端口。程序每执行一次,便产生一个方波,通过修改 T1、T2 和移动值指令中 IN 值,可改变方波的周期和幅值。

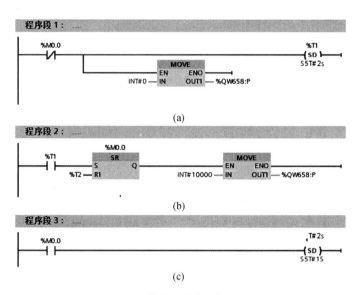

图 4-85 移动值指令实例图(二)

第5章 TIA 博途软件的使用方法

为了应对日益严峻的国际经济竞争压力,机器制造商在其产品的整个生命周期中,优化工厂设备的性能具有前所未有的重要性。优化可以降低产品总体成本、缩短产品上市时间,并进一步提高产品质量。质量、时间和成本之间的平衡是工业领域决定性的成功因素,这一点表现得比以往任何时候都要突出。

全集成自动化基于西门子公司丰富的产品系列和优化的自动化系统,遵循工业自动化领域的国际标准,着眼于满足先进自动化理念的所有需求,并结合系统完整性和对第三方系统的开放性,为各行业应用领域提供整体的自动化解决方案。

TIA 博途软件将全部自动化组态设计工具完美地整合在一个开发环境之中。这是软件开发领域的一个里程碑,是工业领域第一个带有"组态设计环境"的自动化软件。

5.1 TIA 博途软件使用入门

5.1.1 Portal 视图与项目视图

TIA Portal 提供两种不同的工具视图,即 Portal 视图(图 5-1)和项目视图(图 5-2)。Portal 视图是面向任务的项目任务视图,项目视图是项目各组件以及相关工作区和编辑器的视图。

安装好 TIA 博途软件后,双击桌面上的 图标,打开启动画面即 Portal 视图。在 Portal 视图中,可以打开现有的项目,创建新项目,打开项目视图中的"设备和网络"视图、程序编辑器和 HMI 的画面编辑器等。由于具体的操作都是在项目视图中完成的,因此本书主要使用项目视图。

菜单和工具栏是大型软件应用的基础,初学时可以新建一个项目,或者打开一个已有的项目,对菜单和工具栏进行各种操作,通过操作了解菜单中的各种命令和工具栏中各个按钮的使用方法。

菜单中浅灰色的命令和工具栏中浅灰色的按钮表示在当前条件下,不能使用该命令和该按钮。例如,在执行了"编辑"菜单中的"复制"命令后,"粘贴"命令才会由浅灰色变为黑色,表示可以执行该命令。

5.1.2 项目树

图 5-2 中标有①的区域为项目树。项目树可以访问所有的设备和项目数据、添加新的组件、编辑已有的组件、查看和修改现有组件的属性。

项目中的各组成部分在项目树中以树型结构显示,分为 4 个层次:项目、设备、文件夹和对象。项目树的使用方式与 Windows 的资源管理器相似。作为每个编辑器的子元件,用文件夹以结构化的方式保存对象。

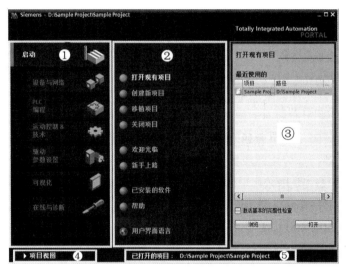

①—不同任务的登录选项;②—所选登录选项对应的操作;③—所选操作的选择面板;
④—切换到项目视图;⑤—当前打开项目的显示区域。

图 5-1　启动画面(Portal 视图)

①—项目树;②—详细视图;③—工作区;④—巡视窗口;⑤—任务卡;⑥—信息窗格;⑦—编辑器栏。

图 5-2　在项目视图中组态硬件

单击项目树右上角的  按钮,项目树和图 5-2 中标有②的详细视图消失,同时最左边的垂直条的上端出现 按钮,单击它将打开项目树和详细视图。可以用类似的方法隐藏和显示图 5-2 中右边标有⑤的任务卡(硬件目录)。

将鼠标的光标放到相邻的两个窗口的垂直分界线上，当出现带双向箭头的➕光标时，按住鼠标的左键移动鼠标，可以移动分界线，以调节分界线两边的窗口大小。可以用同样的方法调节水平分界线。

单击项目树标题栏上的"自动折叠"按钮▥，该按钮变为▮（永久展开）。此时单击项目树之外的任何区域，项目树自动折叠（消失）。单击最左边的垂直条上端的▷按钮，项目树随即打开。单击▮按钮，该按钮变为▥，自动折叠功能被取消。

可以用类似的操作，启动或关闭任务卡和巡视窗口的自动折叠功能。

5.1.3　详细视图

项目树窗口下面，即图 5-2 中标有②的区域是详细视图，打开项目树中的"PLC 变量"文件夹，选中其中的"默认变量表"，详细窗口显示出该变量表中的变量。用鼠标左键按住其中的某个符号地址并移动鼠标，开始时光标的形状为🚫（禁止放置）。光标进入程序中用红色问号表示的需要设置地址的地址域时，形状变为🖰（允许放置）。松开左键，该符号地址被放在地址域，这个操作称为"拖曳"。拖曳到已设置的地址上时，原来的地址将会被替换。

单击详细视图左上角的▼按钮或"详细视图"标题，详细视图被关闭，只剩下紧靠"Portal 视图"的标题，标题左边的按钮变为❯。单击该按钮或标题，重新显示详细视图。单击图 5-2 中标有④的巡视窗口右上角的◣按钮或◥按钮，可以隐藏或显示巡视窗口。

5.1.4　工作区

图 5-2 中标有③的区域为工作区。可以同时打开几个编辑器，但是一般只能在工作区显示一个当前打开的编辑器。在图 5-2 中标有⑦的编辑器栏中显示被打开的编辑器，单击它们可以切换工作区显示的编辑器。

单击工具栏上的▭、▯按钮，可以垂直或水平拆分工作区，同时显示两个编辑器。

在工作区同时打开程序编辑器和设备视图，将设备视图放大到 200% 或以上，可以将模块上的 I/O 点拖曳到程序编辑器中指令的地址域，这样不仅能快速设置指令的地址，还能在 PLC 变量表中创建相应的条目。也可以用上述的方法将模块上的 I/O 点拖曳到 PLC 变量表中。

单击工作区右上角的"最大化"按钮▭，将会关闭其他所有的窗口，工作区被最大化。单击工作区右上角的"浮动"按钮▱，工作区浮动。用鼠标左键按住浮动的工作区的标题栏并移动鼠标，可以将工作区拖到画面上任意位置。松开左键，工作区被放在当前所在的位置。

工作区被最大化或浮动后，单击工作区右上角的"嵌入"按钮▤，工作区将恢复原状。图 5-2 的工作区显示的是硬件与网络编辑器的"设备视图"选项卡，可以组态硬件。选中"网络视图"选项卡，将打开网络视图，可以组态网络。选中"拓扑视图"选项卡，可以组态

PROFINET 网络的拓扑结构。

可以将硬件列表中需要的设备或模块拖曳到工作区的设备视图和网络视图中。

5.1.5 巡视窗口

图 5-2 中标有④的区域为巡视窗口,用来显示选中的工作区中的对象附加的信息,还可以用巡视窗口来设置对象的属性。巡视窗口有如下 3 个选项卡。

(1)"属性"选项卡:显示和修改选中的工作区中的对象的属性。巡视窗口左边的窗口是浏览窗口,选中其中的某个参数组,在右边窗口显示和编辑相应的信息或参数。

(2)"信息"选项卡:显示所选对象和操作的详细信息,以及编译后的报警信息。

(3)"诊断"选项卡:显示系统诊断事件和组态的报警事件。

图 5-2 选中了工作区中 101 号插槽的 RS-485 通信模块。巡视窗口有两级选项卡,选中第一级的"属性"选项卡和第二级的"常规"选项卡,再选中左边浏览窗口中的"RS-485 接口"文件夹中的"IO-Link",简单记录为选中了巡视窗口的"属性"→"常规"→"RS-485 接口"→"IO-Link"。

5.1.6 任务卡

图 5-2 中标有⑤的区域为任务卡,任务卡的功能与编辑器有关。可以通过任务卡进行进一步的或附加的操作。如从库或硬件目录中选择对象、搜索与替代项目中的对象、将预定义的对象拖曳到工作区。

可以用图 5-2 中最右边的竖条上的按钮来切换任务卡显示的内容(硬件目录)。图 5-2 中标有⑥的"信息"窗格是"目录"窗格选中的硬件对象的图形和对它的简要描述。

单击任务卡工具栏上的"更改窗格模式"按钮□,可以在同时打开几个窗格和同时只打开一个窗格之间切换。

5.1.7 新建一个项目

执行菜单命令"项目"→"新建",在出现的"创建新项目"对话框中,将项目的名称修改为"电动机控制"。单击"路径"输入框右边的□按钮,可以修改保存项目的路径。单击"创建"按钮,开始生成项目。

5.1.8 添加新设备

双击项目树中的"添加新设备",出现"添加新设备"对话框(图 5-3)。单击其中的"控制器"按钮,双击要添加的 CPU 模块的订货号,可以添加一个 PLC。在项目树、设备视图和网络视图中可以看到添加的 CPU 模块。

图5-3 "添加新设备"对话框

将硬件目录中的设备拖曳到网络视图中,也可以添加设备。

5.1.9 设置项目的参数

执行菜单命令"选项"→"设置",选中工作区左边浏览窗口的"常规"(图5-4),用户界面语言为默认的"中文",助记符为默认的"国际"(英语助记符)。

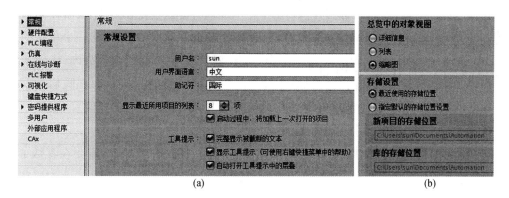

      (a)   (b)

图5-4 设置 TIA 博途软件的常规参数

建议用单选框选中"起始视图"区的"项目视图"或"上一视图",以后在打开 TIA 博途软件时将会自动打开项目视图或上一次关闭时的视图。

图5-4(b)是选中"常规"后右边窗口下面的部分内容,在"存储设置"区,可以选择最近使用的存储位置或默认的存储位置。选中后者时,可以用"浏览"按钮设置保存项目和库的文件夹。

5.2 S7-1200/1500 CPU 模块的参数设置

5.2.1 硬件组态的基本方法

1. 硬件组态的任务

英语单词"Configuring"(配置、设置)一般被翻译为"组态"。设备组态的任务就是在设备视图和网络视图中,生成一个与实际的硬件系统对应的虚拟系统,PLC、远程 I/O、HMI,各种模块的型号、订货号和版本号,模块的安装位置和设备之间的通信连接,都应与实际的硬件系统完全相同。此外还应设置模块的参数,即给参数赋值。

组态信号模块时,STEP 7 自动地分配它们的 I/O 地址,为编写程序提供了必要条件。

组态信息应下载到 CPU 模块中,CPU 模块按组态的参数运行。自动化系统启动时,CPU 模块比较组态时生成的虚拟系统和实际的硬件系统,检测出可能的错误并用巡视窗口显示。可以设置两个系统不兼容时,是否能启动 CPU 模块(图 5-5)。

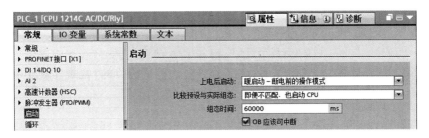

图 5-5 设置启动方式

CPU 模块根据组态的信息对模块进行实时监控,如果模块有故障,CPU 模块将报警和产生中断,并将故障信息保存到诊断缓冲区。

模块的组态信息保存在 CPU 模块中,在 CPU 模块启动期间传送给对应的模块。更换故障模块后,不需要重新下载组态信息。

TIA 博途软件为各种模块的参数预设了默认值,一般可以采用模块的默认值,只需要修改少量的参数。

2. 在设备视图中添加模块

打开项目"电动机控制"的项目树中的"PLC_1"文件夹(图 5-2),双击其中的"设备组态",打开设备视图,可以看到 1 号插槽中的 CPU 模块。在硬件组态时,需要将 I/O 模块或通信模块放置到工作区的机架的插槽内,有如下两种放置硬件对象的方法。

(1)用"拖曳"的方法放置硬件对象

单击图 5-2 中最右边竖条上的"硬件目录"按钮,打开硬件目录窗口。打开文件夹"\通信模块\点到点\CM 1241(RS-485)",单击选中订货号为 6ES7 241-1CH30-0XB0 的 CM 1241(RS-485)模块,其背景变为深色。可以插入该模块的 CPU 模块左边的 3 个插槽,四周出现深蓝色的方框,只能将该模块插入这些插槽。用鼠标左键按住该模块不放,移动鼠标,将选中的模块"拖曳"到机架中 CPU 模块左边的 101 号插槽,该模块浅色的图标和订货号随着光标一起移动。没有移动到允许放置该模块的工作区时,光标的形状为 ⊘(禁止放置);反之光标的形状变为 (允许放置),同时选中的 101 号插槽出现浅色的边框。松开鼠标左键,拖动的模块将被放置到选中的插槽。

用上述的方法将 CPU 模块、HMI 或分布式 I/O 拖曳到网络视图,可以生成新的对象。

(2)用双击的方法放置硬件对象

放置模块还有另外一个简便的方法:首先用鼠标左键单击机架中需要放置模块的插槽,使它的四周出现深蓝色的边框;然后用鼠标左键双击硬件目录中要放置的模块的订货号,该模块便出现在选中的插槽中。

放置信号模块和信号板的方法与放置通信模块的方法相同,信号板安装在 CPU 模块内,信号模块安装在 CPU 模块右侧的 2~9 号槽。将 2DI/2DO 信号板插入 CPU 模块,将数字量输入模块 DI 8×24 V DC、数字量输出模块 DO 8×24 V DC、模拟量输入/模拟量输出模块 AI 4×13 BIT/AO 2×14 BIT 分别插入 2~4 号槽。

可以将模块插入已经组态的两个模块中间。插入点右边所有的信号模块将向右移动一个插槽的位置,新的模块被插入到空出来的插槽。

如果在设备视图中将缩放级别设置为大于等于 200%,可以显示 I/O 模块的各个 I/O 通道。如果已经为通道定义了 PLC 变量,则显示 PLC 变量的名称。

3.硬件目录中的过滤器

如果勾选了图 5-2 中"硬件目录"窗口左上角的"过滤"复选框,激活了硬件目录的过滤器功能,则硬件目录只显示与工作区有关的硬件。如打开 S7-1200 的设备视图时,如果勾选了"过滤"复选框,则硬件目录窗口只显示 S7-1200 的组件,不会显示其他控制设备。

4.删除硬件组件

可以删除设备视图或网络视图中的硬件组件,被删除的组件的插槽可供其他组件使用。不能单独删除 CPU 模块和机架,只能在网络视图或项目树中删除整个 PLC 站。

删除硬件组件后,可能在项目中产生矛盾,即违反了插槽规则。选中指令树中的"PLC_1",单击工具栏上的"编译" 按钮,对硬件组态进行编译。编译时进行一致性检查,如果有错误将会显示错误信息,应改正错误后重新进行编译,直到没有错误。

5.复制与粘贴硬件组件

可以在项目树、网络视图或设备视图中复制硬件组件,然后将保存在剪贴板上的组件粘贴到其他地方。可以在网络视图中复制和粘贴站点,在设备视图中复制和粘贴模块。

可以用拖曳的方法或通过剪贴板在设备视图或网络视图中移动硬件组件,但是 CPU 模块必须在 1 号插槽。

6.更改设备的型号

右键单击项目树或设备视图中要更改型号的 CPU 模块或 HMI,执行出现的快捷菜单中的"更改设备"命令,双击出现的"更改设备"对话框右边的列表中用来替换的设备的订货号,设备型号即被更改。

7.打开已有的项目

单击工具栏中的 按钮,双击打开的"打开项目"对话框中列出的最近使用的某个项目,打开该项目。或者单击"浏览"按钮,在打开的对话框中打开某个项目的文件夹,双击其中标有🖱的文件,打开该项目。

8.打开用 TIA 博途软件较早版本保存的项目

单击工具栏上的"打开项目"按钮,打开一个用 TIA 博途软件较早的版本(如 V13 版)保存的项目文件夹,双击其中后缀为"ap13"的文件,单击对话框中的"升级"按钮,数据被导入新项目。为了完成项目升级,升级后需要对每台设备执行菜单命令"编辑"→"编译"。

5.2.2 组态 PROFINET 接口

1.以太网地址组态

打开一个 S7-1200 的项目,选中网络视图中 CPU 模块的 PROFINET 接口,再选中巡视窗口的"属性"→"常规"→"以太网地址"(图 5-6),巡视窗口标题栏的"PROFINET 接口_1[Module]"是集成的 PROFINET 接口。

可以用"添加新子网"按钮添加新子网,用"子网"选择框将接口连接到已有的网络上。

用单选框选中默认的选项"在项目中设置 IP 地址",可以手动设置接口的 IP 地址和子网掩码。图 5-6 中是默认的 IP 地址和子网掩码。如果该 CPU 模块需要和其他子网的设备通信,应勾选"使用 IP 路由器"复选框,然后输入路由器的 IP 地址。

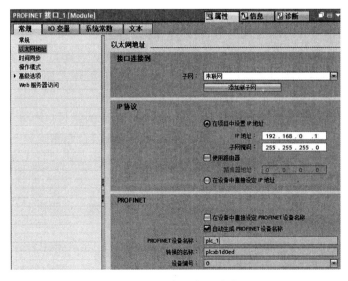

图 5-6 组态以太网地址

用单选框选中"在设备中直接设定 IP 地址",则从组态之外的其他服务获取 IP 地址。

如果勾选了 PROFINET 区的复选框"在设备中直接设定 PROFINET 设备名称",表示不是通过组态,而是用指令 T CONFIG 或 S7-1500 的显示屏等方式分配 PROFINET 设备名称。

未勾选复选框"自动生成 PROFINET 设备名称"时,由用户设置 PROFINET 设备名称。"转换的名称"是符合 DNS 惯例的名称,用户不能修改。IO 控制器的"设备编号"默认值为0,用户不能更改。

2. 组态网络时间同步

NTP 广泛应用于互联网的计算机时钟的时间同步,局域网内的时间同步精度可达 1 ms。NTP 采用多重冗余服务器和不同的网络路径来保证时间同步的高精度与高可靠性。

选中 CPU 模块的以太网接口,再选中巡视窗口的"属性"→"常规"→"时间同步",勾选 "通过 NTP 服务器启动同步时间"复选框(图 5-7)。然后设置时间同步服务器的 IP 地址, 最多可以添加 4 个 NTP 服务器。"更新间隔"是 PLC 每次请求时钟同步的时间间隔 (10～ 86 400 s)。

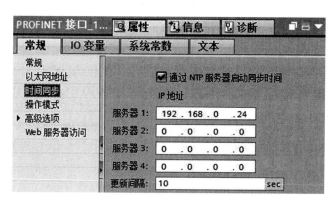

图 5-7　组态网络时间同步

3. 组态操作模式

选中巡视窗口左边窗口中的"操作模式",可以将该接口设置为 IO 设备(图 5-8)。 CPU 模块即使被设置为 IO 设备,它同时也可以作为 IO 控制器使用。

图 5-8　组态操作模式

勾选"IO 设备"复选框后,应在"已分配的 IO 控制器"选项中选择一个 IO 控制器。

如果该 IO 设备的 IO 控制器不在该项目中,则应选择"未分配"。也可以用复选框设置 "PN 接口的参数由上位 IO 控制器进行分配"。

4. 组态高级选项中的接口选项

(1)发生通信错误的处理

选中 CPU 1516 3PN/DP 的网络视图中的 PROFINET 接口[X1],再选中巡视窗口的"属性"→"常规"→"高级选项"→"接口选项"(图 5-9),如果没有勾选复选框"若发生通信错误,则调用用户程序",出现 PROFINET 接口的通信错误时,不会调用诊断中断 OB82,但是错误会进入 CPU 模块的诊断缓冲区。S7-1200 的 PROFINET 接口没有此选项。

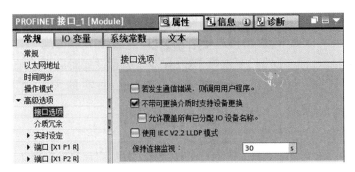

图 5-9　组态 S7-1500 PN 接口的"接口选项"

（2）无须可交换介质更换 IO 设备

PROFINET IO 设备没有 DP 从站那样的设置站地址的拨码开关，IO 控制器用 IO 设备名称来识别 IO 设备。在更换有故障的 IO 设备之后，必须通过编程设备为 IO 设备分配设备名称。早期的 IO 设备有可以存储设备名称的存储卡（可更换介质），可以通过将存储卡插入新更换的 IO 设备，来为 IO 设备分配设备名称。现在的 IO 设备没有存储卡，在更换 IO 设备时，如果所有的 IO 设备都支持链路层发现协议（Link Layer Discoveiy Protocol，LLDP），IO 控制器使用 LLDP 来分析各 IO 设备和 IO 控制器之间的关系。通过这些关系，IO 控制器可以检测到更换的 IO 设备，并为其分配已组态的设备名称。

启用无须可交换介质更换 IO 设备的操作步骤如下。

勾选图 5-9 中的复选框"不带可更换介质时支持设备更换"，允许在没有可更换介质（即存储卡）的情况下更换设备。该选项还允许自动调试，即可以在不事先分配设备名称的情况下，使用 IO 设备调试 IO 系统。

CPU 模块比较早的固件版本使用上述功能之前，需要使用新的 IO 设备，或将已分配参数的 IO 设备恢复到出厂设置。对于固件版本为 V1.5 或更高的 S7-1500 CPU 模块，如果勾选了 IO 控制器属性中的复选框"允许覆盖所有已分配 IO 设备名称"，则允许 IO 控制器覆盖 IO 设备的 PROFINET 设备名称，就不用将已分配参数的 IO 设备恢复到出厂设置状态。

可以用"使用 IEC V2.2 LIDP 模式"复选框选择使用 IEC V2.2 还是 IEC V2.3 模式。

可以用"保持连接信号"输入框设置向 TCP 或 ISO-on-TCP 连接伙伴发送保持连接请求的时间间隔。

5. 其他高级选项组态

（1）组态介质冗余

S7-1500 CPU 模块的 PN 接口支持 MRP，S7-1200 CPU 模块没有介质冗余功能。选中图 5-10 中巡视窗口左边的"介质冗余"，可以设置 CPU 模块在介质冗余功能中做管理器还是客户端，使用哪个端口来连接 MRP 环网，以及网络出现故障时，是否希望调用诊断中断 OB82 等。

（2）组态实时设定参数

图 5-10 中，以太网接口高级选项中的"实时设定"中的"发送时钟"是 IO 控制器和 IO 设备交换数据的最小时间间隔。同步功能可选"同步主站""同步从站""未同步"。"RT 等级"可选 RT 或 IRT，S7-1200 的"实时设定"属性中没有"同步"。TIA 博途软件根据 IO 设备的数量和 I/O 字节，自动计算出周期性 IO 数据传输的带宽。最大带宽一般为"发送时

钟"的一半。

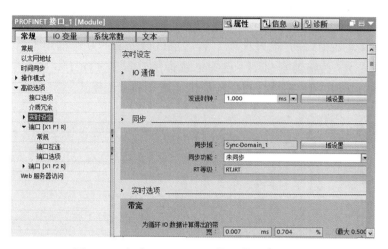

图 5-10 组态 S7-1500 PN 接口的"实时设定"

(3)组态端口互联参数

CPU 1215C、CPU 1217C 和 S7-1500 CPU 模块的 PROFINET 端口自带一个两端口的交换机,CPU 1215C 和 CPU 1217C 的两个端口分别叫作"端口[X1 P1]"与"端口[X1 P2]",S7-1500 的两个端口分别叫作"Port[X1 P1 R]"和"Port[X1 P2 R]"(图 5-11)。两个端口需要组态的参数相同。

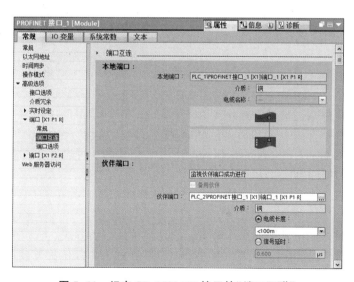

图 5-11 组态 S7-1500 PN 接口的"端口互联"

打开项目"1200 作 1500 的 IO 设备",选中网络视图中 CPU 1511-1 PN 的 PN 接口。选中巡视窗口左边窗口中端口[X1 P1 R]的"端口互联",右边窗口的"本地端口"区显示本地端口的属性,默认的介质类型为"铜"。用"伙伴端口"区的下拉式列表选择需要连接的伙伴端口为 PLC_2 站点的 PN 接口的端口_1,单击☑按钮确认和关闭打开的对话框。

如果在拓扑视图中组态了网络拓扑,将会显示连接的伙伴端口的"介质"类型等信息。

"电缆长度"和"信号延时"仅适用于 PROFINET IRT 通信,用单选框选中二者之一,则按选中的参数自动计算另一个参数的值。

(4)组态端口选项参数

选中图 5-12 左边窗口的"端口选项",右边窗口最上面的复选框用于启用或禁用该端口。S7-1500 可以用"传输速率/双工"选择框选择"自动"或"TP 100 Mbit/s 全双工"。默认的"自动"表示该端口与连接伙伴自动协商传输速率和双工模式。

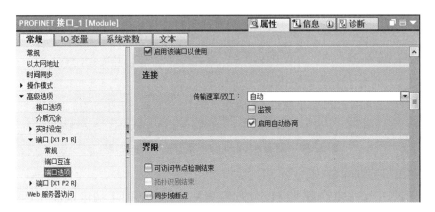

图 5-12 组态 S7-1500 PN 接 121 的"端口选项"

"界限"域用来设置传输某种以太网报文的边界线制。选中复选框"可访问节点检测结束",表示此端口不转发用于检测可访问节点的 DCP 报文。选中复选框"拓扑识别结束",表示不转发用于检测拓扑的 LLDP 报文。选中复选框"同步域断点",表示不转发用来同步的同步域内设备的同步报文。

5.2.3 组态 CPU 模块的其他参数

1. 设置 PLC 上电后的启动方式

选中设备视图中的 CPU 模块后,再选中巡视窗口的"属性"→"常规"→"启动"(图 5-5),可以用"上电后启动"下拉列表组态上电后 CPU 模块的 3 种启动方式。

(1)不重新启动保持在 STOP 模式。

(2)暖启动,进入 RUN 模式。如果 S7-1500 的模式选择开关在 STOP 位置,不会暖启动和进入 RUN 模式。

(3)暖启动,进入断电之前的操作模式。这是默认的启动方式。

暖启动将清除非保持存储器,同时将非保持性 DB 的内容复位为装载存储器的初始值。但是保持存储器和保持性 DB 中的值不变。

可以用"比较预设与实际组态"下拉列表设置当预设的组态与实际的硬件不匹配(不兼容)时,是否启动 CPU 模块。兼容的模块必须完全能替换已组态的模块,功能可以更多,但是不能少。

在 CPU 模块启动过程中,如果中央 I/O 或分布式 I/O 在组态的时间段内(默认值为 1 min)没有准备就绪,则 CPU 模块的启动特性取决于"比较预设与实际组态"的设置。

组态 S7-1200 的 CPU 模块时如果勾选了图 5-5 中的"OB 应该可中断"复选框,优先级高的 OB 可以中断优先级低的 OB 的执行。S7-1500 没有该复选框。

2. 设置循环周期监视时间与通信负载

循环时间是操作系统刷新过程映像和执行程序循环 OB 的时间,包括所有中断此循环的中断程序的执行时间。选中设备视图中的 CPU 模块后,再选中巡视窗口中的"属性"→"常规"→"循环"(图 5-13),可以设置循环周期监视时间,默认值为 150 ms。

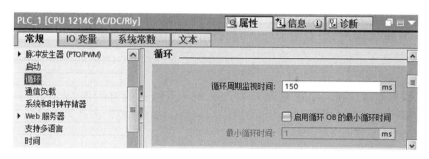

图 5-13　设置循环周期监视时间

如果循环时间超过设置的循环周期监视时间,操作系统将会启动时间错误 OB80。如果 OB80 不可用,CPU 模块将忽略这一事件。如果循环时间超出循环周期监视时间的两倍,CPU 模块将切换到 STOP 模式。

如果勾选了复选框"启用循环 OB 的最小循环时间",并且 CPU 模块完成正常的扫描循环任务的时间小于设置的循环 OB 的"最小循环时间",CPU 模块将延迟启动新的循环,在等待时间内将处理新的事件和操作系统服务,用这种方法来保证在固定的时间内完成扫描循环。

如果在设置的最小循环时间内,CPU 模块没有完成扫描循环,CPU 模块将完成正常的扫描(包括通信处理),并且不会产生超出最小循环时间的系统响应。

CPU 模块的"通信负载"属性用于将延长循环时间的通信过程的时间控制在特定的限制值内。选中图 5-14 中的"通信负载",可以设置"由通信引起的周期负载",S7-1200 的默认值为 20%,S7-1500 的默认值为 50%。

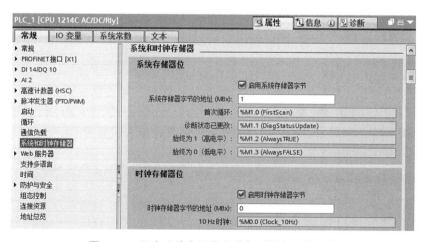

图 5-14　组态系统存储器字节与时钟存储器字节

3. 设置系统存储器字节与时钟存储器字节

选中设备视图中的 CPU 模块,再选中巡视窗口的"属性"→"常规"→"系统和时钟存储器"(图 5-14),还可以用复选框分别启用系统存储器字节和时钟存储器字节,它们的默认地址为 MB1 和 MB0。还可以设置它们的地址值。

将 MB1 设置为系统存储器字节后,该字节的 M1.0~M1.3 的意义如下。

(1)M1.0(首次循环):仅在刚进入 RUN 模式的首次扫描时为 TRUE("1"状态),以后为 FALSE("0"状态)。

(2)M1.1(诊断状态已更改):诊断状态发生改变时为"1"状态。

(3)M1.2(始终为1):总是为 TRUE,其常开触点总是闭合。

(4)M1.3(始终为0):总是为 FALSE,其常闭触点总是闭合。

图 5-14 勾选了右边窗口的"启用时钟存储器字节"复选框,采用默认的 MB0 作为时钟存储器字节。

时钟存储器的各位在一个周期内为 FALSE 和为 TRUE 的时间各为 50%。时钟存储器字节各位的周期和频率见表 5-1。CPU 模块在扫描循环开始时初始化这些位。

表 5-1　时钟存储器字节各位的周期和频率

位	7	6	5	4	3	2	1	0
周期/s	2.0	1.600	1	0.80	0.5	0.4	0.2	0.1
频率/Hz	0.5	0.625	1	1.25	2.0	2.5	5.0	10.0

M0.5 的时钟脉冲周期为 1 s,如果用它的触点来控制指示灯,指示灯将以 1 Hz 的频率闪动,亮 0.5 s,熄灭 0.5 s。

因为系统存储器和时钟存储器不是保留的存储器,用户程序或通信可能改写这些存储单元,破坏其中的数据。指定了系统存储器和时钟存储器字节以后,这两个字节不能再用于其他用途,否则将会使用户程序运行出错,甚至造成设备损坏或人身伤害。建议始终使用系统存储器字节和时钟存储器字节默认的地址(MB1 和 MB0)。

4.组态用户界面语言

项目语言用于显示项目的文本信息,需要将某种项目语言分配给 Web 服务器语言,如将英语(美国)分配给 Web 服务器语言中的英语。

双击项目树的"语言和资源"文件夹中的"项目语言",激活(即勾选)工作区中的"英语(美国)"。

选中设备视图中的 CPU 模块,再选中巡视窗口的"属性"→"常规"→"用户界面语言"(S7-1500 见图 5-15),或选中巡视窗口的"属性"→"常规"→"支持多语言"(S7-1200),将右边窗口"项目语言"列中的"英语(美国)"分配给"设备显示语言/Web 服务器语言"列中的"英语"。"中文"的项目语言是自动分配好的。将其他语言设置为"无"。

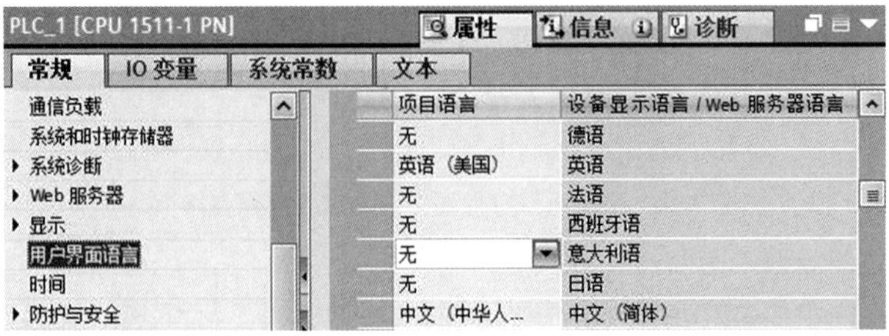

图 5-15　组态用户界面语言

5.设置实时时钟

选中设备视图中的CPU模块后,再选中巡视窗口的"属性"→"常规"→"防护与安全"→"访问级别"。如果设备在国内使用,应设置本地时间的时区为"(UTC+08:00)北京、重庆、香港、乌鲁木齐",不要激活夏令时。出口产品可能需要设置夏令时。

6.设置读写保护和密码

选中设备视图中的CPU模块后,再选中巡视窗口的"属性"→"常规"→"保护"(图5-16),可以选择右边窗口的4个访问级别。其中钩表示在没有该访问级别密码的情况下可以执行的操作。如果要使用该访问级别没有打钩的功能,需要输入密码。

图5-16　设置访问权限与密码

(1)选中"完全访问权限(无任何保护)"时,用户不需要密码就具有对所有功能的访问权限。

(2)选中"读访问权限"时,没有密码仅允许用户对硬件配置和块进行读访问,没有写访问权限。知道第1行的密码的用户可以不受限制地访问CPU模块。

(3)选中"HMI访问权限"时,不输入密码用户没有读访问和写访问的权利,只能通过HMI访问CPU模块。此时至少需要设置第1行的密码,知道第2行的密码的用户只有读访问的权限。各行的密码不能相同。

(4)选中"不能访问(完全保护)"时,没有密码不能进行读、写访问和通过HMI访问,禁用PUT/GET通信的服务器功能。至少需要设置第1行的密码,可以设置第2,3行的密码。知道第3行的密码的用户只能通过HMI访问CPU模块。

如果S7-1200/1500的CPU模块在S7通信中作为服务器,必须选中图5-16中的"连接机制",勾选复选框"允许从远程对象的PUT/GET通信访问"。

7.组态控制

可以用"组态控制"功能更改运行中的硬件组态信息,为用户的产品设计提供更多的灵活性。为了使用组态控制功能,应选中图5-16左边窗口的"组态控制",勾选"允许通过用户程序重新组态设备"复选框。

8.连接资源

选中设备视图中的CPU模块,再选中巡视窗口的"属性"→"常规"→"连接资源",图5-17是连接资源的离线视图,包括CPU模块和通信模块的资源、整个站的站资源、已组态的总资源和可用的资源。

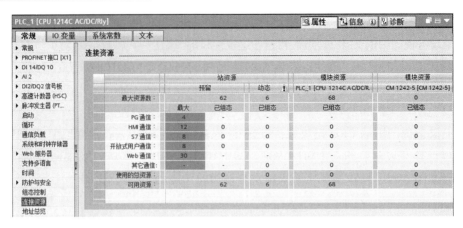

图 5-17　连接资源的离线视图

在线状态打开"连接资源"窗口,将显示当前所用的资源。

9.地址总览

选中设备视图中的 CPU 模块,再选中巡视窗口的"属性"→"常规"→"地址总览"(图 5-18),右边窗口用表格显示已组态的模块的 I/O 类型、起始和结束的字节地址、模块型号、设备名称、所属的总线系统(PN 或 DP)、模块所在的机架和插槽等信息。可以用"过滤器"复选框选择是否显示输入、输出、地址间隙和插槽。

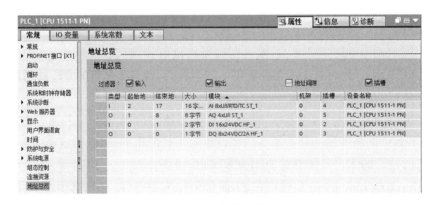

图 5-18　地址总览

组态完成后,单击设备视图工具栏最右端的　按钮,可以保存窗口的设置。

5.2.4　S7-1500 的硬件组态

1.组态中央机架

组态 S7-1500 的中央机架的硬件时,应注意下列问题。

中央机架最多 32 个模块,插槽号为 0~31。CPU 模块占用 1 号槽,不能更改。

插槽 0 可以放置系统电源模块或负载电源模块,后者不需要组态。0 号槽的系统电源模块通过背板总线向 CPU 模块和其右侧的模块供电。

CPU 模块右侧的插槽最多可以插入 2 块系统电源模块,它们将机架分为 3 个电源段。

从 2 号槽开始依次插入信号模块、工艺模块和通信模块,模块间不能有空槽。允许的点对点之外的通信模块的个数与 CPU 模块的型号有关。

打开 TIA 博途软件后,新建一个名为"1500_ET 200MP"的项目,双击项目树中的"添加新设备",出现"添加新设备"对话框(图 5-3)。单击"控制器"按钮,双击要添加的 CPU 1511-1 PN 的订货号,添加一个 PLC 设备。

打开项目树中的"PLC_1"文件夹,双击其中的"设备组态",打开设备视图,可以看到 1 号插槽中的 CPU 1511-1 PN。将系统电源模块 PS DC 25 W 24 V 插入 0 号槽,16 点数字量输入模块 DI 16×24 V DC HF 插入 2 号槽,8 点数字量输出模块 DO 8×24 V DC/2 A HF 插入 3 号槽,8 通道模拟量输入模块 AI 8×U/I/RTD/TC ST 插入 4 号槽,4 通道模拟量输出模块 AO 4×U/I ST 插入 5 号槽。

2.组态 ET 200MP

与 S7-300/400 相比,S7-1500 没有扩展机架,用分布式 I/O 实现扩展。ET 200SP 和 ET 200MP 是专门为 S7-1200/1500 设计的分布式 I/O。S7-1500 的主机架和 ET 200MP 使用同样的电源模块、信号模块、通信模块和工艺模块,因此它们合称为 S7-1500/ET 200MP 自动化系统,S7-1500 首选的 PROFINET IO 设备应为 ET 200MP。而 S7-1200 和 ET 200SP CPU 模块首选的 PROFINET IO 设备应为 ET 200SP。

在网络视图中(图 5-19),将右边的硬件目录窗口"\分布式 I/O\ET 200MP\接口模块\ PROFINET\IM 155-5 PN ST"文件夹中,订货号为 6ES7 155-5AA00-0AB0 的接口模块拖曳到网络视图。双击生成的 ET 200MP 站点,打开它的设备视图(图 5-20)。将电源模块插入 0 号槽,数字量输入模块、数字量输出模块、模拟量输入模块、模拟量输出模块分别插入 2~5 号槽。IM 155-5 PN ST 默认值的 IP 地址为 192.168.0.1,默认的 IO 设备名称为"IO device 1",默认的 IO 设备编号为 0。

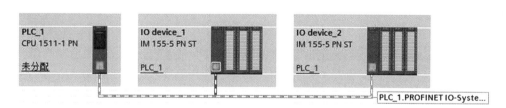

图 5-19　网络视图与 PROFINET IO 系统

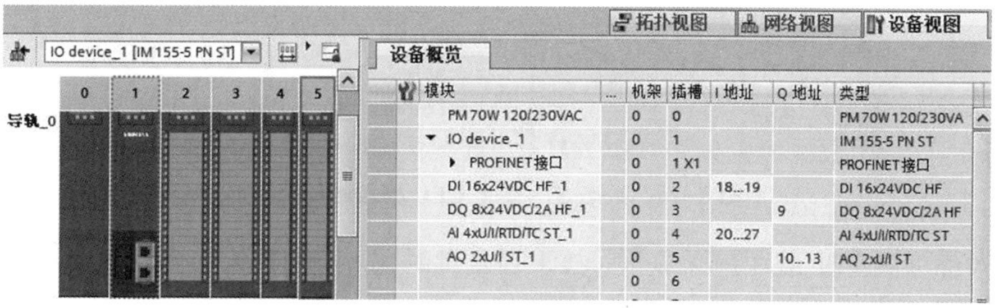

模块	...	机架	插槽	I 地址	Q 地址	类型
PM 70W 120/230VAC		0	0			PM 70W 120/230VA
▼ IO device_1		0	1			IM 155-5 PN ST
▶ PROFINET接口		0	1 X1			PROFINET接口
DI 16x24VDC HF_1		0	2	18...19		DI 16x24VDC HF
DQ 8x24VDC/2A HF_1		0	3		9	DQ 8x24VDC/2A HF
AI 4xU/I/RTD/TC ST_1		0	4	20...27		AI 4xU/I/RTD/TC ST
AQ 2xU/I ST_1		0	5		10...13	AQ 2xU/I ST
		0	6			

图 5-20　ET 200MF 的设备视图和设备概览

右键单击网络视图中 CPU 1511-1 PN 的 PN 接口,执行快捷菜单命令"添加 IO 系统",生成 PROFINET IO 系统。单击 ET 200MP PN 上蓝色的"未分配",再单击出现的小方框中的"PLC_1. PROFINET 接口_1",它被分配给 IO 控制器 CPU 1511-1 PN。ET 200MP PN 方框内的"未分配"变为蓝色的"PLC_1",IP 地址自动变为 192.168.0.2,IO 设备的编号自动变为 1。

用同样的方法生成第二台 IO 设备 ET 200MP PN,IO 设备名称为默认的"IO device_2"。将它分配给 IO 控制器 CPU 1511-1 PN 以后,IP 地址自动变为 192.168.0.3,IO 设备的编号自动变为 2。切换到设备视图后,将电源模块和信号模块插入机架。

双击网络视图中的 1 号 IO 设备,打开它的设备视图(图 5-20),单击右边竖条上向左的小三角形按钮█,从右到左弹出"设备概览"视图,可以用鼠标移动█按钮所在的设备视图和设备概览视图的分界线。单击该分界线上向右的小三角形按钮█,设备概览视图将会向右关闭。单击向左的小三角形按钮█,将向左扩展,覆盖整个设备视图。可以用同样的方法打开中央机架的设备概览视图。

在设备概览视图中,可以看到 1 号 IO 设备各信号模块的字节地址,模拟量模块的每个通道占 1 个字或 2 个字节。用户程序可以用自动分配给各信号模块的地址访问它们。

单击图 5-20 中的"拓扑视图"选项卡,打开拓扑视图。网络视图定义的是通信设备之间的逻辑关系,拓扑视图定义的是通信设备之间的实际物理连接。如果仅仅组态了网络视图,设备之间的实际物理连接是不确定的。如果同时组态了拓扑视图,设备之间的实际物理连接必须与拓扑视图中组态的一致,系统才能正常工作。

3.组态显示屏

S7-1500 CPU 模块大多数参数的组态方法与 S7-1200 CPU 模块的相同。下面介绍 S7-1500 CPU 模块特有的参数的组态方法。S7-1500 CPU 模块配有小显示屏,为了组态显示屏的参数,选中设备视图中的 CPU 模块,再选中巡视窗口的"属性"→"常规"→"显示"→"常规"(图 5-21)。

图 5-21　组态 S7-1500 CPU 模块的显示屏

进入待机模式时,显示屏无显示。按下任意键时,显示屏被激活。可以用"待机模式的时间"下拉列表中的时间设置显示屏进入待机模式所需的没有任何操作的持续时间。

在节能模式下,显示屏将以低亮度显示信息。按下显示屏的任意按键时,节能模式立即结束。"节能模式的时间"是显示屏进入节能模式所需的没有任何操作的持续时间。

可以将显示屏"显示的默认语言"设置为"中文(简体)",也可以在运行时用显示屏更改它的显示语言。

选中左边窗口中的"自动更新",可输入更新的时间间隔。

选中左边窗口中的"密码",勾选"启用屏保"复选框,输入密码和确认密码,以防止未经授权的访问。可以设置在显示屏上输入密码多久后自动注销的时间。

选中左边窗口中的"监控表",可以在右侧的表格中选择需要用显示屏显示的监控表或强制表,访问方式可以设置为"读取"和"读/写"。在运行过程中可以在显示屏上使用选择的监控表,显示屏只支持符号寻址方式。

选中左边窗口中的"用户自定义徽标",可以将用户自定义的图片传送到显示屏中显示。

4. 组态系统电源

选中设备视图中的CPU模块,选中巡视窗口的"属性"→"常规"→"系统电源"(图5-22),用单选框选择CPU模块是否连接到了DC 24 V电源。如果连接了DC 24 V电源,CPU模块本身可以为背板总线供电。这时应选中"连接电源电压L+",可以正确判断供电/功耗比,以便仅在实际连接电源电压后对电源电压缺失进行诊断。反之则应选中"未连接电源电压L+"。

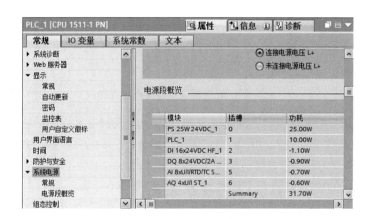

图5-22 组态系统电源

在"电源段概览"区,可以查看CPU模块所在的电源段的电源模块可提供的电源,以及其他各模块所需的电源。如果汇总的电源功率为正值,表示功率有剩余。

5. 上传已有的硬件系统的组态

如果S7-1500有安装好的硬件系统,但是没有项目文件,可以双击项目树的"添加新设备",在"添加新设备"对话框中,双击"非指定的CPU 1500"文件夹中的订货号6ES7 5XX-XXXXX-XXXX,创建一个非指定的CPU模块站点。与CPU模块建立起在线连接后,单击非指定的CPU模块的设备视图中自动出现的方框中的"获取",或执行菜单命令"在线"→"硬件检测",用出现的"PLC_1的硬件检测"对话框检测S7-1500中央机架所有模块的硬件组态(不包括远程I/O)。检测的模块参数为默认值,硬件CPU模块的已组态参数和用户程序不能用这种方法读取。

5.3 S7-1200/1500 I/O 的组态

5.3.1 S7-1200 I/O 点的参数设置

1. I/O 点的地址分配

在 CPU 1214C 的设备视图中添加 DI 2/DO 2 信号板、DI 8 模块和 DO 8 模块,它们的 I/O 地址是自动分配的。在 101 号插槽添加 CM 1242-5 DP 从站模块。组态任务完成后,可以用设备概览视图查看硬件组态的详细信息(图5-23)。

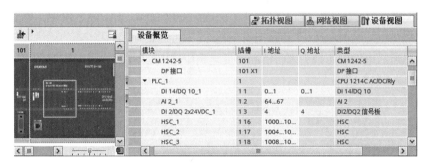

图 5-23 设备视图与设备概览视图

在设备概览视图中,可以看到 CPU 模块集成的 I/O 点和信号模块的字节地址。如 CPU 1214C 集成的 14 点数字量输入(I0.0~I0.7 和 11.0~11.5)的字节地址为 0 和 1,10 点数字量输出(Q0.0~Q0.7、Q1.0 和 Q1.1)的字节地址为 0 和 1。

CPU 模块集成的模拟量输入点的地址为 IW64 和 IW66,每个通道占 1 个字或 2 个字节。模拟量输入、模拟量输出的地址以组为单位分配,每一组有 2 个 I/O 点。

DI 2/DO 2 信号板的字节地址均为 4(I4.0~I4.1 和 Q4.0~Q4.1)。数字量输入、数字量输出的地址以字节为单位分配,如果没有用完分配给它的某个字节中所有的位,剩余的位也不能再作他用。

从设备概览视图中还可以看到分配给各插槽的信号模块的输入、输出字节地址。

选中设备概览中某个插槽的模块,可以修改自动分配的 I/O 地址。建议采用自动分配的地址,不要修改它。但是在编程时必须使用组态时分配给各 I/O 点的地址。

2. CPU 模块集成的数字量输入点的参数设置

组态数字量输入时,首先选中设备视图或设备概览中的 CPU 模块或有数字量输入的信号板,再选中巡视窗口中的"属性"→"常规"→"常规",右边窗口是模块的常规信息,如模块的型号、订货号、固件版本号、所在的机架号和插槽号、目录信息等。

选中 CPU 模块或数字量输入信号板,然后选中巡视窗口的"属性"→"常规"选项卡中某个数字量输入通道(图5-24),可以用下拉列表中的时间设置输入滤波器的输入延时时间(0.1~20 000 ms)。还可以用复选框启用各通道的上升沿中断、下降沿中断和脉冲捕捉功能,以及设置产生中断事件时调用的硬件中断 OB。

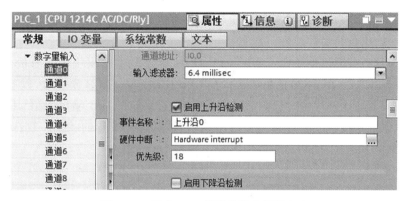

图 5-24　组态 CPU 模块的数字量输入点

脉冲捕捉功能暂时保持窄脉冲的"1"状态,直到下一次刷新输入过程映像。可以同时启用上升沿中断和下降沿中断,但是不能同时启用中断和脉冲捕捉功能。

3.组态过程映像分区

选中设备视图中的数字量输入模块,再选中图 5-25 中的"数字量输入",只能分组(每组 4 点)设置输入滤波器的延时时间(0.2~12.8 ms)。

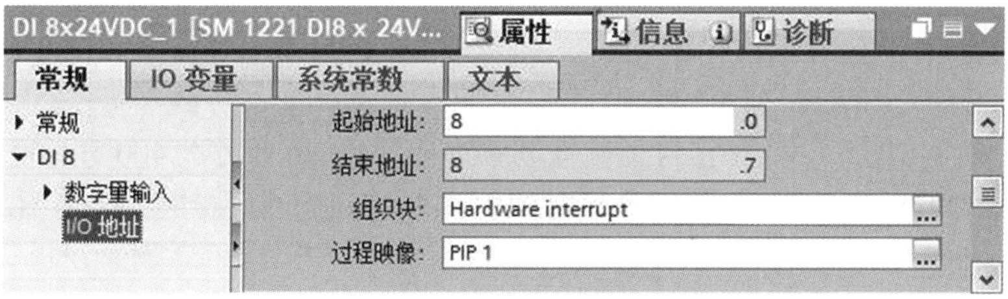

图 5-25　组态数字量输入模块的 I/O 地址

选中图 5-25 中的"I/O 地址",可以查看 I/O 地址。可通过修改"起始地址"来修改模块的字节地址,软件将会提醒地址冲突。

S7-1200/1500 的过程映像分区与中断功能配合,可以显著地减少 PLC 的输入、输出响应时间。S7-1200 有 5 个过程映像分区。默认的情况下,在设备视图中插入模块时,STEP 7会将 1~39 中的"过程映像"设置为"自动更新",S7-300/400 称为"OB1 过程映像"。对于组态为"自动更新"的 I/O,CPU 模块将在每个扫描周期自动处理模块和过程映像之间的数据交换,即在每次扫描循环开始时,CPU 模块读取输入模块的外部输入电路的状态,并将它们存入过程映像输入表。在扫描循环中,用户程序计算输出值,并将它们存入过程映像输出表。在下一扫描循环开始时,将过程映像输出表的内容写入输出模块。

其余 4 个分区为 PIP1~PIP4,用于将 I/O 过程映像更新分配给不同的中断事件。可以用"组织块"选择框将过程映像分区连接到一个 OB。

下面举例说明过程映像分区的使用方法。在硬件组态时,将数字量输入模块分配给过程映像分区 PIP1(图 5-25),再将 PIP1 分配给硬件中断 OB"Hardware interrupt"(OB40),这样该模块就被分配给 OB40。在调用 OB40 时,CPU 模块自动读入被组态为属于过程映像分区 PIP1 的输入模块的输入值, OB40 被执行完后, 输出值被立即写至被组态为属于 PIP1 的输出模块。

CPU 模块、信号模块和信号板的 I/O 点属性中的"I/O 地址"的组态方法与上述相同。

4. 数字量输出点的参数设置

首先选中设备视图或设备概览中的 CPU 模块、数字量输出模块或信号板, 用巡视窗口选中"数字量输出"后(图 5-26), 可以选择在 CPU 模块进入 STOP 模式时, 数字量输出保持为上一个值, 或者使用替代值。选中后者时, 选中左边窗口的某个输出通道, 用复选框设置其替代值, 以保证系统因故障自动切换到 STOP 模式时进入安全的状态。复选框内有"√"表示替代值为 1, 反之为 0(默认的替代值)。

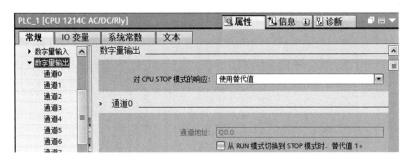

图 5-26　组态 CPU 模块的数字量输出点

5. 模拟量输入模块的参数设置

选中设备视图中的 4AI/2AO 模块, 模拟量输入需要设置下列参数。

(1)积分时间(图 5-27)。它与干扰抑制频率成反比, 后者可选 400 Hz、60 Hz、50 Hz 和 10 Hz。积分时间越长, 精度越高, 快速性越差。积分时间为 20 ms 时, 对 50 Hz 的工频干扰噪声有很强的抑制作用, 所以一般选择积分时间为 20 ms。

图 5-27　组态模拟量 I/O 模块的模拟量输入

(2)测量类型和测量范围。测量类型为电压或电流。测量范围可以通过下拉列表中的数值进行设置。

(3)A/D 转换得到的模拟值的滤波等级。模拟值的滤波处理可以减轻干扰的影响, 这对缓慢变化的模拟量信号(如温度测量信号)有很大的意义。滤波处理根据系统规定的转换次数来计算转换后的模拟值的平均值。有"无、弱、中、强"4个等级,它们对应的计算平均值的模拟量采样值的周期数分别为1,4,16,32。所选的滤波等级越高,滤波后的模拟值越稳定,但是测量的快速性越差。

(4)设置诊断功能。可以选择是否启用断路和溢出诊断功能。只有4~20 mA输入才能检测是否有断路故障。

CPU模块集成的模拟量输入点、模拟量输入信号板与模拟量输入模块的参数设置方法基本相同。

6. 模拟量输入转换后的模拟值

模拟量I/O模块中模拟量对应的数字称为模拟值,模拟值用16位二进制补码(整数)来表示。最高位(第15位)为符号位,正数的符号位为0,负数的符号位为1。

模拟量经A/D转换后得到的数值的位数(包括符号位)如果小于16位,转换值被自动左移,使其最高的符号位在16位字的最高位。模拟值左移后未使用的低位则填入"0",这种处理方法称为"左对齐"。设模拟值的精度为12位加符号位,左移3位后未使用的低位(第0~2位)为0,相当于实际的模拟值被乘以8。

这种处理方法的优点在于模拟量的量程与移位处理后的数字的关系是固定的,与左对齐之前的转换值的位数(即模拟量输入模块的分辨率)无关,便于后续的处理。

表5-2给出了模拟量输入模块的模拟值与以百分数表示的模拟量之间的对应关系,其中最重要的关系是双极性模拟量量程的上、下限(100%和-100%)分别对应于模拟值27 648和-27 648,单极性模拟量量程的上、下限(100%和0%)分别对应于模拟值27 648和0。上述关系在表5-2中用黑体字表示。

表5-2 模拟量输入模块的模拟值

项目名称	双极性				单极性			
	百分比	十进制	十六进制	±10 V	百分比	十进制	十六进制	0~20 mA
上溢出,断电	118.515%	32 767	7FFFH	11.851 V	118.515%	32 767	7FFFH	23.70 mA
超出范围	117.589%	32 511	7EFFH	11.759 V	117.589%	32 511	7EFFH	23.52 mA
正常范围	**100.000%**	**27 648**	6C00H	10 V	**100.000%**	**27 648**	6C00H	20 mA
	0%	**0**	0H	0 V	0%	**0**	0H	0 mA
	-100.000%	**-27 648**	9400H	-10 V	**-100.000%**	—		
低于范围	-117.593%	-32 512	8100H	-11.759 V	-117.593%	—		
下溢出,断电	-118.519%	-32 768	8000H	-11.851 V	-118.519%			

S7-1200的热电偶和RTD模块输出的模拟值的每个数值对应于0.1 ℃。

7. 模拟量输出模块的参数设置

选中设备视图中的AI 4/AO 2模块,设置模拟量输出的参数。

与数字量输出相同,可以设置CPU模块进入STOP模式后,各模拟量输出点保持上一个值,或使用替代值(图5-28)。选中后者时,应设置各点的替代值。

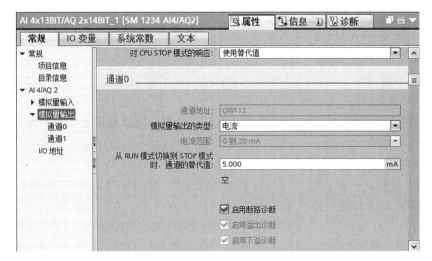

图 5-28　组态模拟量 I/O 模块的模拟量输出

需要设置各输出点的输出类型(电压或电流)和输出范围。可以激活电压输出的短路诊断功能、电流输出的断路诊断功能,以及超出上限值或低于下限值的溢出诊断功能。

CPU 模块集成的模拟量输出点、模拟量输出信号板与模拟量输出模块的参数设置方法基本相同。

5.3.2　S7-1500 信号模块的参数设置

1. 信号模块的通用设置

打开项目"1500_ET 200MP",选中"PLC_1"的设备视图中 2 号槽的高性能数字量输入模块 DI 16×24 V DC HF,再选中巡视窗口左边的"模块参数"文件夹中的"常规"(图 5-29),用右边窗口的"比较组态与实际安装模块"下拉列表中的选项设置该模块的启动特性。

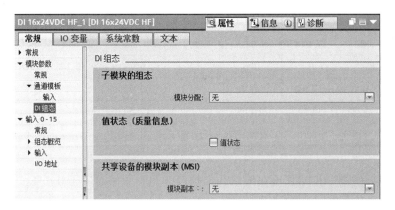

图 5-29　组态数字量输入模块的通道模板

(1)来自 CPU 模块:启动时将使用 CPU 模块属性中的启动设置(建议采用此设置)。

(2)仅兼容时启动 CPU 模块:仅当组态与实际安装的模块和子模块匹配或兼容时才启动该插槽。

(3)即便不兼容仍然启动 CPU 模块:即使组态与安装的模块和子模块存在差异,也将启动。

CPU 模块将检查集中式和分布式的每个插槽,判断该插槽是否满足启动条件。通过比较预设模块与实际的模块,如果所有的插槽都满足设置的启动条件,则 CPU 模块启动。

S7-1500 的信号模块的通道数和每个通道的参数个数都很多,如果逐一设置各通道所有的参数,工作量非常大。用户可以用信号模块的巡视窗口的"通道模板"来设置各通道默认的参数。

选中图 5-29 左边窗口"通道模板"下面的"输入",可以设置数字量输入模块各通道默认的输入特性,包括是否启用"无电源电压 L+"和"断路"这两个诊断功能与输入延时时间。

选中图 5-29 左边窗口的"DI 组态",右边窗口的"模块分配"功能用于将模块分为多个子模块,可以为每个子模块分配起始地址。

图 5-29 中右边窗口的"值状态"用于检测故障。BA 模块的值状态选项无效。

图 5-29 中右边窗口的"共享设备的模块副本(MSI)"表示模块内部的共享功能,MSI 是模块内部共享输入的简称。一个模块(基本子模块)将所有输入值复制最多 3 个副本(MSI 子模块),这样该模块可以由最多 4 个 IO 控制器(CPU 模块)读取它。

MSI 和子模块的组态功能不能同时使用。MSI 只能用于 PROFINET IO。如果使用了 MSI 功能,值状态功能被自动激活并且不能取消。此时值状态还用于指示第一个子模块(基本子模块)是否就绪。

如果某通道所有的参数与通道模板设置的默认的参数完全相同,在组态该通道的参数时,可将该通道的"参数设置"选择框(图 5-30)设置为"来自模板",即参数来源于"通道模板"中的设置。

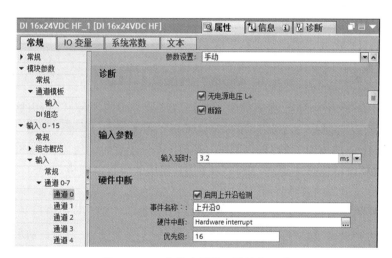

图 5-30　组态数字量输入模块的通道

如果某通道的参数与通道模板设置的默认的参数不完全相同,将该通道的"参数设置"设置为"手动",可以在通道模板设置的默认的参数的基础上,修改该通道的参数。

要检测断路故障,必须有足够大的静态电流。如果没有检测到足够大的静态电流,则认为线路断路。为了保证在传感器断开时仍然有此静态电流,可能需要在传感器上并联一个 25~45 000 Ω、功率为 0.25 W 的电阻。如果激活了诊断功能,并且下载了故障诊断

OB82,出现组态的故障时,CPU 模块将会调用 OB82。

2. 数字量输入点的参数设置

设置好数字量输入模块 DI 16×24 V DC HF 的"通道模板"后,选中通道 0(图 5-30),将"参数设置"设置为"手动",可以单独设置该通道的诊断功能和输入延迟时间(0. 05 ~ 20 ms),启用上升沿和下降沿中断功能,以及设置产生中断事件时调用的硬件中断 OB。BA 的数字量输入模块不需要组态各通道的参数。

S7-1500 和 S7-1200 的 I/O 模块的"I/O 地址"的组态方法(图 5-25)与过程映像分区的使用方法相同。S7-1500 的"过程映像"除了"自动更新",还有 32 个过程映像分区("自动更新"和 PIP1~PIP31)。可以通过修改"起始地址"来修改模块的字节地址。

用户程序可以调用"UPDAT_PI"指令来刷新整个或部分输入过程映像分区,调用"UPDAT PO"指令来刷新整个或部分输出过程映像分区。

3. 数字量输出模块的参数设置

选中设备视图中的数字量输出模块 DO 8×24 V DC/2 A HF,再选中巡视窗口的"属性"→"常规"→"模块参数"→"通道模板"(图 5-31),组态各通道的默认设置。"对 CPU STOP 模式的响应"可选"关断"(进入 CPU 模块模式后输出为"0"状态)、"保持上一个值"或者"输出替换值 1"(进入 CPU 模块模式后输出为"1"状态)。

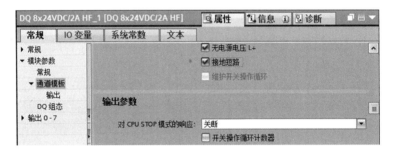

图 5-31　组态数字量输出模块的通道

选中模块中的某输出通道,如果选中"参数设置"列表中的"手动",可以修改图 5-31 中的参数。如果选中"参数设置"列表中的"来自模板",参数来源于"通道模板"中的设置。

选中图 5-31 中左边窗口的"DO 组态",参数"共享设备的模块副本(MSO)"与数字量输入模块的"共享设备的模块副本(MSI)"类似,其使用的注意事项也与 MSI 基本相同。

4. 模拟量输入模块的参数设置

选中设备视图中的模拟量输入模块 AI 8×U/I/RTD/TC ST,再选中巡视窗口中的"属性"→"常规"→"模块参数"→"通道模板"中的"输入"(图 5-32),组态各通道的默认设置。可以在"诊断"区设置是否启用"无电源电压 L+""上溢""下溢""共模""基准结""断路"诊断功能。如果测量类型为"电流(二线制变送器)"时启用了"断路"诊断功能,需要设置"用于断路诊断的电流限制",电流值小于设置值时触发断路诊断。

如果勾选了诊断区的"共模"复选框,表示启用共模电压超出限制的诊断。

测量类型为热电偶时,如果勾选了"基准结"复选框,表示启用通道中的温度补偿错误(如断路)诊断。用"基准结"选择框设置热电偶的温度补偿方式,如果选择"固定参考温度",用图 5-32 中的"固定参考温度"输入框设置基准结固定的参考温度。

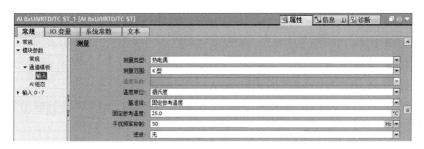

图 5-32　组态模拟量输入的通道模板

此外,还可以设置模块各通道通用的其他属性。

"温度系数"用来设置热电阻的温度校正因子,即温度变化1℃时特定材料阻值的变化量。

"温度单位"可选摄氏度、华式度和开尔文。

"干扰频率抑制"一般选 50 Hz,以抑制工频干扰噪声。

"滤波"可选"无、弱、中、强"4 个等级(见 S7-1200 的模拟量输入模块的参数设置)。

"AI 组态"请参考数字量输入模块的"DI 组态"部分。

选中某个输入通道,如果将"参数设置"设置为"手动",可以设置该通道上述的参数,还可以设置是否启用超上限 1、超上限 2、超下限 1、超下限 2 的硬件中断和对应的上下限值,以及产生中断事件时调用的硬件中断 OB 和它们的优先级。

模拟量输入模块测量电压、电流和电阻时,双极性模拟量量程的上、下限(100% 和 -100%)分别对应于模拟值 27 648 和 -27 648;单极性模拟量量程的上、下限(100% 和 0%)分别对应于模拟值 27 648 和 0。

S7-1500 的模拟量输入模块用热敏电阻测量温度时,可选择"测量范围"为"标准型范围"或"气候型范围"(分别使用标准型或气候型的热敏电阻),模块输出的测量值的每个数值对应于 0.1 ℃ 或 0.01 ℃(请参阅模块的手册),如气候型范围的测量值为 2 000 时,实际的温度值为 20 ℃。

模拟量输入模块用热电偶测量温度时,测量值的每个数值对应于 0.1 ℃,如测量值为 2 000 时,实际的温度值为 200 ℃。

5. 模拟量输出模块的参数设置

选中设备视图中的数字量输出模块 AO 4×U/I ST,再选中巡视窗口中的"属性"→"常规"→"模块参数"→"通道模板"中的"输出"(图 5-33),组态各通道的默认设置。可以设置模块各通道是否启用"无电源电压 L+""断路""接地短路""上溢""下溢"诊断功能。此外,还可以设置图 5-33 中的输出参数。

图 5-33　组态模拟量输出的通道模板

选中某个通道,将"参数设置"设置为"手动",可以单独设置该通道的上述参数。

"对 CPU STOP 模式的响应"可选"关断""保持上一个值""输出替换值"。选中后者时,需要设置具体的替换值。

"AO 组态"请参考数字量输出模块的"DO 组态"部分。

模拟量输出模块双极性输出时,输出值 27 648 和-27 648 分别对应于输出的模拟量正常范围的上、下限(100%和-100%);单极性输出时,输出值 27 648 和 0 分别对应于输出的模拟量正常范围的上、下限(100%和 0%)。

5.4 编写用户程序与使用变量表

5.4.1 编写用户程序

1.程序编辑器简介

双击项目树的文件夹"\PLC_1\程序块"中的 OB1,打开主程序(图 5-34)。选中项目树中的"默认变量表"后,图 5-34 中标有②的详细视图显示该变量表中的变量,可以将其中的变量直接拖曳到梯形图中使用。拖曳到已设置的地址上时,原来的地址将会被替换。

将鼠标的光标放在 OB1 的程序区最上面的分隔条上,按住鼠标左键,往下拉动分隔条,分隔条上面是代码块的接口区(图 5-34 中标有⑦的区域),图 5-34 中标有③的是程序区。将水平分隔条拉至程序编辑器视窗的顶部,不再显示接口区,但是它仍然存在。

图 5-34 中标有④的区域是打开的程序块的巡视窗口,标有⑥的区域是任务卡中的指令列表,标有⑤的区域是指令的收藏夹,用于快速访问常用的指令。单击程序编辑器工具栏上的 按钮,可以在程序区的上面显示或隐藏收藏夹。可以将指令列表中常用的指令拖曳到收藏夹,也可以用右键快捷菜单中的某条指令,弹出的快捷菜单中的"删除"命令可以删除它。

图 5-34 中标有⑧的编辑器栏中的按钮对应已经打开的编辑器。单击编辑器栏中的某个按钮,可以在工作区显示单击的按钮对应的编辑器。

2.生成用户程序

按下启动按钮 I0.0,Q0.0 变为"1"状态(图 5-35),信号灯 1 点亮,生成接通延时定时器的 IN 输入端为 1 状态,开始计时,2 s 后定时时间到,其输出位"T0".Q 的常开触点闭合,Q0.1 变为"1"状态,信号灯 2 点亮。按下停止按钮 I0.1,则信号灯 1 和信号灯 2 熄灭。

下面介绍生成用户程序的过程。选中程序段 1 中的水平线,依次单击图 5-34 中标有⑤的收藏夹中的 、 和 按钮,水平线上出现从左到右串联的常开触点、常闭触点和线圈,元件上面的地址域<??.?>用来输入元件的地址。选中最左边的垂直"电源线",依次单击收藏夹中的按钮 、 和 ,生成一个与上面的常开触点并联的 Q0.0 的常开触点。选中图 5-35 中 I0.1 的常闭触点右边的水平线,单击 按钮,出现图中 T0 定时器所在的支路。

S7-1200/1500 使用的 IEC 定时器和计数器属于 FB,在调用它们时,可以生成对应的背景 DB。选中图 5-35 中 T0 定时器所在支路的水平线,然后打开指令列表中的文件夹"定时器操作",双击其中的"启动接通延时定时器",出现图 5-36 中的"调用选项"对话框,将 DB 默认的名称改为"T0"。单击"确定"按钮,生成指令"启动接通延时定时器"的背景 DB1。S7-1200 的定时器和计数器没有编号,可以用背景 DB 的名称作为它们的标识符。

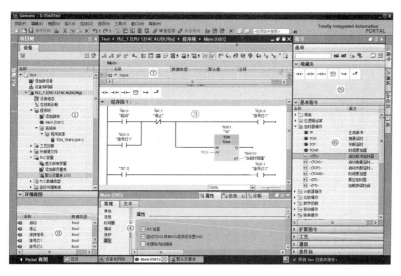

①—设备名称;②—详细视图;③—程序区;④—巡视窗口;⑤—指令收藏夹;⑥—指令列表;⑦—接口区;⑧—编辑器栏。

图 5-34　项目视图中的程序编辑器

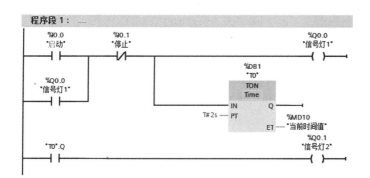

图 5-35　梯形图

图 5-36　生成定时器的背景 DB

　　输入触点和线圈的绝对地址后,自动生成名为"Tag_x"(x 为数字)的符号地址,可以在 PLC 变量表中修改它们。绝对地址前面的字符%是编程软件自动添加的。

　　在定时器的 PT 输入端输入预设值 T#2s。定时器的输出位 Q 是它的背景 DB"T0"中的 BOOL 变量,符号名为"T0".Q。为了输入定时器左上方的常闭触点的地址"T0".Q,单击触点上面的<??.?>(地址域),再单击出现的小方框右边的按钮,单击出现的地址列表中的"T0"(图 5-37(a)),地址域出现"T0".Q。单击地址列表中的"Q",地址列表消失,地址域出现"T0".Q。

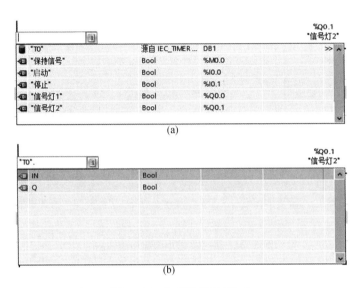

图 5-37　生成地址"T0".Q

　　生成定时器时,也可以将收藏夹的[??]图标拖曳到指定的位置,单击出现的图标中的问号,再单击图标中出现的按钮,在出现的下拉列表中选中"TON",或者直接输入"TON"。可以用这个方法输入任意的指令。选中最左边的垂直"电源线",单击 ➔ 按钮,生成图 5-35 中用"T0".Q 控制 Q0.1 的电路。

　　与 S7-200 和 S7-300/400 不同,S7-1200 的梯形图允许在一个程序段内生成多个独立电路。

　　单击图 5-34 中工具栏上的 按钮,将在选中的程序段的下面插入一个新的程序段; 按钮用于删除选中的程序段; 和 按钮用于打开或关闭所有的程序段; 按钮用于关闭或打开程序段的注释;单击 ➤ 按钮,可以在下拉菜单中选择"只显示绝对地址""只显示符号地址""同时显示两种地址";单击 按钮,可以在上述 3 种地址显示方式之间切换。

　　即使程序块没有完整输入,或者有错误,也可以保存项目。

　　3.设置程序编辑器的参数

　　用菜单命令"选项"→"设置"打开"设置"编辑器(图 5-38),选中图 5-38(a)左边窗口中的"PLC 编程"文件夹,可以设置是否显示程序段注释。如果勾选了右边窗口的"代码块的 IEC 检查"复选框,项目中所有的新块都将启用 IEC 检查。执行指令时,将用较严格的条件检查操作数的数据类型是否兼容。

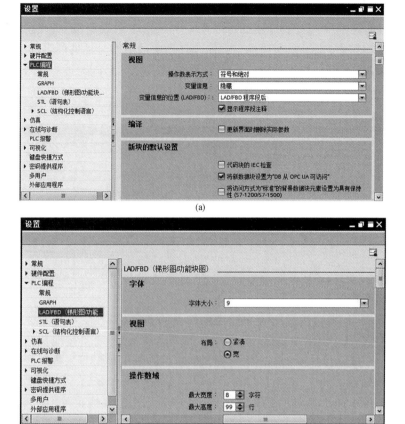

图5-38 程序编辑器的参数设置

在"助记符"下拉列表中可选择使用英语助记符(国际)或德语助记符。

选中"设置"编辑器左边窗口的"LAD/FBD",则出现图5-38(b)。

可在"字体"区的"字体大小"下拉列表中设置程序编辑器中字体的大小。"视图"区的"布局"单选框用来设置操作数和其他对象(如操作数与触点)之间的垂直间距,建议设置为"紧凑"。

"操作数域"的"最大宽度"和"最大高度"分别是操作数域水平方向与垂直方向可以输入的最大字符数、行数。如果操作数域的最大宽度设置过小,有的方框指令内部的空间不够用,方框的宽度将会自动成倍增大。关闭代码块后重新打它,修改后的设置才起作用。

5.4.2 使用变量表与帮助功能

1.生成和修改变量

打开项目树的文件夹"PLC变量",双击其中的"默认变量表",打开变量编辑器。"变量"选项卡用来定义PLC的变量,"系统常数"选项卡中是系统自动生成的与PLC的硬件和中断事件有关的常数值。

在"变量"选项卡最下面的空白行的"名称"列输入变量的名称,单击"数据类型"列右侧隐藏的按钮,设置变量的数据类型,可用的PLC变量地址和数据类型见TIA博途软件的在线帮助。在"地址"列输入变量的绝对地址,"%"是自动添加的。

符号地址使程序易于阅读和理解。可以首先用PLC变量表定义变量的符号地址,然后在用户程序中使用它们;也可以在变量表中修改自动生成的符号地址的名称。

图5-39是修改变量名称后项目的PLC变量表,图5-35是同时显示符号地址和绝对地址的梯形图。

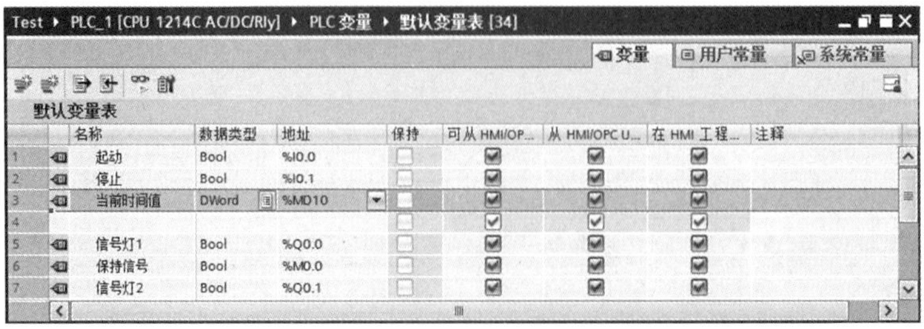

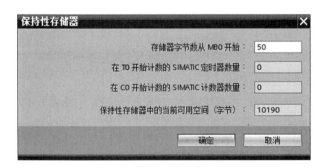

图5-39 修改变量名称后项目的PLC变量表

2.变量表中变量的排序

单击变量表表头中的"地址",该单元出现向上的三角形,各变量按地址的第一个字母从A~Z升序排列。再单击一次该单元,三角形的方向向下,各变量按地址的第一个字母从Z~A降序排列。可以用同样的方法,根据变量的名称和数据类型等来排列变量。

3.快速生成变量

用鼠标右键单击图5-39的"信号灯1"变量,执行出现的快捷菜单中的"插入行"命令,在该变量上面出现一个空白行。单击"当前时间值"最左边的单元,选中"当前时间值"变量所在的整行。将光标放到该行的标签列单元[图标]左下角的小正方形上,光标变为深蓝色的小十字。按住鼠标左键不放,向下移动鼠标,在空白行生成新的变量"当前时间值_1",其名称、数据类型和地址是自动生成的。它继承了上一行的变量"当前时间值"的数据类型,其地址为OB1。如果选中最下面一行的变量,用上述方法可以快速生成多个同类型的变量。

4.设置变量的保持性功能

单击变量编辑器工具栏上的[图标]按钮,可以用打开的对话框(图5-40)设置M区从MB0开始的具有保持性功能的字节数,S7-1500还可以设置具有保持性的SIMATIC定时器和SIMATIC计数器的个数。设置后变量表中有保持性功能的M区的变量的"保持性"列的复选框中出现"√"。将项目下载到CPU模块后,设置的保持性功能起作用。

图5-40 设置保持性存储器

5. 调整表格的列

右键单击 TIA 博途软件中某些表格灰色表头所在的行,选中快捷菜单中"显示/隐藏",勾选某一列对应的复选框,或去掉复选框中的钩,可以显示或隐藏该列。选中"调整所有列的宽度",将会调节各列的宽度,使表格各列尽量紧凑。单击某个列对应的表头单元,选中快捷菜单中的"调整宽度",将会使该列的宽度恰到好处。

6. 全局变量与局部变量

PLC 变量表中的变量是全局变量,可以用于整个 PLC 中所有的代码块,在所有的代码块中具有相同的意义和唯一的名称。在变量表中,可以为输入 I、输出 Q 和位存储器 M 的位、字节、字和双字定义全局变量。在程序中,变量表中的变量被自动添加英语的双引号,如"启动按钮"。全局 DB 中的变量也是全局变量,程序的变量名称中 DB 的名称被自动添加英语的双引号,如"数据块_1".功率[1]。

局部变量只能在它被定义的块中使用,同一个变量名称可以在不同的块中分别使用一次。可以在块的接口区定义块的 I/O 参数(Input、Output 和 Inout 参数)和临时数据,以及定义 FB 的静态数据。在程序中,局部变量被自动添加#号,如"#启动按钮"。

7. 使用帮助功能

为了帮助用户获得更多的信息和快速高效地解决问题,STEP 7 提供了丰富全面的在线帮助信息和信息系统。

(1)弹出项

将光标放在 STEP 7 的文本框和工具栏上的按钮等对象上,如在设置 CPU 模块的"循环"属性的"循环周期监视时间"时,用鼠标单击文本框,将会出现黄色背景的弹出项方框(图 5-41),方框内是对象的简要说明或帮助信息。

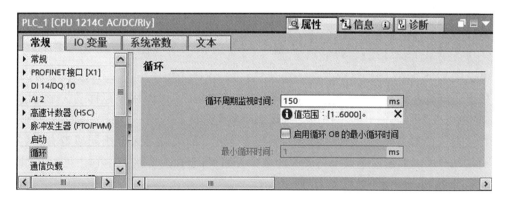

图 5-41 弹出项

设置循环周期监视时间时,如果输入的值超过了允许的范围,按< Enter >键后,出现红色背景的错误信息(图 5-42)。

图 5-42　弹出项中的错误信息

将光标放在指令的地址域的 <??.?> 上,将会出现该参数的类型(如 Input)和允许的数据类型等信息。如果放在指令已输入的参数上,将会出现该参数的数据类型和地址。

(2)层叠工具提示

下面是使用层叠工具提示的例子。将光标放在程序编辑器的收藏夹的 [??] 按钮上(图 5-43),出现的层叠工具提示框中的 ▶ 图标表示有更多信息。单击 ▶ 图标,层叠工具提示框出现图中第 2 行有下划线的层叠项,它是指向相应帮助页面的链接。单击该链接,将会打开信息系统,显示对应的帮助页面。可以用"设置"窗口的"工具提示"区中的复选框设置是否自动打开工具提示中的层叠功能。

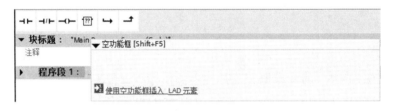

图 5-43　层叠工具提示框

(3)信息系统

帮助被称为信息系统(图 5-44),除了用上述的层叠工具提示打开信息系统,还可以用下面两种方式打开信息系统。

①执行菜单命令"帮助"→"显示帮助"。

②选中某个对象(如程序中的某条指令)后,按< F1 >键。

信息系统从左到右分为"搜索区""导航区""内容区"。可以用鼠标移动 3 个区的垂直分隔条,也可以用分隔条上的小按钮打开或关闭某个分区。

在搜索区搜索关键字,搜索区将会列出包含与搜索的关键字完全相同或者有少许不同的所有帮助页面。双击搜索结果列表中的某个页面,将会在内容区显示它。可以在"设备"和"范围"下拉列表中缩小搜索的范围。

可以通过导航区的"目录"选项卡查找感兴趣的帮助信息。右键单击内容区,或单击搜索区、导航区中某对象,可以用快捷菜单中的命令将页面或对象的名称添加到收藏夹。右键单击搜索到的某个页面,执行快捷菜单中的"在新选项卡中打开"命令,可以在内容区生成一个新的选项卡。

图 5-44　信息系统

5.5　用户程序的下载与仿真

5.5.1　下载与上传用户程序

1. 以太网设备的地址

(1) MAC 地址

媒体访问控制(Media Access Control, MAC)地址是以太网接口设备的物理地址,通常由设备生产厂家将 MAC 地址写入 EEPROM 或闪存芯片。在网络底层的物理传输过程中,通过 MAC 地址来识别发送和接收数据的主机。MAC 地址是 48 位二进制数,分为 6 个字节,一般用十六进制数表示,如 00-05-BA-CE-07-0C。其中的前 3 个字节是网络硬件制造商的编号,它由国际电气与电子工程师协会(IEEE)分配;后 3 个字节是该制造商生产的某个网络产品(如网卡)的序列号。MAC 地址就像我们的身份证号码,具有全球唯一性。

CPU 模块的每个 PN 接口在出厂时都装载了一个永久的唯一的 MAC 地址,可以在模块上看到它的 MAC 地址。

(2) IP 地址

为了使信息能在以太网上快捷准确地传送到目的地,连接到以太网的每台计算机必须拥有一个唯一的 IP 地址。IP 地址由 32 位二进制数(4 B)组成,是网际协议(Internet Protocol)地址。在控制系统中,一般使用固定的 IP 地址。IP 地址通常用十进制数表示,用小数点分隔。CPU 模块默认的 IP 地址为 192.168.0.1。

(3) 子网掩码

子网是连接在网络上的设备的逻辑组合。同一个子网中的节点彼此之间的物理位置通常相对较近。子网掩码是一个32位二进制数,用于将IP地址划分为子网地址和子网内节点的地址。二进制的子网掩码的高位应该是连续的1,低位应该是连续的0。以常用的子网掩码255.255.255.0为例,其高24位二进制数(前3个字节)为1,表示IP地址中的子网地址(类似于长途电话的地区号)为24位;低8位二进制数(最后1个字节)为0,表示子网内节点的地址(类似于长途电话的电话号)为8位。具有多个以太网接口的设备(如CPU 1513-2 PN),各接口的IP地址应位于不同的子网中。

(4)路由器

IP路由器用于连接子网,如果IP报文发送给别的子网,首先将它发送给路由器。在组态时子网内所有的节点都应输入路由器的地址。路由器通过IP地址发送和接收数据包。路由器的子网地址与子网内的节点的子网地址相同,其区别仅在于子网内的节点地址不同。

在串行通信中,传输速率(又称波特率)的单位为bit/s,即每秒传送的二进制位数。西门子公司的工业以太网默认的传输速率为10 Mbit/s或100 Mbit/s。

2. 组态CPU模块的PROFINET接口

通过CPU模块与运行STEP 7的计算机的以太网通信,可以执行项目的下载、上传、监控和故障诊断等任务。一对一的通信不需要交换机,两台以上的设备通信则需要交换机。CPU模块可以使用直通的或交叉的以太网电缆进行通信。

打开STEP 7,生成一个项目,在项目中生成一个PLC设备,其CPU模块的型号和订货号应与实际的硬件相同。

双击项目树的PLC文件夹中的"设备组态",打开该PLC的设备视图。双击CPU模块的以太网接口,打开该接口的巡视窗口,选中左边的"以太网地址",采用右边窗口默认的IP地址和子网掩码(图5-6)。设置的地址在下载后才起作用。

3. 设置计算机网卡的IP地址

用以太网电缆连接计算机和CPU模块,接通PLC的电源。如果操作系统是Windows 7,打开"控制面板",单击"查看网络状态和任务",再单击"本地连接",打开"本地连接状态"对话框。单击其中的"属性"按钮,在"本地连接属性"对话框中(图5-45(a)),双击"此连接使用下列项目"列表框中的"Internet协议版本4(TCP/IPv4)",打开"Internet协议版本4(TCP/IPv4)属性"对话框(图5-45(b))。

用单选框选中"使用下面的IP地址",键入PLC以太网接口默认的子网地址192.168.0.12(应与CPU模块的子网地址相同),IP地址的第4个字节是子网内设备的地址,可以取0~255中的某个值,但是不能与子网中其他设备的IP地址重叠。单击"子网掩码"输入框,自动出现默认的子网掩码255.255.255.0。一般不用设置网关的IP地址。

使用宽带上互联网时,一般只需要用单选框选中图5-45(b)中的"自动获得IP地址"。

设置结束后,单击各级对话框中的"确定"按钮,最后关闭"网络连接"对话框。

如果计算机的操作系统是Windows 10,单击屏幕左下角的"开始"按钮,选中"设置"按钮。单击"设置"对话框中的"网络和Internet",再单击"更改适配器选项",双击"网络连接"对话框中的"以太网",打开"以太网状态"对话框。单击"属性"按钮,打开与图5-45(a)基本相同的"以太网属性"对话框。后续的操作与Windows 7相同。

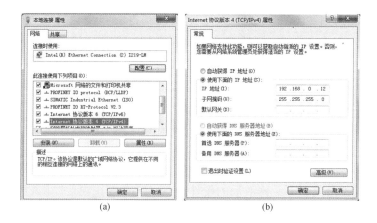

图5-45 设置计算机网卡的IP地址

4.下载项目到CPU模块

做好上述的准备工作后,接通PLC的电源,选中项目树中的"PLC_1",单击工具栏上的"下载到设备"按钮,打开"扩展下载到设备"对话框(图5-46)。

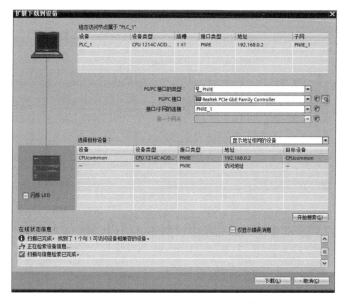

图5-46 "扩展下载到设备"对话框

有的计算机有多块以太网卡,如笔记本电脑一般有一块有线网卡和一块无线网卡,可在"PG/PC接口"下拉列表中选择实际使用的网卡。在下拉列表中选中"显示所有兼容的设备"或"显示可访问的设备"。

如果CPU模块有2个以太网接口,需要在"接口/子网的连接"下拉列表中设置使用哪一个接口。

单击"开始搜索"按钮,经过一定的时间后,在"选择目标设备"列表中,出现搜索到的网络上所有的CPU模块和它们的IP地址,图5-46中计算机与PLC之间的连线由断开变为接通。CPU模块所在方框的背景色变为实心的橙色,表示CPU模块进入在线状态。

新出厂的CPU模块还没有IP地址,只有厂家设置的MAC地址。搜索后显示的是CPU模块的 MAC 地址。将硬件组态中的 IP 地址下载到 CPU 模块以后,才会显示搜索到的 IP 地址。

如果网络上有多个 CPU 模块,为了确认设备列表中的 CPU 模块对应的硬件,选中列表中的某个 CPU 模块,勾选左边的 CPU 模块图标下面的"闪烁 LED"复选框(图 5-46),对应的硬件 CPU 模块上的"RUN/STOP"等 3 个 LED 将会闪动。再单击一次该复选框,停止闪动。

选中列表中的 CPU 模块,"下载"按钮上的字符由灰色变为黑色。单击该按钮,出现"下载预览"对话框(图 5-47(a))。如果出现"装载到设备前的软件同步"对话框,单击"在不同步的情况下继续"按钮,继续下载程序。

编程软件首先对项目进行编译,编译成功后,单击"下载"按钮,开始下载。

如果要在 RUN 模式下下载修改后的硬件组态,应在"停止模块"行选择"全部停止"。

如果组态的模块与在线的模块略有差异(如固件版本略有不同),将会出现"不同的模块"行。单击该行的▶按钮,可以查看具体的差异。在下拉列表中选中"全部接受"。

下载结束后,出现"下载结果"对话框(图 5-47(b)),如果想切换到 RUN 模式,在下拉列表中选中"启动模块",单击"完成"按钮,PLC 切换到 RUN 模式,CPU 模块上的"RUN/STOP" LED 变为绿色。

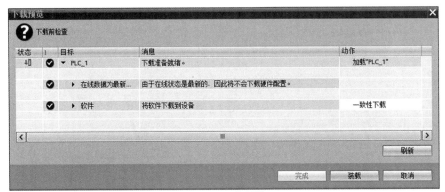

(a)下载预览

(b)下载结果

图 5-47 "下载预览"与"下载结果"对话框(一)

打开 S7-1200 CPU 模块的以太网接口上面的盖板,通信正常时,"Link" LED(绿色)亮,"RX/TX" LED(橙色)周期性闪动。打开项目树中的"在线访问"文件夹(图 5-48),可以看到组态的 IP 地址已经下载给 CPU 模块。

图 5-48　在线的可访问设备

5.使用菜单命令下载

(1)选中"PLC_1",执行菜单命令"在线"→"下载到设备",如果在线版本和离线版本之间存在差异,将硬件组态数据和程序下载到选中的设备。

(2)执行菜单命令"在线"→"扩展的下载到设备",出现"扩展的下载到设备"对话框,其功能与"下载到设备"相同。通过扩展的下载,可以显示所有可访问的网络设备,以及是否为所有设备分配了唯一的 IP 地址。

6.用快捷菜单下载部分内容

右键单击项目树中的"PLC_1",选中快捷菜单中的"下载到设备"和其中的子选项"硬件和软件(仅更改)""硬件配置""软件(仅更改)""软件(全部下载)",执行相应的操作。

用户也可以在打开某个程序块时,单击工具栏上的下载 ![下载] 按钮,下载该程序块。

5.5.2　用户程序的仿真调试

1.S7-1200/S7-1500 的仿真软件

仿真软件 S7-PLCSIM V15 SP1 支持通信指令 PUT、GET、TSEND、TRCV、TSEND_C 和 TRCV_C,支持 PROFINET 连接。支持 S7-1500 CPU 模块之间、S7-1500 和 S7-300/400 CPU 模块之间使用 BSEND、BRCV、USEND 和 URCV 指令通信的仿真。

S7-1500 对下列对象支持仿真:计数、PID 和运动控制工艺模块;PID 和运动控制工艺对象;包含受专有技术保护的块的程序。而 S7-1200 对上述对象不支持仿真。

S7-PLCSIM 支持故障安全程序仿真。但是可能需要延长周期时间,因为仿真的扫描时间会比较长。S7-PLCSIM 支持对 S7-1500 简单运动控制(SMC)组态进行仿真,但是可能需要延长运动控制周期时间。

2.启动仿真和下载程序

选中项目树中的 PLC_1,单击工具栏上的"启动仿真" ![启动仿真] 按钮,S7-PLCSIM 被启动,出现"自动化许可证管理器"对话框,显示"启动仿真将禁用所有其他的在线接口"。勾选"不再显示此消息"复选框,以后启动仿真时不会再显示该对话框。单击"确定"按钮,出现 S7-PLCSIM 的精简视图(图 5-49)。

图 5-49　S7-PLCSIM 的精简视图

打开仿真软件后,如果出现图 5-46 中的"扩展的下载到设备"对话框,将"接口/子网的连接"设置为"PN/IE_1"或"插槽'1×1'处的方向",用以太网接口下载程序。

单击"开始搜索"按钮,"选择目标设备"列表中显示出搜索到的仿真 PLC 的以太网接口的 IP 地址。

单击"下载"按钮,出现"下载预览"对话框(图 5-50(a)),如果要更改仿真 PLC 中已下载的程序,勾选"全部覆盖"复选框,单击"下载"按钮,将程序下载到 PLC。

下载结束后,出现"下载结果"对话框(图 5-50(b))。在下拉列表中将"无动作"改为"启动模块",单击"完成"按钮,仿真 PLC 被切换到 RUN 模式(图 5-49)。

3. 生成仿真表

单击精简视图右下角的 ▣ 按钮,切换到项目视图(图 5-51)。单击工具栏最左边的 ⚡ 按钮,创建一个 S7-PLCSIM 的新项目。

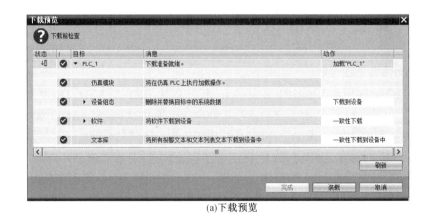

(a)下载预览

图 5-50　"下载预览"与"下载结果"对话框(二)

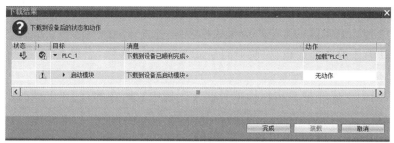

(b)下载结果

图 5-50(续)

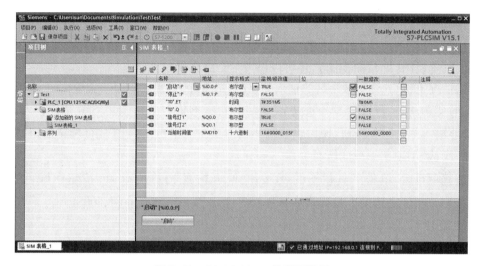

图 5-51 S7-PLCSIM 的项目视图

双击项目树的"SIM 表格"(仿真表)文件夹中的"SIM 表格_1",打开该仿真表。在右边窗口的"地址"列输入 I0.0、I0.1 和 Q0.0,也可以输入 QB0,用一行来显示 Q0.0~Q0.7 的状态。

单击表格的空白行"名称"列隐藏的 ▦ 按钮,再单击选中出现的变量列表中的"T1",名称列出现"T1".。单击地址列表中的"T1".ET,地址列表消失,名称列出现"T".ET。用同样的方法在"名称"列生成"T1".Q。

4.用仿真表调试程序

两次单击图 5-51 中"位"列中的小方框,方框中出现"√",I0.0 变为 TRUE 后又变为 FALSE,模拟按下和放开启动按钮。梯形图中 I0.0 的常开触点闭合后又断开。由于 OB1 中程序的作用,Q0.0(信号灯 1)变为 TRUE,梯形图中其线圈通电,SIM 表中"信号灯 1"所在行右边对应的小方框中出现"√"(图 5-51)。同时当前时间值"T1".ET 的监视值不断增大。它等于预设时间值 T#2s 时其监视值保持不变,变量"T1".Q 变为 TRUE,"信号灯 2"行的 Q0.1 变为 TRUE,"信号灯 2"延迟所设定的 2 s 点亮。

两次单击 I0.1 对应的小方框,模拟按下和放开停止按钮的操作。由于用户程序的作用,Q0.0 和 Q0.1 变为 FALSE,"信号灯 1"和"信号灯 2"熄灭。仿真表中对应的小方框中的钩消失。

单击 S7-PLCSIM 项目视图工具栏上的 ▦ 按钮,可以返回图 5-49 中的精简视图。

5. SIM 编辑器的表格视图和控制视图

图 5-52 中 SIM 编辑器的上半部分是表格视图,选中 I0.0 所在的行,编辑器下半部分出现控制视图,其中显示一个按钮,按钮上面是 I0.0 的变量名称"启动按钮"。可以用该按钮来控制 I0.0 的状态。

在表格视图中生成变量 IW64(模拟量输入),选中它所在的行,在下面的控制视图中出现一个用于调整模拟值的滚动条,它的两边显示最小值 16#0000 和最大值 16#FFFF。用鼠标按住并拖动滚动条的滑块,可以看到表格视图中 IW64 的"监视/修改值"快速变化。

6. 仿真软件的其他功能

在 S7-PLCSIM 的项目视图中,可以用工具栏上的 ![按钮] 按钮打开使用过的项目,用 ![按钮] 和 ![按钮] 按钮启动与停止仿真 PLC 的运行。

执行项目视图"选项"菜单中的"设置"命令,在"设置"视图中,可以设置起始视图为项目视图或紧凑视图(即精简视图),还可以设置项目的存储位置。

默认情况下,只允许更改 I 区的输入值,Q 区或 M 区变量(非输入变量)的"监视/修改值"列的背景为灰色,只能监视不能更改非输入变量的值。单击按下 SIM 表工具栏的"启动/禁用非输入修改" ![按钮] 按钮,便可以修改非输入变量。单击工具栏上的 ![按钮] 按钮,将会加载最近一次从 STEP 7 下载的所有变量。

生成新项目后,单击工具栏上的 ![按钮] 按钮,断开仿真 PLC 的电源(按钮由绿色变为灰色),可以在该按钮右边的下拉列表中选择"S7-1200""S7-1500""ET 200SP"。

5.6　STEP 7 调试程序

调试用户程序的方法有两种:程序状态与监控表。程序状态可以监视程序的运行,显示程序中操作数的值和程序段的 RLO,查找用户程序的逻辑错误,还可以修改某些变量的值。

使用监控表可以监视、修改和强制用户程序或 CPU 模块内的各个变量。可以向某些变量写入需要的数值,来测试程序或硬件。例如,为了检查接线,可以在 CPU 模块处于 STOP 模式时给外设输出点指定固定的值。

5.6.1　用程序状态功能调试程序

1. 启动程序状态监视

与 PLC 建立好在线连接后,打开需要监视的代码块,单击程序编辑器工具栏上的"启用/禁用监视" ![按钮] 按钮,启动程序状态监视。如果在线(PLC 中)程序与离线(计算机中的)程序不一致,项目树中的项目、站点、程序块和有问题的代码块的右边均会出现表示故障的符号。需要重新下载有问题的块,使在线、离线的块一致,上述对象右边均出现绿色的表示正常的符号后,才能启动程序状态功能。进入在线模式后,程序编辑器最上面的标题栏变为橘红色。

如果在运行时测试程序出现功能错误或程序错误,可能会对人员或财产造成严重损害,应确保不会出现这样的危险情况。

2.程序状态的显示

启动程序状态后,梯形图用绿色连续线来表示状态满足,即有能流流过,即图5-52中的实线。连续线表示状态不满足,没有能流。

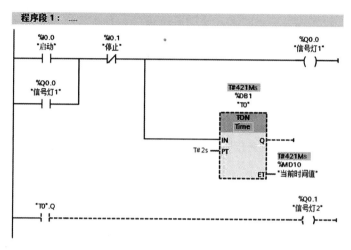

图5-52 程序状态监视

BOOL变量为"0"状态和"1"状态时,它们的常开触点和线圈分别用蓝色虚线与绿色连续线来表示,常闭触点的显示与变量状态的关系则反之。

进入程序状态之前,梯形图中的线和元件因为状态未知,全部为黑色。启动程序状态监视后,梯形图左侧垂直的"电源"线和与它连接的水平线均为连续的绿线,表示有能流从"电源"线流出。有能流流过的处于闭合状态的触点、指令方框、线圈和"导线"均用连续的绿色线表示。

图5-52是信号灯1,2依次点亮的梯形图。接通连接在PLC的输入端I0.0的小开关后马上断开它(模拟外接的启动按钮的操作),梯形图中I0.0的常开触点接通,使Q0.0(信号灯1)的线圈通电并自保持,信号灯1点亮。生成接通延时定时器的IN输入端有能流流入,开始定时。生成接通延时定时器的当前时间值ET从0开始增大,达到PT预置的时间2 s时,定时器的位输出"T1". Q变为"1"状态,其常开触点接通,使Q0.1(信号灯2)的线圈通电,信号灯2点亮。

3.在程序状态修改变量的值

右键单击程序状态中的某个变量,执行出现的快捷菜单中的某个命令,可以修改该变量的值。对于BOOL变量,执行命令"修改"→"修改为1"或"修改"→"修改为0";对于其他数据类型的变量,执行命令"修改"→"修改值"。执行命令"修改"→"显示格式",可以修改变量的显示格式。

不能修改连接外部硬件输入电路的输入过程映像的值。如果被修改的变量同时受到程序的控制(如受线圈控制的BOOL变量),则程序控制的作用优先。

5.6.2 用监控表监控与强制变量

使用程序状态功能,可以在程序编辑器中形象直观地监视梯形图程序的执行情况,使触点和线圈的状态一目了然。但是程序状态功能只能在屏幕上显示一小块程序,调试较大的程序时,往往不能同时看到与某一程序功能有关的全部变量的状态。

监控表可以有效地解决上述问题。使用监控表可以在工作区同时监视、修改和强制用户感兴趣的全部变量。一个项目可以生成多个监控表,以满足不同的调试要求。

监控表可以赋值或显示的变量包括过程映像(I 和 Q)、外设输入(I_:P)和外设输出(Q_:P)、位存储器和 DB 内的存储单元。

1. 监控表的功能

(1)监视变量

监视变量,可在计算机上显示用户程序或 CPU 模块变量的当前值。

(2)修改变量

修改变量,可将固定值分配给用户程序或 CPU 模块中的变量。

(3)对外设输出赋值

对外设输出赋值,允许在 STOP 模式下将固定值赋给 CPU 模块的外设输出点,这一功能可用于硬件调试时检查接线。

2. 生成监控表

打开项目树中 PLC 的"监控与强制表"文件夹,双击其中的"添加新监控表",生成一个名为"监控表1"的新的监控表,并在工作区自动打开它。根据需要,可以为一台 PLC 生成多个监控表。应将有关联的变量放在同一个监控表内。

3. 在监控表中输入变量

在监控表的"名称"列输入 PLC 变量表中定义过的变量的符号地址,"地址"列将会自动出现该变量的地址。在"地址"列输入 PLC 变量表中定义过的地址,"名称"列将会自动地出现它的名称。如果输入了错误的变量名称或地址,出错的单元的背景变为提示错误的浅红色,标题为"i"的标示符列出现红色的叉。

可以使用监控表的"显示格式"列默认的显示格式,也可以用鼠标右键单击该列的某个单元,选中出现的列表中需要的显示格式。监控表用二进制格式显示 QB0,可以同时显示和分别修改 Q0.0~Q0.7 这 8 个 BOOL 变量。这一方法用于 I、Q 和 M,可以用字节(8 位)、字(16 位)或双字(32 位)来监视和修改多个 BOOL 变量。

复制 PLC 变量表中的变量名称,然后将它粘贴到监控表的"名称"列,可以快速生成监控表中的变量。

4. 监视变量

可以用监控表的工具栏上的按钮来执行各种功能。与 CPU 模块建立在线连接后,单击工具栏上的 按钮,启动监视功能,将在"监视值"列连续显示变量的动态实际值。

再次单击该按钮,关闭监视功能。单击工具栏上的"立即一次性监视所有变量" 按钮,即使没有启动监视,将立即读取一次变量值,在"监视值"列用表示在线的橙色背景显示变量值。几秒钟后,背景色变为表示离线的灰色。

位变量为 TRUE（"1"状态）时，"监视值"列的方形指示灯为绿色；位变量为 FALSE（"0"状态）时，指示灯为灰色。图 5-53 中的 MD10 是定时器的当前时间值，在定时器的定时过程中，MD10 的值不断增大。

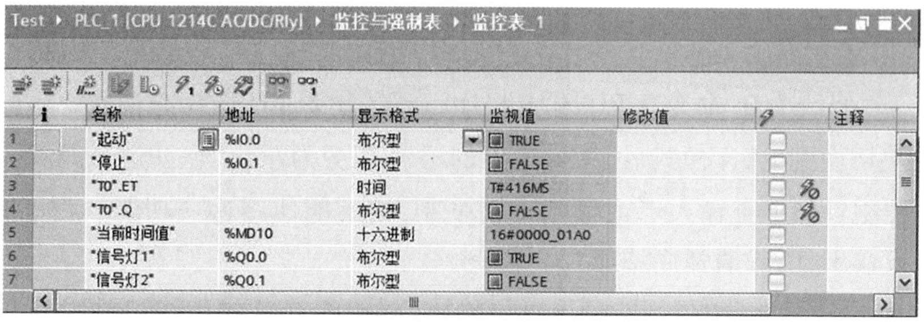

图 5-53　监控表

5. 修改变量

单击监控表工具栏上的"显示/隐藏所有修改列" 按钮，出现隐藏的"修改值"列，在"修改值"列输入变量新的值，并勾选要修改的变量的"修改值"列右边的复选框。输入BOOL 变量的修改值 0 或 1 后，单击监控表其他地方，它们将自动变为"FALSE"或"TRUE"。单击工具栏上的"立即一次性修改所有选定值" 按钮，复选框打钩的"修改值"被立即送入指定的地址。

右键单击某个位变量，执行出现的快捷菜单中的"修改"→"修改为 0"或"修改"→"修改为 1"命令，可以将选中的变量修改为 FALSE 或 TRUE。在 RUN 模式修改变量时，各变量同时又受到用户程序的控制。假设用户程序运行的结果使 Q0.0 的线圈断电，用监控表不可能将 Q0.0 修改和保持为 TRUE。不能改变 I 区分配给硬件的数字量输入点的状态，因为它们的状态取决于外部输入电路的通/断状态。

在程序运行时，如果修改变量值出错，可能导致人员或财产的损害。执行修改功能之前，应确认不会有危险情况出现。

6. 在 STOP 模式下改变外设输出的状态

在调试设备时，在 STOP 模拟下改变外设输出的状态这一功能可以用来检查输出点连接的过程设备的接线是否正确。以 Q0.0 为例（图 5-54），操作的步骤如下。

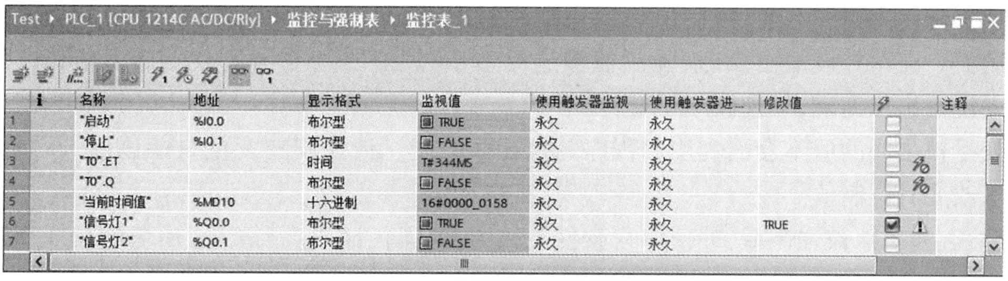

图 5-54　在 STOP 模式下改变外设输出的状态

（1）在监控表中输入外设输出点 Q0.0:P，勾选该行"修改值"列右边的复选框。在选中的复选框的右边出现一个黄色的三角形，表示此时已选择了修改该地址，但尚未修改。

（2）将 CPU 模块切换到 STOP 模式。

（3）单击监控表工具栏上的 ⏺ 按钮，切换到扩展模式，出现与"信号灯 1"有关的两列。

（4）单击工具栏上的 ⏺ 按钮，启动监视功能。

（5）单击工具栏上的 ⏺ 按钮，出现"启用外围设备输出"对话框，单击"是"按钮确认。

（6）用鼠标右键单击 Q0.0:P 所在的行，执行出现的快捷菜单中的"修改"→"修改为 1"或"修改"→"修改为 0"命令，CPU 模块上 Q0.0 对应的 LED 亮或熄灭。

CPU 模块切换到 RUN 模式后，工具栏上的 ⏺ 按钮变为灰色，该功能被禁止，Q0.0 受到用户程序的控制。如果有输入点或输出点被强制，则不能使用这一功能。为了在 STOP 模式下允许外设输出，应取消强制功能。

因为 CPU 模块只能改写，不能读取外设输出变量 Q0.0:P 的值，符号 ⏺ 表示该变量被禁止监视（不能读取）。将光标放到图 5-54 中的"监视值"单元时，将会出现弹出项方框，提示"无法监视外围设备输出"。

7. 定义监控表的触发器

触发器用来设置在扫描循环的哪一点来监视或修改选中的变量。可以选择在扫描循环开始、扫描循环结束或从 RUN 模式切换到 STOP 模式时监视或修改某个变量。

单击监控表工具栏上的 ⏺ 按钮，切换到扩展模式，出现"使用触发器监视"和"使用触发器进行修改"列（图 5-54）。单击这两列的某个单元，再单击单元右边出现的 ▼ 按钮，在出现的下拉列表中设置监视和修改该行变量的触发点。

触发方式可以选择"仅一次"或"永久"（每个循环触发一次）。如果设置为触发一次，单击一次工具栏上的按钮，执行一次相应的操作。

8. 强制的基本概念

可以用强制表给用户程序中的单个变量指定固定的值，这一功能被称为强制。强制应在与 CPU 模块建立在线连接时进行。使用强制功能时，不正确的操作可能会危及人员的生命或健康，造成设备或整个工厂的损失。

只能强制外设输入和外设输出，如强制 I0.0:P 和 Q0.0:P 等。不能强制组态时指定给高速计数器（HSC）、脉冲宽度调制（PWM）和脉冲列输出（PTO）的 I/O 点。在测试用户程序时，可以通过强制 I/O 点来模拟物理条件，如用来模拟输入信号的变化。强制功能不能仿真。

在执行用户程序之前，强制值被用于输入过程映像。在处理程序时，使用的是输入点的强制值。在写外设输出点时，强制值被送给输出过程映像，输出值被强制值覆盖。强制值在外设输出点出现，并且被用于过程。

变量被强制的值不会因为用户程序的执行而改变。被强制的变量只能读取，不能用写访问来改变其强制值。

输入、输出点被强制后，即使编程软件被关闭，或编程计算机与 CPU 模块的在线连接断开，或 CPU 模块断电，强制值都被保持在 CPU 模块中，直到在线时用强制表停止强制功能。

用存储卡将带有强制点的程序装载到别的 CPU 模块时，将继续程序中的强制功能。

9. 强制变量

打开项目树中的强制表，输入 I0.0 和 Q0.0（图 5-55），它们后面被自动添加表示外设输入/输出的":P"。只有在扩展模式才能监视外设输入的强制监视值。单击工具栏上的"显示/隐藏扩展模式列"按钮▤◦，切换到扩展模式。将 CPU 模块切换到 RUN 模式。

同时打开 OB1 和强制表，用"窗口"菜单中的命令，水平拆分编辑器空间，同时显示 OB1 和强制表(图 5-55)。单击程序编辑器工具栏上的 ⬚⬚ 按钮，启动程序状态功能。

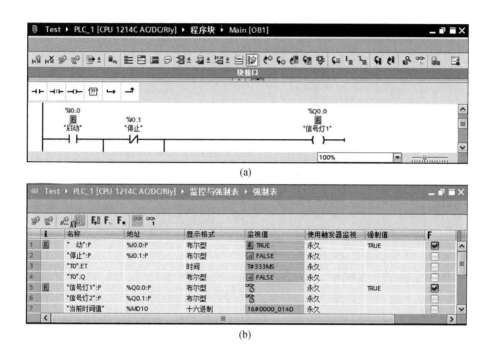

图 5-55　用强制表强制外设输入点和外设输出点

单击强制表工具栏上的 ⬚⬚ 按钮，启动监视功能。右键单击强制表的第一行，执行快捷菜单命令，将 I0.0:P 强制为 TRUE。单击出现的"强制为 1"对话框中的"是"按钮确认。强制表第一行出现表示被强制的 ❙❙ 符号，第一行"F"列的复选框中出现钩。PLC 面板上 I0.0 对应的 LED 不亮，梯形图中 I0.0 的常开触点接通，上面出现被强制的 ❙❙ 符号，由于 PLC 程序的作用，梯形图中 Q0.0 的线圈通电，PLC 面板上 Q0.0 对应的 LED 亮。

右键单击强制表的第二行，执行快捷菜单命令，将 Q0.0:P 强制为 FALSE。单击出现的"强制为 0"对话框中的"是"按钮确认。强制表第二行出现表示被强制的 ❙❙ 符号。梯形图中 Q0.0 线圈上面出现表示被强制的 ❙❙ 符号，PLC 面板上 Q0.0 对应的 LED 熄灭。

10. 停止强制

单击强制表工具栏上的 ❙❙ 按钮，停止对所有地址的强制。被强制的变量最左边和输入点的"监视值"列标有"F"的红色小方框消失，表示强制被停止。复选框后面的黄色三角形符号重新出现，表示该地址被选择强制，但是 CPU 模块中的变量没有被强制，梯形图中的 ❙❙ 符号也消失了。

为了停止对单个变量的强制，单击去掉该变量的"F"列的复选框，然后单击工具栏上的 ❙❙ 按钮，重新启动强制。

第6章 PLC控制系统实例

6.1 五层电梯控制系统

6.1.1 控制系统模型简介

电梯模型既反映了PLC技术在日常生活中的应用,又带有典型的顺序、逻辑控制等多种特征,所以用此作为控制对象进行PLC教学有一定的代表性。电梯模型适合于大、中专院校进行教学演示、毕业设计、课程设计等。

本章中的电梯模型如图6-1所示。

电梯内有可开、关门的轿厢,轿厢内由门控电机控制,执行开、关门动作,轿厢由顶部升降电机带动可上下运动。主体的每一层均设有限位开关、外呼按钮和指示灯。控制盒内装有开关电源,可为PLC和电梯模型供电。配备控制盒,方便电路的检查和各IO工作情况的监控。电梯提供接线端口,可方便与多种型号的PLC相连接。轿厢的上、下行和开、关门都由一个电机的正反转控制。电梯曳引机结构图如图6-2所示。

图6-1 五层电梯模型

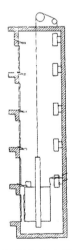

图6-2 五层电梯曳引机结构图

6.1.2 控制系统功能描述

电梯是生活中常见的垂直运输设备,现已广泛应用,是城市物质文明的标志之一。电梯由轿厢、配重、拖动电机、减速传动机械、井道、井道设备、呼唤系统和安全装置构成。电梯具有完善的机械构造及复杂的电气控制系统,它可以根据外部呼叫信号以及自身控制规律来运行,而PLC的出现为电梯的电器控制提供了许多新的思路和方法。

应用PLC对电梯模型进行控制,克服了继电器控制的诸多缺点,大大提高了电梯可靠性、可维护性以及灵活性,同时缩短了电梯的开发周期。

电梯的安全运行有以下一些主要控制要求。

1. 轿厢内的运行命令及门厅的召唤信号

可按下轿厢内操控盘上的选层按钮以选定电梯运行的目的楼层,此为内选信号。按钮按下后,该信号应被记忆并使相应的指示灯点亮。等候电梯的乘客可以按门厅的上行或下行召唤信号,此为外呼信号。该信号也需记忆并点亮门厅的上行或下行指示灯。这些保持信号在要求得到满足时应能自动销号。

2. 轿厢的平层与停车

轿厢运行后需确定在哪一层楼停车,平层即指停车时,轿厢的底与门厅“地平面”应相平齐。平层停车过程需在轿厢底面与停车楼面相平之前开始,先是减速,再是制动,以满足平层的准确性及乘客的舒适感。传统电梯的平层开始信号由平层感应器发出。

3. 电梯自动运行时的信号响应

电梯自动运行时应根据内呼外唤信号,决定电梯的运行方向及在哪些楼层停车。一般情况下,电梯按先上后下的原则运送乘客,而且规定在运行方向确定之后,不响应中途的反向呼唤要求,直至到达本方向的最远站点才开始返程。

4. 电梯位置的确定与显示

轿厢中的乘客及门厅中等待电梯的乘客都需要知道电梯的位置,因而轿厢及门厅中都设有以楼层标志的电梯位置。但这还不够,电梯的运行还需要更加准确的电梯位置信号,以满足制动停车等控制的需要。传统电梯的位置信号一般由设在井道中的位置开关(如磁感应器)提供,当轿厢上设置的隔磁板插入感应器时,发出位置信号,并启动楼层指示。

6.1.3 控制程序分析

五层电梯控制系统以西门子公司生产的S7-300 PLC为例。其具有自动平层、自动开关门、顺向响应轿厢内外呼梯信号、长时间空闲处理等功能。电梯控制系统主要由主程序(OB1),电梯呼梯登记子程序(功能FC1),电梯开、关门控制子程序(功能FC2),电梯上、下行控制子程序(功能FC3),电梯楼层显示子程序(功能FC4),电梯空闲处理子程序(功能FC5)等组成。五层电梯控制系统主程序如图6-3所示。

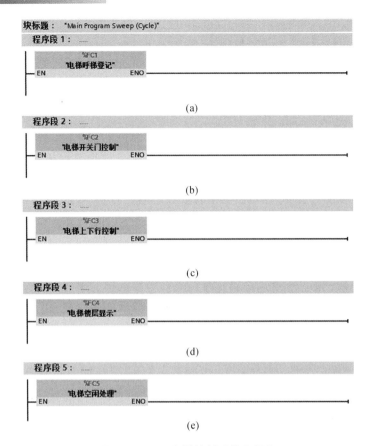

图 6-3　五层电梯控制系统主程序

五层电梯控制系统参考输入、输出地址分配表见表 6-1。

表 6-1　五层电梯控制系统参考输入、输出地址分配表

序号	输入		输出	
1	I4.0	电梯一层上外呼叫	Q16.0	电梯下降
2	I4.1	电梯二层下外呼叫	Q16.1	电梯上升
3	I4.2	电梯二层上外呼叫	Q16.2	电梯开门
4	I4.3	电梯三层下外呼叫	Q16.3	电梯关门
5	I4.4	电梯三层上外呼叫	Q16.4	电梯一层上外呼叫显示
6	I4.5	电梯四层下外呼叫	Q16.5	电梯二层下外呼叫显示
7	I4.6	电梯四层上外呼叫	Q16.6	电梯二层上外呼叫显示
8	I4.7	电梯五层下外呼叫	Q16.7	电梯三层下外呼叫显示
9	I5.0	一层限位开关	Q17.0	电梯三层上外呼叫显示
10	I5.1	二层限位开关	Q17.1	电梯四层下外呼叫显示
11	I5.2	三层限位开关	Q17.2	电梯四层上外呼叫显示
12	I5.3	四层限位开关	Q17.3	电梯五层下外呼叫显示

表 6-1(续)

序号	输入		输出	
13	I5.4	五层限位开关	Q17.4	电梯上行显示
14	I5.5	下极限限位开关	Q17.5	电梯下行显示
15	I5.6	一层内呼	Q17.6	一层内呼显示
16	I5.7	二层内呼	Q17.7	二层内呼显示
17	I8.0	三层内呼	Q20.0	三层内呼显示
18	I8.1	四层内呼	Q20.1	四层内呼显示
19	I8.2	五层内呼	Q20.2	五层内呼显示
20	I8.3	电梯开门控制	Q20.3	开门显示
21	I8.4	电梯关门控制	Q20.4	关门显示
22	I8.5	起停开关	Q20.5	数码管 A 段
23	—	—	Q20.6	数码管 B 段
24	—	—	Q20.7	数码管 C 段
25	—	—	Q21.0	数码管 D 段
26	—	—	Q21.1	数码管 E 段
27	—	—	Q21.2	数码管 F 段
28	—	—	Q21.3	数码管 G 段

1. 电梯呼梯登记子程序

电梯呼梯登记子程序主要由轿厢内召唤和门厅外召唤组成,其主要应用了梯形图编程的自锁原理,将呼梯信号锁存在中间寄存器里,直至电梯运行到该层满足判断条件后清除信号。实例中呼梯登记子程序采用了内呼优先和外呼选择的原则进行编程。内呼优先,即当轿厢到达相应层位后消除对应内呼信号;外呼选择,即若有多个呼梯登记,当轿厢到达相应层位后需要判断轿厢运行方向,上行消除对应上外呼信号,下行消除对应下外呼信号。若只有一个呼梯登记,则当轿厢到达相应层位后消除对应的呼梯登记。下面以二层呼梯信号为例说明内呼优先和外呼选择的原则。

图 6-4 为五层电梯二层内呼登记梯形图。若二层内呼有信号,I5.7(二层内呼)为电梯轿厢内二层按钮的输入信号,当按钮被按下后,电源接通,将 M0.1 置"1",并且由于自锁 M0.1 将一直保持"1",直至轿厢运行到二层,将二层限位开关 I5.1(二层限位)接通,此时程序中的常闭触点 I5.1(二层限位)将断开,清除二层内呼信号,电梯开门,乘客上下电梯。

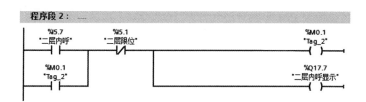

图 6-4 五层电梯二层内呼登记梯形图

图6-5为五层电梯二层外呼登记梯形图,自锁原理同二层内呼信号。当I4.1(二层下外呼)按钮被按下后,电源接通,将M1.1置"1",并且由于自锁M1.1将一直保持"1"。消除信号的停止条件是一个并联的复合逻辑条件:条件一为轿厢到达二层,将二层限位开关I5.1(二层限位)接通;条件二为电梯下行控制条件为"1"或只有一个呼梯登记,触发M2.0(图6-6)为"1"。只有当两个条件都满足时才能消除二层下外呼信号,I4.2(二层上外呼)信号原理同I4.1(二层下外呼)信号。

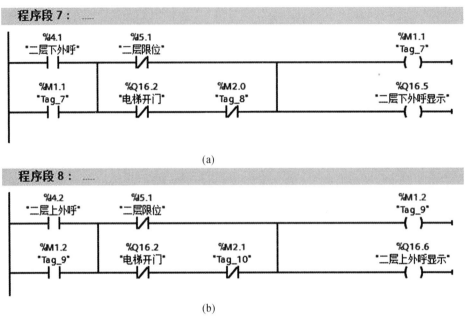

图6-5 五层电梯二层外呼登记梯形图

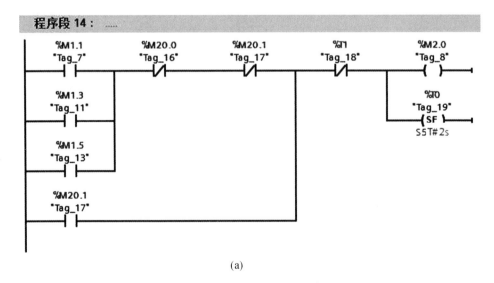

图6-6 五层电梯外呼信号消除判断条件梯形图

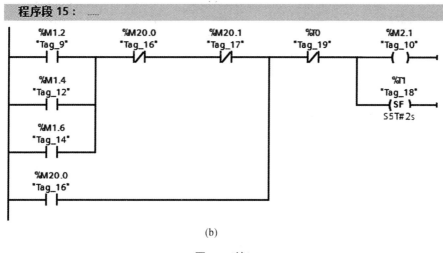

(b)

图 6-6(续)

在图 6-5 中,为了能更好地分清呼梯登记的启动条件和停止条件,并未对梯形图进行优化处理。优化方法详见本书第 7 章 7.2 节。

图 6-6 为五层电梯外呼信号消除判断条件梯形图。M2.0 和 M2.1 分别为电梯下外呼与上外呼消除信号的条件,其启动条件有两个:一个是 M20.1(下行控制条件)和 M20.0(上行控制条件);另一个是相应的下外呼和上外呼的并联信号,完成外呼选择原则功能的实现,同时解决下行不消除唯一一个上外呼信号和上行不消除唯一一个下外呼信号的问题。T0 和 T1 两个定时器用来解决只有一个楼层的上外呼信号与下外呼信号存在时,电梯轿厢运行到该楼层时同时消除两个呼梯登记的问题,实例中采用此方法解决有关问题。

2. 电梯开、关门控制子程序

图 6-7 为五层电梯开门判断梯形图,M10.0 为电梯开门判断条件,若 M10.0 为"1",则停止上、下行,响应开门动作。M10.0 的启动条件也是一个复合的逻辑条件。以二层开门启动条件为例,若在二层且 M0.2(二层内呼梯登记)、M1.1(二层下外呼梯登记)和 M1.2(二层上外呼梯登记)信号中的一个有下降沿,或者轿厢在二层 I5.7(二层内呼)、I4.1(二层下外呼)和 I4.2(二层上外呼)信号有下降沿,则开门判断条件 M10.0 为"1",停止条件是 Q16.2(电梯开门)。此外,实例中的电梯模型没有开门到位和关门到位检测元件,因此,开门动作时间和关门动作时间由定时器来完成。电梯的开关门是由一个电机的正反转来控制的,所以关门时间略长于开门时间。

电梯开门判断条件 M10.0 在开门控制程序中做启动信号,在上、下行控制程序中做停止信号。

电梯开门 Q16.2 的启动条件有两个:一个是 M10.0 开门判断条件;另一个是 I8.3 手动开门信号。开门动作时间由接通延时定时器 T6 控制,实例中设定的时间为 1.5 s,等待乘客上、下电梯的时间由断开延时定时器 T7 控制,实例中设定的时间为 2 s,梯形图如图 6-8(a)所示。

电梯关门 Q16.3 的启动条件也是两个:一个是 T7 的下降沿;另一个是 I8.4 手动关门信号。关门动作时间由接通延时定时器 T8 控制,实例中设定的时间为 2 s,梯形图如图 6-8(b)所示。

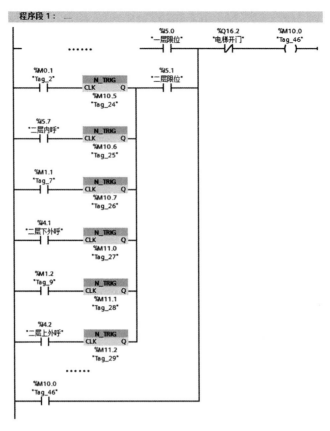

图 6-7　五层电梯开门判断梯形图

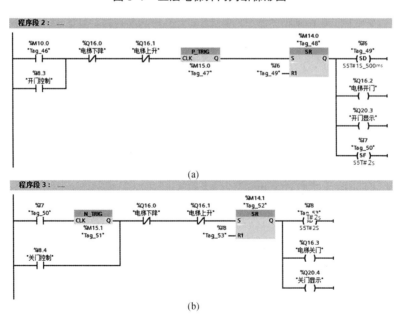

(a)

(b)

图 6-8　五层电梯开、关门控制梯形图

3.电梯上、下行控制子程序

当 PLC 的 CPU 模块扫描过各输入节点后,CPU 模块将判定是否有呼梯请求,并判断电梯的运行方向,此功能梯形图如图6-9所示。当电梯轿厢停在一层时,程序中二~五层限位开关的常闭触点都是导通的,若某一层有呼梯登记信号则回路将被接通,M20.0(电梯上行定向判断)将被置"1",完成定向操作。例如,当电梯轿厢停在三层,此时三层限位开关被触发,程序中的常闭触点I5.3(三层限位开关)将断开,即使此时三层以下有呼梯信号程序也不会响应,只有当四、五层有呼梯召唤时程序才会将M20.0置"1",所以本段程序具有判断电梯上行定向的功能。判断电梯下行功能的程序段与此类似。

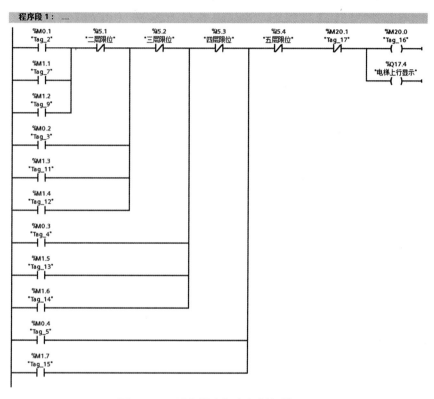

图6-9 五层电梯上行定向判断梯形图

图6-10为五层电梯上行控制程序。当上行定向程序段的M20.0被置"1"且停止条件都为"0"时,该回路被接通,Q16.1(电梯上升)为"1",驱动电梯上行。当停止条件中的任何一个为"1"时,则Q16.1为"0",电梯轿厢上行动作停止。其中,M10.0为电梯开门判断条件,T7为等待乘客上、下电梯时间定时器,停止条件都为互锁条件,限定其工作条件,例如,电梯的上、下行由一个电机的正反转控制,因此电梯的上、下行动作为互锁条件;根据电梯的工艺要求,电梯不能在开、关门动作,等待乘客上、下电梯时上行,因此也是互锁条件。

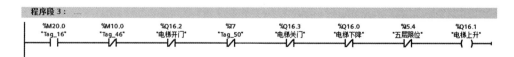

图6-10 五层电梯上行控制梯形图

4.电梯楼层显示子程序

楼层位置指示程序主要是驱动7段数码管显示楼层位置。此段程序主要分为两部分:

一是楼层数字显示判断程序,二是数码管显示程序。实例中楼层显示判断程序主要采用上行就上原则和下行就下原则,即在二层显示数字 2,在三层显示数字 3,在二层和三层中间上行状态显示数字 3、下行状态显示数字 2。

下面以显示楼层数字 2 为例说明。显示楼层数字 2 的条件有 3 个:一是停在二层时;二是离开一层上行未到二层时;三是离开三层下行未到二层时。将 3 个条件的文字表述编制为梯形图即图 6-11 中 RS 触发器 S 置位端并联的 3 个条件,R 复位端为不显示数字 2 的条件,M30.2 为显示数字 2 判断条件的存储位。

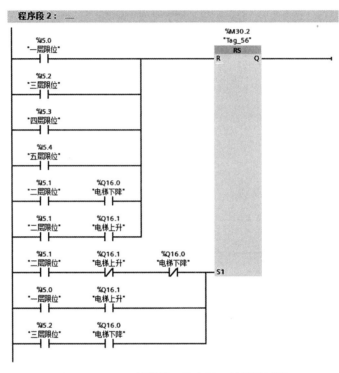

图 6-11　五层楼梯楼层数字显示判断梯形图

实例中采用工程上常见的译码电路。根据译码原理,数字 1~5 的译码表见表 6-2。根据译码表,用楼层显示数字的存储位驱动对应数码管的各段,由数码管各段的不同组合显示出楼层的数字。图 6-12 为 Q20.6(数码管 B 段)的梯形图,M30.1、M30.2、M30.3 和 M30.4 分别为楼层显示数字 1,2,3,4 的存储位。

表 6-2　数字 1~5 的译码表

名称	A 段	B 段	C 段	D 段	E 段	F 段	G 段
数字 1	0	1	1	0	0	0	0
数字 2	1	1	0	1	1	0	1
数字 3	1	1	1	1	0	0	1
数字 4	0	1	1	0	0	1	1
数字 5	1	0	1	1	0	1	1

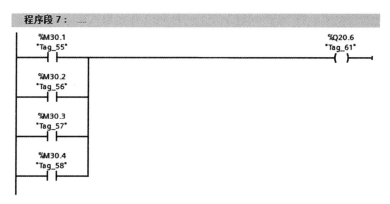

图 6-12 Q20.6(数码管 B 段)的梯形图

5.电梯空闲处理子程序

实例中加入了电梯空闲处理子程序,即当电梯没有呼梯登记一段时间后,电梯自动下行至一层,设定的时间为 10 s,梯形图如图 6-13 所示。

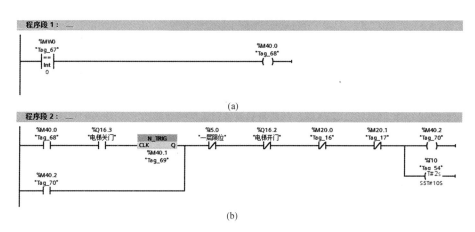

图 6-13 五层电梯空闲处理子程序梯形图

6.2 八层电梯控制系统

6.2.1 控制系统模型简介

八层电梯教学模型采用台式结构,由主体框架、导轨、轿厢及门控系统、配重、驱动电机、外呼按钮及显示屏、内选按钮及指示灯等构成典型的机电一体化教学模型(图 6-14)。

如图 6-15 所示,主体框架及导轨是由特制铝型材制成,它保证了轿厢的支撑和顺畅运行。

轿厢及门控系统是电梯的主要被控对象,它采用钢丝索和滑轮组结构悬吊于导轨之间,具有仿真度高的特点。轿厢的开、关门自动控制系统由门导轨、滑块、传动皮带、驱动直流电机、位置传感器组成。在 PLC 的控制下,轿厢到位后完成门的自动打开、延时、自动关闭的动作。

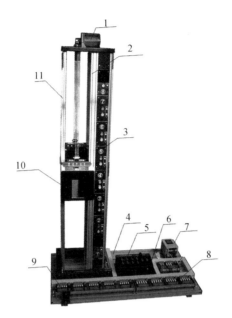

1—驱动电机;2—导轨;3—外呼按钮及显示屏;4—底盘;5—内选按钮及指示灯;6—直流电源;
7—变频器;8—输出转换端子;9—输入转换端子;10—轿厢;11—主体框架。

图 6-14　八层电梯模型正面结构示意图

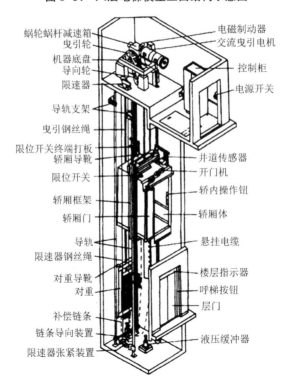

图 6-15　八层电梯基本结构图

配重是与轿厢配合完成上、下运行的重要部件,可使轿厢运行平稳、能耗低。

驱动电机是轿厢运行的曳引原动机,它采用三相交流电机配合变频器实现加减速控制、正反转控制、点动控制等操作。

外呼按钮及显示屏是模拟实际电梯轿厢以外各楼层的呼梯信号及显示轿厢位置的部件。

内选按钮及指示灯是模拟实际电梯轿厢内的楼层选择信号以及开、关门选择的部件。

6.2.2 控制系统功能描述

八层电梯模型的基本工作原理同五层电梯模型,只是相对五层电梯模型而言,八层电梯模型仿真程度更高一些,一是将每层的限位开关更换为上、中、下3个限位,并使用变频器驱动交流电机控制轿厢的运行,可实现对轿厢的变频调速控制;二是增加了一个配重块,提高了系统的安全性;三是增加了轿厢门开、关的检测元件,使轿厢的开、关门仿真程度更高。下面主要从与五层电梯模型的不同点来描述八层电梯模型的功能。

1. 轿厢的变频调速控制

随着电力电子技术、微电子技术和计算机控制技术的飞速发展,交流变频调速技术的发展也十分迅速。电动机交流变频技术是当今节电、改善工艺流程以提高产品质量、改善环境、推动技术进步的一种手段。变频器以其优异的调速性能和起制动平稳性能,高效率、高功率因数和节电效果,广泛的适用范围等优点而被国内外公认为最有发展前途的调速方式,因此变频器在电梯的控制中越来越重要。

变频器通过改变电动机电源频率以实现速度调节,是一种理想的高效率、高性能的调速方式。八层电梯模型所使用的变频器是松下 VFO 超小型变频器,其操作板的面板如图6-16 所示。

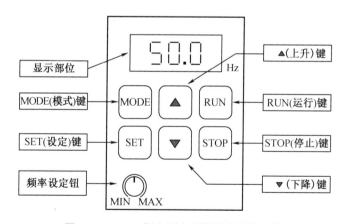

图6-16 VFO 超小型变频器操作板的面板

(1)显示部位:显示输出频率、电流、线速度、异常内容、设定功能时的数据及参数。

(2)RUN(运行)键:使变频器运行的键。

(3)STOP(停止)键:使变频器运行停止的键。

(4)MODE(模式)键:切换"输出频率电流显示""频率设定监控""旋转方向设定""功能设定"等各种模式,以及将数据显示切换为模式显示所用的键。

(5)SET(设定)键:切换模式、数据显示以及存储数据所用的键。在"输出频率·电流显示模式"下,进行频率显示和电流显示切换。

(6)▲(上升)键:改编数据或输出频率以及利用操作板使其正转运行时,用于设定正转方向的键。

(7)▼(下降)键:改编数据或输出频率以及利用操作板使其反转运行时,用于设定反转方向的键。

(8)频率设定钮:用操作板设定运行频率而使用的旋钮。

变频器接线原理如图6-17所示,SW1、SW2、SW3决定电机的3种运行速度。

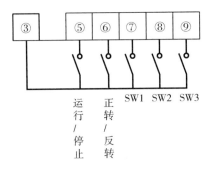

图6-17 变频器接线原理

八层电梯模型中实现了变频调速,需要设置变频器的参数。变频器主要参数简表见表6-3。

表6-3 变频器主要参数简表

No	功能名称	设定范围	出厂数据/设定值
P01	第一加速时间/s	0.1~999	05.0
P02	第一减速时间/s	0.1~999	05.0
P08	选择运行指令	0~5	0
P09	频率设定信号(常速)	0~5	0
P19	选择SW1功能	0~7	0
P20	选择SW2功能	0~7	0
P21	选择SW3功能	0~8	0
P32	第二速频率/Hz	0.5~250	20.0
P33	第三速频率/Hz	0.5~250	30.0
P34	第四速频率/Hz	0.5~250	40.0
P40	第五速频率/Hz	0.5~250	15.0
P09	第六速频率/Hz	0.5~250	25.0
P19	第七速频率/Hz	0.5~250	35.0
P20	第八速频率/Hz	0.5~250	45.0
P39	第二加速时间/s	0.1~999	05.0
P40	第二减速时间/s	0.1~999	05.0

注:要想深入了解该变频器,查看松下VFO超小型变频器使用手册。

用SW1、SW2、SW3的3个开关信号可选择切换8种频率进行控制,见表6-4。一速:参数P09的设定信号,二~八速:参数P32~P38的设定频率。

表6-4 变频器速度设置表

SW1(端子 No.7)	SW2(端子 No.8)	SW3(端子 No.9)	运行频率
0	0	0	常速
1	0	0	第二速频率
0	1	0	第三速频率
1	1	0	第四速频率
0	0	1	第五速频率
1	0	1	第六速频率
0	1	1	第七速频率
1	1	1	第八速频率

使用变频器控制八层电梯,实现电梯的变速运行需要3个速度。实例中的3个速度是常速运行频率2.5 Hz,加速和减速的两个运行频率是2.0 Hz与1.5 Hz,还需要使用2个输出端口(Q24.2和Q24.3),因此需要将P09设置为2.5 Hz,P32设置为2.0 Hz,P33设置为1.5 Hz,即可实现。

2. 层定位传感器原理

层定位传感器结构原理示意图如图6-18所示。

在主框架上每个层位都安装1个传感器组件(传感器为缝隙式光电传感器),每个传感器组件上共安装3个传感器(A、B、C),挡片随轿厢运行时经过传感器缝隙,发出到位信号。

层定位传感器应用原理如下。

当轿厢上、下运行时,挡片在传感器的缝隙中穿行,遮挡光线,至传感器输出信号。

(1)上升:低速启动,C的下跳沿变中速,B的下跳沿变高速。

(2)上升停车:A的上跳沿变中速,C的上跳沿变低速,B的上跳沿停车。

(3)下降:低速启动,C的下跳沿变中速,A的下跳沿变高速。

(4)下降停车:B的上跳沿变中速,C的上跳沿变低速,A的上跳沿停车。

其中,八层共有8个传感器组件;每个组件上的A、B传感器分别独立产生输出信号;8个C传感器并联产生一个共用信号。

3. 轿厢门控原理

轿厢门由直流减速电机驱动,PLC通过电机驱动板控制该电机运行及限位保护。门控原理如图6-19所示。随着轿厢门的开闭两个传感器分别发出到位信号。

门控系统由控制器(通常为PLC,也可配备其他类型的逻辑控制装置)、传感器、变频器、端子板和直流电源等组成。控制器接收外呼按钮、内选按钮和设在导轨上各楼层传感器的信号,并通过预先设定的程序对变频器、指示灯和楼层显示屏进行控制,使轿厢按照规定的运行规律升降、顺向响应、变速、平层、开关门及显示等,通过编程实现对电梯的智能控制。

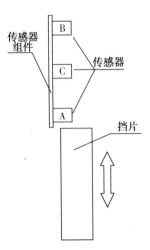

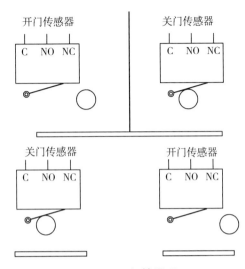

图 6-18 层定位传感器结构原理示意图　　　　　**图 6-19　门控原理**

6.2.3　控制程序分析

八层电梯控制系统以西门子公司生产的S7-300 PLC为例。其具有自动平层,自动开、关门,顺向响应轿内、外呼梯信号,长时间空闲处理等功能。本电梯控制程序主要由主程序(OB1),电梯呼梯登记子程序(功能 FC1),电梯开、关门控制子程序(功能 FC2),电梯上、下行控制子程序(功能 FC3),电梯楼层显示子程序(功能 FC4),电梯空闲处理子程序(功能 FC5)等组成。八层电梯控制系统主程序如图 6-20 所示。程序结构、基本原理与五层电梯控制系统相同。

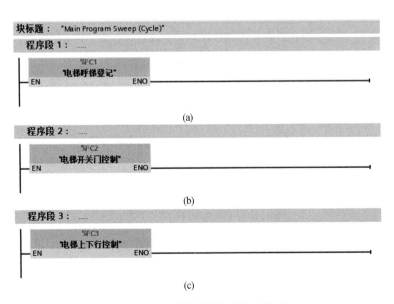

图 6-20　八层电梯控制系统主程序

第6章 PLC控制系统实例

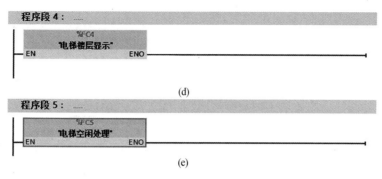

图 6-20(续)

八层电梯控制系统参考输入、输出地址分配表见表 6-5。

表 6-5　八层电梯控制系统参考输入、输出地址分配表

序号	输入 I	名称	序号	输出 Q	名称
1	I4.0	电梯一层上外呼	1	Q16.0	电梯一层上外呼叫显示
2	I4.1	电梯二层下外呼	2	Q16.1	电梯二层下外呼叫显示
3	I4.2	电梯二层上外呼	3	Q16.2	电梯二层上外呼叫显示
4	I4.3	电梯三层下外呼	4	Q16.3	电梯三层下外呼叫显示
5	I4.4	电梯三层上外呼	5	Q16.4	电梯三层上外呼叫显示
6	I4.5	电梯四层下外呼	6	Q16.5	电梯四层下外呼叫显示
7	I4.6	电梯四层上外呼	7	Q16.6	电梯四层上外呼叫显示
8	I4.7	电梯五层下外呼	8	Q16.7	电梯五层下外呼叫显示
9	I5.0	电梯五层上外呼	9	Q17.0	电梯五层上外呼叫显示
10	I5.1	电梯六层下外呼	10	Q17.1	电梯六层下外呼叫显示
11	I5.2	电梯六层上外呼	11	Q17.2	电梯六层上外呼叫显示
12	I5.3	电梯七层下外呼	12	Q17.3	电梯七层下外呼叫显示
13	I5.4	电梯七层上外呼	13	Q17.4	电梯七层上外呼叫显示
14	I5.5	电梯八层下外呼	14	Q17.5	电梯八层下外呼叫显示
15	I5.6	一层下限位开关	15	Q17.6	一层内呼显示
16	I5.7	一层上限位开关	16	Q17.7	二层内呼显示
17	I8.0	二层下限位开关	17	Q20.0	三层内呼显示
18	I8.1	二层上限位开关	18	Q20.1	四层内呼显示
19	I8.2	三层下限位开关	19	Q20.2	五层内呼显示
20	I8.3	三层上限位开关	20	Q20.3	六层内呼显示
21	I8.4	四层下限位开关	21	Q20.4	七层内呼显示
22	I8.5	四层上限位开关	22	Q20.5	八层内呼显示
23	I8.6	五层下限位开关	23	Q20.6	数码管 a 段
24	I8.7	五层上限位开关	24	Q20.7	数码管 b 段

表 6-5(续)

序号	输入 I	名称	序号	输出 Q	名称
25	I9.0	六层下限位开关	25	Q21.0	数码管 c 段
26	I9.1	六层上限位开关	26	Q21.1	数码管 d 段
27	I9.2	七层下限位开关	27	Q21.2	数码管 e 段
28	I9.3	七层上限位开关	28	Q21.3	数码管 f 段
29	I9.4	八层下限位开关	29	Q21.4	数码管 g 段
30	I9.5	八层上限位开关	30	Q21.5	电梯上行显示
31	I9.6	层位中限位开关	31	Q21.6	电梯下行显示
32	I9.7	一层内呼	32	Q21.7	电梯运行显示
33	I12.0	二层内呼	33	Q24.0	电梯开门
34	I12.1	三层内呼	34	Q24.1	电梯关门
35	I12.2	四层内呼	45	Q24.2	SW1(V-7)
36	I12.3	五层内呼	46	Q24.3	SW2(V-8)
37	I12.4	六层内呼	37	Q24.4	SW3(V-9)
38	I12.5	七层内呼	38	Q24.5	电梯运行(V-5)/电梯上行
39	I12.6	八层内呼	39	Q24.6	电梯方向(V-6)/电梯下行
40	I12.7	电梯关门控制	—	—	—
41	I13.0	电梯开门控制	—	—	—
42	I13.1	开门限位开关	—	—	—
43	I13.2	关门限位开关	—	—	—
44	I13.3	运行检修开关	—	—	—

1. 电梯呼梯登记子程序

八层电梯的呼梯登记子程序原理同五层电梯。下面以二层呼梯信号为例说明内呼优先和外呼选择的原则。

图 6-21 为八层电梯二层内呼登记梯形图。若二层内呼有信号,I12.0(二层内呼)为电梯轿厢内二层按钮的输入信号,当按钮被按下后,电源接通,将 M0.1 置"1",并且由于自锁 M0.1 将一直保持为"1",直至轿厢运行到二层。若轿厢上行,则 M20.0(上行控制条件)为"1",二层限位开关 I8.0(二层下限位)接通,此时程序中的常闭触点 I8.0(二层下限位)将断开,清除二层内呼信号,电梯开门,乘客上、下电梯;若轿厢下行,则 M20.1(下行控制条件)为"1",二层限位开关 I8.1(二层上限位)接通,此时程序中的常闭触点 I8.1(二层上限位)将断开,清除二层内呼信号,电梯开门,乘客上、下电梯。

图 6-22 为八层电梯二层外呼登记梯形图,自锁原理同二层内呼信号。当 I4.1(二层下外呼)按钮被按下后,电源接通,将 M1.1 置"1",并且由于自锁 M1.1 将一直保持为"1",消除信号的停止条件是一个并联的复合逻辑条件:条件一为轿厢上行到达二层,M20.0(上行控制条件)为"1",二层限位开关 I8.0(二层下限位)接通;条件二为轿厢下行到达二层,M20.1(下行控制条件)为"1",二层限位开关 I8.1(二层上限位)接通;条件三为电梯下行控制条件为"1"或

只有一个呼梯登记,触发 M4.0(图 6-23)为"1"。只有当 3 个条件都满足时才能消除二层下外呼信号。I4.2(二层上外呼)信号原理同 I4.1(二层下外呼)信号。

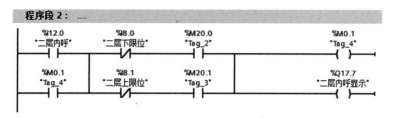

图 6-21 八层电梯二层内呼登记梯形图

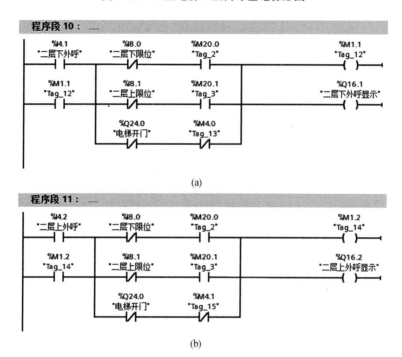

图 6-22 八层电梯二层外呼登记梯形图

图 6-23 中为了能更好地分清呼梯登记的启动条件和停止条件,并未对梯形图进行优化处理,优化方法详见本书第 7 章 7.2 节。

图 6-23 为八层电梯外呼信号消除判断条件的梯形图,M4.0 和 M4.1 分别为电梯下外呼与上外呼消除信号的条件。其启动条件有两个:一个是 M20.1(下行控制条件)和 M20.0(上行控制条件),另一个是相应的下外呼和上外呼的并联信号,完成外呼选择原则功能,同时解决下行不消除唯一一个上外呼信号和上行不消除唯一一个下外呼信号的问题。T0 和 T1 两个定时器用来解决只有一个楼层的上外呼信号和下外呼信号存在时,电梯轿厢运行到该楼层时同时消除两个呼梯登记的问题,实例中采用此方法解决有关问题。

2. 电梯开、关门控制子程序

图 6-24 为八层电梯开门判断梯形图。M10.0 为电梯开门判断条件,若 M10.0 为"1",则停止上、下行,响应开门动作,M10.0 的启动条件也是一个复合的逻辑条件。以二层开门启动条件为例,若在二层且 M0.1(二层内呼梯登记)、M1.1(二层下外呼梯登记)和 M1.2

(二层上外呼梯登记)信号中的一个有下降沿,或者轿厢在二层 I12.0(二层内呼)、I4.1(二层下外呼)和 I4.2(二层上外呼)信号中有下降沿,则开门判断条件 M10.0 为"1",停止条件是 Q24.0(电梯开门)。

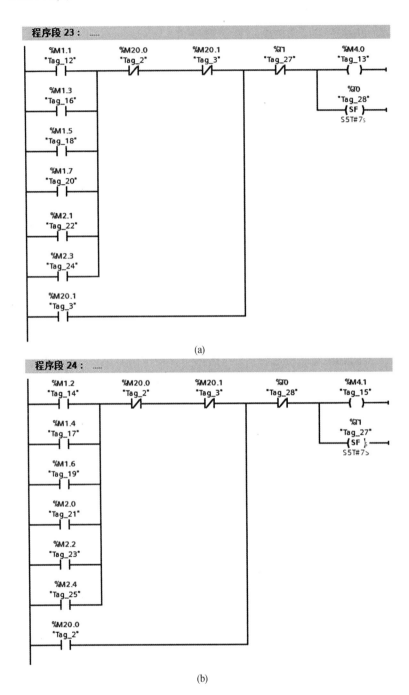

(a)

(b)

图 6-23　八层电梯外呼信号消除判断条件梯形图

八层电梯开门判断条件 M10.0 在开门控制程序中做启动信号的条件之一,在上、下行控制程序中做停止信号的条件之一。

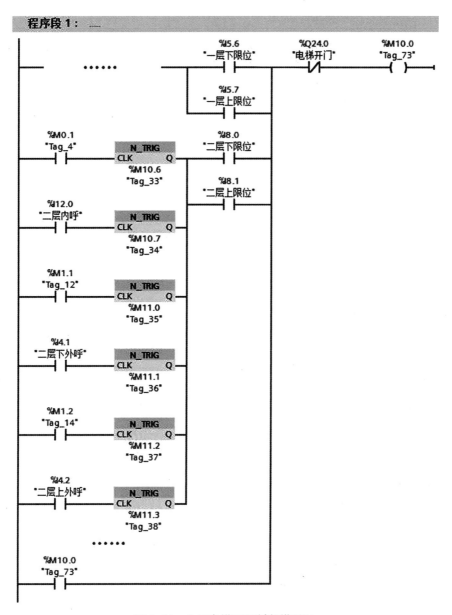

图6-24 八层电梯开门判断梯形图

根据八层电梯控制系统功能,编制梯形图(图6-25和图6-26)。当有呼梯信号时,电梯变速启动并且变速停车相应呼梯信号。例如,电梯在一层,二层上外呼有信号,电梯以低速1.5 Hz启动,离开I9.6(层位中限位)变中速2.0 Hz,离开上限位变高速2.5 Hz,触发二层下限位变中速2.0 Hz,触发I9.6(层位中限位)变低速1.5 Hz,触发二层上限位停车。

电梯开门Q24.0的启动条件有两个:一个是M10.1开门条件;另一个是I13.0手动开门信号。停止条件是开门限位I13.1,等待乘客上、下电梯的时间由断开延时定时器T7控制,实例中设定的时间为2 s,梯形图如图6-27(a)所示。

电梯关门Q24.1的启动条件也是两个:一个是T7的下降沿;另一个是I12.7手动关门信号。停止条件是关门限位I13.2,梯形图如图6-27(b)所示。

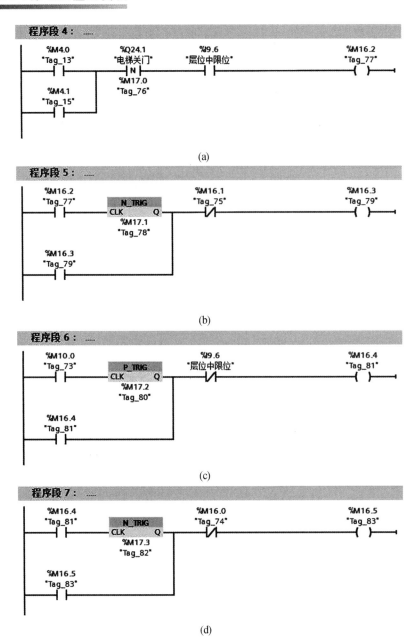

图6-25　八层电梯启停变速梯形图

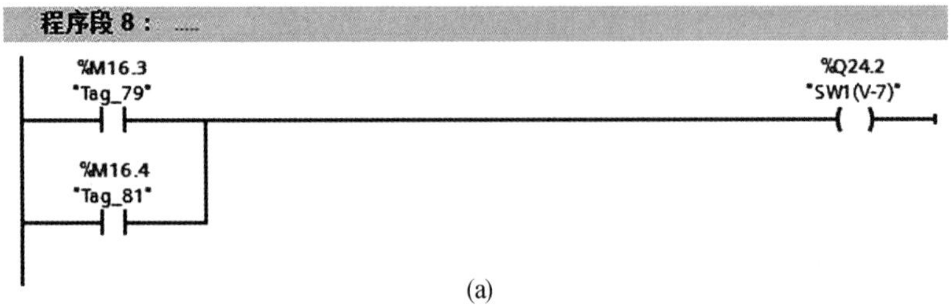

图6-26　八层电梯变速输出梯形图

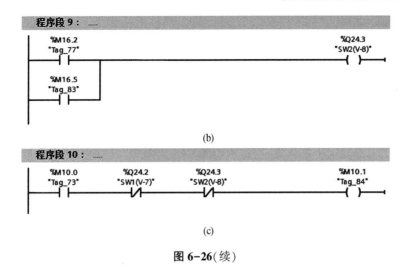

(b)

(c)

图 6-26(续)

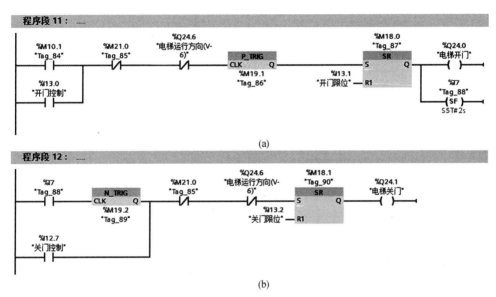

(a)

(b)

图 6-27 八层电梯开、关门控制梯形图

3. 电梯上、下行控制子程序

当 PLC 的 CPU 模块扫描过各输入节点后,CPU 模块将判定是否有呼梯请求,并判断电梯的运行方向,此功能梯形图如图 6-28 所示。当电梯轿厢停在一层时程序中二~八层限位开关的常闭触点都是导通的,若某一层有呼梯登记信号则回路将被接通,M20.0(电梯上行定向判断)将被置"1",完成定向操作。例如,当电梯轿厢停在三层,则此时三层限位开关被触发,程序中的常闭触点 I8.3(三层上限位开关)将断开,因而即使此时三层以下有呼梯信号程序也不会响应,只有当四~八层有呼梯召唤时程序才会将 M20.0 置"1",所以本段程序具有判断电梯上行定向的功能。判断电梯下行功能的程序段与此类似。

图 6-29 为八层电梯上行控制梯形图。当上行定向程序段的 M20.0 被置"1"且停止条件都为"0"时,该回路被接通,M21.0(电梯上升动作保持)为"1",当停止条件中的任何一个为"1"时,则 M21.0 为"0"。其中,M10.0 为电梯开门判断条件,T7 为等待乘客上、下电梯时间定时器,停止条件都为互锁条件,限定其工作条件。例如,电梯的上、下行由一个电机的

正反转控制,因此电梯的上、下行动作为互锁条件;根据电梯的工艺要求,电梯不能在开、关门动作,等待乘客上、下电梯时上行,因此也是互锁条件。

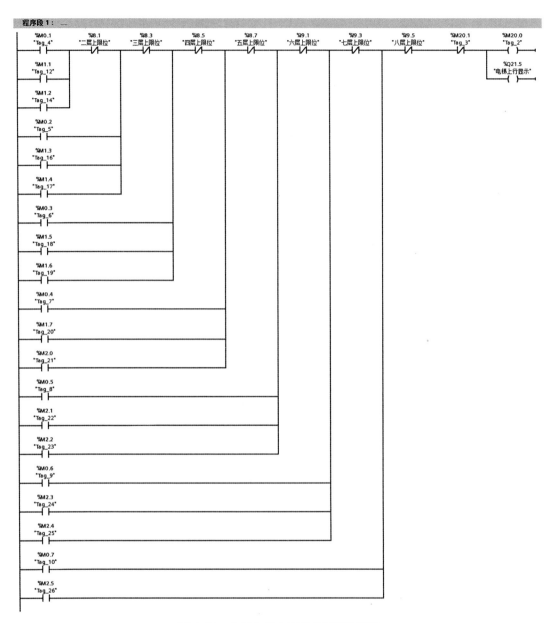

图6-28　八层电梯上行定向判断梯形图

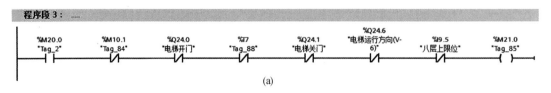

(a)

图6-29　八层电梯上行控制梯形图

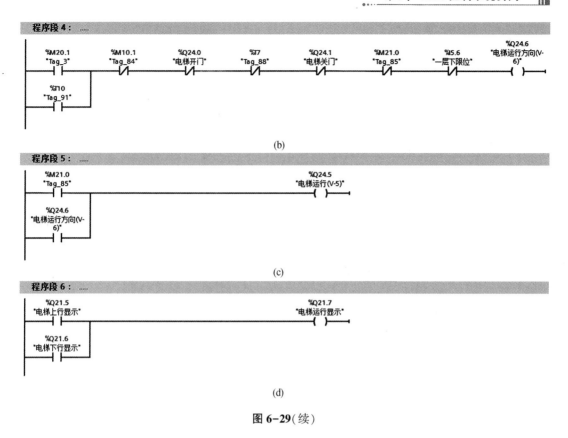

图 6-29（续）

Q20.5（电梯运行）是变频器运行的控制端口，Q20.5 为"1"且 Q20.6 为"0"时，电梯上行。若要实现下行，需要 Q20.5（电梯运行）和 Q20.6（电梯方向）同时为"1"才能实现。

4. 电梯楼层显示子程序

八层电梯楼层位置显示程序主要是驱动 7 段数码管显示楼层位置。此段程序主要分为两部分：一是楼层数字显示判断程序，二是数码管显示程序。实例中楼层显示判断程序主要采用上行就上原则和下行就下原则，即在二层显示数字 2，在三层显示数字 3，在二层和三层中间上行状态显示数字 3、下行状态显示数字 2。

下面以显示楼层数字 2 为例说明。显示楼层数字 2 的条件有 3 个：一是停在二层时；二是离开一层上行未到二层时；三是离开三层下行未到二层时。将 3 个条件编制为梯形图即图 6-30 中 RS 触发器 S 置位端并联的 3 个条件。R 复位端为不显示数字 2 的条件，M30.1 为显示数字 2 判断条件的存储位。

实例中采用工程上常见的译码电路，根据译码原理，数字 1~8 的译码表见表 6-6。根据译码表，用楼层显示数字的存储位驱动对应数码管的各段，由数码管各段的不同组合显示出楼层的数字。图 6-31 为八层电梯数码管 B 段的梯形图，M30.0、M30.1、M30.2、M30.3、M30.4、M30.5、M30.6 和 M30.7 分别为楼层显示数字 1，2，3，4，5，6，7，8 的存储位。

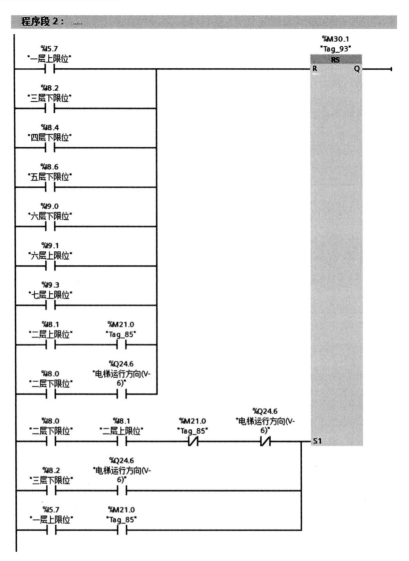

图 6-30　八层电梯楼层数字显示判断梯形图

表 6-6　数字 1~8 译码表

名称	A 段	B 段	C 段	D 段	E 段	F 段	G 段
数字 1	0	1	1	0	0	0	0
数字 2	1	1	0	1	1	0	1
数字 3	1	1	1	1	0	0	1
数字 4	0	1	1	0	0	1	1
数字 5	1	0	1	1	0	1	1
数字 6	1	0	1	1	1	1	1
数字 7	1	1	1	0	0	0	0
数字 8	1	1	1	1	1	1	1

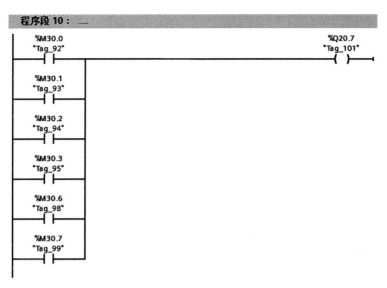

图 6-31　八层电梯数码管 B 段的梯形图

5. 电梯空闲处理子程序

实例中加入了电梯空闲处理子程序,即当电梯没有呼梯登记一段时间后,电梯自动下行至一层,设定的时间为 10 s,梯形图如图 6-32 所示。

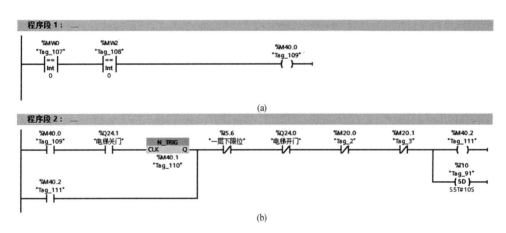

图 6-32　八层电梯空闲处理子程序梯形图

6.3　综合实例分析

6.3.1　汽车自动清洗指示系统

1. 汽车自动清洗指示系统的控制要求

汽车自动清洗指示系统如图 6-33 所示。系统由一个启动按钮控制,当按下启动按钮时,系统按如下顺序工作。

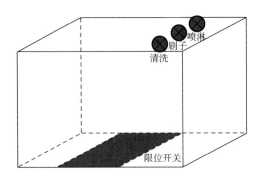

图6-33 汽车自动清洗指示系统

(1)按下启动按钮SB1,系统启动,当车辆检测器检测到有车辆进来且清洗机和车辆到位后,清洗指示灯和喷淋指示灯亮,10 s后刷子指示灯亮,清洗开始。

(2)当清洗机开始2 min车辆离开后,清洗指示灯、喷淋指示灯和刷子指示灯灭,清洗结束。

(3)若按下停止按钮SB2,系统停止。

2. 时序图

根据汽车自动清洗指示的控制要求,汽车自动清洗指示时序图如图6-34所示,这是编制梯形图的基础。

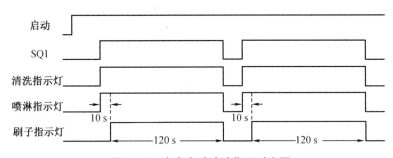

图6-34 汽车自动清洗指示时序图

3. I/O 地址分配表

根据汽车自动清洗指示的控制要求,汽车自动清洗指示系统所用的硬件包括西门子S7-300 PLC、启动按钮SB1、停止按钮SB2、输出器件。

汽车自动清洗指示系统的I/O地址分配表见表6-7。

表6-7 汽车自动清洗指示系统的I/O地址分配表

输入			输出		
地址	代号	输入信号	地址	代号	输出信号
I1.0	SB1	启动按钮	Q11.0	HL1	清洗指示灯
I1.1	SB2	停止按钮	Q11.1	HL2	喷淋指示灯
I1.2	SQ1	限位开关	Q11.2	HL3	刷子指示灯

4. PLC 接线图

根据汽车自动清洗指示的控制要求,PLC 接线图如图 6-35 所示 。

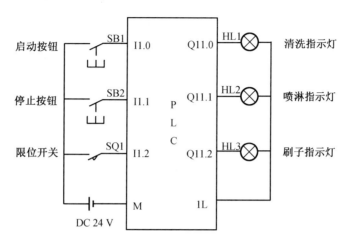

图 6-35　汽车自动清洗指示系统 PLC 接线图

5. 元器件清单(表 6-8)

表 6-8　汽车自动清洗指示系统的元器件清单

序号	名称	型号规格	数量	单位
1	按钮	LA4-3H	2	个
2	限位开关	—	1	个
3	指示灯	XB2-BVB4C 24 V	3	个
4	铜塑线	BVR7/0.75 mm²	20	m

6. 程序分析

汽车自动清洗指示系统的程序较为简单,主要是联系定时器的使用,梯形图如图 6-36 所示。

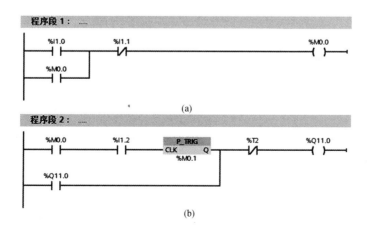

图 6-36　汽车自动清洗指示系统梯形图

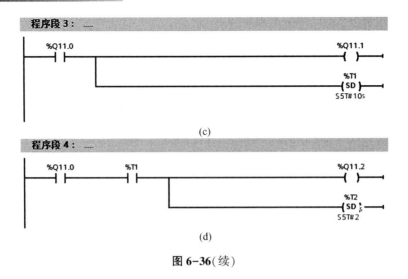

(c)

(d)

图 **6-36**(续)

6.3.2 七彩霓虹灯控制系统

1. 七彩霓虹灯控制系统的控制要求

七彩霓虹灯示意图如图 6-37 所示。信号灯由一个启动按钮控制,当按下启动按钮时,系统按如下顺序工作。

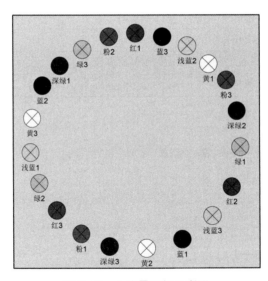

图 **6-37** 七彩霓虹灯示意图

七彩霓虹灯有 3 组,分别是第 1 组、第 2 组、第 3 组。工作过程:启动按钮按下后,第 1 组亮 1 s 后停止;第 2 组亮 1 s 后停止;第 3 组亮 1 s 后停止;第 1,2,3 组同时亮 1 s,第 1,2,3 组同时灭 1 s;第 1,2,3 组再同时亮 1 s,第 1,2,3 组再同时灭 1 s 后开始下一个循环。

系统停止的要求:当按下停止按钮时,系统停止工作。

2. 时序图

根据七彩霓虹灯的控制要求,七彩霓虹灯时序图如图 6-38 所示。

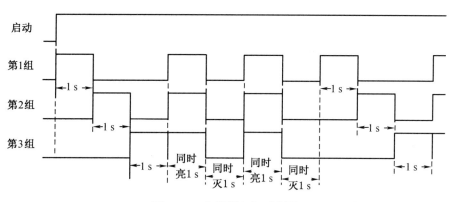

图6-38　七彩霓虹灯时序图

3. I/O 地址分配表

根据七彩霓虹灯的控制要求,七彩霓虹灯控制系统所用的硬件包括西门子 S7-300 PLC、启动按钮 SB1、停止按钮 SB2、七彩信号灯各 3 个。

七彩霓虹灯控制系统的 I/O 地址分配表见表6-9。

表6-9　七彩霓虹灯的控制系统的 I/O 地址分配表

输入			输出		
地址	代号	输入信号	地址	代号	输出信号
I1.0	SB1	启动按钮	Q7.0	HL11-17	七彩霓虹灯第 1 组
I1.1	SB2	停止按钮	Q7.1	HL21-27	七彩霓虹灯第 2 组
—	—	—	Q7.2	HL31-37	七彩霓虹灯第 3 组

4. PLC 接线图

根据七彩霓虹灯的控制要求,PLC 接线图如图6-39 所示。

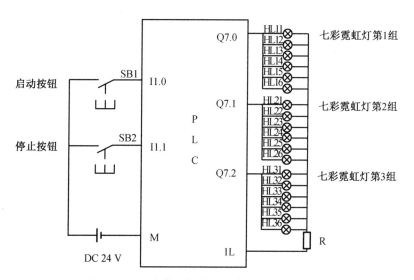

图6-39　七彩霓虹灯控制系统 PLC 接线图

5.元器件清单(表6-10)

表 6-10   七彩霓虹灯控制系统的元器件清单

序号	名称	型号规格	数量	单位
1	七彩霓虹灯	XB2-BVB*C 24 V	21	个
2	按钮	LA4-3H	2	个
3	电阻	视 LED 灯阻值而定	3	个
4	铜塑线	BVR7/0.75 mm²	30	m
5	铝塑板	35 cm×25 cm	1	块

6.程序分析

根据七彩霓虹灯控制系统时序图的要求,依次设计定时器 T1~T7 以满足系统要求,梯形图如图6-40 所示。

根据七彩霓虹灯控制系统时序图的要求,对定时器进行逻辑组合,输出给七彩霓虹灯,输出程序如图 6-41 所示。

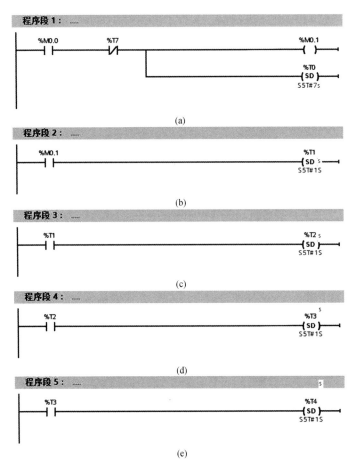

图 6-40   定时器 T1~T7 梯形图

程序段6：....

(f)

程序段7：....

(g)

程序段8：....

(h)

图 **6-40**(续)

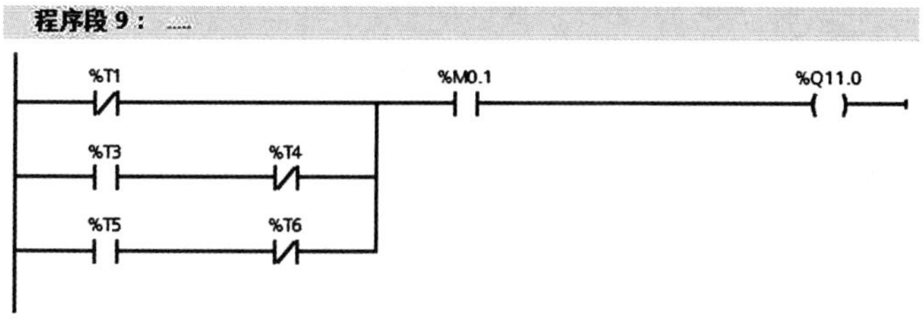

程序段9：....

(a)

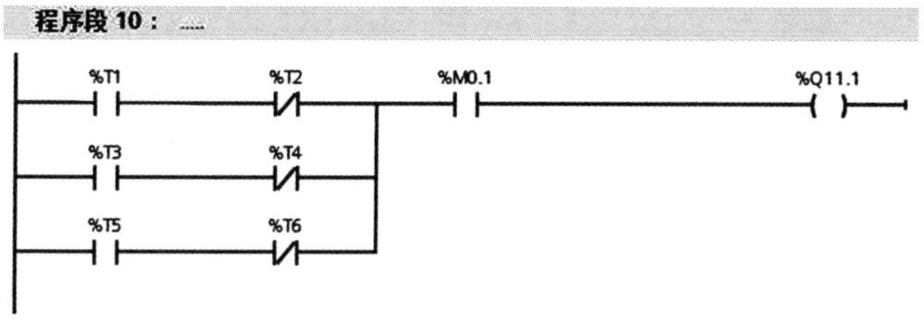

程序段10：....

(b)

程序段11：....

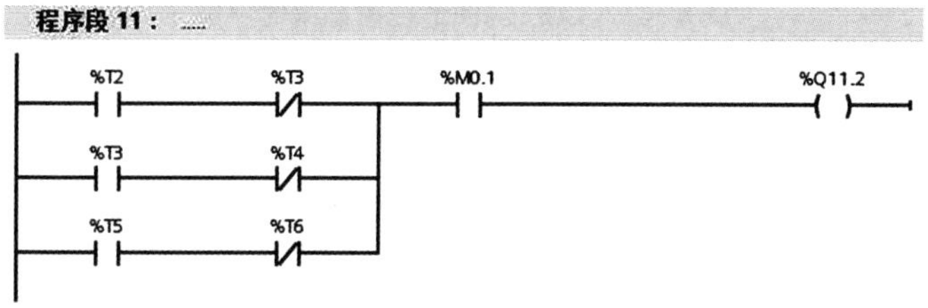

(c)

图 **6-41** 七彩霓虹灯的输出程序

6.3.3 LED 灯图形控制系统

1. LED 灯图形控制系统的控制要求

LED 灯图形控制系统如图 6-42 所示。LED 灯图形控制系统由一个启动按钮控制,当按下启动按钮时,系统按如下顺序工作。

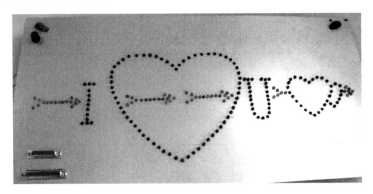

图6-42　LED灯图形控制系统

LED灯图形控制系统有8个图形,当按下开关后,箭一和双心亮,1 s后箭一灭、箭二亮,依次到箭四,箭四和双心同时灭,"I"和"U"同时亮,大心闪烁,3 s后开始下一个循环。

LED灯图形控制系统停止的要求:当按下停止按钮时,系统停止工作。

2. 时序图

根据LED灯图形控制系统的控制要求,LED灯图形控制系统时序图如图6-43所示。

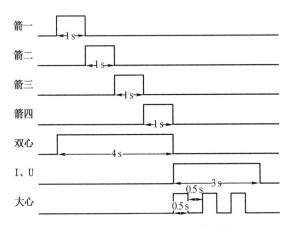

图6-43　LED灯图形控制系统时序图

3. I/O地址分配表

根据LED灯图形控制系统的控制要求,LED灯图形控制系统所用的硬件包括西门子S7-300 PLC、启动按钮SB1、停止按钮SB2、七彩信号灯各3个。

LED灯图形控制系统的I/O地址分配表见表6-11。

表6-11　LED灯图形控制系统的I/O地址分配表

输入			输出		
地址	代号	输入信号	地址	代号	输出信号
I1.0	SB1	启动按钮	Q12.0	HL1	箭一彩灯
I1.1	SB2	停止按钮	Q12.1	HL2	箭二彩灯

表 **6-11**(续)

输入			输出		
地址	代号	输入信号	地址	代号	输出信号
—	—	—	Q12.2	HL3	箭三彩灯
—	—	—	Q12.3	HL4	箭四彩灯
—	—	—	Q13.0	HL5	双心彩灯
—	—	—	Q13.1	HL6	大心彩灯
—	—	—	Q13.2	HL7	"I"彩灯
—	—	—	Q13.3	HL8	"U"彩灯

4.PLC 接线图

根据 LED 灯图形控制系统的控制要求,PLC 接线图如图 6-44 所示。

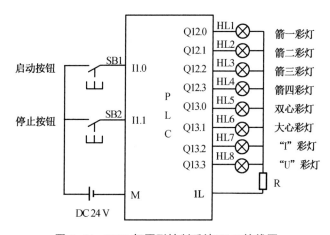

图 6-44 LED 灯图形控制系统 PLC 接线图

5.元器件清单表(表 6-12)

表 6-12 LED 灯图形控制系统的元器件清单

序号	名称	型号规格	数量	单位
1	LED 灯	$\phi 8$ mm 红色	135	个
2	LED 灯	$\phi 8$ mm 黄色	64	个
3	按钮	LA4-3H	2	个
4	铜塑线	BVR7/0.75 mm^2	30	m
5	铝塑板	50 cm×30 cm	1	块

6.程序分析

根据 LED 灯图形控制系统时序图的要求,依次设计定时器 T0~T6 以满足系统要求,梯形图如图 6-45 至图 6-48 所示。

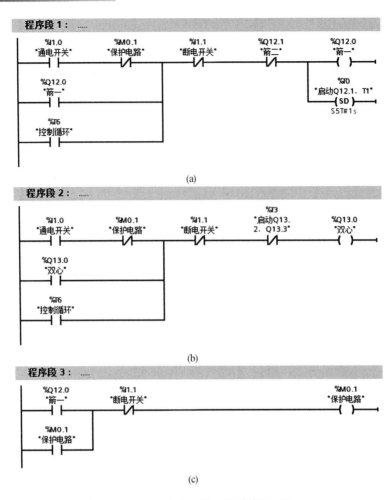

图 6-45　LED 灯图形控制系统梯形图(一)

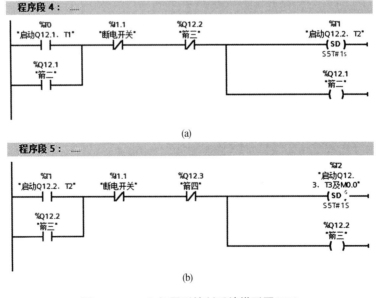

图 6-46　LED 灯图形控制系统梯形图(二)

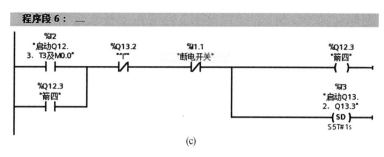

程序段 6： ……
%T2
"启动Q12.
3、T3及M0.0"
%Q12.3
"箭四"
%Q13.2
""I""
%I1.1
"断电开关"
%Q12.3
"箭四"
%T3
"启动Q13.
2、Q13.3"
SD
S5T#1s

(c)

图 6-46(续)

程序段 7： ……
%T3
"启动Q13.
2、Q13.3"
%Q13.2
""I""
%T6
"控制循环"
%I1.1
"断电开关"
%I1.1
"断电开关"
%Q13.2
""I""
%Q13.3
""U""

(a)

程序段 8： ……
%T3
"启动Q13.
2、Q13.3"
%M0.0
"分别启动T4、T5
、T6"
%T6
"控制循环"
%I1.1
"断电开关"
%M0.0
"分别启动T4、T5
、T6"

(b)

程序段 9： ……
%M0.0
"分别启动T4、T5
、T6"
%T4
"方波信号的控制
变量一"
%T5
"方波信号的控制
变量二"
SD
S5T#500ms

(c)

图 6-47 LED 灯图形控制系统梯形图(三)

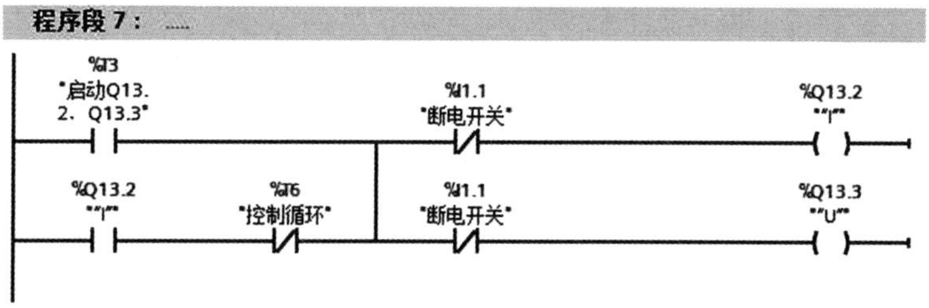

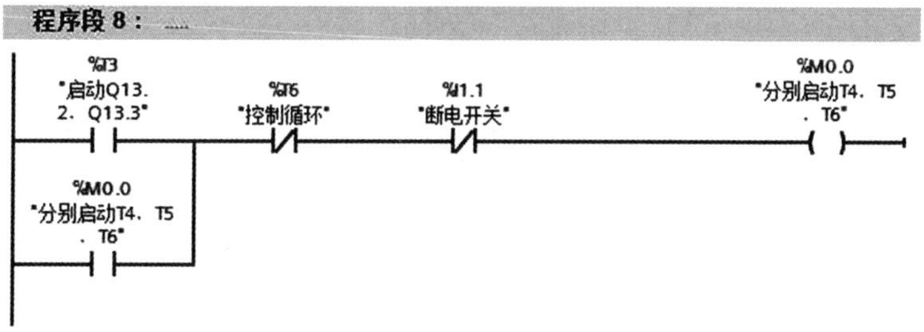

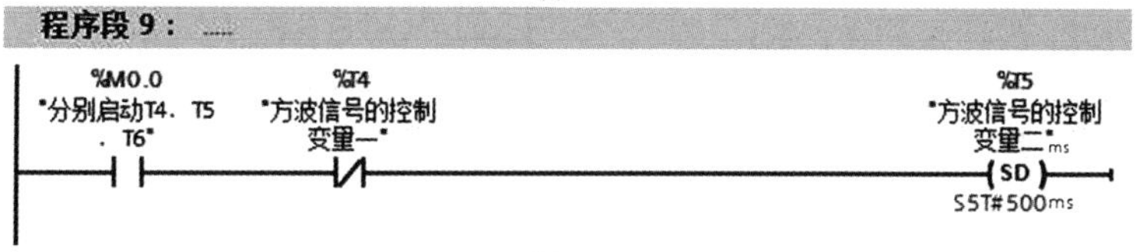

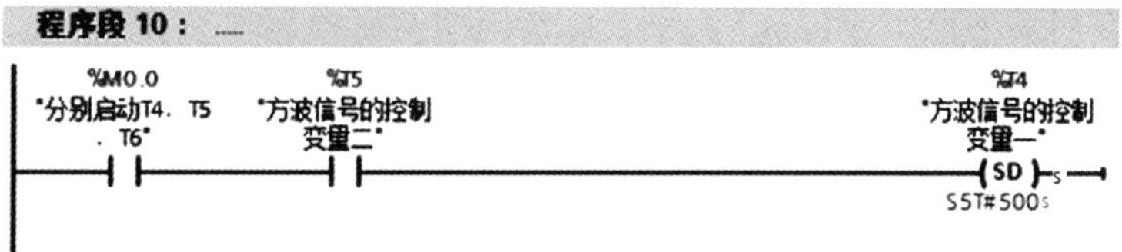

程序段 10： ……
%M0.0
"分别启动T4、T5
、T6"
%T5
"方波信号的控制
变量二"
%T4
"方波信号的控制
变量一"
SD
S5T#500s

(a)

程序段 11： ……
%M0.0
"分别启动T4、T5
、T6"
%T5
"方波信号的控制
变量二"
%Q13.1
"大心"

(b)

图 6-48 LED 灯图形控制系统梯形图(四)

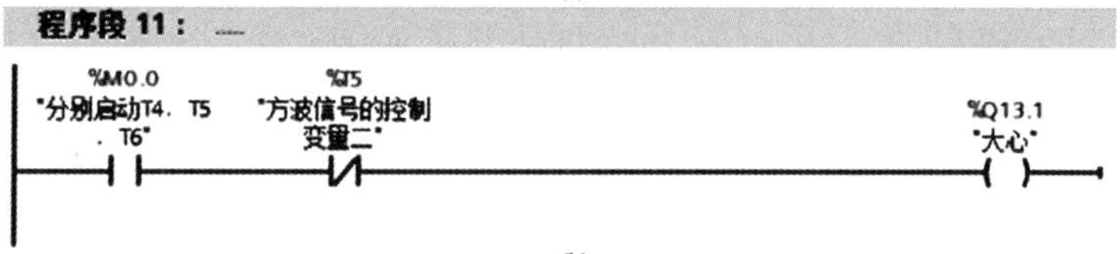

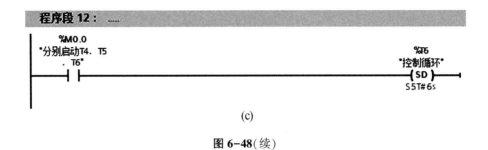

(c)

图 6-48(续)

6.3.4 运料小车控制系统

1. 运料小车控制系统的控制要求

运料小车控制系统示意图如图 6-49 所示。

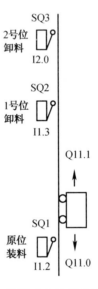

图 6-49 运料小车控制系统示意图

运料小车在启动前位于原位 A 处,一个工作周期的流程控制要求如下。

(1)按下启动按钮 SB1,运料小车从原位 A 装料,10 s 后运料小车前进驶向 1 号位,到达 1 号位后停 8 s 卸料并后退。

(2)运料小车后退到原位 A 继续装料,10 s 后运料小车第二次前进驶向 2 号位,到达 2 号位后停 8 s 卸料并再次后退返回原位 A,然后开始下一轮循环工作。

(3)若按下停止按钮 SB2,需完成一个工作周期后才停止工作。

2. 时序图

根据运料小车控制系统的控制要求,运料小车控制系统时序图如图 6-50 所示。

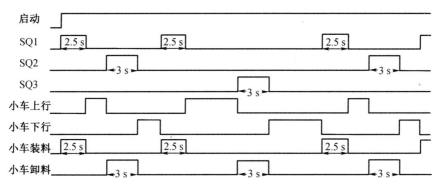

图 6-50 运料小车控制系统时序图

3. I/O 地址分配表

根据运料小车控制系统的控制要求,运料小车控制系统所用的硬件包括西门子 S7-300 PLC、启动按钮 SB1、停止按钮 SB2、接触器 2 个、运料小车 1 个。

运料小车控制系统的 I/O 地址分配表见表 6-13。

表 6-13 运料小车控制系统的 I/O 地址分配表

输入			输出		
地址	代号	输入信号	地址	代号	输出信号
I1.0	SB1	启动按钮	Q11.0	KM1	运料小车升降电机下行控制
I1.1	SB2	停止按钮	Q11.1	KM 2	运料小车升降电机上行控制
I1.2	SQ1	原位限位	Q11.2	KM3	运料小车装卸料电机装料控制
I1.3	SQ2	1 号位限位	Q11.3	KM4	运料小车装卸料电机卸料控制
I2.0	SQ3	2 号位限位			

4. PLC 接线图

根据运料小车控制系统的控制要求,PLC 接线图如图 6-51 所示 。

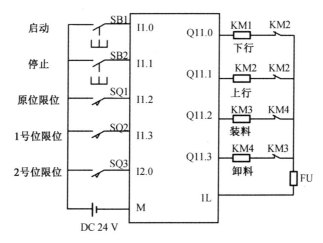

图 6-51 运料小车控制系统 PLC 接线图

5. 元器件清单(表 6-14)

表 6-14　运料小车控制系统的元器件清单

序号	名称	型号规格	数量	单位
1	运料小车	—	1	个
2	接触器	—	2	个
3	按钮	LA4-3H	2	个
4	限位开关	—	3	个
5	铜塑线	BVR7/0.75 mm^2	20	m

6. 程序分析

根据运料小车控制系统时序图的要求,按照逻辑顺序编制运料小车控制系统工作过程梯形图如图 6-52 所示。

根据运料小车控制系统时序图的要求,按照运料小车控制系统的功能编制输出控制梯形图如图 6-53 所示。

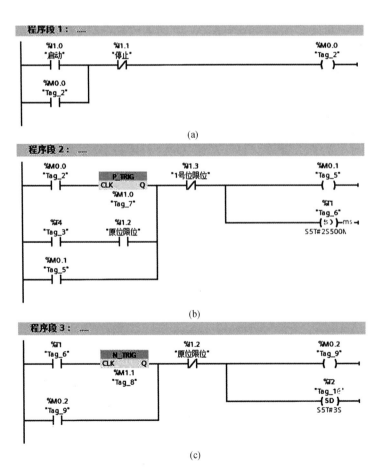

图 6-52　运料小车控制系统工作过程梯形图

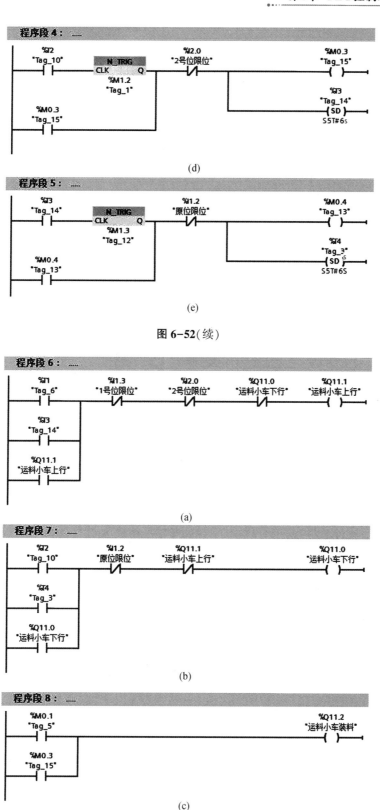

图 6-52（续）

(d)

(e)

(a)

(b)

(c)

图 6-53　运料小车控制系统输出控制梯形图

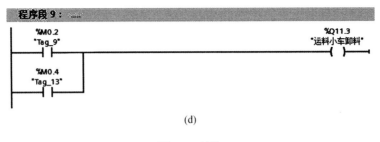

(d)

图 6-53(续)

6.3.5 交通信号灯控制系统

1. 交通信号灯控制系统的控制要求

交通信号灯示意图如图 6-54 所示。

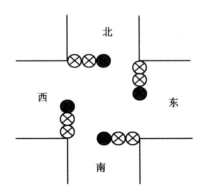

图 6-54 交通信号灯示意图

信号灯由一个启动按钮控制,当按下启动按钮时,系统按如下顺序工作。

(1)东西方向红灯亮、南北方向绿灯亮,维持 10 s。

(2)东西方向红灯亮、南北方向绿灯闪,维持 3 s。

(3)东西方向红灯亮、南北方向黄灯亮,维持 2 s。

(4)南北方向红灯亮、东西方向绿灯亮,维持 10 s。

(5)南北方向红灯亮、东西方向绿灯闪,维持 3 s。

(6)南北方向红灯亮、东西方向黄灯亮,维持 2 s。之后,又回到(1),周而复始地运行。

交通信号灯控制系统停止的要求:当按下停止按钮时,系统停止工作。

2. 时序图

根据交通信号灯控制系统的控制要求,交通信号灯控制系统时序图如图 6-55 所示。

3. I/O 地址分配表

根据交通信号灯控制系统的控制要求,交通信号灯控制系统所用的硬件包括西门子 S7-300 PLC、启动按钮 SB1、停止按钮 SB2、红色、黄色、绿色信号灯各 4 个。

交通信号灯控制系统的 I/O 地址分配表见表 6-15。

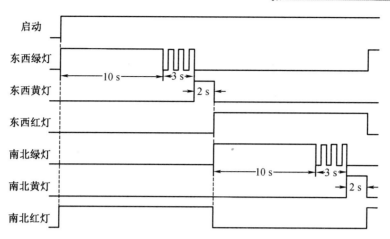

图 6-55 交通信号灯控制系统时序图

表 6-15 交通信号灯控制系统的 I/O 地址分配表

输入			输出		
地址	代号	输入信号	地址	代号	输出信号
I1.0	SB1	启动按钮	Q11.0	HL1	东西向绿灯
I1.1	SB2	停止按钮	Q11.1	HL2	东西向黄灯
—	—	—	Q11.2	HL3	东西向红灯
—	—	—	Q11.3	HL4	南北向绿灯
—	—	—	Q12.0	HL5	南北向黄灯
—	—	—	Q12.1	HL6	南北向红灯

4. PLC 接线图

根据交通信号灯控制系统的控制要求,PLC 接线图如图 6-56 所示 。

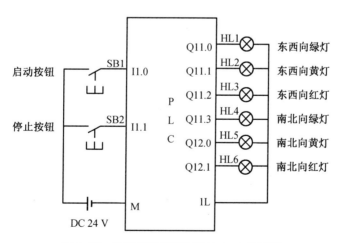

图 6-56 交通信号灯控制系统 PLC 接线图

5.元器件清单(表6-16)

表6-16　交通信号灯控制系统的元器件清单

序号	名称	型号规格	数量	单位
1	指示灯	XB2-BVB3C 24 V	2	个
		XB2-BVB4C 24 V	2	个
		XB2-BVB5C 24 V	2	个
2	按钮	LA4-3H	2	个
3	铜塑线	BVR7/0.75 mm^2	30	m
4	铝塑板	35 cm×25 cm	1	块

6.程序分析

实例中用两种方法分别实现了交通信号灯控制系统的功能,一种方法是用经验法编制梯形图,如图6-57所示;另一种方法是用顺序控制设计方法编制梯形图,状态切换图如图6-58所示,梯形图如图6-59所示。

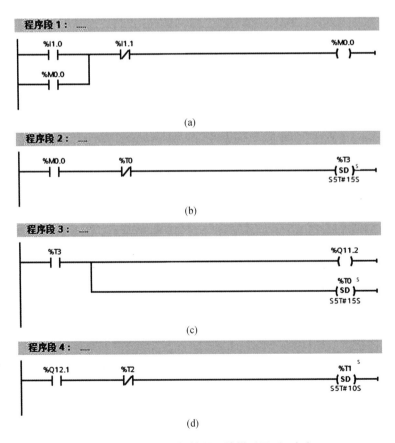

图6-57　交通信号灯控制系统梯形图(经验法)

程序段 5：___

```
    %T1                                              %T10
────┤├──────────────────────────────────────────────( SD )────
                                                     S5T#3s
```

(e)

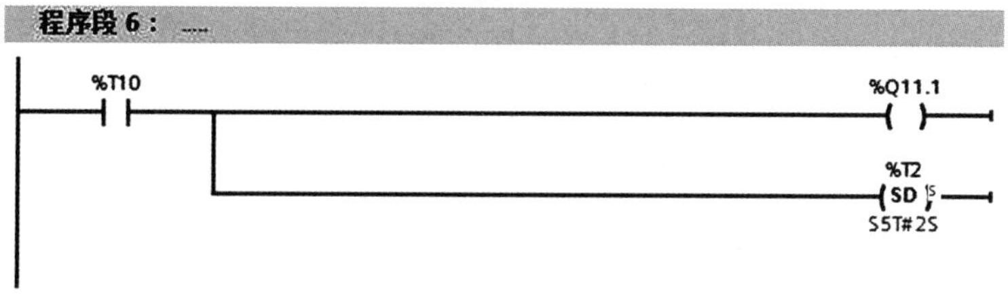

程序段 6：___

```
    %T10                                             %Q11.1
────┤├──────────────┬─────────────────────────────────( )──────
                    │                                %T2
                    │                                ( SD )ᴵˢ
                    └─────────────────────────────────────────
                                                     S5T#2S
```

(f)

程序段 7：___

```
    %Q11.2           %T5                             %T4  ˢ
────┤├──────────────┤/├─────────────────────────────( SD )────
                                                     S5T#10S
```

(g)

程序段 8：___

```
    %T4                                              %T11
────┤├──────────────────────────────────────────────( SD )────
                                                     S5T#3s
```

(h)

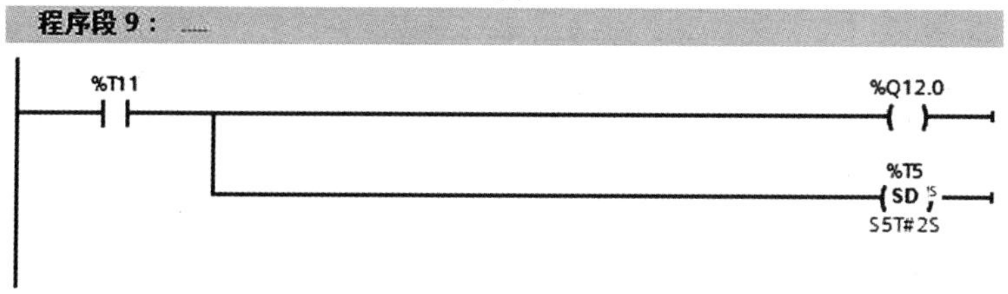

程序段 9：___

```
    %T11                                             %Q12.0
────┤├──────────────┬─────────────────────────────────( )──────
                    │                                %T5
                    │                                ( SD )ᴵˢ
                    └─────────────────────────────────────────
                                                     S5T#2S
```

(i)

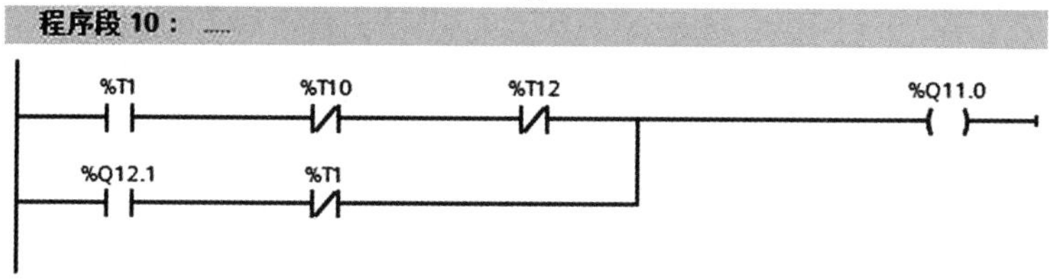

程序段 10：___

```
    %T1        %T10       %T12                        %Q11.0
────┤├────────┤/├────────┤/├──────┬───────────────────( )──────
    %Q12.1     %T1                │
────┤├────────┤/├────────────────┘
```

(j)

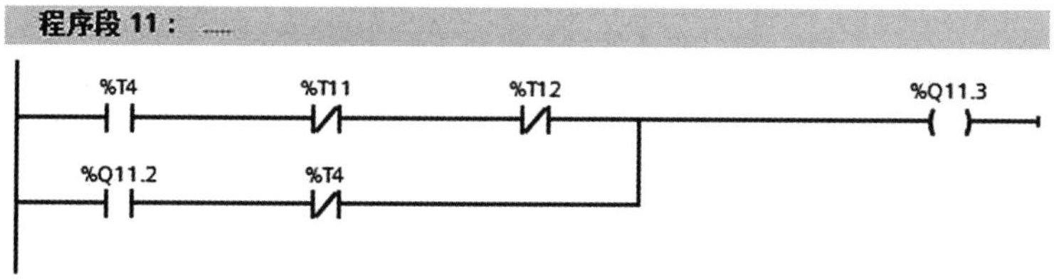

程序段 11：___

```
    %T4        %T11       %T12                        %Q11.3
────┤├────────┤/├────────┤/├──────┬───────────────────( )──────
    %Q11.2     %T4                │
────┤├────────┤/├────────────────┘
```

(k)

图 6-57(续 1)

331

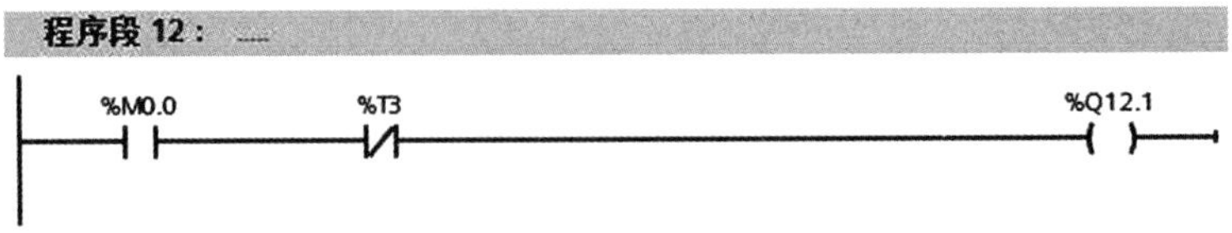

程序段 12： ......
%M0.0
%T3
%Q12.1

(l)

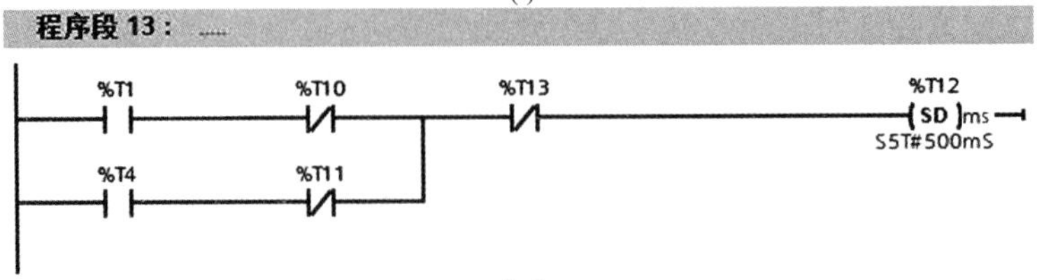

程序段 13： ......
%T1
%T10
%T13
%T12
SD
ms
S5T#500mS
%T4
%T11

(m)

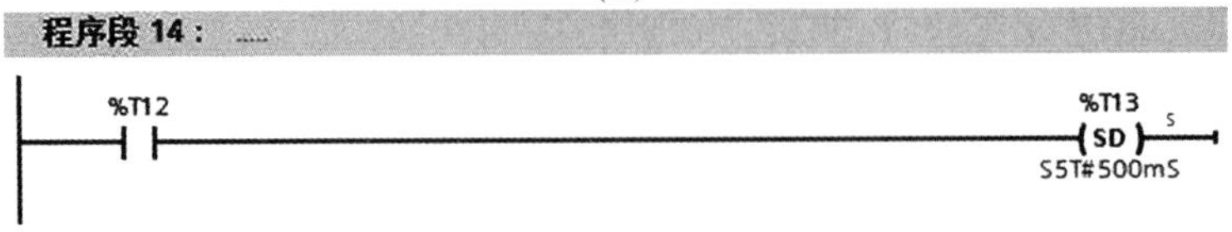

程序段 14： ......
%T12
%T13
SD
s
S5T#500mS

(n)

图 6-57(续 2)

M0.0
初始步
启动
I1.0
M0.1
Q11.0
Q12.1
T1
东西绿灯亮
T1
M0.2
Q11.0
Q12.1
T10
东西绿灯闪
T10
M0.3
Q11.1
Q12.1
T2
东西黄灯亮
T2
M0.4
Q11.3
Q11.2
T4
南北绿灯亮
T4
M0.5
Q11.3
Q11.2
T11
南北绿灯闪
T11
M0.6
Q12.0
Q11.2
T5
南北黄灯亮
T5·M10.0 T5·$\overline{M10.0}$

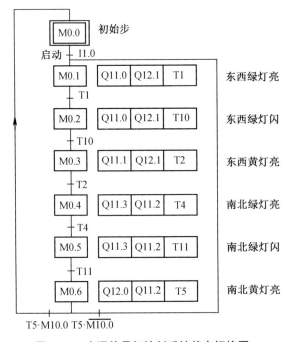

图 6-58 交通信号灯控制系统状态切换图

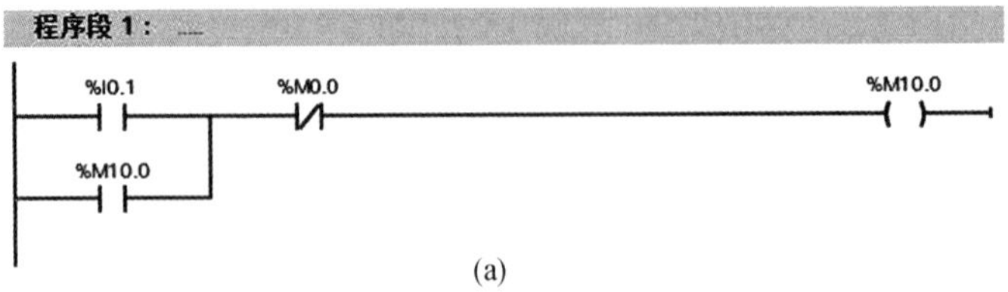

程序段 1： ......
%I0.1
%M0.0
%M10.0
%M10.0

(a)

图 6-59 交通信号灯控制系统梯形图(顺序控制设计法)

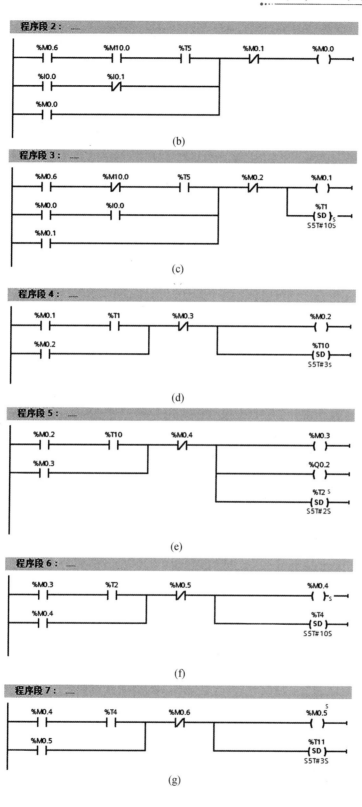

(b)

(c)

(d)

(e)

(f)

(g)

图 6-59(续 1)

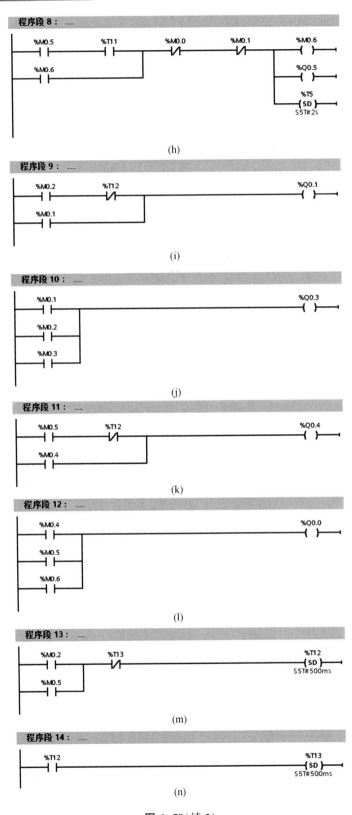

图 6-59(续 2)

6.3.6 密码锁控制系统

1. 密码锁控制系统的控制要求

密码锁控制系统示意图如图 6-60 所示,由一个数字小键盘控制,当设定或输入密码后会亮起相应的指示信号灯。

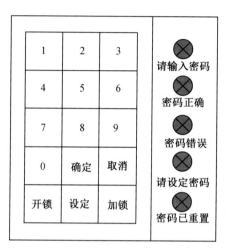

图 6-60 密码锁控制系统示意图

2. I/O 地址分配表

根据密码锁控制系统的控制要求,密码锁控制系统所用的硬件包括西门子 S7-300 PLC、数字键盘 1 个、指示信号灯 5 个等,其 I/O 地址分配表见表 6-17。

表 6-17 密码锁控制系统的 I/O 地址分配表

输入			输出			中间存储位	
地址	代号	信号名称	地址	代号	信号名称	地址	信号名称
I1.0	SB1	数字键0	Q11.0	HL1	请输入密码指示灯	MW10	当前密码位的值
I1.1	SB2	数字键1	Q11.1	HL2	密码正确指示灯	MW0	密码第1位
I1.2	SB3	数字键2	Q11.2	HL3	密码错误指示灯	MW2	密码第2位
I1.3	SB4	数字键3	Q11.3	HL4	请设定密码指示灯	MW4	密码第3位
I2.0	SB5	数字键4	Q12.0	HL5	密码已重置指示灯	MW6	密码第4位
I2.1	SB6	数字键5	Q12.1	HL6	键盘已加锁	MW30	输入密码第1位
I2.2	SB7	数字键6	—	—	—	MW32	输入密码第2位
I2.3	SB8	数字键7	—	—	—	MW34	输入密码第3位
I3.0	SB9	数字键8	—	—	—	MW36	输入密码第4位
I3.1	SB10	数字键9	—	—	—	MW50	预设密码第1位
I3.2	SB11	确定	—	—	—	MW52	预设密码第2位

表 6-17（续）

输入			输出			中间存储位	
地址	代号	信号名称	地址	代号	信号名称	地址	信号名称
I3.3	SB12	取消	—	—	—	MW54	预设密码第 3 位
I4.0	SB13	设定	—	—	—	MW56	预设密码第 4 位
I4.1	SB14	开锁	—	—	—	FC5	开锁
I4.2	SB15	加锁	—	—	—	FC6	设定

3. PLC 接线图

根据密码锁控制系统的控制要求，PLC 接线图如图 6-61 所示。

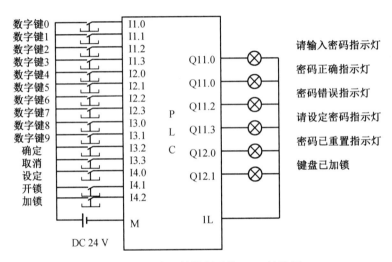

图 6-61 密码锁控制系统 PLC 接线图

4. 元器件清单（表 6-18）

表 6-18 密码锁控制系统的元器件清单

序号	名称	型号规格	数量	单位
1	按键	普通按键	15	个
2	指示灯	XB2-BVB4C 24 V	5	个
3	铜塑线	BVR7/0.75 mm^2	20	m
4	铝塑板	35 cm×25 cm	1	块

5. 程序分析

密码锁控制系统主要有主程序（OB1）、密码锁 1 开锁子程序（FC1）和密码锁 2 设定子程序（FC2）3 个部分组成，在 OB1 中设定初始密码"0000"，梯形图如图 6-62 所示。

在 OB1 中分别调用密码锁 1 开锁子程序（FC1）和密码锁 2 设定子程序（FC2），梯形图如图 6-63 所示。

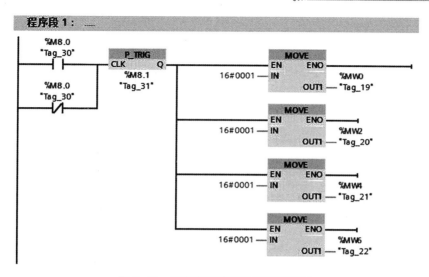

图 6-62 设定密码锁初始密码梯形图

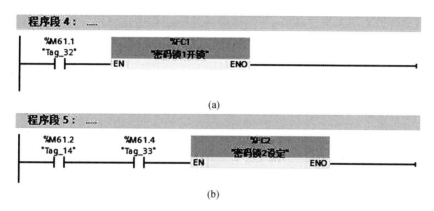

图 6-63 分别调用子程序梯形图

在 OB1 中编制锁键盘程序,锁键盘时复位计数器,锁定键盘,梯形图如图 6-64 所示。

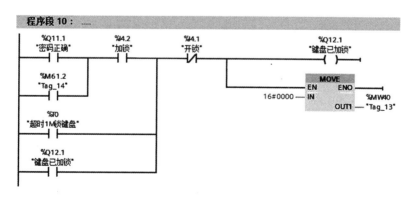

图 6-64 锁键盘复位计数器梯形图

为检测键盘输入,在子程序中建立键盘数字输入地址区,对应地址区如图 6-65 所示,子程序中的梯形图如图 6-66 所示。

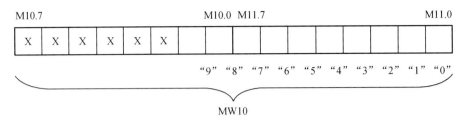

图 6-65　键盘数字对应地址区

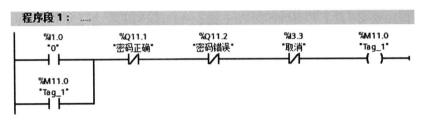

图 6-66　子程序中的梯形图

密码输入时需要记录顺序,并按照顺序进行分配。实例中取出计数器的当前值参与密码的分配和判断。计数器指令梯形图如图 6-67 所示,计数器当前值使用方法的梯形图如图 6-68 所示。

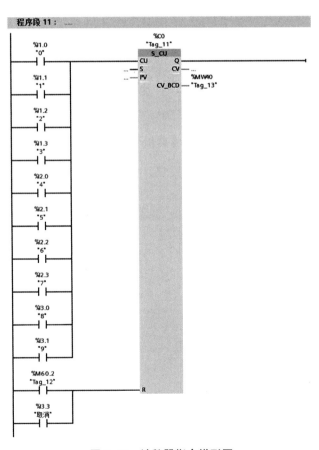

图 6-67　计数器指令梯形图

338

图 6-68　计数器当前值使用方法的梯形图

输入密码的判断条件为 5 个, 除 4 位密码外加了 1 个输入密码的位数, 提高了密码锁的安全性, 梯形图如图 6-69 所示。

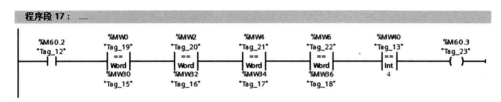

图 6-69　判断输入密码是否正确的梯形图

密码锁 2 设定子程序 (FC2) 中增加了预设密码地址区, 防止因疏忽大意误改了密码, 梯形图如图 6-70 所示。密码输入等梯形图与密码锁 1 开锁子程序 (FC1) 中的梯形图相同, 这里不再赘述。

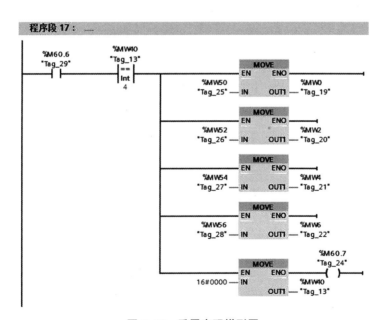

图 6-70　重置密码梯形图

6.3.7　电子时钟控制系统

1. 电子时钟控制系统的控制要求

按照钟表的表盘设计时针和分针, 分配 LED 灯的位置, 为了使表盘相对规整, 将表盘分为36等份。电子时钟控制系统实物正面和背面图如图6-71、图6-72所示。电子时钟控制系统由一个启动按钮控制,当按下启动按钮时,系统按设定时钟顺序工作。

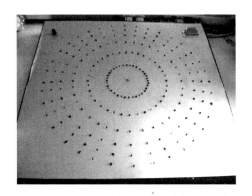

图6-71　电子时钟控制系统实物正面图

图6-72　电子时钟控制系统实物背面图

2.I/O地址分配表

根据电子时钟控制系统的控制要求,电子时钟控制系统所用的硬件包括西门子S7-300 PLC、启动按钮SB1和LED灯若干。电子时钟控制系统的I/O地址分配表见表6-19。

表6-19　电子时钟控制系统的I/O地址分配表

输入					
地址		代号		输入信号	
I1.0		SB1		启动按钮	
输出					
地址	代号	输出信号	地址	代号	输出信号
Q2.0	HL1	分针0分	Q8.0	HL25	分针40分
Q2.1	HL2	分针1分	Q8.1	HL26	分针41分
Q2.2	HL3	分针3分	Q8.2	HL27	分针43分
Q2.3	HL4	分针5分	Q9.0	HL29	分针46分
Q3.0	HL5	分针6分	Q9.1	HL30	分针48分
Q3.1	HL6	分针8分	Q9.2	HL31	分针50分
Q3.2	HL7	分针10分	Q9.3	HL32	分针51分
Q3.3	HL8	分针11分	Q10.0	HL33	分针53分
Q4.0	HL9	分针13分	Q10.1	HL34	分针55分
Q4.1	HL10	分针15分	Q10.2	HL35	分针56分
Q4.2	HL11	分针16分	Q10.3	HL36	分针58分
Q4.3	HL12	分针18分	Q11.0	HL37	时针12时
Q5.0	HL13	分针20分	Q11.1	HL38	时针1时
Q5.1	HL14	分针21分	Q11.2	HL39	时针2时
Q5.2	HL15	分针23分	Q11.3	HL40	时针3时

表6-19(续)

输出					
地址	代号	输出信号	地址	代号	输出信号
Q5.3	HL16	分针25分	Q12.0	HL41	时针4时
Q6.0	HL17	分针26分	Q12.1	HL42	时针5时
Q6.1	HL18	分针28分	Q12.2	HL43	时针6时
Q6.2	HL19	分针30分	Q12.3	HL44	时针7时
Q6.3	HL20	分针31分	Q13.0	HL45	时针8时
Q7.0	HL21	分针33分	Q13.1	HL46	时针9时
Q7.1	HL22	分针35分	Q13.2	HL47	时针10时
Q7.2	HL23	分针36分	Q13.3	HL48	时针11时
Q7.3	HL24	分针38分	Q14.0	HL49	秒针

3. PLC 接线图

根据电子时钟控制系统的控制要求,PLC 接线图如图6-73所示。

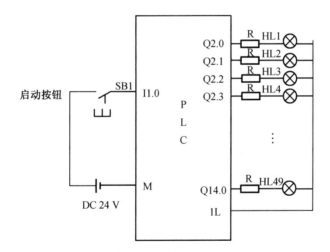

图6-73 电子时钟控制系统PLC接线图

4. 元器件清单(表6-20)

表6-20 电子时钟控制系统的元器件清单

序号	名称	型号规格	数量	单位
1	按钮	LA4-3H	1	个
2	三色全彩灯	ϕ10 mm	1	个
3	LED 灯	ϕ8 mm	216	个
4	电阻	1K,2K	若干	个
5	铝塑板	65 cm×65 cm	1	块
6	铜塑线	BVR7/0.75 mm^2	30	m

5.程序分析

使用系统功能 SFC0(SET_ CLK)设定 CPU 模块的时间和日期,CPU 模块的时钟将以设定的时间和日期运行,数据类型"DATE_AND_TIME"的时间和日期是以 BCD 码的格式存储在 8 个字节里,该数据类型显示的范围如下。

DT#1990-1-1-0:0:0.0 到 DT#2089-12-31-23:59:59.999

表 6-21 给出了一个实例,表示 2004 年 8 月 5 日,星期四,8 点 12 分 5.250 秒,并且给出每个字节所包含的时间和日期数据的内容,通过功能块 SFC0 将输入变量装载并传输到变量"DATE_AND_TIME"中的年、月、日、小时等各自的字节中,梯形图如图 6-74 和图 6-75 所示。

表 6-21 时间和日期的数据格式

字节	内容	例子
0	年	B#16#04
1	月	B#16#08
2	日	B#16#05
3	小时	B#16#08
4	分钟	B#16#12
5	秒	B#16#05
6	毫秒的百位和十位数值	B#16#25
7(高 4 位)	毫秒的个位数值	B#16#0
7(低 4 位)	星期: 1:星期日,2:星期一,3:星期二,4:星期三,5:星期四,6:星期五,7:星期六	B#16#05

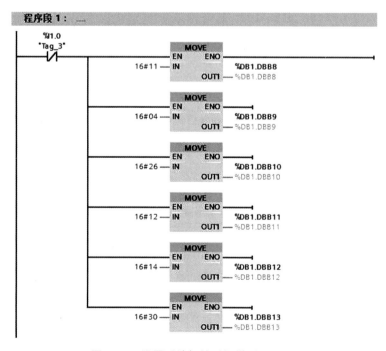

图 6-74 设置系统初始时间梯形图(一)

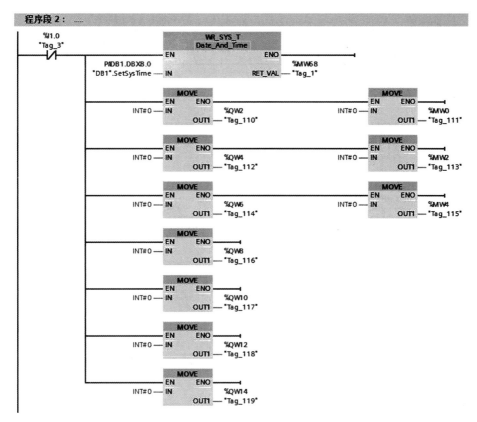

图 6-75 设置系统初始时间梯形图(二)

使用系统功能 SFC1(READ_ CLK)实时读出 CPU 模块的系统时间,系统功能 SFC1 的输出参数"CDT"接收的时间和日期的格式为"DATE_AND_TIME",对应字节读出时间值,梯形图如图 6-76 所示。

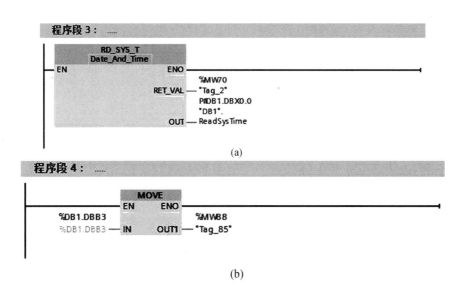

图 6-76 读取系统时间梯形图

343

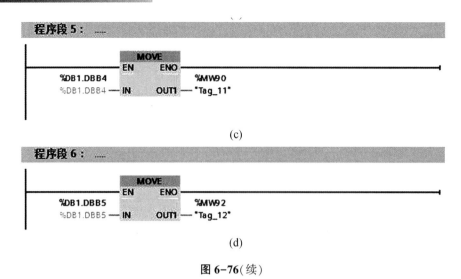

图 6-76（续）

秒针的显示是编制一个周期为 2 s 的方波信号,并输出给中心的全彩 LED 灯,梯形图如图 6-77 所示。

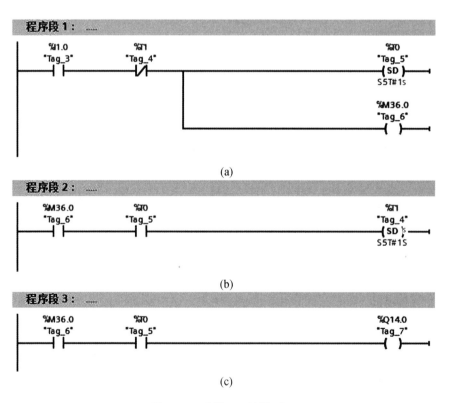

图 6-77　秒针显示的梯形图

分针的显示需要对数据进行处理,原因有两个:一是设计时将表盘分为 36 等份,所以要对读出的分针的数据进行处理才能输出显示;二是读出的时间是 BCD 码的格式,要对数据进行换算,换算表见表 6-22,梯形图如图 6-78 所示。

表6-22 十进制数与十六进制数的换算表

序号	十进制	十六进制	十进制	十六进制	十进制	十六进制	十进制	十六进制
1	1	1	22	16	49	31	70	46
2	2	2	23	17	50	32	71	47
3	3	3	24	18	51	33	72	48
4	4	4	25	19	52	34	73	49
5	5	5	32	20	53	35	80	50
6	6	6	33	21	54	36	81	51
7	7	7	34	22	55	37	82	52
8	8	8	35	23	56	38	83	53
9	9	9	36	24	57	39	84	54
10	16	10	37	25	64	40	85	55
11	17	11	38	26	65	41	86	56
12	18	12	39	27	66	42	87	57
13	19	13	40	28	67	43	88	58
14	20	14	41	29	68	44	89	59
15	21	15	48	30	69	45	96	60

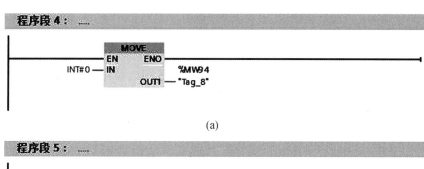

(a)

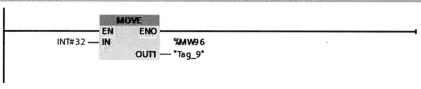

(b)

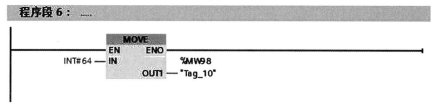

(c)

图6-78 分针显示的梯形图

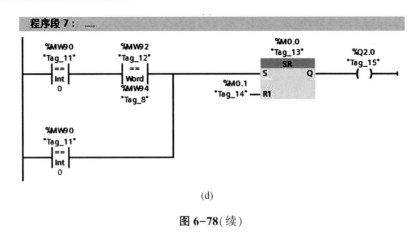

(d)

图 6-78(续)

实例中时针的显示相对简单,在此不进行介绍。

第7章 数字量控制系统梯形图设计方法

7.1 梯形图编程规则

梯形图编程规则如下。

（1）每个梯形图程序段都必须以输出线圈或指令框（Box）结束，比较指令框（相当于触点）、中线输出线圈，以及上升沿、下降沿线圈不能用于程序段结束。

（2）指令框的使能输出端"ENO"可以和右边的指令框的使能输入端"EN"连接（图7-1）。

图7-1 使能端连接的梯形图

（3）下列线圈要求布尔逻辑，即必须用触点电路控制它们，它们不能与左侧垂直"电源线"直接相连：输出线圈、置位（S）线圈、复位（R）线圈；中线输出线圈和上升沿、下降沿线圈；计数器和定时器线圈；逻辑非跳转（JMPN）；主控继电器接通（MCR<）；将RLO存入BR存储器（SAVE）和返回线圈（RET）。

恒"0"与恒"1"信号的梯形图如图7-2所示。

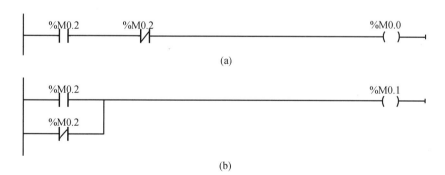

图7-2 恒"0"与恒"1"信号的梯形图

下面的线圈不允许布尔逻辑，即这些线圈必须与左侧垂直"电源线"直接相连：主控继电器激活（MCRA）；主控继电器关闭（MCRD）和打开数据块（OPN）。

其他线圈既可以用布尔逻辑操作也可以不用。

（4）下列线圈不能用于并联输出：逻辑非跳转（JMPN）、跳转（JMP）、调用（CALL）和返回（RET）。

（5）如果分支中只有一个元件，删除这个元件时，整个分支也同时被删掉。删除一个指令框时，该指令框除主分支外所有的布尔输入分支都将同时被删除。

（6）能流只能从左到右流动，不允许生成使能流流向相反方向的分支。例如，图7-3中的I4.2的常开触点断开时，能流过I4.3的方向是从右到左，这是不允许的。从本质上来说，该电路不能用触点的串、并联指令来表示。

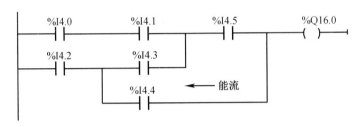

图7-3　错误的梯形图

（7）不允许生成引起短路的分支。

（8）线圈重复输出（指同编号的输出线圈使用两次以上时），最后一个条件最为优先。线圈重复输出的示例梯形图如图7-4所示，逻辑运算表见表7-1。

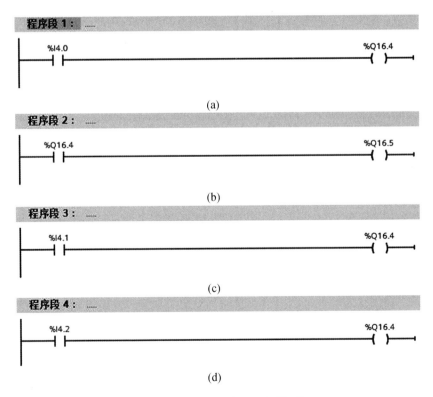

图7-4　线圈重复输出的示例梯形图

表7-1 线圈重复输出的示例逻辑运算表

序号	I4.0	I4.1	I4.2	Q16.4	Q16.5
1	0	0	0	0	0
2	1	1	1	1	1
3	1	1	0	0	1
4	1	0	1	1	1
5	1	0	0	0	1
6	0	1	1	1	0
7	0	1	0	0	0
8	0	0	1	1	0

7.2 梯形图程序的优化

7.2.1 并联支路的调整

并联支路的设计应考虑逻辑运算的一般规则。在若干支路并联时,应将具有串联触点的支路放在上面,这样可以省略程序执行时的堆栈操作,减少指令步数。并联支路的优化实例图如图7-5所示。

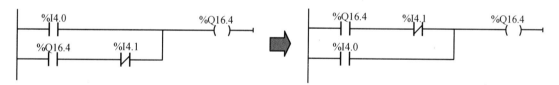

图7-5 并联支路的优化实例图

7.2.2 串联支路的调整

串联支路的设计同样应考虑逻辑运算的一般规则。在若干支路串联时,应将具有并联触点的支路放在前面。这样可以省略程序执行时的堆栈操作,减少指令步数。串联支路的优化实例图如图7-6所示。

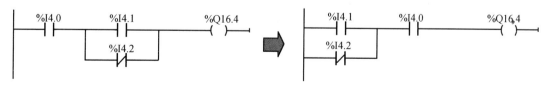

图7-6 串联支路的优化实例图

7.2.3 内部继电器的使用

在程序设计时对于需要多次使用的若干逻辑运算的组合,应尽量使用内部继电器,这样不仅可以简化程序,减少指令步数,更重要的是在逻辑运算条件需要修改时,只需要修改内部继电器的控制条件,而无须修改所有程序,为程序的修改与调整增加便利。使用实例图如图7-7所示。

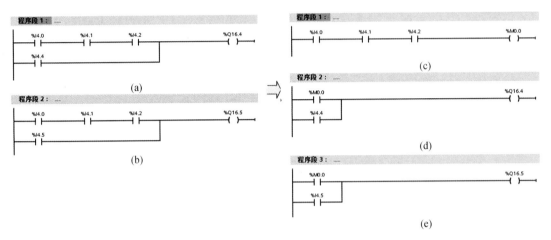

图7-7　内部继电器的使用

7.3 梯形图的经验设计方法

数字量控制系统又称为开关量控制系统,继电器控制系统就是典型的数字量控制系统。

7.3.1 启动-保持-停止电路

启动-保持-停止电路简称为启保停电路,在梯形图中得到了广泛的应用。在图7-8中,启动按钮和停止按钮提供的启动信号I4.0与停止信号I4.1为"1"状态的时间很短。当只按启动按钮时,I4.0的常开触点和I4.1的常闭触点均接通,Q16.4的线圈"通电",它的常开触点同时接通。放开启动按钮,I4.0的常开触点断开,"能流"经Q16.4和I4.1的触点流过Q16.4的线圈,这就是所谓的"自锁"或"自保持"功能。当只按停止按钮时,I4.1的常闭触点断开,使Q16.4的线圈"断电",其常开触点断开,以后即使放开停止按钮,I4.1的常闭触点恢复接通状态,Q16.4的线圈仍然"断电"。当先按下启动按钮时,I4.0的常开触点和I4.1的常闭触点接通,Q16.4的线圈"通电",其常开触点同时接通,再按下停止按钮,I4.1的常闭触点断开,Q16.4的线圈"断电"。这种功能可以用图7-9中的S(置位)和R(复位)指令来实现,也可以用图7-10中的SR置位复位触发器指令框来实现。图7-11为复位优先型启保停电路逻辑时序图。

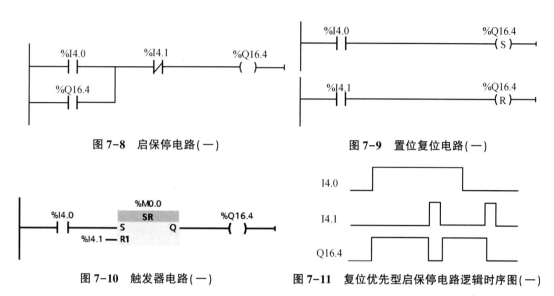

图 7-8　启保停电路(一)　　　　　　图 7-9　置位复位电路(一)

图 7-10　触发器电路(一)　　　图 7-11　复位优先型启保停电路逻辑时序图(一)

下面介绍一下置位优先型的启保停电路。当单独按下启动按钮或停止按钮时,功能同复位优先型的启保停电路,当先按下启动按钮时,I4.0 的常开触点和 I4.1 的常闭触点接通,Q16.4 的线圈"通电",其常开触点同时接通,再按下停止按钮,I4.1 的常闭触点断开,"能流"经 Q16.4 触点流过 Q16.4 的线圈,Q16.4 的线圈"通电"(图 7-12 至图 7-15)。

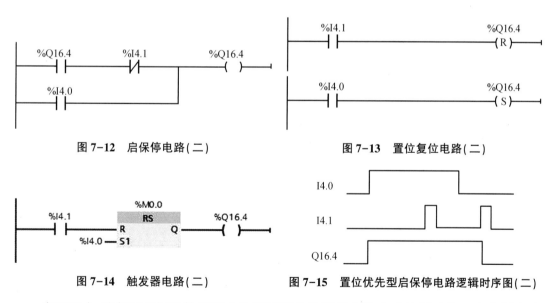

图 7-12　启保停电路(二)　　　　　　图 7-13　置位复位电路(二)

图 7-14　触发器电路(二)　　　图 7-15　置位优先型启保停电路逻辑时序图(二)

在工程中,我们可根据具体的要求选择不同的启保停电路完成控制功能。在实际电路中,启动信号和停止信号可能由多个触点组成的串、并联电路提供。

可以用设计继电器电路图的方法来设计比较简单的数字量控制系统的梯形图,即在一些典型电路的基础上,根据被控对象对控制系统的具体要求,不断地修改和完善梯形图。有时需要反复多次地调试和修改梯形图,增加一些中间编程元件和触点,最后才能得到一个较为满意的结果。电工手册中常用的继电器电路图可以作为设计梯形图的参考电路。

这种方法没有普遍的规律可以遵循,具有很大的试探性和随意性,最后的结果不是唯一的,设计所用的时间、设计的质量与设计者的经验有很大的关系,所以有人把这种设计方法叫作经验设计方法,它可以用于较简单的梯形图(如手动程序)的设计。

为了使梯形图和继电器电路图中触点的常开/常闭的类型相同,建议尽可能地用常开触点作为 PLC 的输入信号。如果某些信号只能用常闭触点输入,可以按输入全部为常开触点来设计,然后将梯形图中相应的输入位的触点改为相反的触点,即常开触点改为常闭触点,常闭触点改为常开触点。

7.3.2 小车控制程序的设计

图 7-16 中的小车开始时停在左边,左极限限位开关 SQ1 的常开触点闭合。要求按下列顺序控制小车。

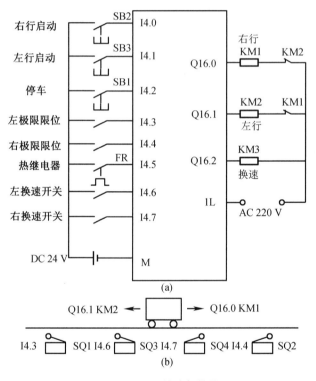

图 7-16 PLC 的外部接线图

(1)按下右行启动按钮 SB2,小车右行。

(2)走到右换速开关 SQ4 处换速继续右行,到右极限限位开关 SQ2 处停止运动,延时 8 s 后开始左行。

(3)回行至左换速开关 SQ3 处换速继续左行,到左极限限位开关 SQ1 处时停止运动。

在异步电动机正反转控制电路的基础上设计的满足上述要求的梯形图如图 7-17 所示。在控制右行的 Q16.0 的线圈回路中串联了 I4.4 的常闭触点,小车走到右极限限位开关 SQ2 处时,I4.4 的常闭触点断开,使 Q16.0 的线圈断电,小车停止右行。同时 I4.4 的常开触点闭合,T0 的线圈通电,开始定时。8 s 后定时时间到,T0 的常开触点闭合,使 Q16.1 的线圈通电并自保持,小车开始左行。离开右极限限位开关 SQ2 后,I4.4 的常开触点断开,T0 的常开触点因为其线圈断电而断开。小车运行到左边的起始点时,左极限限位开关 SQ1 的常开触点闭合,I4.3 的常闭触点断开,使 Q16.1 的线圈断电,小车停止运动。在小车的行程上增加了左换速开关和右换速开关,使小车从运行到停车更加平稳,符合工业控制要求。

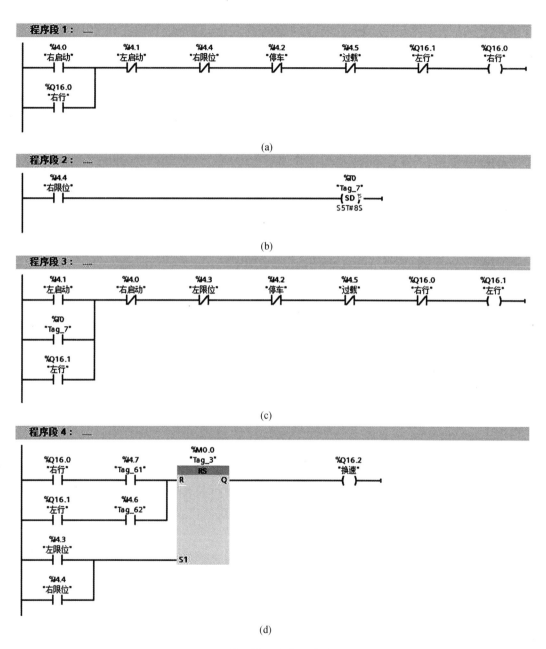

图 7-17 满足控制小车要求的梯形图

在梯形图中(图 7-17),保留了左行启动按钮 I4.1 和停止按钮 I4.2 的触点,使系统有手动操作的功能。串联在启保停电路中的左限位开关 I4.3 和右限位开关 I4.4 的常闭触点在手动时可以防止小车的运动超限。

7.4 梯形图的顺序控制设计方法

7.4.1 顺序控制设计方法概述

用经验设计方法设计梯形图时,没有一套固定的方法和步骤可以遵循,具有很大的试探性和随意性,对于不同的控制系统,没有一种通用的容易掌握的设计方法。在设计复杂系统的梯形图时,用大量的中间单元来完成记忆、连锁和互锁等功能,由于需要考虑的因素很多,它们往往又交织在一起,分析起来非常困难,一般不可能把所有的问题都考虑得很周到,程序设计出来后,需要模拟调试或在现场调试,发现问题后再针对问题对程序进行修改。即使是非常有经验的工程师,也很难做到设计出的程序能一次成功。修改某一局部电路时,很可能会引发出别的问题,对系统的其他部分产生意想不到的影响,因此梯形图的修改也很麻烦,往往花了很长的时间还得不到一个满意的结果。用经验设计方法设计出的梯形图很难阅读,给系统的维修和改进带来了很大的困难。

所谓顺序控制,就是按照生产工艺预先规定的顺序,在各个输入信号的作用下,根据内部状态和时间的顺序,在生产过程中各个执行机构自动地有秩序地进行操作。使用顺序控制设计方法时首先根据系统的工艺过程,画出状态切换图(sequential function chart),然后根据状态切换图画出梯形图。STEP 7 的 S7 GRAPH 就是一种顺序功能图语言,在 S7 GRAPH 中生成顺序功能图后便完成了编程工作。

顺序控制设计方法是一种先进的设计方法,很容易被初学者接受,对于有经验的工程师,也会提高设计的效率,节约大量的设计时间。程序的调试、修改和阅读也很方便。只要正确地画出了描述系统工作过程的顺序功能图,一般都可以做到调试程序时一次成功。

顺序控制设计方法最基本的思想是将系统的一个工作周期划分为若干个顺序相连的阶段,这些阶段称为过程,然后用编程元件(如存储器位 M)来代表各过程。过程是根据输出量的 ON/OFF 状态的变化来划分的,在任何一过程之内,各输出量的状态不变,但是相邻两过程输出量总的状态是不同的,过程的这种划分方法使代表各过程的编程元件的状态与各输出量的状态之间有着极为简单的逻辑关系。

使系统由当前过程进入下一过程的信号称为切换条件,切换条件可以是外部的输入信号,如按钮、指令开关、限位开关的接通/断开等;也可以是 PLC 内部产生的信号,如定时器、计数器的触点提供的信号;还可以是若干个信号的与、或、非逻辑组合。

顺序控制设计方法用切换条件控制代表各过程的编程元件,让它们的状态按一定的顺序变化,然后用代表各过程的编程元件去控制 PLC 的各输出位。

状态切换图是描述控制系统的控制过程、功能和特性的一种图形,也是设计 PLC 的顺序控制程序的有力工具。

状态切换图并不涉及所描述的控制功能的具体技术,它是一种通用的直观的技术语言,可以供进过程设计和不同专业的人员之间进行技术交流之用。对于熟悉设备和生产流程的现场情况的电气工程师来说,状态切换图是很容易画出的。

在 IEC 的 PLC 标准(IEC 61131)中,顺序功能图是 PLC 位居首位的编程语言。我国在 1986 年颁布了顺序功能图的国家标准 GB 6988.6—1986。顺序功能图主要由过程、有向连线、切换、切换条件和动作(或命令)组成。

7.4.2　过程与动作

1. 过程

图 7-18 是某刨床的进给运动示意图和状态切换图(为了节省篇幅,将几个脉冲输入信号的波形画在了一个波形图中)。设动力滑台在初始位置时停在左边,限位开关 I4.3 为 "1"状态,Q16.0~Q16.2 是控制动力滑台运动的 3 个电磁阀。按下启动按钮后,动力滑台的一个工作周期由快进、工进、暂停和快退组成,返回初始位置后停止运动。根据 Q16.0~ Q16.2 的 ON/OFF 状态的变化,一个工作周期可以分为快进、工进、暂停和快退 4 个过程,另外还应设置等待启动的初始过程,图 7-18 中分别用 M0.0~M0.4 来代表这 5 个过程。图 7-18(b)中用矩形方框表示过程,方框中可以用数字表示各过程的编号,也可以用代表各过程的存储器位的地址作为过程的编号,如 M0.0 等,这样在根据状态切换图设计梯形图时较为方便。

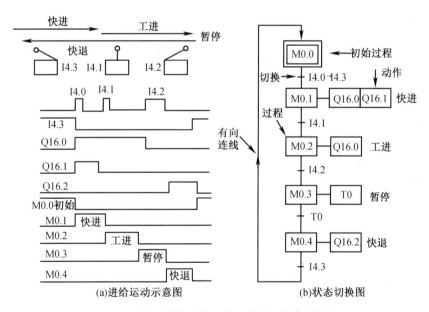

图 7-18　某刨床的进给运动示意图和状态切换图

2. 初始过程

初始状态一般是系统等待启动命令的相对静止的状态。系统在开始进行自动控制之前,首先应进入规定的初始状态。与系统的初始状态相对应的过程称为初始过程,初始过程用双线方框来表示,每一个状态切换图至少应该有一个初始过程。

3. 与过程对应的动作或命令

可以将一个控制系统划分为被控系统和施控系统,如在数控车床系统中,数控装置是施控系统,而车床是被控系统。对于被控系统,在某一过程中要完成某些"动作"(action);

对于施控系统,在某一过程中则要向被控系统发出某些"命令"(command)。为了叙述方便,下面将命令或动作统称为动作,并用矩形框中的文字或符号来表示动作,该矩形框与相应的过程的方框用水平短线相连。

如果某一过程有几个动作,可以用图 7-19 中的两种画法来表示,但是并不隐含这些动作之间的任何顺序。当系统正处于某一过程所在的阶段时,该过程处于工作状态,称该过程为"活动过程"。过程处于活动状态时,相应的动作被执行;处于不活动状态时,相应的非存储型动作被停止执行。

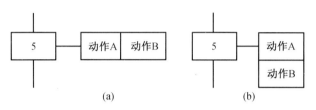

图 7-19 动作画法

说明命令的语句应清楚地表明该命令是存储型的还是非存储型的。非存储型动作"打开 1 号阀",是指该过程为活动过程时打开 1 号阀,为不活动时关闭 1 号阀。非存储型动作与它所在的过程是"同生共死"的,如图 7-18 中的 M0.4 与 Q16.2 的波形完全相同,它们同时由"0"状态变为"1"状态,又同时由"1"状态变为"0"状态。

某过程的存储型命令"打开 1 号阀并保持",是指该过程为活动过程时 1 号阀被打开,该过程变为不活动过程时继续打开,直到在某一过程 1 号阀被复位。在表示动作的方框中,可以用 S 和 R 来分别表示对存储型动作的置位(如打开阀门并保持)和复位(如关闭阀门)。

在图 7-18 的暂停过程中,PLC 所有的输出量均为"0"状态。接通延时定时器 T0 用来给暂停过程定时,在暂停过程,T0 的线圈应一直通电,切换到下一过程后,T0 的线圈断电。从这个意义上来说,T0 的线圈相当于暂停过程的一个非存储型的动作,因此可以将这种为某一过程定时的接通延时定时器放在与该过程相连的动作框内,它表示定时器的线圈在该过程内"通电"。

除了以上的基本结构之外,使用动作的修饰词可以在一过程中完成不同的动作。修饰词允许在不增加逻辑的情况下控制动作。例如,可以使用修饰词 L 来限制某一动作执行的时间。不过在使用动作的修饰词时比较容易出错,除了修饰词 S 和 R(动作的置位与复位)以外,建议初学者使用其他动作的修饰词时要特别小心。

7.4.3 有向连线与切换

1. 有向连线

在状态切换图中,随着时间的推移和切换条件的实现,将会发生过程的活动状态的进展,这种进展按有向连线规定的路线和方向进行。在画状态切换图时,将代表各过程的方框按它们成为活动过程的先后次序顺序排列,并且用有向连线将它们连接起来。过程的活动状态习惯的进展方向是从上到下或从左至右,在这两个方向有向连线上的箭头可以省略。如果不是上述的方向,应在有向连线上用箭头注明进展方向。在可以省略箭头的有向连线上,为了更易于理解也可以加箭头。

如果在画图时有向连线必须中断,如在复杂的图中,或用几个图来表示一个状态切换图时,应在有向连线中断之处标明下一过程的标号和所在的页数。

2. 切换

切换用有向连线上与有向连线垂直的短画线来表示,切换将相邻两过程分隔开。过程的活动状态的进展是由切换的实现来完成的,并与控制过程的发展相对应。

3. 切换条件

切换条件是与切换相关的逻辑命题,切换条件可以用文字语言来描述,如"触点 A 与触点 B 同时闭合",也可以用表示切换的短线旁边的布尔代数表达式来表示,例如 $I4.0+\overline{I4.1}$。

图 7-20 中用高电平表示过程 M2.1 为活动过程,反之则用低电平来表示。切换条件 I4.0 表示 I4.0 为"1"状态时切换实现,切换条件 $\overline{I4.1}$ 表示 I4.1 为"0"状态时切换实现。切换条件:表示 I4.0 的常开触点闭合或 I4.1 的常闭触点闭合时切换实现,在梯形图中则用两个触点的并联来表示这样的"或"逻辑关系。

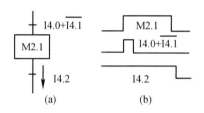

图 7-20　切换与切换条件

符号 ↑I4.2 和 ↓I4.2 分别表示当 I4.2 从"0"状态变为"1"状态与从"1"状态变为"0"状态时切换实现。实际上切换条件 ↑I4.2 和 I4.2 是等效的,因为一旦 I4.2 由"0"状态变为"1"状态(即在 I4.2 的上升沿),切换条件 I4.2 也会马上起作用。

在图 7-18 中,切换条件 T0 相当于接通延时定时器的常开触点,即在 T0 的定时时间到时切换条件满足。

7.4.4　状态切换图的基本结构

1. 单序列

单序列(图 7-21(a))由一系列相继激活的过程组成,每一过程的后面仅有一个切换,每一个切换的后面只有一个过程。单序列的特点是没有分支与合并。

2. 选择序列

选择序列(图 7-21(b))的开始称为分支,切换符号只能标在水平连线之下。如果过程 5 是活动过程,并且切换条件 h=1,则发生由过程 5→过程 8 的进展。如果过程 5 是活动过程,并且 k=1,则发生由过程 5→过程 10 的进展。

在过程 5 之后选择序列的分支处,每次只允许选择一个序列,如果将选择条件 k 改为 kh,则当 k 和 h 同时为 ON 时,将优先选择 h 对应的序列。

选择序列的结束称为合并,几个选择序列合并到一个公共序列时,用需要重新组合的序列相同数量的切换符号和水平连线来表示,切换符号只允许标在水平连线之上。

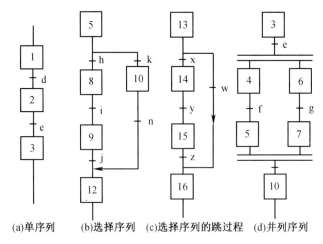

(a)单序列   (b)选择序列   (c)选择序列的跳过程   (d)并列序列

图 7-21   单序列、选择序列与并行序列

如果过程 9 是活动过程,并且切换条件 j=1,则发生由过程 9→过程 12 的进展。如果过程 10 是活动过程,并且 n=1,则发生由过程 10→过程 12 的进展。

允许选择序列的某一条分支上没有过程,但是必须有一个切换。这种结构称为"跳过程"(图 7-24(c))。跳过程是选择序列的一种特殊情况。

3. 并行序列

并行序列(图 7-21(d))的开始也称为分支,当切换的实现导致几个序列同时激活时,这些序列称为并行序列。当过程 3 是活动过程,并且切换条件 e=1,4 和 6 这两过程同时变为活动过程,同时过程 3 变为不活动过程。为了强调切换的同过程实现,水平连线用双线表示。过程 4,6 被同时激活后,每个序列中活动过程的进展将是独立的。在表示同过程的水平双线之上,只允许有一个切换符号。并行序列用来表示系统的几个同时工作的独立部分的工作情况。

并行序列的结束也称为合并,在表示同过程的水平双线之下,只允许有一个切换符号。当直接连在双线上的所有前级过程(过程 5,7)都处于活动状态,并且切换条件 i=1 时,才会发生过程 5,7 到过程 10 的进展,即过程 5,7 同时变为不活动过程,而过程 10 变为活动过程。

7.4.5   状态切换图中切换实现的基本规则

1. 切换实现的条件

在状态切换图中,过程的活动状态的进展是由切换的实现来完成的。切换实现必须同时满足以下两个条件。

(1)该切换所有的前级过程都是活动过程。

(2)相应的切换条件得到满足。

如果切换的前级过程或后续过程不止一个,切换的实现称为同时实现(图 7-22)。为了强调同时实现,有向连线的水平部分用双线表示。

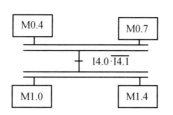

图7-22 切换的同时实现

2.切换实现应完成的操作

切换实现时应完成以下两个操作。

（1）使所有由有向连线与相应切换符号相连的后续过程都变为活动过程。

（2）使所有由有向连线与相应切换符号相连的前级过程都变为不活动过程。

以上操作可以用于任意结构中的切换，其区别如下：在单序列中，一个切换仅有一个前级过程和一个后续过程。在选择序列的分支与合并处，一个切换也只有一个前级过程和一个后续过程，但是一个过程可能有多个前级过程或多个后续过程（图7-21）。在并行序列的分支处，切换有几个后续过程（图7-22），在切换实现时应同时将它们对应的编程元件置位。在并行序列的合并处，切换有几个前级过程，它们均为活动过程时才有可能实现切换，在切换实现时应将它们对应的编程元件全部复位。

切换实现的基本规则是状态切换图设计梯形图的基础，它适用于状态切换图中的各种基本结构，也是下面要介绍的设计顺序控制梯形图的各种方法的基础。

在梯形图中，用编程元件（如存储器位 M）来代表过程，当某过程为活动过程时，该过程对应的编程元件为"1"状态。当该过程之后的切换条件满足时，切换条件对应的触点或电路接通，因此可以将该触点或电路与代表所有前级过程的编程元件的常开触点串联，作为与切换实现的两个条件同时满足对应的电路。例如，在图7-22中，切换条件的布尔代数表达式为 $I4.0 \cdot \overline{I4.1}$，它的两个前级过程用 M0.4 和 M0.7 来代表，所以应将 I4.1 的常闭触点和 I4.0、M0.4、M0.7 的常开触点串联，作为切换实现的两个条件同时满足对应的电路。在梯形图中，该电路接通时，应使所有代表前级过程的编程元件（M0.4 和 M0.7）复位，同时使所有代表后续过程的编程元件（M1.0 和 M1.4）置位（变为"1"状态并保持），完成以上任务的电路将在后面的内容中进行介绍。

下面是针对绘制状态切换图时常见的错误提出的注意事项。

（1）两个过程绝对不能直接相连，必须用一个切换将它们隔开。

（2）两个切换也不能直接相连，必须用一个过程将它们隔开。

（3）状态切换图中的初始过程一般对应于系统等待启动的初始状态，这一过程可能没有输出处于"ON"状态，因此在画状态切换图时很容易遗漏这一过程。初始过程是必不可少的，一方面因为该过程与它的相邻过程相比，从总体上说输出变量的状态各不相同；另一方面如果没有该过程，无法表示初始状态，系统也无法返回停止状态。

（4）自动控制系统应能多次重复执行同一工艺过程，因此在状态切换图中一般应有由过程和有向连线组成的闭环，即在完成一次工艺过程的全部操作之后，应从最后一过程返回初始过程，系统停留在初始状态（单周期操作，如图7-21所示），在连续循环工作方式时，将从最后一过程返回下一工作周期开始运行的第一过程。

（5）如果选择有断电保持功能的存储器位（M）来代表顺序控制图中的各位，在交流电源突然断电时,可以保存当时的活动过程对应的存储器位的地址。系统重新上电后,可以使系统从断电瞬时的状态开始继续运行。如果用没有断电保持功能的存储器位代表各过程,进入 RUN 工作方式时,它们均处于"OFF"状态,必须在 OB100 中将初始过程预置为活动过程,否则因状态切换图中没有活动过程,系统将无法工作。如果系统有自动、手动两种工作方式,状态切换图是用来描述自动工作过程的,这时还应在系统由手动工作方式进入自动工作方式时,用一个适当的信号将初始过程置为活动过程,并将非初始过程置为不活动过程。

在硬件组态时,双击 CPU 模块所在的行,打开 CPU 模块的属性对话框,选择"Retentive Memory"(有保持功能的存储器)选项卡,可以设置有断电保持功能的存储器位的地址范围。

7.4.6　顺序控制设计方法的本质

经验设计方法实际上是试图用输入信号 I 直接控制输出信号 Q(图 7-23(a)),如果无法直接控制,或为了实现记忆、联锁、互锁等功能,只好被动地增加一些辅助元件和辅助触点。由于不同系统的输出量 Q 与输入量 I 之间的关系各不相同,以及它们对联锁、互锁的要求千变万化,不可能找出一种简单通用的设计方法。

图 7-23　信号关系图

顺序控制设计方法则是用输入量 I 控制代表各过程的编程元件(如存储器位 M),再用它们控制输出量 Q(图 7-23(b))。过程是根据输出量 Q 的状态划分的,M 与 Q 之间具有很简单的"与"的逻辑关系,输出电路的设计极为简单。任何复杂系统的代表过程的存储器位 M 的控制电路,其设计方法都是相同的,并且很容易掌握,所以顺序控制设计方法具有简单、规范、通用的优点。由于 M 是按照顺序变为"1"状态的,实际已经基本上解决了经验设计方法中的记忆、联锁等问题。

7.4.7　使用启保停电路的顺序控制梯形图编程方法

1.设计顺序控制梯形图的一些基本问题

S7-300/400 的编程软件 STEP 7 中的 S7 GRAPH 是一种状态切换图编程语言,如果购买 STEP 7 的标准版,S7 GRAPH 属于可选的编程语言,需要单独付费,学习使用 S7 GARPH 也需要花一定的时间。此外,现在大多数 PLC(包括西门子的 S7-200 系列)还没有状态切换图语言,因此有必要学习根据状态切换图来设计顺序控制梯形图的编程方法。

本节介绍的编程方法很容易掌握,用它们可以迅速地、得心应手地设计出任意复杂的数字量控制系统的梯形图,它们的适用范围很广,可以用于所有生产厂家的各种型号的 PLC。

(1)程序的基本结构

绝大多数自动控制系统除了自动工作模式外,还需要设置手动工作模式。在下列两种情况下需要手动工作模式。

①启动自动控制程序之前,系统必须处于要求的初始状态。如果系统的状态不满足启动自动程序的要求,需要进入手动工作模式,用手动操作使系统进入规定的初始状态,然后再回到自动工作模式。一般在调试阶段使用手动工作模式。

②顺序自动控制对硬件的要求很高,如果有硬件故障,如某个限位开关有故障,不可能正确地完成整个自动控制过程。在这种情况下,为了使设备不至于停机,可以进入手动工作模式,对设备进行手动控制。

有自动、手动工作模式的控制系统的两种典型的程序结构如图7-24所示。公用程序用于处理自动模式和手动模式都需要执行的任务,以及处理两种模式的相互切换。

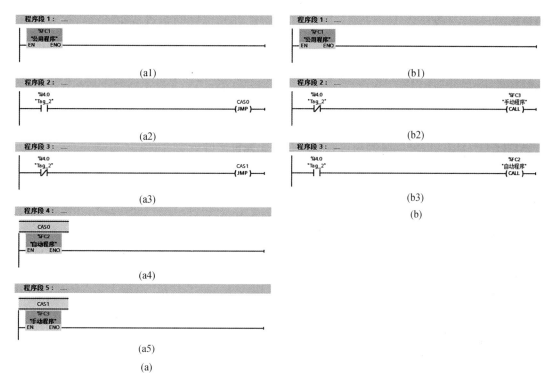

图7-24 自动、手动程序结构

图7-24中的I4.0是自动/手动切换开关。在图7-24(a)中,当I4.0为1时第一条条件跳转指令的跳过程条件满足,将跳过自动程序,执行手动程序。I4.0为0时第二条条件跳转指令的跳过程条件满足,将跳过手动程序,执行自动程序。

在图7-24(b)中,当I4.0为1时调用处理手动操作的功能"MAN",为0时调用处理自动操作的功能"AUTO"。

(2)执行自动程序的初始状态

开始执行自动程序之前,要求系统处于规定的初始状态。如果开机时系统没有处于初始状态,则应进入手动工作模式。用手动操作使系统进入初始状态后,再切换到自动工作模式,也可以设置使系统自动进入初始状态的工作方式。

系统满足规定的初始状态后,应将状态切换图的初始过程对应的存储器位置"1",使初始过程变为活动过程,为启动自动运行做好准备。同时还应将其余各过程对应的存储器位复位为"0"状态,这是因为在没有并行序列或并行序列未处于活动状态时,只能有一个活动过程。

假设用来代表过程的存储器位没有被设置为有断电保持功能,刚开始执行用户程序时,系统已处于要求的初始状态,并通过 OB100 将初始过程对应的存储器位(M)置"1",其余各过程对应的存储器位均为"0"状态,为切换的实现做好准备。

(3)双线圈问题

图 7-24 的自动程序、手动程序,都需要控制 PLC 的输出 Q,因此同一个输出位的线圈可能会出现两次或多次,称为双线圈现象。

在跳过程条件相反的两个程序段(图 7-24 中的自动程序和手动程序)中,允许出现双线圈,即同一元件的线圈可以在自动程序和手动程序中分别出现一次。实际上 CPU 模块在每一次循环中,只执行自动程序或只执行手动程序,不可能同时执行这两个程序。对于分别位于这两个程序中的两个相同的线圈,每次循环只处理其中的一个,因此在本质上并没有违反不允许出现双线圈的规定。

在图 7-24 中,用相反的条件调用功能(FC)时,也允许同一元件的线圈在自动程序功能和手动程序功能中分别出现一次。因为两个功能的调用条件相反,在一个扫描周期内只会调用其中的一个功能,而功能中的指令只是在该功能被调用时才执行,没有调用时则不执行。因此 CPU 模块只处理被调用功能中的双线圈元件中的一个线圈。

(4)设计顺序控制程序的基本方法

根据状态切换图设计梯形图时,可以用存储器位 M 来代表过程。为了便于将状态切换图切换为梯形图,用代表各过程的存储器位的地址作为过程的代号,并用编程元件地址的逻辑代数表达式来标注切换条件,用编程元件的地址来标注各过程的动作。

顺序控制程序分为控制电路和输出电路两部分。输出电路的输入量是代表过程的编程元件 M,输出量是 PLC 的输出位 Q。它们之间的逻辑关系是极为简单的相等或相"或"的逻辑关系,输出电路是很容易设计的。

控制电路用 PLC 的输入量来控制代表过程的编程元件,而切换实现的基本规则是设计控制电路的基础。

某一过程为活动过程时,对应的存储器位 M 为"1"状态,某一切换实现时,该切换的后续过程应变为活动过程,前级过程应变为不活动过程。可以用一个串联电路来表示切换实现的这两个条件。该电路接通时,应将该切换所有的后续过程对应的存储器位 M 置为"1"状态,将所有前级过程对应的 M 复位为"0"状态。通过对单序列编程方法的分析可知,切换实现的两个条件对应的串联电路接通的时间只有一个扫描周期,因此应使用有记忆功能的电路或指令来控制代表过程的存储器位。

2. 单序列的编程方法

启保停电路只使用与触点和线圈有关的指令,任何一种 PLC 的指令系统都有这一类指令,因此这是一种通用的编程办法,可以用于任意型号的 PLC。

(1)控制电路的编程方法

图 7-25 给出了图 7-18 中的某刨床的进给运动示意图、状态切换图和梯形图。在初始状态时动力滑台停在左边,限位开关 I4.3 为"1"状态。按下启动按钮 I4.0,动力滑台在各过程中分别实现快进、工进、暂停和快退,最后返回初始位置和初始过程后停止运动。

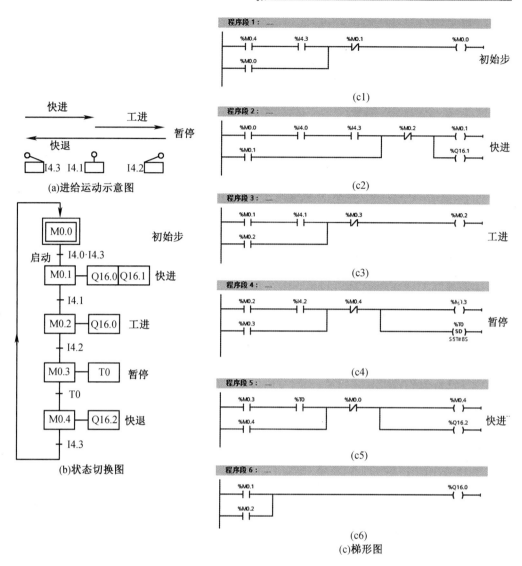

图7-25 某刨床的进给运动示意图、状态切换图和梯形图

如果使用的 M 区被设置为没有断电保持功能,在开机时 CPU 模块调用 OB100 将初始过程对应的 M0.0 置为"1"状态,开机时其余各过程对应的存储器位被 CPU 模块自动复位为"0"状态。

设计启保停电路的关键是确定它的启动条件和停止条件。根据切换实现的基本规则,切换实现的条件是它的前级过程为活动过程,并且相应的切换条件满足。以控制 M0.2 的启保停电路为例,过程 M0.2 的前级过程为活动过程时,M0.1 的常开触点闭合,它前面的切换条件满足时 I4.1 的常开触点闭合。两个条件同时满足时 M0.1 和 I4.1 的常开触点组成的串联电路接通。因此在启保停电路中,应将代表前级过程的 M0.1 的常开触点和代表切换条件的 I4.1 的常开触点串联,作为控制 M0.2 的启动电路。

在快进过程,M0.1 一直为"1"状态,其常开触点闭合。滑台碰到中限位开关时,I4.1 的常开触点闭合,由 M0.1 和 I4.1 的常开触点串联而成的 M0.2 的启动电路接通,使 M0.2 的线圈通电。在下一个扫描周期,M0.2 的常闭触点断开,使 M0.1 的线圈断电,其常开触点断开,使 M0.2 的启动电路断开。由以上的分析可知,启保停电路的启动电路只能接通一个扫描周期,因此必须用有记忆功能的电路来控制代表过程的存储器位。

当 M0.2 和 I4.1 的常开触点均闭合时,过程 M0.3 变为活动过程,这时过程 M0.2 应变为不活动过程,因此可以将 M0.3=1 作为使存储器位 M0.2 变为"0"状态的条件,即将 M0.3 的常闭触点与 M0.2 的线圈串联。上述的逻辑关系可以用逻辑代数式表示为

$$M0.2 = (M0.1 \cdot I4.1 + M0.2) \cdot \overline{M0.3}$$

在这个例子中,可以用 I4.1 的常闭触点代替 M0.3 的常闭触点。但是当切换条件由多个信号"与、或、非"逻辑运算组合而成时,需要将它的逻辑表达式求反,经过逻辑代数运算后再将对应的触点串、并联电路作为启保停电路的停止电路,不如使用后续过程对应的常闭触点这样简单方便。

根据上述的编程方法和状态切换图,很容易画出梯形图。以过程 M0.1 为例,由状态切换图可知,M0.0 是它的前级过程,二者之间的切换条件为 I4.0 · I4.3,所以应将 M0.0、I4.0 和 I4.3 的常开触点串联,作为 M0.1 的启动电路。启动电路并联了 M0.0 的自保持触点。后续过程 M0.2 的常闭触点与 M0.1 的线圈串联,M0.2 为 1 时 M0.1 的线圈"断电",过程 M0.1 变为不活动过程。

(2)输出电路的编程方法

过程是根据输出变量的状态变化来划分的,因此它们之间的关系极为简单,可以分为以下两种情况来处理。

某一输出量仅在某一过程中为 ON,图 7-25 中的 Q16.1 就属于这种情况,可以将它的线圈与对应过程的存储器位 M0.1 的线圈并联。从状态切换图还可以看出可以将定时器 T0 的线圈与 M0.3 的线圈并联,将 Q16.2 的线圈和 M0.4 的线圈并联。

有人也许觉得既然如此,不如用这些输出位来代表该过程,如用 Q16.1 代替 M0.1,还可以节省一些编程元件。但是存储器位 M 是完全够用的,多用一些不会增加硬件费用,在设计和输入程序时也不多花时间。全部用存储器位来代表过程具有概念清楚、编程规范、梯形图易于阅读和查错的优点。

如果某一输出在过程中都为"1"状态,应将代表各有关过程的存储器位的常开触点并联后,驱动该输出的线圈。图 7-25 中 Q16.0 在 M0.1 和 M0.2 这两过程中均应工作,所以用 M0.1 和 M0.2 的常开触点组成的并联电路来驱动 Q16.0 的线圈。

3.选择序列与并行序列的编程方法

(1)选择序列的分支的编程方法

在图 7-26 中,过程 M0.0 之后有一个选择序列的分支,设 M0.0 为活动过程,当它的后续过程 M0.1 或 M0.2 变为活动过程时,它应变为不活动过程(M0.0 变为"0"状态),所以应将 M0.1 和 M0.2 的常闭触点与 M0.0 的线圈串联。

如果某一过程的后面有一个由 N 条分支组成的选择序列,该过程可能切换到不同的 N 过程去,则应将这 N 个后续过程对应的存储器位的常闭触点与该过程的线圈串联,作为结束该过程的条件。

(2)选择序列的合并的编程方法

在图 7-26 中,过程 M0.2 之前有一个选择序列的合并,当过程 M0.1 为活动过程(M0.1 为 1),并且切换条件 I4.1 满足,或过程 M0.0 为活动过程,并且切换条件 I4.2 满足,过程 M0.2 应变为活动过程,即代表该过程的存储器位 M0.2 的启动条件应为 M0.1 · I4.1 + M0.0 ·

I4.2,对应的启动电路由两条并联支路组成,每条支路分别由 M0.1、I4.1 或 M0.0、I4.2 的常开触点串联而成(图 7-27)。

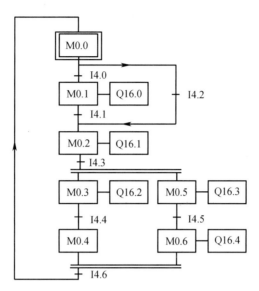

图 7-26 选择序列与并行序列

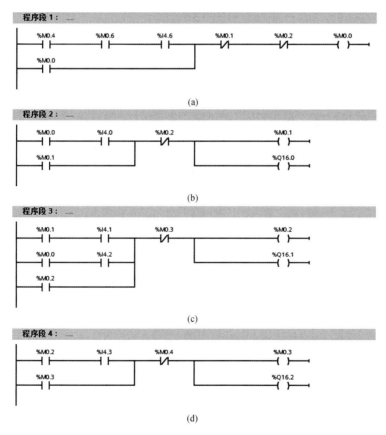

图 7-27 梯形图

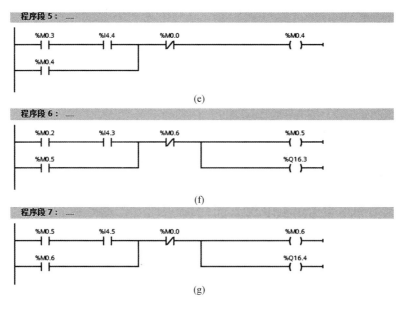

图 7-27(续)

一般来说,对于选择序列的合并,如果某一过程之前有 N 个切换,即有 N 条分支进入该过程,则代表该过程的存储器位的启动电路由 N 条支路并联而成,各支路由某一前级过程对应的存储器位的常开触点与相应切换条件对应的触点或电路串联而成。

(3)并行序列的分支的编程方法

在图 7-26 中,过程 M0.2 之后有一个并行序列的分支,当过程 M0.2 是活动过程并且切换条件 I4.3 满足时,过程 M0.3 与过程 M0.5 应同时变为活动过程,这是用 M0.2 和 I4.3 的常开触点组成的串联电路分别作为 M0.3 与 M0.5 的启动电路来实现的。与此同时,过程 M0.2 应变为不活动过程。过程 M0.3 和 M0.5 是同时变为活动过程的,只需将 M0.3 或 M0.5 的常闭触点与 M0.2 的线圈串联就行了。

(4)并行序列的合并的编程方法

在图 7-26 中,过程 M0.0 之前有一个并行序列的合并,该切换实现的条件是所有的前级过程(即过程 M0.4 和 M0.6)都是活动过程和切换条件 I4.6 满足。由此可知,应将 M0.4、M0.6 和 I4.6 的常开触点串联,作为控制 M0.0 的启保停电路的启动电路。M0.4 和 M0.6 的线圈都串联了 M0.0 的常闭触点,使过程 M0.4 和过程 M0.6 在切换实现时同时变为不活动过程。

任何复杂的状态切换图都是由单序列、选择序列和并行序列组成的,掌握了单序列的编程方法,选择序列、并行序列的分支和合并的编程方法,就不难迅速地设计出任意复杂的状态切换图描述的数字量控制系统的梯形图。

(5)仅有两过程的闭环的处理

如果在状态切换图中有仅由两过程组成的小闭环(图 7-28(a)),用启保停电路设计的梯形图不能正常工作。如 M0.2 和 I4.2 均为 1 时,M0.3 的启动电路接通,但是这时与 M0.3 的线圈串联的 M0.2 的常闭触点却是断开的,所以 M0.3 的线圈不能"通电"。出现上述问题的根本原因在于过程 M0.2 既是过程 M0.3 的前级过程,又是它的后续过程。将图 7-28(b)中的 M0.2 的常闭触点改为切换条件 I4.3 的常闭触点,就可以解决这个问题。

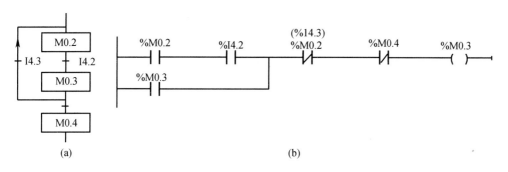

图7-28　仅有两过程的闭环的处理

7.4.8　使用置位、复位指令的顺序控制梯形图的编程方法

1. 单序列的编程方法

置位、复位指令的顺序控制梯形图的编程方法又称为以切换为中心的编程方法。图7-29给出了状态切换图与梯形图的对应关系。实现图中的切换需要同时满足以下两个条件。

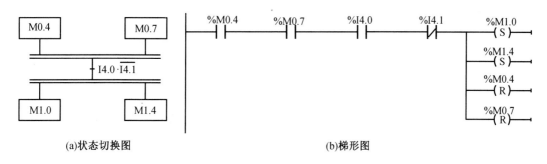

(a)状态切换图　　　　　　　　(b)梯形图

图7-29　以切换为中心的编程方法

(1)该切换所有的前级过程都是活动过程,即 M0.4 和 M0.7 均为"1"状态,M0.4 和 M0.7 的常开触点同时闭合。

(2)切换条件 $I4.0 \cdot \overline{I4.1}$ 满足,即 I4.0 的常开触点和 I4.1 的常闭触点组成的电路接通。

在梯形图中,可用 M0.4、M0.7 和 I4.2 的常开触点与 I4.1 的常闭触点组成的串联电路来表示上述两个条件同时满足。这种串联电路实际上就是使用启保停电路的编程方法中的启动电路。根据上一节的分析,该电路接通的时间只有一个扫描周期。因此需要用有记忆功能的电路来保持它引起的变化,本节用置位、复位指令来实现记忆功能。

该电路接通时,应执行以下两个操作。

(1)应将该切换所有的后续过程变为活动过程,即将代表后续过程的存储器位变为"1"状态,并使它保持"1"状态。这一要求刚好可以用有保持功能的置位指令(S指令)来完成。

(2)应将该切换所有的前级过程变为不活动过程,即将代表前级过程的存储器位变为

"0"状态,并使它们保持"0"状态。这一要求刚好可以用复位指令(R指令)来完成。这种编程方法与切换实现的基本规则之间有着严格的对应关系,在任何情况下,代表过程的存储器位的控制电路都可以用这一个统一的对应关系来设计,每一个切换对应一个图7-29(b)所示的控制置位和复位的电路块,有多少个切换就有多少个这样的电路块。这种编程方法特别有规律,在设计复杂的状态切换图的梯形图时既容易掌握,又不容易出错。用它编制复杂的状态切换图的梯形图时,更能显示出它的优越性。

相对而言,使用启保停电路的编程方法的规则较为复杂,选择序列的分支与合并、并行序列的分支与合并都有单独的规则需要记忆。

某圆盘旋转运动的示意图、状态切换图与梯形图如图7-30所示。工作台在初始状态时停在限位开关I4.1处,I4.1为"1"状态。按下启动按钮I4.0,工作台正转,旋转到限位开关I4.2处改为反转,返回限位开关I4.1处时又改为正转,旋转到限位开关I4.3处又改为反转,回到起始点时停止运动。

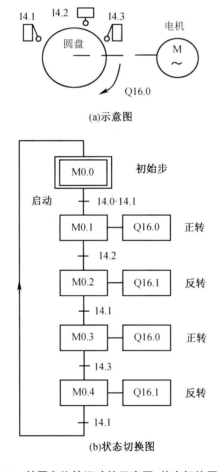

(a)示意图

(b)状态切换图

图7-30　某圆盘旋转运动的示意图、状态切换图与梯形图

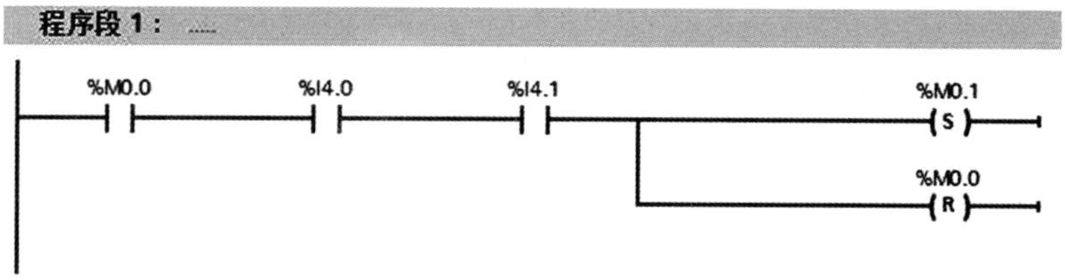

程序段 1：......

```
    %M0.0        %I4.0        %I4.1                      %M0.1
  ──┤├────────────┤├────────────┤├──────────┬──────────( S )──
                                            │            %M0.0
                                            └──────────( R )──
```

(c1)

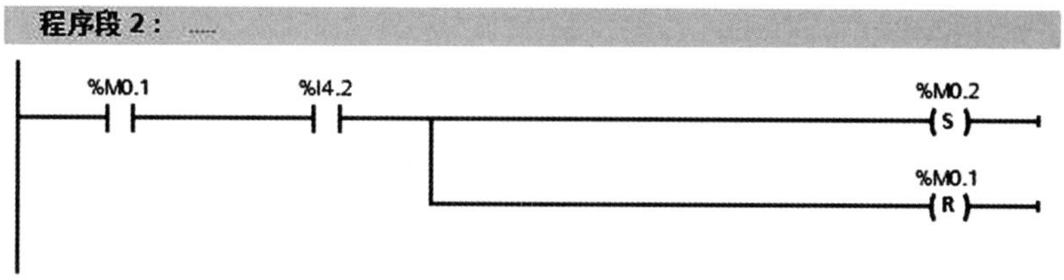

程序段 2：......

```
    %M0.1        %I4.2                                  %M0.2
  ──┤├────────────┤├────────────────────────┬──────────( S )──
                                            │            %M0.1
                                            └──────────( R )──
```

(c2)

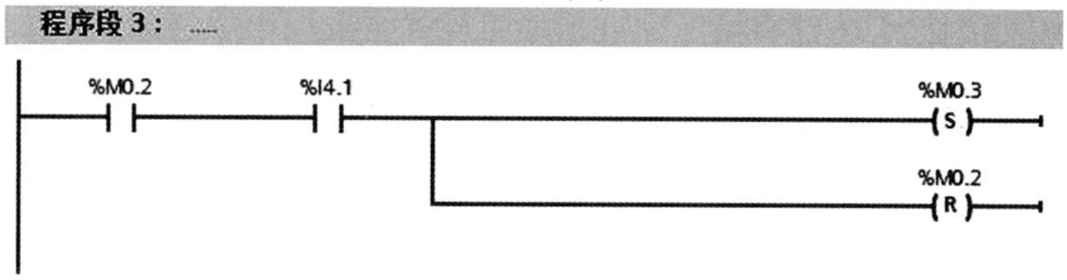

程序段 3：......

```
    %M0.2        %I4.1                                  %M0.3
  ──┤├────────────┤├────────────────────────┬──────────( S )──
                                            │            %M0.2
                                            └──────────( R )──
```

(c3)

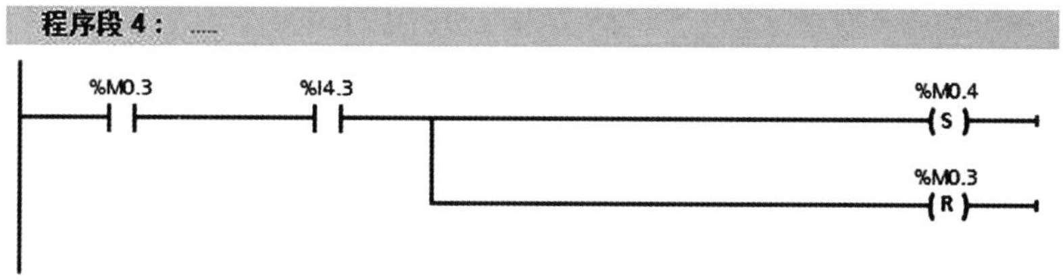

程序段 4：......

```
    %M0.3        %I4.3                                  %M0.4
  ──┤├────────────┤├────────────────────────┬──────────( S )──
                                            │            %M0.3
                                            └──────────( R )──
```

(c4)

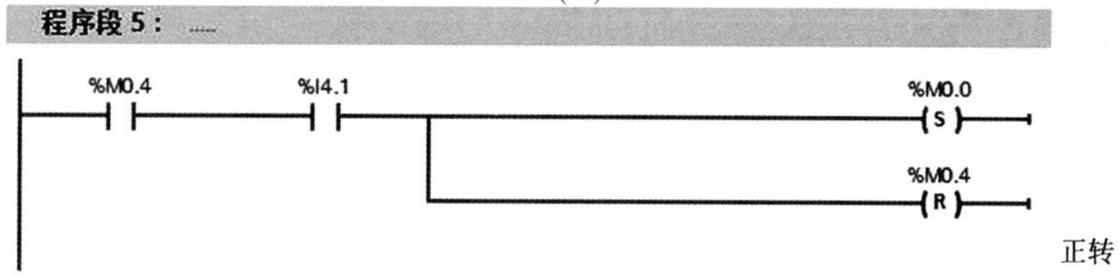

程序段 5：......

```
    %M0.4        %I4.1                                  %M0.0
  ──┤├────────────┤├────────────────────────┬──────────( S )──
                                            │            %M0.4
                                            └──────────( R )──
```

正转

(c5)

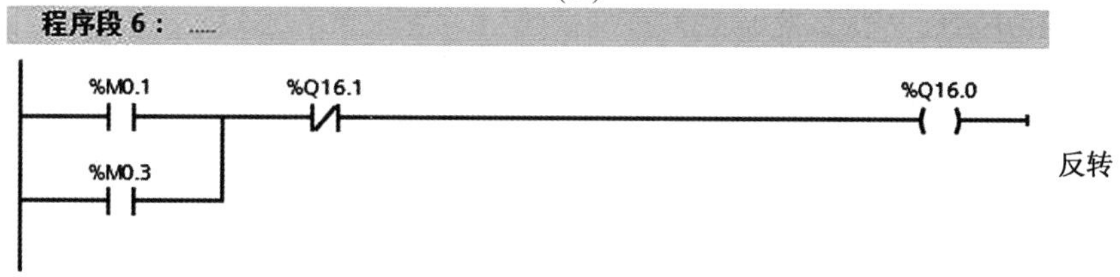

程序段 6：......

```
    %M0.1        %Q16.1                                 %Q16.0
  ──┤├──────┬──────┤/├──────────────────────────────────( )──
    %M0.3   │
  ──┤├──────┘
```

反转

(c6)

图 7-30(续 1)

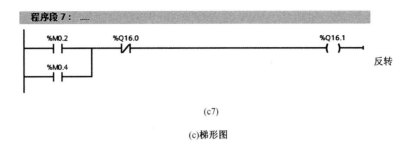

(c7)

(c)梯形图

图 7-30（续 2）

以切换条件 I4.2 对应的电路为例,该切换的前级过程为 M0.1,后续过程为 M0.2,所以用 M0.1 和 I4.2 的常开触点组成的串联电路来控制对后续过程 M0.2 的置位与对前级过程 M0.1 的复位。每一个切换对应一个这样的"标准"电路,有多少个切换就有多少这样的电路。设计时应注意不要遗漏掉某一个切换对应的电路。

使用这种编程方法时,不能将输出位 Q 的线圈与置位指令和复位指令并联,这是因为前级过程和切换条件对应的串联电路接通的时间只有一个扫描周期,切换条件满足后前级过程马上被复位,下一个扫描周期该串联电路就会断开,而输出位的线圈至少应该在某一过程对应的全部时间内被接通。所以应根据状态切换图,用代表过程的存储器位的常开触点或它们的并联电路来驱动输出位的线圈。

2. 选择序列与并行序列的编程方法

使用启保停电路的编程方法时,用启保停电路来控制代表过程的存储器位,实际上是站在过程的立场上看问题。在选择序列的分支与合并处,某一过程有多个后续过程或多个前级过程,所以需要使用不同的设计规则。

如果某一切换与并行序列的分支、合并无关,站在该切换的立场上看,它只有一个前级过程和一个后续过程(图 7-31),需要复位、置位的存储器位也只有一个,因此选择序列的分支与合并的编程方法实际上与单序列的编程方法完全相同。

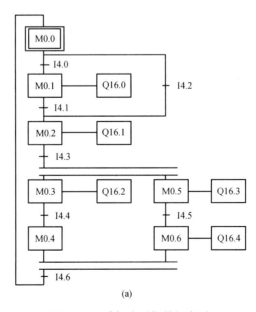

(a)

图 7-31 选择序列与并行序列

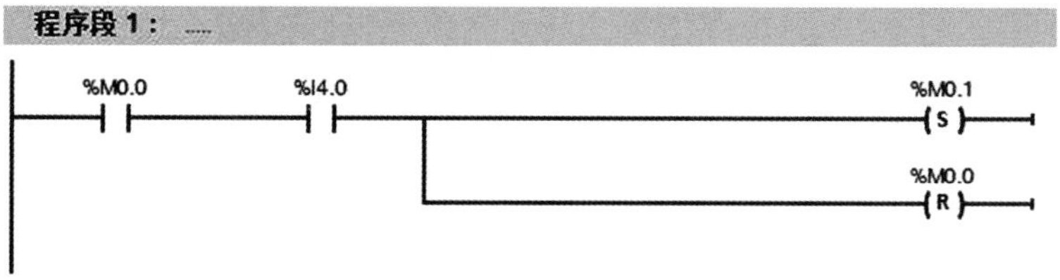

程序段 1：......

```
   %M0.0      %I4.0                                      %M0.1
   ─┤ ├──────┤ ├──┬──────────────────────────────────(S)─
                  │                                      %M0.0
                  └──────────────────────────────────(R)─
```

(b1)

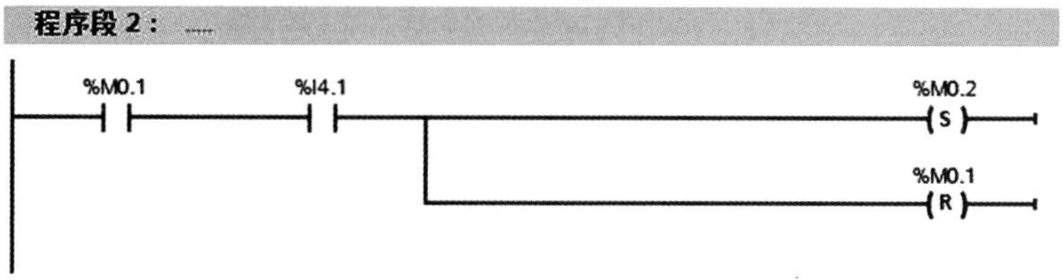

程序段 2：......

```
   %M0.1      %I4.1                                      %M0.2
   ─┤ ├──────┤ ├──┬──────────────────────────────────(S)─
                  │                                      %M0.1
                  └──────────────────────────────────(R)─
```

(b2)

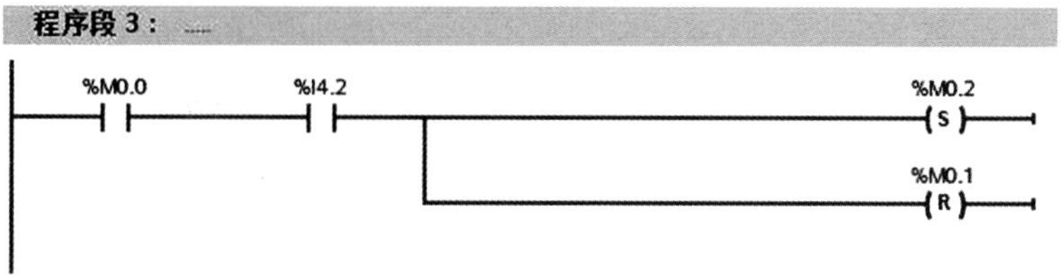

程序段 3：......

```
   %M0.0      %I4.2                                      %M0.2
   ─┤ ├──────┤ ├──┬──────────────────────────────────(S)─
                  │                                      %M0.1
                  └──────────────────────────────────(R)─
```

(b3)

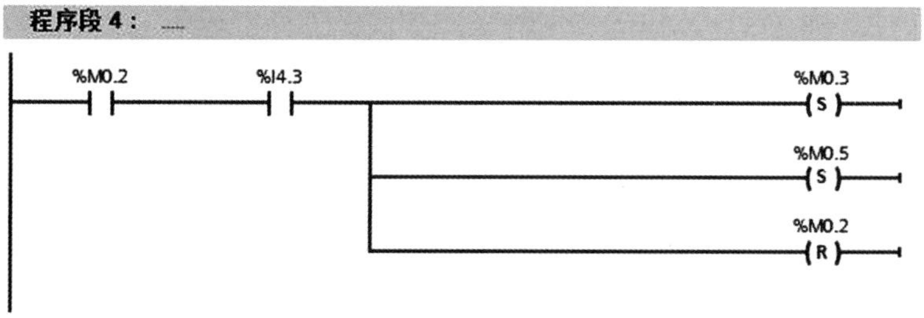

程序段 4：......

```
   %M0.2      %I4.3                                      %M0.3
   ─┤ ├──────┤ ├──┬──────────────────────────────────(S)─
                  │                                      %M0.5
                  ├──────────────────────────────────(S)─
                  │                                      %M0.2
                  └──────────────────────────────────(R)─
```

(b4)

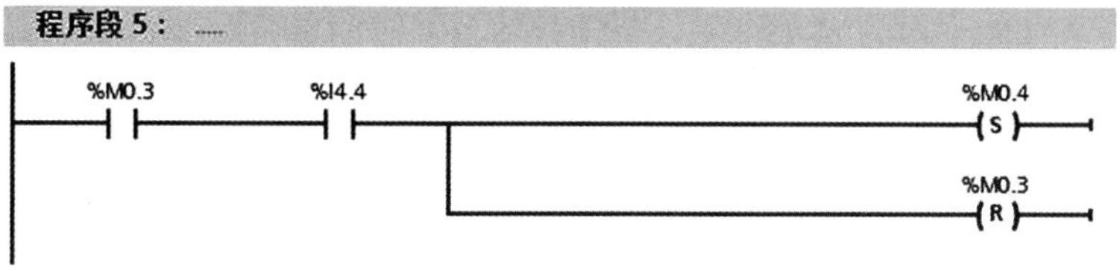

程序段 5：......

```
   %M0.3      %I4.4                                      %M0.4
   ─┤ ├──────┤ ├──┬──────────────────────────────────(S)─
                  │                                      %M0.3
                  └──────────────────────────────────(R)─
```

(b5)

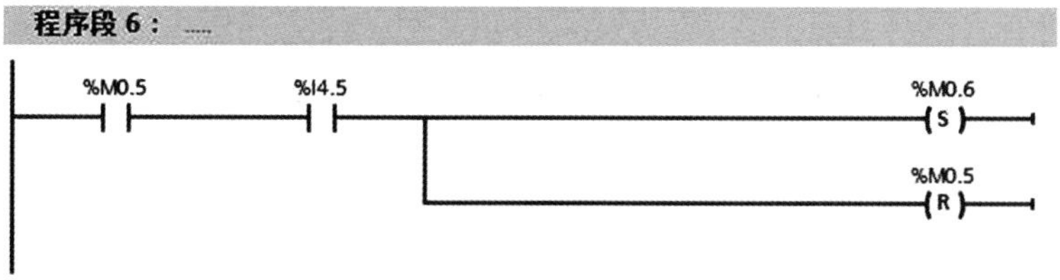

程序段 6：......

```
   %M0.5      %I4.5                                      %M0.6
   ─┤ ├──────┤ ├──┬──────────────────────────────────(S)─
                  │                                      %M0.5
                  └──────────────────────────────────(R)─
```

(b6)

图 7-31（续 1）

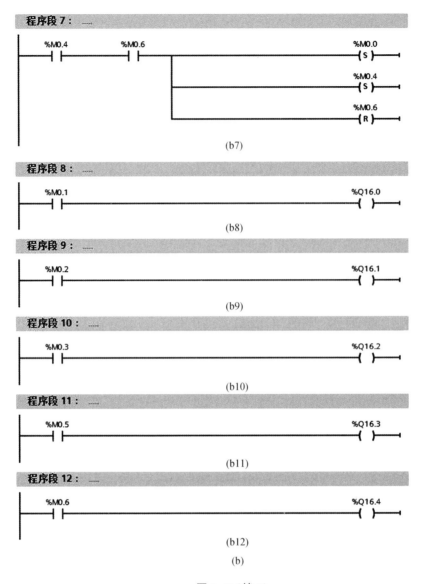

图 7-31（续 2）

图 7-31 所示的状态切换图中，除 I4.3 与 I4.6 对应的切换以外，其余的切换均与并行序列的分支、合并无关，I4.0~I4.2 对应的切换与选择序列的分支、合并有关，它们都只有一个前级过程和一个后续过程。与并行序列无关的切换对应的梯形图是非常标准的，每一个控制置位、复位的电路块都由前级过程对应的存储器位和切换条件对应的触点组成的串联电路、对 1 个后续过程的置位指令和对 1 个前级过程的复位指令组成。

在图 7-31 中，过程 M0.2 之后有一个并行序列的分支，当 M0.2 是活动过程，并且切换条件 I4.3 满足时，过程 M0.3 与过程 M0.5 应同时变为活动过程，这是通过 M0.2 和 I4.3 的常开触点组成的串联电路使 M0.3 和 M0.5 同时置位来实现的；与此同时，过程 M0.2 应变为不活动过程，这是用复位指令来实现的。

I4.6 对应的切换之前有一个并行序列的合并，该切换实现的条件是所有的前级过程（即过程 M0.4 利 M0.6）都是活动过程和切换条件 I4.6 满足。由此可知，应将 M0.4、M0.6 和 I4.6 的常开触点串联，作为使后续过程 M0.0 置位和使前级过程 M0.4、M0.6 复位的条件。

7.4.9 具有多种工作方式的系统的顺序控制梯形图的编程方法

1. 机械手控制系统简介

如图 7-32 所示,某机械手用来将工件从 A1 点搬运到 A2 点,操作面板如图 7-33 所示,图 7-34 是 PLC 的外部接线图。输出 Q16.1 为 1 时工件被夹紧,为 0 时被松开。

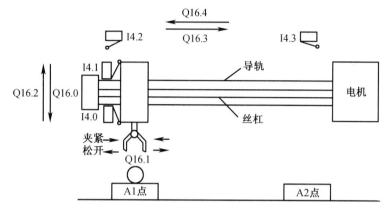

图 7-32 某机械手示意图

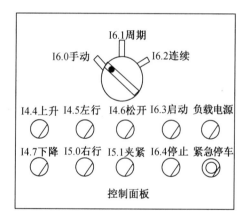

图 7-33 操作面板

工作方式选择按钮分别对应 3 种工作方式,操作面板左下部的 6 个按钮是手动按钮。为了保证在紧急情况下(包括 PLC 发生故障时)能可靠地切断 PLC 的负载电源,设置了交流接触器 KM(图 7-34)。在 PLC 开始运行时按下"负载电源"按钮,使 KM 线圈得电并自锁,KM 的主触点接通,给外部负载提供交流电源,出现紧急情况时用"紧急停车"按钮断开负载电源。

系统设有手动、单周期和连续 3 种工作方式,机械手在最上面和最左边且松开时,称为系统处于原点状态(或称初始状态)。在公用程序中,左限位开关 I4.2、上限位开关 I4.1 的常开触点和表示机械手松开的 Q16.1 的常闭触点的串联电路接通时,"原点条件"存储器位 M0.5 变为 ON。

如果选择的是单周期工作方式,按下启动按钮 I6.3 后,从初始过程 M0.0 开始,机械手按状态切换图(图7-34)的规定完成一个周期的工作后,返回并停留在初始过程。如果选择连续工作方式,在初始状态按下启动按钮后,机械手从初始过程开始一个周期接一个周期地反复连续工作。按下停止按钮,并不马上停止工作,完成最后一个周期的工作后,系统才返回并停留在初始过程。

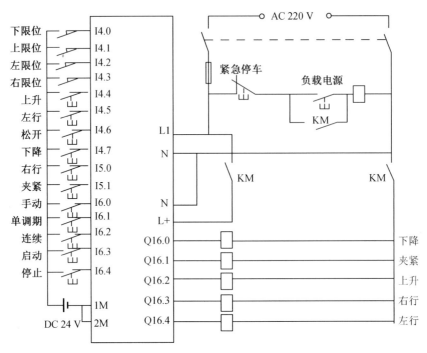

图7-34　PLC的外部接线图

在进入单周期和连续工作方式之前,系统应处于原点状态;如果不满足这一条件,可以选择手动工作方式,调节系统返回原点状态。在原点状态,状态切换图中的初始过程M0.0为ON,为进入单周期和连续工作方式做好了准备。

2.使用启保停电路的编程方法

(1)程序的总体结构

项目的名称为"机械手控制",在主程序OB1(图7-35)中,用调用功能(FC)的方式来实现各种工作方式的切换。公用程序FC1是无条件调用的,供各种工作方式公用。由图7-34可知,可通过控制面板选择一种工作方式。选择手动方式时调用手动程序FC2,选择连续和单周期工作方式时,调用自动程序FC3。

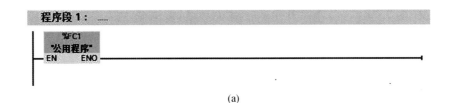

(a)

图7-35　OB1程序结构

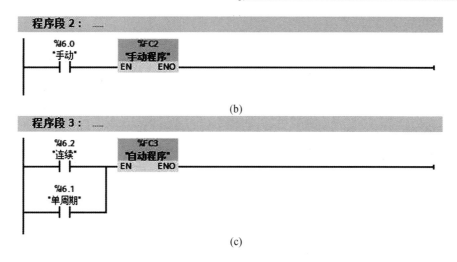

(b)

(c)

图 7-35（续）

在 PLC 进入 RUN 模式的第一个扫描周期,系统调用组织块 OB100,在 OB100 中执行初始化程序。

（2）OB100 中的初始化程序

机械手处于最上面和最左边的位置、夹紧装置松开时,系统处于规定的初始条件,称为"原点条件"。此时左限位开关 I4.2、上限位开关 I4.1 的常开触点和表示夹紧装置松开的 Q16.1 的常闭触点组成的串联电路接通,存储器位 M0.5 为"1"状态。

对 CPU 模块组态时,代表状态切换图中的各位的 MB0～MB2 应设置为没有断电保持功能,CPU 模块启动时它们均为"0"状态。CPU 模块刚进入 RUN 模式的第一个扫描周期执行图 7-36 中的组织块 OB100 时,如果原点条件满足,M0.5 为"1"状态,状态切换图中的初始过程对应的 M0.0 被置位,为进入单周期和连续工作方式做好准备。如果此时 M0.5 为"0"状态,M0.0 将被复位,初始过程为不活动过程,禁止在单周期和连续工作方式下工作。

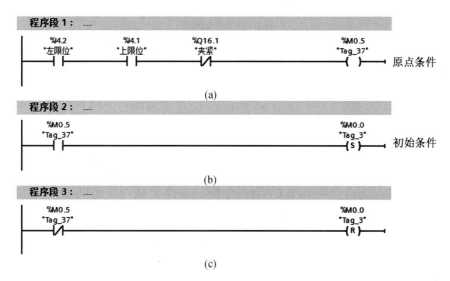

图 7-36 OB100 初始化程序

（3）公用程序

图7-37中的公用程序用于自动程序和手动程序相互切换的处理。当系统处于手动工作方式时，I6.0为"1"状态。与OB100中的处理相同，如果此时满足原点条件，状态切换图中的初始过程对应的M0.0被置位，反之则被复位。

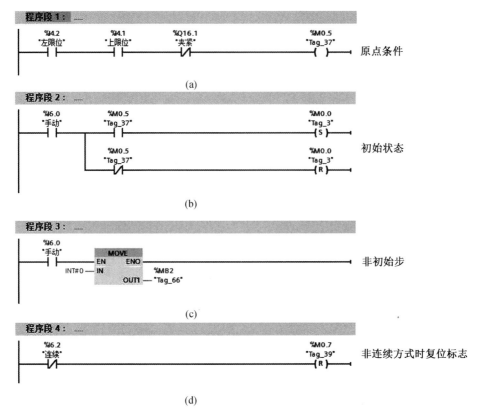

图7-37 公用程序

当系统处于手动工作方式时，I6.0的常开触点闭合，用MOVE指令将状态切换图中除初始过程以外的各过程对应的存储器位（M2.0～M2.7）复位，否则当系统从自动工作方式切换到手动工作方式，然后又返回自动工作方式时，可能会同时出现有两个活动过程的异常情况，引起错误的动作。在非连续方式，将表示连续工作状态的标志M0.7复位。

（4）手动程序

图7-38是手动程序。手动操作时用I4.4～I5.1对应的6个按钮控制机械手的升、降、左行、右行和夹紧、松开。为了保证系统的安全运行，在手动程序中设置了一些必要的联锁，如限位开关对运动的极限位置的限制；上升与下降之间、左行与右行之间的互锁用来防止功能相反的两个输出同时为ON。上限位开关I4.1的常开触点与控制左、右行的Q16.4和Q16.3的线圈串联，机械手升到最高位置才能左右移动，以防止机械手在较低位置运行时与别的物体碰撞。

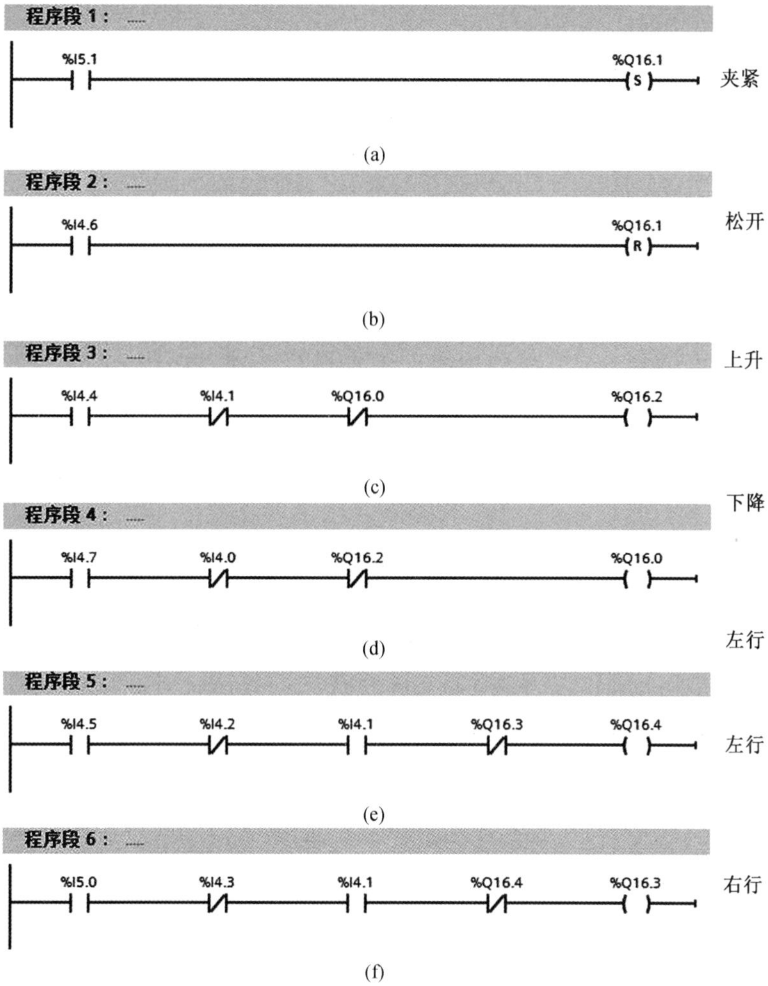

程序段 1: .....

```
    %I5.1                                              %Q16.1
    ──┤ ├──────────────────────────────────────────────( S )──    夹紧
```

(a)

程序段 2: .....

```
    %I4.6                                              %Q16.1
    ──┤ ├──────────────────────────────────────────────( R )──    松开
```

(b)

程序段 3: .....   上升

```
    %I4.4        %I4.1        %Q16.0                    %Q16.2
    ──┤ ├────────┤/├──────────┤/├──────────────────────( )──
```

(c)

程序段 4: .....   下降

```
    %I4.7        %I4.0        %Q16.2                    %Q16.0
    ──┤ ├────────┤/├──────────┤/├──────────────────────( )──
```

(d)

程序段 5: .....   左行

```
    %I4.5        %I4.2        %I4.1        %Q16.3        %Q16.4
    ──┤ ├────────┤/├──────────┤ ├──────────┤/├──────────( )──
```

(e)

程序段 6: .....   右行

```
    %I5.0        %I4.3        %I4.1        %Q16.4        %Q16.3
    ──┤ ├────────┤/├──────────┤ ├──────────┤/├──────────( )──
```

(f)

图 7-38　手动程序

(5)单周期和连续程序

图 7-39 是处理单周期和连续工作方式的功能 FC3 的状态切换图与梯形图。M0.0 和 M2.0~M2.7 用典型的启保停电路来控制。

单周期和连续这两种工作方式主要是用"连续"标志 M0.7 和"切换允许"标志 M0.6 来区分的。

①单周期与连续的区分

在连续工作方式时,I6.2 为"1"状态。在初始状态按下启动按钮 I6.3,M2.0 变为"1"状态,机械手下降。与此同时,控制连续工作的 M0.7 的线圈"通电"并自保持。

当机械手在过程 M2.7 返回最左边时,I4.2 为"1"状态,因为"连续"标志位 M0.7 为"1"状态,切换条件 M0.7·I4.2 满足,系统将返回过程 M2.0,反复连续地工作下去。

按下停止按钮 I6.4 后,M0.7 变为"0"状态,但是系统不会立即停止工作,在完成当前工作周期的全部操作后,在过程 M2.7 返回最左边,左限位开关 I4.2 为"1"状态,切换条件 $\overline{M0.7}$·I4.2 满足,系统才返回并停留在初始过程。

在单周期工作方式时,M0.7 一直处于"0"状态。当机械手在最后一过程 M2.7 返回最左边时,左限位开关 I4.2 为"1"状态,切换条件 $\overline{M0.7}$·I4.2 满足,系统返回并停留在初始过程。按一次启动按钮，系统只工作一个周期。

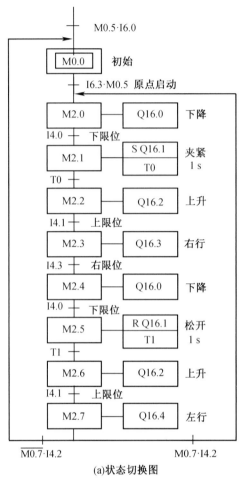

(a)状态切换图

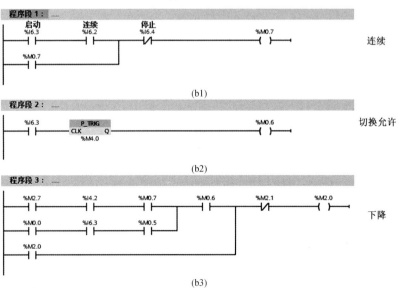

(b1)

(b2)

(b3)

图 7-39　状态切换图与梯形图(一)

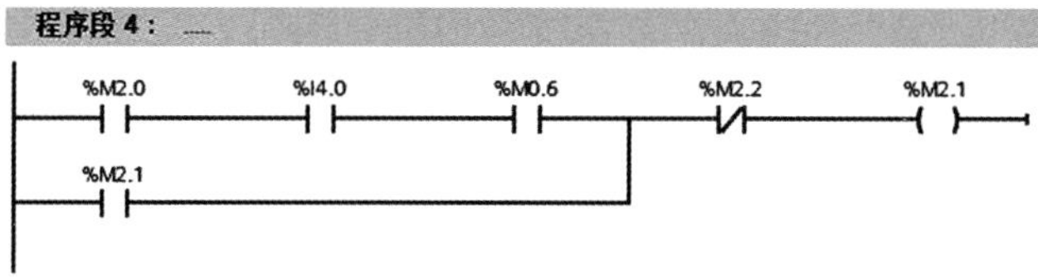

程序段 4：＿＿

```
  %M2.0      %I4.0      %M0.6      %M2.2      %M2.1
──┤ ├────────┤ ├────────┤ ├───┬────┤/├────────( )──────        夹紧
  %M2.1                         │
──┤ ├─────────────────────────┘
```

(b4)

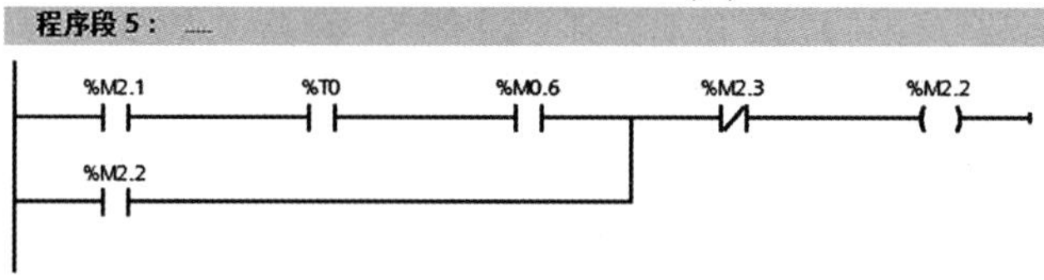

程序段 5：＿＿

```
  %M2.1      %T0        %M0.6      %M2.3      %M2.2
──┤ ├────────┤ ├────────┤ ├───┬────┤/├────────( )──────        上升
  %M2.2                         │
──┤ ├─────────────────────────┘
```

(b5)

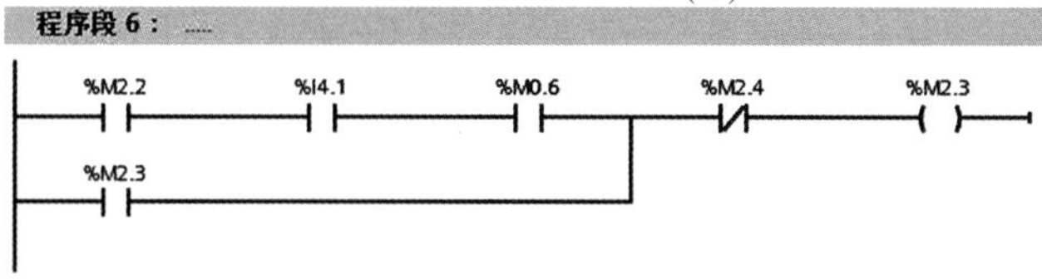

程序段 6：＿＿

```
  %M2.2      %I4.1      %M0.6      %M2.4      %M2.3
──┤ ├────────┤ ├────────┤ ├───┬────┤/├────────( )──────        右行
  %M2.3                         │
──┤ ├─────────────────────────┘
```

(b6)

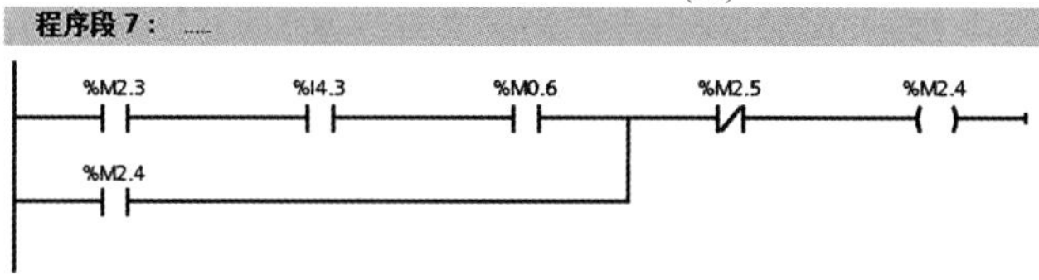

程序段 7：＿＿

```
  %M2.3      %I4.3      %M0.6      %M2.5      %M2.4
──┤ ├────────┤ ├────────┤ ├───┬────┤/├────────( )──────        下降
  %M2.4                         │
──┤ ├─────────────────────────┘
```

(b7)

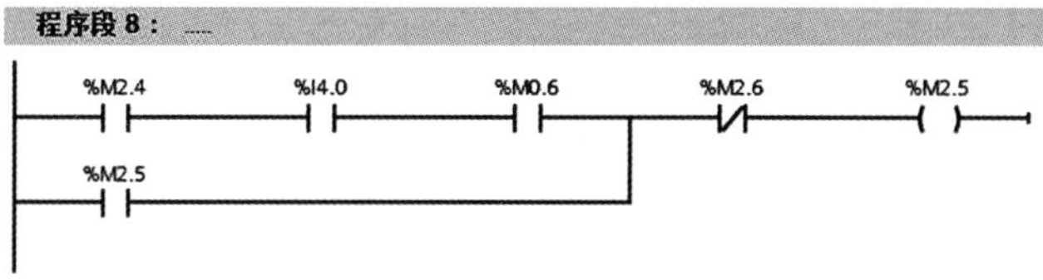

程序段 8：＿＿

```
  %M2.4      %I4.0      %M0.6      %M2.6      %M2.5
──┤ ├────────┤ ├────────┤ ├───┬────┤/├────────( )──────        松开
  %M2.5                         │
──┤ ├─────────────────────────┘
```

(b8)

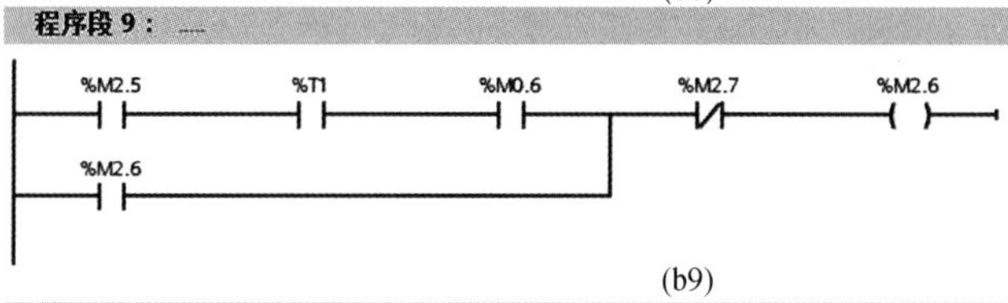

程序段 9：＿＿

```
  %M2.5      %T1        %M0.6      %M2.7      %M2.6
──┤ ├────────┤ ├────────┤ ├───┬────┤/├────────( )──────        上升
  %M2.6                         │
──┤ ├─────────────────────────┘
```

(b9)

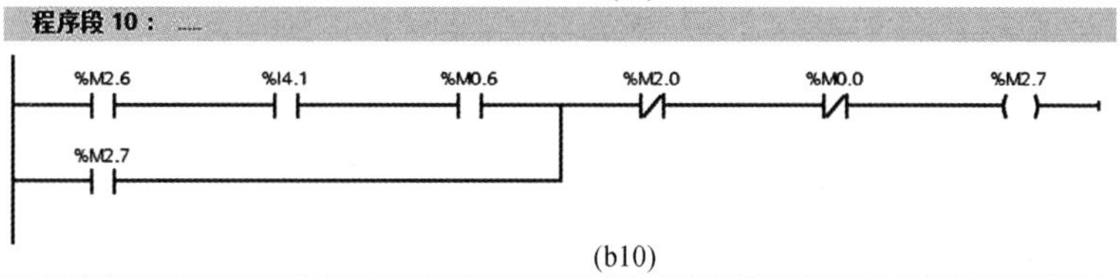

程序段 10：＿＿

```
  %M2.6      %I4.1      %M0.6      %M2.0      %M0.0      %M2.7
──┤ ├────────┤ ├────────┤ ├───┬────┤/├────────┤/├────────( )──────        左行
  %M2.7                         │
──┤ ├─────────────────────────┘
```

(b10)

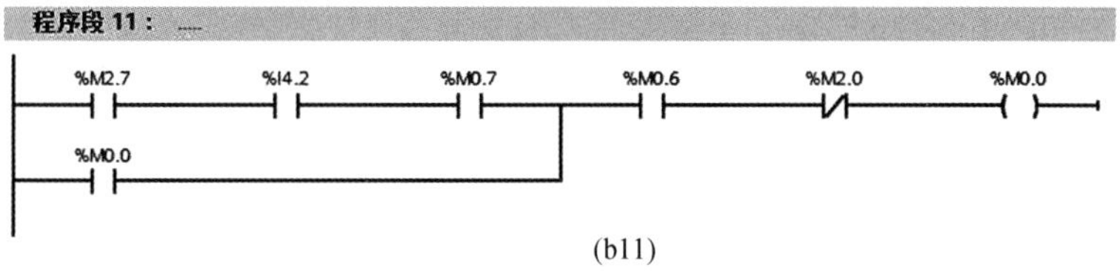

程序段 11：＿＿

```
  %M2.7      %I4.2      %M0.7      %M0.6      %M2.0      %M0.0
──┤ ├────────┤ ├────────┤ ├───┬────┤ ├────────┤/├────────( )──────        初始
  %M0.0                         │
──┤ ├─────────────────────────┘
```

(b11)

(b)梯形图

图 7-39(续)

②单周期工作过程

在单周期工作方式时,M0.6 的线圈"通电",允许切换。在初始过程时按下启动按钮 I6.3,在 M2.0 的启动电路中,M0.0、I6.3、M0.5(原点条件)和 M0.6 的常开触点均接通,使 M2.0 的线圈"通电",系统进入下降过程,Q16.0 的线圈"通电",机械手下降;碰到下限位开关 I4.0 时,切换到夹紧过程 M2.1,Q16.1 被置位,夹紧电磁阀的线圈通电并保持。同时接通延时定时器 T0 开始定时,定时时间到时,工件被夹紧,1 s 后切换条件 T0 满足,切换到过程 M2.2。之后系统将这样一过程一过程地工作下去,直到过程 M2.7,机械手左行返回原点位置,左限位开关 I4.2 变为"1"状态,因为连续工作标志 M0.7 为"0"状态,将返回初始过程 M0.0,机械手停止运动。

③输出电路

输出电路(图 7-40)是自动程序 FC3 的一部分。以下降为例,当小车碰到限位开关 I4.0 后,与下降动作对应的存储器位 M2.0 或 M2.4 不会马上变为 0,如果 Q16.0 的线圈不与 I4.0 的常闭触点串联,机械手不能停在下限位开关 I4.0 处,还会继续下降,对于某设备,可能造成事故。

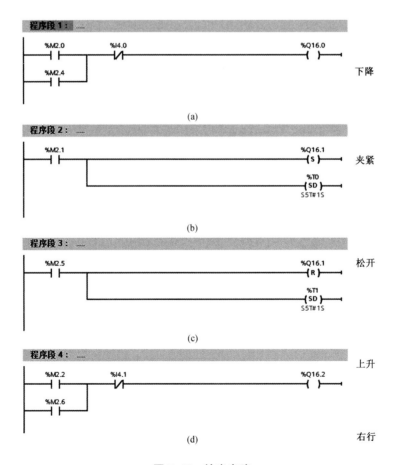

图 7-40　输出电路

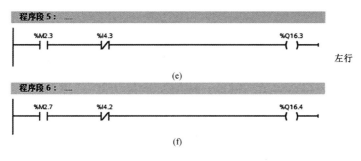

图 7-40(续)

3. 使用置位、复位指令的编程方法

与使用启保停电路的编程方法相比,OB1、OB100、状态切换图(图 7-41)、公用程序、手动程序和自动程序中的输出电路完全相同。仍然用存储器位 M0.0 和 M2.0~M2.7 来代表各过程,它们的控制电路如图 7-41 所示。该图中控制 M0.0 和 M2.0~M2.7 置位、复位的触点串联电路,与图 7-39 启保停电路中相应的启动电路相同。M0.7 和 M0.6 的控制电路与图 7-41 中的相同。

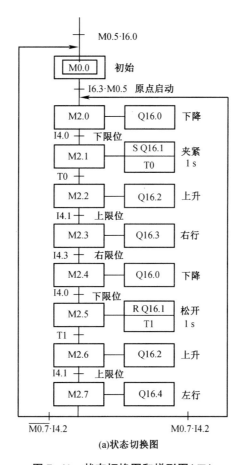

(a)状态切换图

图 7-41 状态切换图和梯形图(二)

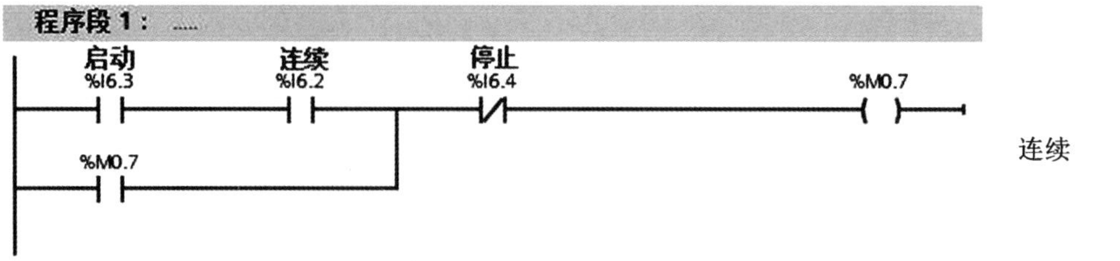

程序段 1: ......

启动 %I6.3 ── 连续 %I6.2 ── 停止 %I6.4 ──/── %M0.7 ──( )── 连续

%M0.7 ──┤├──

(b1)

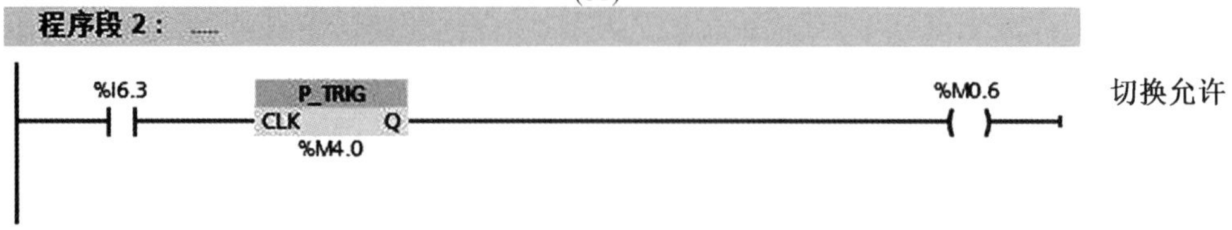

程序段 2: ......

%I6.3 ──┤├── P_TRIG CLK Q %M4.0 ── %M0.6 ──( )── 切换允许

(b2)

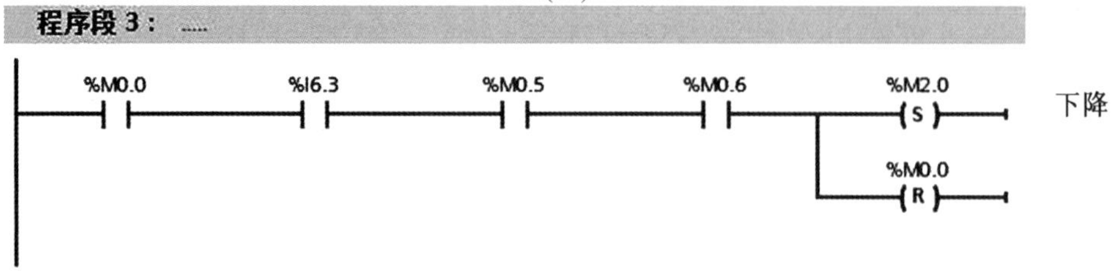

程序段 3: ......

%M0.0 ──┤├── %I6.3 ──┤├── %M0.5 ──┤├── %M0.6 ──┤├── %M2.0 ──(S)── 下降

%M0.0 ──(R)──

(b3)

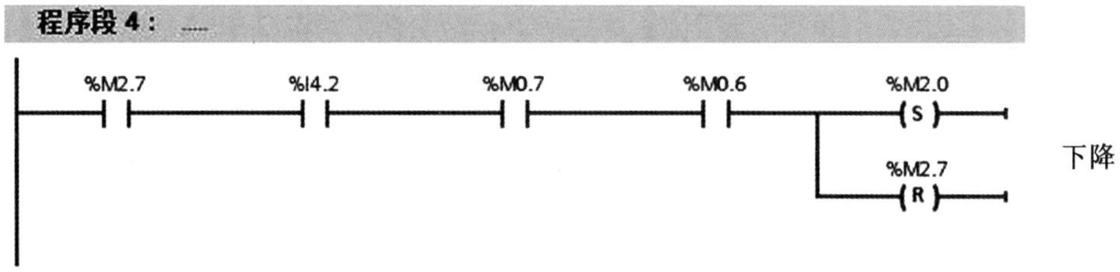

程序段 4: ......

%M2.7 ──┤├── %I4.2 ──┤├── %M0.7 ──┤├── %M0.6 ──┤├── %M2.0 ──(S)── 下降

%M2.7 ──(R)──

(b4)

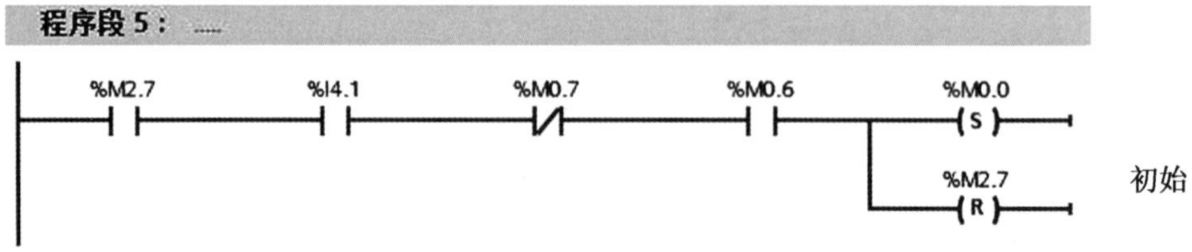

程序段 5: ......

%M2.7 ──┤├── %I4.1 ──┤├── %M0.7 ──/── %M0.6 ──┤├── %M0.0 ──(S)── 初始

%M2.7 ──(R)──

(b5)

程序段 6: ......

%M2.0 ──┤├── %I4.0 ──┤├── %M0.6 ──┤├── %M2.1 ──(S)── 夹紧

%M2.0 ──(R)──

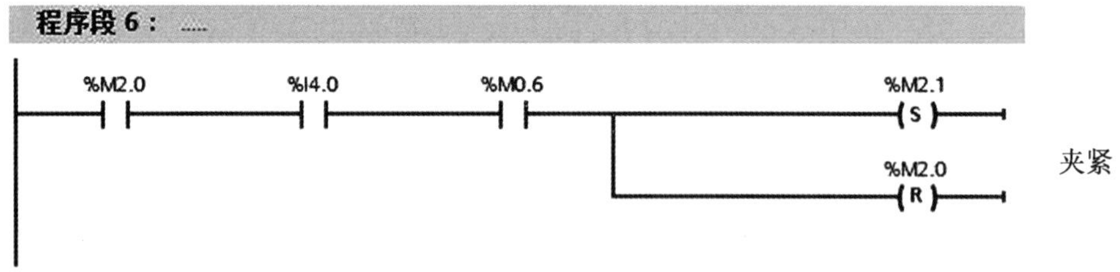

(b6)

图 7-41(续 1)

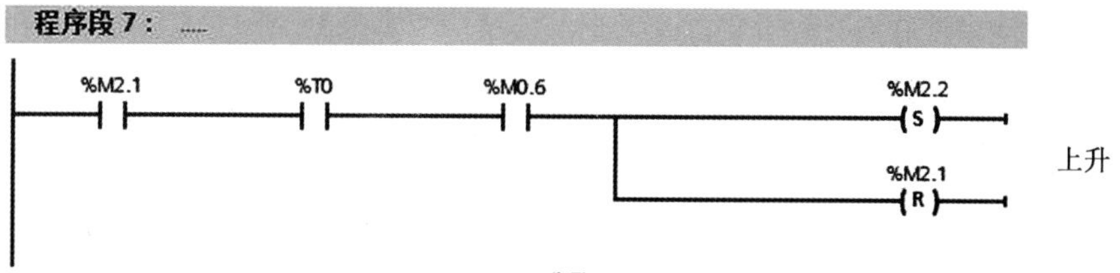

程序段7：……

(b7)

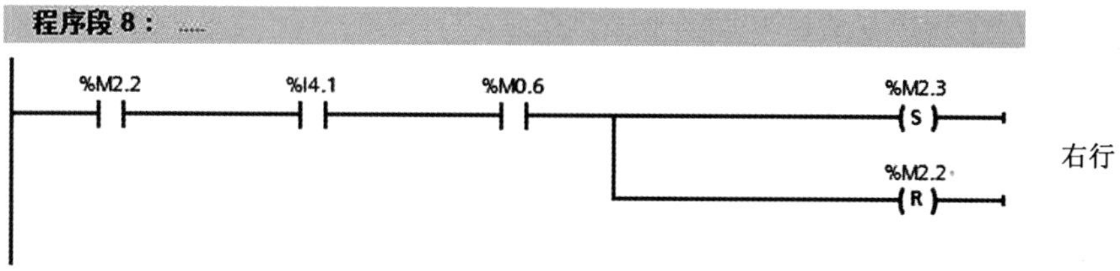

程序段8：……

(b8)

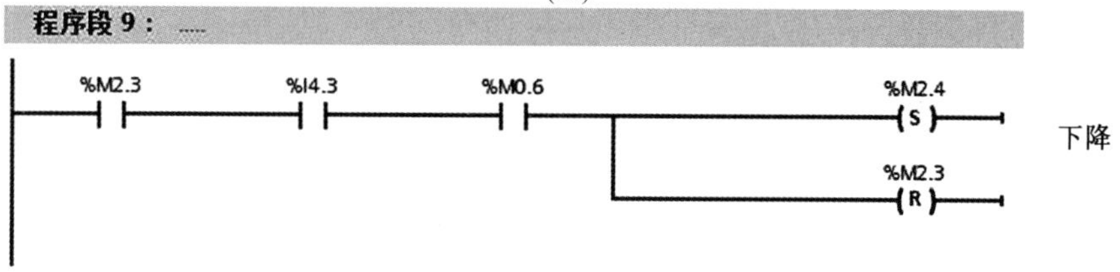

程序段9：……

(b9)

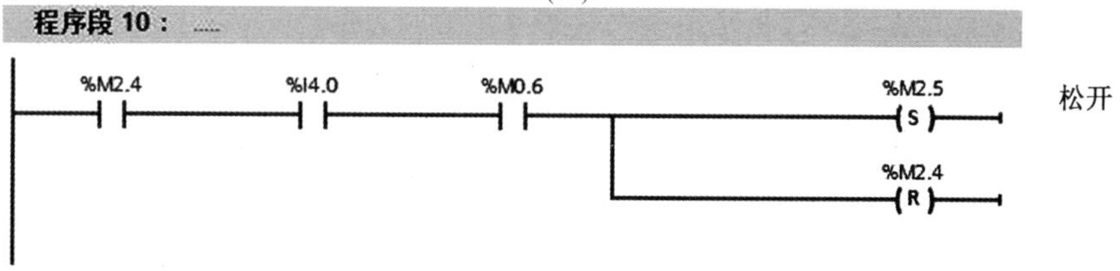

程序段10：……

(b10)

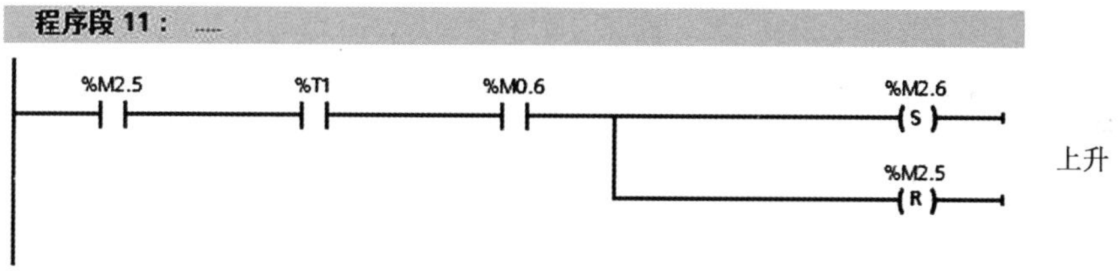

程序段11：……

(b11)

程序段12：……

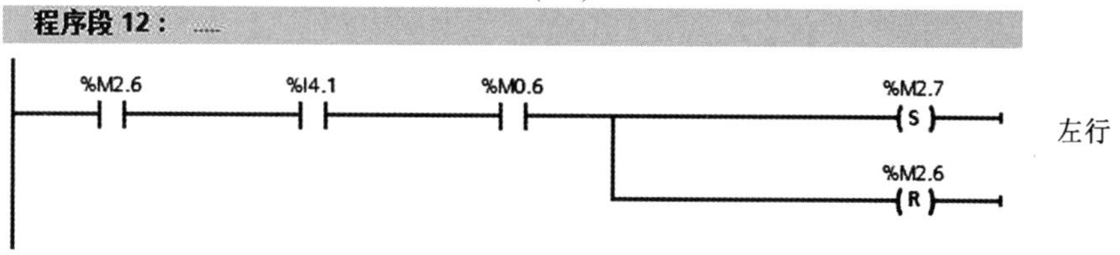

(b12)

(b)梯形图

图 7-41(续 2)

图 7-41 中对 M0.0 置位的电路应放在对 M2.0 置位的电路后面,否则在单过程工作方式时,从过程 M2.7 返回过程 M0.0,之后会马上进入过程 M2.0。

参 考 文 献

［1］ 李冰,郑秀丽,孙蓉,等.可编程控制器原理及应用实例［M］.北京:中国电力出版社,2011.

［2］ 廖常初.S7-1200/1500 PLC 应用技术［M］.2 版.北京:机械工业出版社,2021.

［3］ 廖常初.S7-300/400 PLC 应用技术［M］.4 版.北京:机械工业出版社,2016.

［4］ 西门子(中国)有限公司,崔坚,赵欣.SIMATIC S7-1500 与 TIA 博途软件使用指南［M］.2 版.北京:机械工业出版社,2021.

［5］ SIEMENS A G.SIMATIC S7-1200 可编程控制器系统手册［EB/OL］.(2015-08-06)［2022-01-15］.http://www.doc88.com/p-4962979668247.html.

［6］ SIEMENS A G.SIMATIC S7-1200 可编程控制器产品样本［EB/OL］.(2017-05-08)［2022-02-03］.https://www.iianews.com/ca/software.jsp? id=253056.

［7］ Siemens A G.SIMATIC S7-1200 PLC 技术参考手册(V4.0)［EB/OL］.(2021-12-08)［2022-03-15］.http://www.360doc.com/content/21/1208/15/68569065_1007693665.shtml.

［8］ SIEMENS A G.TIA 博途与 SIMATIC S7-1500 可编程控制器样本［EB/OL］.(2021-09-10)［2022-03-20］.https://www.ad.siemens.com.cn/download/docMessage.aspx? Id=7366.

［9］ SIEMENS A G.S7-1500/ET 200MP 自动化系统手册集［EB/OL］.(2022-05-07)［2022-09-01］.https://www.jinchutou.com/shtml/view-333175031.html.